IIV 见识城邦

更新知识地图　拓展认知边界

现实+

每个虚拟世界都是一个新的现实

[美]大卫·查默斯 著
熊祥 译

David Chalmers

Reality+

Virtual Worlds and the Problems of Philosophy

中信出版集团 | 北京

图书在版编目（CIP）数据

现实＋：每个虚拟世界都是一个新的现实 /（美）大卫 · 查默斯著；熊祥译 . -- 北京：中信出版社，2023.1

书名原文：Reality+: Virtual Worlds and the Problems of Philosophy

ISBN 978-7-5217-4778-2

Ⅰ . ①现… Ⅱ . ①大… ②熊… Ⅲ . ①虚拟现实－研究 Ⅳ . ① TP391.98

中国版本图书馆 CIP 数据核字（2022）第 173349 号

现实＋——每个虚拟世界都是一个新的现实
著者：　[美] 大卫 · 查默斯
译者：　熊祥
出版发行：中信出版集团股份有限公司
（北京市朝阳区惠新东街甲 4 号富盛大厦 2 座　邮编　100029）
承印者：　北京诚信伟业印刷有限公司

开本：787mm×1092mm 1/16　　印张：38.5　　字数：452 千字
版次：2023 年 1 月第 1 版　　印次：2023 年 1 月第 1 次印刷
京权图字：01–2022–0732　　书号：ISBN 978–7–5217–4778–2
定价：98.00 元

目 录

第 4 部分　真实的虚拟现实

第 5 部分　心　灵

第 6 部分　价　值

第 7 部分　基　础

献给克劳迪娅

引言

在技术哲学中探险

我10岁时接触到计算机，那是父亲工作的医院里的一台PDP-10大型计算机。我自学了BASIC语言（初学者通用符号指令代码），用来编写简单的程序。像所有10岁的孩子一样，当发现计算机里的游戏时我欣喜若狂。有一个游戏只标记了“ADVENT”这个词，打开后看到以下文字：

> 在一座砖砌小屋的前面有一条路，你站在路的尽头，周围是一片森林。
>
> 一股小水流自屋中漫出，沿着沟渠流淌。

我发现，可以通过“向北走”和“向南走”之类的指令四处移动。我走进砖屋中，获得了食物、水、钥匙和一盏灯。走出屋子，向下穿过一个下水道孔盖，就进入了一个地下洞穴系统。之后我便与蛇展开搏斗，还收集宝物，向可恶的攻击者投掷斧头。这个游戏只使用文本，没有图片，但要想象一个在地下延伸开来的洞穴系统并非难事。一连数月我都在玩这个游戏，游荡到了更远、更深的地方，渐渐绘制出整个地下世界的地图。

那是 1976 年的事了。这个游戏名为《超大洞穴探险记》，是我的第一个虚拟世界。

之后的数年中，我接连与电子游戏相遇。一开始，我玩的是《乓》（*Pong*）和《打砖块》（*Breakout Clone*）。《太空侵略者》（*Space Invaders*）在本地购物中心上市后，我和几个兄弟便沉迷其中。后来我终于得到了一台 Apple Ⅱ（第二代苹果计算机），可以在家没完没了地玩《宇宙救援》（*Asteroids*）和《吃豆人》（*Pac-Man*）了。

这些年来，虚拟世界变得越来越丰富多彩。20 世纪 90 年代，《毁灭战士》（*Doom*）和《雷神之锤》（*Quake*）之类的游戏开创了第一人称视角的玩法。21 世纪第一个十年里，人们又开始将大量时间投入《第二人生》和《魔兽世界》这样的多人在线虚拟世界中。21 世纪第二个十年，消费级虚拟现实（VR）头显（例如 Oculus Rift）带来了第一波热潮。这个十年还见证了增强现实（AR）技术首次得到广泛应用，就像游戏《宝可梦 Go》展示的那样，这种玩法将虚拟对象植入现实世界中。

现在，我的工作室里摆放了大量的虚拟现实系统，包括 Oculus 的 Quest 2 和 HTC 的 Vive。我戴上一件设备，打开应用程序，瞬间便置身于虚拟世界中，现实世界完全消失，被计算机创造的场景取代。我被虚拟的物体围绕，可以穿行其中，也可以摆弄它们。

虚拟现实与《乓》和《堡垒之夜》之类的常规电子游戏（视频游戏）一样，包含了一个虚拟的世界，一个由计算机创造的互动空间。不同之处在于，虚拟现实是沉浸式的。它不会向你展示二维屏幕，而是让你沉浸于三维世界，可见可闻，仿佛就存在于其中。虚拟现实所包含的是一个计算机生成的沉浸式互动空间。

我有过各种有趣的虚拟现实体验：拥有女性身躯，击退刺客，像鸟儿一样飞翔，去火星旅行；我曾经在人脑内部观察它，四周全是神经元；我站在一块木板上，向峡谷探出身子，这让我心惊肉跳，尽管我非常清楚，只要落脚，我就会踩在木板下面真实的地板上。

近期，在新冠肺炎疫情期间，我和许多人一样，花了许多时间通过 Zoom 和其他视频会议软件，与朋友、家人和同事交谈。Zoom 使用方便，但也有不少局限：难以做到眼神交流；小组互动非但没有凝聚性，反而显得支离破碎，完全没有大家同处一个公共空间的感觉。根本问题在于，视频会议不是虚拟现实。它具有互动性，但非沉浸式的，所以这里不存在任何公共的虚拟世界。

新冠肺炎疫情期间，我每周都会通过虚拟现实与一群快乐的哲学界同事聚会一次。我们在多个不同的平台上尝试过各种活动：在 Altspace 上插上天使之翼去飞翔，在《节奏空间》（*Beat Saber*）上按照节拍切割虚拟的方块，在 Bigscreen 的虚拟阳台上谈论哲学，在 Rec Room 上玩彩弹射击，在 Spatial 上演讲，在 VRchat 上尝试扮演生动的虚拟角色。虚拟现实技术绝非完美，但是我们已经有了身处共同世界的感觉。一次简短的演讲后，我们 5 个人懒散地站立着，有人说："这就像哲学会议中的休息时间。"今后 10 年或者 20 年内，当下一次疫情到来时，许多人很有可能会在那些为社交活动而开发的沉浸式虚拟世界里游荡。

增强现实系统也在快速发展。这些系统创造了半虚拟半现实的世界。普通的现实世界得到虚拟事物的强化。我还没有增强现实眼镜，不过据说苹果、脸书和谷歌等公司正在开发这类产品。增强现实系统有潜力彻底取代基于显示屏的计算机技术，至少能够以虚拟屏幕取代真实屏幕。与虚拟对象交往也许会成为日常生活的一部分。

今天的虚拟现实和增强现实系统仍属低端技术。头显和眼镜还很笨重，虚拟事物的分辨率不足。虚拟场景提供沉浸式视觉和声音体验，但我们还不能触摸虚拟事物、闻到虚拟的花香，也无法在饮下虚拟葡萄酒时品其滋味。

这些暂时存在的局限性终究会被克服。支撑虚拟现实的物理引擎正在不断改进。未来数年，虚拟现实头显将更加小巧，朝着眼镜、隐形眼镜过渡，最终变为视网膜或脑部植入物。分辨率将得到改善，直到虚拟世界与真实世界别无二致。我们还会想出处理触觉、嗅觉和味觉的办法。也许我们会在这些场景中度过大量时光，开展工作，进行社交和娱乐。

我的猜测是，在一个世纪内，我们将创造出与真实世界难以区分的虚拟现实。我们可能会绕过眼睛、耳朵和其他感官通过脑机接口与计算机连通。计算机将包含对物理现实极为精细的仿真结果。它会模拟物理定律，以此模仿现实中所有对象的行为方式。

有时虚拟现实会令我们置身于其他形式的常规物理世界中，有时它又会让我们沉浸于全新的世界。人们可以为了工作和娱乐，临时进入某些新世界。苹果公司也许将建立自己的工作空间，采取特殊的保护措施，这样就没有人可以泄露其正在开发的最新的 Reality 操作系统。美国国家航空航天局将建立一个宇宙飞船的世界，在那里，人们能够以超光速探索银河系。还有一些世界，身处其中的人可以长生不老。虚拟房地产开发商会根据消费者的需求，争先恐后地提供拥有海边完美天气的世界，或者是位于充满活力的城市中的豪华寓所。

也许，正如小说及同名电影《头号玩家》（*Ready Player One*）所描绘的那样，我们的星球未来将拥挤不堪，环境恶化，而虚拟世界将会带来新的景象和机会。在过去几个世纪里，许多家庭经常面对这样的抉择：是否应该移民其他国家，开始新的生活？而在未来的数个世纪，我们也许会面对同样的抉择：是否要移居虚拟世界？对于第二个问题，和移民之问一样，理性的答案通常是肯定的。

一旦虚拟技术足够成熟，虚拟环境甚至有可能被虚拟人物占用，他们拥有虚拟脑和身躯，将经历出生、成长、衰老和死亡的整个过程。虚拟人物就像人们在许多电子游戏中遇到的非玩家角色一样，是虚拟技术的产物。有些虚拟世界可被用于研究或者预测未来。例如，有一款约会软件（电视剧《黑镜》对此有所描述），能够为恋人模拟多种未来，这样两人就可以知晓是否般配。在虚拟世界中，历史学家可以研究，如果希特勒不选择与苏联开战，世界将会如何演变。科学家可以模拟自大爆炸以来的整个宇宙，对输入稍做改动，便可研究各种结果的变动范围，例如，生命产生的频率如何？智慧生命和银河文明多久出现一次？

想象一下，在23世纪，几位喜欢模拟的好事者对21世纪早期颇为关注。假设这些模拟者生活在这样一个世界：希拉里·克林顿在2016年美国总统大选中击败了杰布·布什。他们可能要问，如果希拉里落选，历史将会有何不同？模拟者甚至还模拟了2016年唐纳德·特朗普获胜的总统大选，以及英国脱欧和新冠肺炎大流行。

喜欢模拟历史的人也许同样对21世纪感兴趣，因为这个时期模拟技术正逐渐显现出影响力。也许，他们偶尔会模拟正在写构想未来的书的人，甚至还会模拟阅读此类著作的人！自恋的模拟者可能会逐步改动参数，使得一些虚拟的21世纪学者痴迷于23世纪时创建的虚拟思想。也许这些模拟者特别关注，当21世纪的读者——例如现在的你——读到关于23世纪模拟者的想法时，会有哪些反应。

有些虚拟世界中的人会认为自己生活于21世纪早期的正常世界，在那样一个世界，特朗普被选为总统，英国脱离了欧盟，一场大流行病席卷世界。这些事件在当时可能令人震惊，不过人类具有非凡的适应能力，一段时间后也就觉得稀松平常了。尽管模拟者可能逐步引导21世纪的人阅读关于虚拟世界的书籍，但于读者而言，阅读这样的书，似乎并非他们自由选择的结果。他们此刻阅读的书在提示着他们：这是一个虚拟的世界。尽管这本书在传递这样的信息时略显生硬，但是读者不会在意，他们会开始思考这个提示。

此时此刻，我们可以提出这样的疑问："你又如何知道，现在的你并非计算机的模拟对象呢？"

这个猜想通常被称为"模拟假设"（simulation hypothesis），因电影《黑客帝国》中的描述而被大众熟知。在这部电影中，看似正常的物理世界实际上是人脑与庞大的计算机集群连通的结果。机器母体中的居民对世界的感受与我们非常相似，但母体其实是一个虚拟世界。

现在的你有可能也处于虚拟世界中吗？休息一会儿，思考一下这个问题。如果你这么做，你就是在思考哲学。

哲学被解释为"爱智慧"，我倒是倾向于认为它是"万物之源”。哲学家就像不断提问的孩子：为什么？那是什么？你怎么知道？那意味着什么？为什么我要做这件事？多问几次这一连串的问题，你就会迅速接触到事物的本原。我们习以为常的事物以某些假设为基础，你正在审视这些假设。

我就是那个提问的小孩。经过一段时间我才意识到，我的兴趣所在是哲学。起初我学习的是数学、物理和计算机学。这些学科让我对事物的本原有了深刻认识，但我希望了解更多。于是我转而学习哲学和认知科学，以便在扎根于科学的坚实土壤的同时探索表象之下的根源。

刚开始我倾向于处理有关心灵的问题，例如什么是意识。我将职业生涯中相当多的时间投入对这类问题的研究上。然而，哲学的核心也包括诸如“什么是现实”之类有关世界的问题。也许，处于最中心位置的是心灵和世界之联系的问题，例如，我们如何才能知晓现实？

最后这个问题是《第一哲学沉思集》提出的难题的核心。该书为勒内·笛卡儿所著，出版于1641年，为接下来几个世纪的西方哲学确定了议程。笛卡儿提出了我所说的外部世界问题：如何了解周围的现实世界？

笛卡儿解决这个问题的方法是提出新的问题：你怎知自己对世界的认知不是幻象？怎知此时此刻并非身处梦中？你又如何知道，自己没有被妖怪欺骗，误以为一切都是真实的，实际上皆为虚幻？在今天这个时代，如果笛卡儿要解答上述难题，方法也许是重复刚才我向诸位提出的问题：你怎知自己并非存在于虚拟世界中？

长期以来，我自认为对笛卡儿的外部世界问题没有多少发言权，而对虚拟现实的思考赋予了我新的视角。对模拟假设的思索让我意识到自己轻视了虚拟世界。笛卡儿和其他许多哲学家犯了同样的错误，尽管方式各有不同。我的结论是，如果我们对虚拟世界的认识更加明确，那么在解决笛卡儿问题的道路上，我们就迈出了第一步。

★

本书的中心论点是：虚拟现实是真实的现实。至少可以说，虚拟现实整体上是真实的。虚拟世界不一定是二级现实世界，也可能是原初的世界。

我们可以将上述论点分为三部分。

* 虚拟现实不是幻象或者虚构的，至少不完全是。虚拟现实中的事件是真正发生过的。我们在虚拟现实中互动的对象是真实的。
* 理论上看，虚拟世界的生活可能与非虚拟世界的一样美好。在虚拟世界中，人们也可以享受绝对有意义的生活。
* 我们现在所生活的世界有可能是虚拟的世界。并不是说它一定就是，但是不能排除这种可能性。

本书的论点，特别是前面两个部分，对虚拟现实技术在我们生活中的作用具有实质性影响。原则上说，虚拟现实绝非对现实的逃避，它可以提供内容充实的环境，使人们过上真正的生活。

我并不是说虚拟世界将是某种形式的乌托邦。和互联网一样，除了美好的事物，虚拟现实技术几乎必然导致负面事物的产生，必然被滥用。物理现实也有弊端，虚拟现实与之相似，它为各种人类情境创造空间，有美好的一面，也有邪恶、丑陋的一面。

我会更加关注理论而非实践中的虚拟现实。在实践中，通向全面虚拟现实的道路注定崎岖不平。倘若 10 到 20 年内虚拟现实技术已经成熟，但还是无法被人们广泛接受，我并不会感到惊讶。毫无疑问，它会朝着我意想不到的各种方向发展。不过，一旦虚拟现实技术成熟，它就能提供与物理现实不相上下的生活，甚至超越后者。

★

本书书名反映了我的主要诉求。读者可以从几个角度来理解。每个虚拟世界都是一个新的现实，即现实 +。增强现实就是对现实的补充，同样是现实 +。某些虚拟世界与日常现实世界一样美妙，甚至更好，所以还是现实 +。如果我们是虚拟人物，那么现实的含义就不是我们思考的那么简单，这也是现实 +。多重现实将会构成一个大杂烩，仍然是现实 +。

我知道，我的论述与许多人的直觉相悖。也许你认为虚拟现实是现实 -，即虚拟世界是虚假现实，并非真实的；或者说，没有任何虚拟世界可与日常现实媲美。我将通过整本书的论述，努力使读者相信，现实 + 才是更加真实的。

本书作为一个课题，探讨了我所说的**技术哲学**（technophilosophy）。

技术哲学包括:(1)提出关于技术的哲学问题;(2)借助技术来回答传统的哲学问题。

我提出这个词，是受了加拿大裔美国哲学家帕特里夏·丘奇兰德(Patricia Churchland)的启发，她在1987年的里程碑式著作《神经哲学》(*Neurophilosophy*)中介绍了何谓神经哲学。神经哲学包含提出关于神经科学的哲学问题和借助神经科学来回答传统的哲学问题。技术哲学与技术的关系同样如此。[1]

有一个通常被称为技术的哲学[2](philosophy of technology)的领域正蓬勃发展。它针对的是技术哲学的第一部分，即提出关于技术的哲学问题。技术哲学与前者的明显区别在于其第二部分，即借助技术来回答传统的哲学问题。技术哲学的关键在于哲学与技术的双向影响。哲学有助于解答与技术有关的问题(通常是新问题),而技术有助于解释关于哲学的问题(通常是老问题)。我写作本书，目的是同时解释这两种问题。

首先，我希望借助技术来解释若干最古老的哲学问题，特别是外部世界问题。至少，虚拟现实技术有助于解答笛卡儿的问题，即我们如何才能了解周围的现实世界，如何知道现实不是幻象。我在第2章和第3章将借助模拟假设，以及“我们如何知道自己现在并非虚拟人物”这样的提问，来探讨上述问题。

不过，虚拟现实概念的作用不只是解答问题。它使得外部世界问题更加尖锐，因为笛卡儿牵强附会的妖怪说转化成了由计算机生成的更加实际的场景，我们必须认真思考此类场景。在第 4 章，我得出结论，虚拟现实概念使得笛卡儿之问的诸多常见答案黯然失色。第 5 章通过对虚拟现实的统计推断*来证明，我们无法知道自己身处虚拟世界。这一切导致笛卡儿的问题更加难以解答。

最重要的是，对虚拟现实技术的思考有助于我们对外部世界问题做出回应。第 6 章至第 9 章论述了如果我们确实身处虚拟世界，那么桌椅之类的物体不是幻象，而是完全真实的对象，同时也是由位元（比特）构成的数字对象。这个结论使我们倒向了现代物理学所谓的“万物源于比特（it-from-bit）假设”，该假设认为，物理对象既是真实的，也是数字的。模拟假设和万物源于比特假设是受现代计算机科学启发而提出的两种理论，通过思考这两种理论，我们就迈出了解答笛卡儿经典问题的第一步。

我们可以这样总结笛卡儿的观点：我们不排除自己身处虚拟世界的可能性，而在虚拟世界中，没有什么是真实的，因此我们不知道什么才是真实的。这个观点建立在这样的假设上：虚拟世界不是真正的现实世界。一旦我们证明，虚拟世界确实是真正的现实世界，特别是证明虚拟世界中的物体是真实的，那么我们就可以对笛卡儿的观点做出回应。

我不会言过其实。我的分析并非针对笛卡儿的一切观点，而且也没有证明我们对外部世界知晓甚多。但是，如果说我的分析确实有用，它的用处就在于揭示了西方传统文化质疑人类能否了解外部世界的主要理由。因此，当我们确定自己了解周围的现实世界时，

* 通过样本推断总体的统计方法。——译者注（以下若无特殊说明，脚注均为译者注）

本书的分析至少让我们具有一定的依据。

我们还会运用技术来阐明关于心灵的传统问题：心灵与肉体如何互动？（见第 14 章。）意识为何物？（见第 15 章。）心灵存在于肉体之外吗？（见第 16 章。）对于这三个问题，我们将分别考虑通过三种技术，即虚拟现实、人工智能和增强现实，对其进行解答。反过来，思考上述问题，可以帮助我们理解这些技术。

值得强调的是，我对意识和心灵的观点不是本书主要的关注点。[3] 我在其他著作中探讨了这些话题，本书很大程度上与之无关。我希望，即使是那些在意识问题上与我意见相悖的人也会被我对现实的描述吸引。虽然这么说，但这两个领域还是紧密相连的。对于前述虚拟现实是真实现实这一主题，第 15 和 16 章重点论述了它的第 4 个部分，即虚拟心灵和增强心灵是真实的心灵。

技术还可以用来解释关于价值和道德伦理的传统问题。价值指的是好与坏、进步和退步。道德伦理指的是对与错。美好生活依靠的是什么？（见第 17 章。）如何区分对与错？（见第 18 章。）社会应当如何组织？（见第 19 章。）在这些问题上，我绝不是专家，但至少技术提供了一个有趣的视角。

本书还会涉及其他历史久远的哲学问题。上帝真的存在吗？（见第 7 章。）宇宙是由什么组成的？（见第 8 章。）语言如何描述现实？（见第 20 章。）我们通过科学对现实有哪些了解？（见第 22 章和 23 章。）事实表明，要得出虚拟现实是真实现实的结论，我们必须深入思考这些古老的问题。与前面一样，技术与哲学问题互相诠释，对技术的思考可以阐明古老的哲学问题，而思考后者又有助于我们理解技术。

★

我也希望借助哲学来处理关于技术的新问题，特别是与虚拟世界有关的一切技术，包括从增强现实眼镜和虚拟现实头显提供的游戏到对整个宇宙的模拟。

前文已经概括了本书中心论点：虚拟现实是真实现实。就虚拟现实技术而言，我的问题将是：虚拟现实是幻象吗？（见第 6、10 和 11 章。）什么是虚拟事物？（见第 10 章。）增强现实确实能使现实得到增强吗？（见第 12 章。）在虚拟现实中，我们能享受美好的生活吗？（见第 17 章。）在虚拟世界中，我们应该如何表现？（见第 19 章。）

此外，我还会探讨其他技术，包括人工智能、智能手机、互联网、深度伪造（如“换脸”）和通用计算机技术。我们如何才能知道自己没有被深度伪造欺骗？（见第 13 章。）人工智能系统有可能获得意识吗？（见第 15 章。）智能手机拓展了我们的心灵吗？互联网让我们变得聪明还是愚蠢了？（见第 16 章。）计算机究竟为何物？（见第 21 章。）

以上都是哲学问题，其中许多也是极其现实的问题。现在我们必须立刻决定如何使用电子游戏、智能手机和互联网。未来数十年，我们将面对越来越多的此类现实问题。由于在虚拟世界游荡的时间越来越久，我们必然纠结于这样的问题：虚拟生活是否具有充分的意义？最终，我们可能不得不决定是否将自己完全上传到云端。哲学思维有助于我们想明白如何决定自己的生活方式。

★

在本书结尾，你将了解诸多最重要的哲学问题。我们将邂逅过去千百年来的历史伟人，还会了解到近几十年的当代人物和观点。我们将涉足大量的核心哲学话题，包括知识、现实、心灵、语言、价值、道德伦理、科学、宗教等。我将运用数百年来哲学家们设计的一些强大工具，来思考以上话题。这只是我的一个视角，而大量重要的哲学思想本书并未涉及。不过，读完本书，读者将在一定程度上了解哲学的部分历史图景和当代图景。

为了帮助读者思考本书中的观点，我将尽可能联系科幻小说以及大众文化的其他方面来做论述。许多科幻小说作者就像哲学家一样，对这些问题有过深入探究。我经常研读科幻小说，从而产生新的哲学观点。有时我认为科幻小说对这些问题的解释是正确的，有时又认为是错误的。总之，科幻场景能够激发大量卓有成效的哲学分析。

在我看来，介绍哲学的最佳方式就是实践哲学。因此，我在多个章节开篇提出关于虚拟世界的哲学问题、介绍某些哲学背景后，接下来通常就会迅速开始深入探讨上述话题。我会分析虚拟世界内部和外部的问题，同时也注意对现实 + 观点进行论证。

这样一来，本书与我之前的著作一样，随处可见我本人的哲学论点和论据。虽然某些章节重温了我在学术论文中讨论过的理论基础，但是超过一半的内容是全新的。所以，即使读者是哲学老兵，我也希望读者在这里有所收获。我还提供了一份网络附件（consc.net/reality），添加了大量注解和附录，包括学术文献的链接，以便读者更深入地追踪上述问题的研究进展。[4]

★

本书分为七个部分。第 1 部分（第 1 章和第 2 章）介绍本书的核心问题以及发挥核心作用的模拟假设。第 2 部分（第 3—5 章）重点探讨有关知识的问题，特别是笛卡儿外部世界怀疑论的相关论证。第 3 部分（第 6—9 章）关注与现实有关的问题，以充分的理由初步证明我的“虚拟现实是真实现实”这一论点的正确性。

本书接下来的三个部分从多个角度论述了中心论点。第 4 部分（第 10—13 章）回归现实世界，关注的是真正的虚拟现实技术，包括虚拟现实头显、增强现实眼镜和深度伪造。第 5 部分（第 14—16 章）关注与心灵相关的问题。第 6 部分（第 17—19 章）主要讨论价值和道德伦理问题。

最后，第 7 部分（第 20—24 章）重点论述语言、计算机和科学的基本问题，这些要素是完全推进现实 + 构想所必需的。最后一章对笛卡儿外部世界问题的解答现状进行总结。

不同的读者可能希望以不同的方式阅读本书。大家不要错过第 1 章，但之后便可自由选择。在尾注中，我推荐了若干可能的阅读方式，如何选择取决于读者自己。[5] 许多章节内容相对独立。第 2、3、6 和 10 章也许非常有助于为后续章节提供背景知识，但并非不可或缺的。

大多数篇章都是以介绍性资料开头。每一章的结尾和全书临近结束部分，有时会出现更密集的讨论。如果你追求的是篇幅较短的读物和更加轻松的阅读体验，可以尝试阅读每一章的前 2~3 节，然后随时跳到下一章。

★

我们生活在一个真相和现实正受到质疑的时代。有时我们认为自己处于后真相政治时代，在这个时代真相无关紧要。人们经常听到这样的话：没有绝对的真相，也不存在客观现实。有些人认为现实只存在于大脑中，因此何为真实，完全由我们自己决定。本书谈到的多重现实可能刚开始会使人联想到类似的观点，即真相和现实没有价值。然而这并非我的本意。

我的观点如下：我们的心灵是现实的一部分，但大量的现实存在于心灵之外；现实包含我们的世界，也可能包含其他诸多世界；我们可以创建新的世界和新的现实。我们对现实知之甚少，但是可以努力了解更多。当然，也许有一部分现实，我们永远无从知晓。

最重要的是：现实独立于人类而存在。真相意义重大。关于现实的真相是存在的，我们能够设法找出真相。即使在一个多重现实并存的时代，我仍然相信客观现实的存在。

第 1 部分

虚拟世界

第 1 章

这是真实的生活吗？

英国摇滚乐队皇后乐队于 1975 年发行了热门单曲《波希米亚狂想曲》，在歌曲的开头，主唱弗雷迪·摩科瑞以五部和声演唱道：

> 这是真实的生活吗？
> 这只是幻觉？[1]

这样的问题自古有之。在古代中国、古希腊和古印度，三种伟大的哲学传统都有过各自版本的摩科瑞之问。

它们的问题涉及不同版本的现实。这是真实的生活，还是梦境？这是真实的生活，还是幻象？这是真实的生活，又或者仅仅是现实的影子？

今天我们也许会这样发问：我们过的是真实的生活，还是虚拟现实？我们可以认为梦境、幻象和影子是古代版的虚拟世界，当然，不涉及计算机，两千年前不可能发明这种工具。

无论有没有计算机的帮助，这些场景都引出了某些最深刻的哲学问题。我们可以用它们作为探讨哲学问题的开场白，并指导我们思考虚拟世界。

庄周梦蝶

中国古代哲学家庄子生活于公元前 4 世纪到公元前 3 世纪，是道家文化的核心代表。他讲述了一则著名的寓言——庄周梦蝶。

一天，庄子梦见自己变成一只蝴蝶，在空中飞舞，四处游荡，自娱自乐，随性而为，全然不知自己是庄子。突然，他醒过来，看见自己——真真切切的庄子本人，确定无疑。然而，他不明白到底是自己在梦中变成蝴蝶，还是蝴蝶在梦中变成庄子。

庄子无法确定他作为庄子所经历的生活是真实的。也许蝴蝶才是真相，庄子不过是一场梦。[2]

梦中世界是一种没有计算机发挥作用的虚拟世界。因此，庄子

图 1　庄周梦蝶。他是梦见变成蝴蝶的庄子，还是梦见成为庄子的蝴蝶？

猜想自己此刻身处梦境，也可以说是他猜想自己此刻处于无计算机版的虚拟世界中。

沃卓斯基姐妹于 1999 年执导的电影《黑客帝国》描述了一个精彩的平行世界。主角尼奥原本过着平凡的生活，直到有一天，他吞下一粒红色药丸，在另一个世界中醒来。在那里，他被告知，他所知道的世界是虚拟的。如果尼奥像庄子那样深入思考，或许他会感到迷茫："也许过去的生活才是现实，而新生活不过是一场模拟。"这是一个极其合理的想法。他在旧世界为单调乏味的工作所困，而在充斥着战斗和冒险的新世界，他被视为救世主。也许红色药丸使他昏迷了很长时间，足以接入这个令人激动的虚拟世界。[3]

对庄周梦蝶的一种解读是，它提出了一个关于知识的问题：我们如何才能知道自己此刻并非身处梦境？这与引言中提出的那个问题相似：我们如何知道自己此刻并非身处虚拟世界？这些问题引出一个更加基本的问题：我们如何知道，我们所经历的一切都是真实的？

那罗陀变身

古印度的印度教哲学家深受幻象和现实之间的困扰。[4]仙人那罗陀变身的民间故事反映了这一核心主题。在这个故事的一个版本中，那罗陀对毗湿奴大神说："我征服了幻象。"事情的经过是，毗湿奴承诺向那罗陀展示幻象［即摩耶（Maya）］的真正威力。那罗陀一觉醒来，化身为名叫苏西拉的妇女，过去的记忆被完全抹去。苏西拉嫁给了一位国王，并怀孕生子，最后有了 8 个儿子和一大群孙子。一天，敌人进犯，把苏西拉所有的儿孙都杀害了。在王后悲痛之时，毗湿奴出现了，说道："为何如此哀伤？这只是幻象。"仅过了片刻，那罗陀就发现自己变回原身。于是那罗陀断定，自己的一生就是一场幻象，他以苏西拉的身份经历的人生恰好证明了这一点。

图 2 毗湿奴采用动画片《瑞克和莫蒂》中的方式，监控那罗陀化身的苏西拉。

那罗陀以苏西拉的身份去生活，就像生活在虚拟世界，一个由毗湿奴担当模拟者创建的模拟场景。作为模拟者，毗湿奴实际上在暗示，那罗陀所认为的现实世界也是一个虚拟世界。

那罗陀变身的故事在美国动画片《瑞克和莫蒂》的一个片段中得到再现。这部动画片按事件顺序记录了强大的科学家瑞克和孙子莫蒂在多次元空间的冒险经历。莫蒂戴上虚拟现实头显，玩着一款名为《罗伊：美好生活》的电子游戏（如果莫蒂玩的是《苏：美好生活》，那就更好了，不过事事如意是不可能的）。莫蒂体验了罗伊

55年的人生：孩童、橄榄球明星、地毯销售员、癌症患者，直到死亡。他从游戏中下线，回归莫蒂的身份。片刻后，祖父指责他在模拟场景中做出了错误的人生选择。这是这部动画片反复出现的桥段。角色们身处看似正常的环境，却被证明只是模拟场景，因此他们经常会问自己现在所处的现实环境是不是模拟场景。

那罗陀变身的故事引出了关于现实的深层次问题。那罗陀的苏西拉人生是真实的，还是一场幻象？毗湿奴说是幻象，但实在难以辨认。针对虚拟世界，包括《罗伊：美好生活》中的世界，我们可以提出一个相似的问题：这些世界是真实的，还是幻象？接下来一个更加不容忽视的问题浮现出来。毗湿奴宣称，我们的日常生活与那罗陀的变身生活一样虚幻。那么，我们自己的世界是真实的，还是一场幻象？

柏拉图的洞穴

在庄子之前，古希腊哲学家柏拉图提出了洞穴隐喻。在对话体著作《理想国》中，柏拉图讲述了这样一个故事。在一个山洞里，有一群被束缚的囚徒，他们只能看见木偶投射在墙上的影子，这些木偶是按照洞外阳光世界中的事物仿制而成的。洞中人唯一认识的是影子，所以他们以为影子就是现实。一天，其中一人逃脱了，看到洞外真实世界的壮美风光。最后，他又返回洞中，向同伴描述洞外世界的精彩，然而没有人相信他。

柏拉图笔下这些只看影子的囚徒让人想到电影院中的观众。这就像是除了电影，或者说（为了体现技术升级）除了借助虚拟现实头显看过电影，囚徒们没有见过任何其他事物。脸书首席执行官马克·扎克伯格在2016年世界移动通信大会上留下一张著名照片，当时他正沿着通道经过参会观众。观众坐在漆黑的大厅里，都戴上了虚拟现实头显。当扎克伯格大步走过时，观众显然没有注意到他。这就是柏拉图洞穴的现代例证。

图3　21世纪的柏拉图洞穴。

柏拉图提出这个隐喻，有多重目的。他在暗示，我们不完美的现实世界与洞穴有些类似。此外他还用它来帮助我们思考，我们想要什么样的生活。在一个关键段落中，柏拉图在书中的代言人苏格拉底提出如下问题：我们是否应该在洞内与洞外两种生活中择优而取？

> 苏格拉底：你认为走出洞穴的人，对那些受到囚徒尊敬并成了他们领袖的人，会心怀嫉妒，和他们争夺权力吗？还是会像荷马所说的那样，宁愿活在人世为一个贫苦农民做

苦役，受苦受难，也不愿和囚徒们有共同意见，再过他们那种生活呢？

格劳孔：我想，他会宁愿忍受任何苦楚，也不愿再过囚徒生活。

洞穴隐喻引出了关于价值的深层次问题，也就是关于好与坏的问题，或者，至少引出了如何界定更好与更糟的问题。洞中与洞外的生活，哪一种更好？柏拉图的答案很明确：洞外的生活，即便是作为苦工生活，也远远强于在洞中生活。我们也可以就虚拟世界提出同样的问题。虚拟世界中和虚拟世界外的生活，哪一种更美好？由此，引出了一个更加根本的问题：怎样才算是过上美好的生活？

三个问题

按照传统观念，哲学是研究**知识**（我们如何了解世界？）、**现实**（世界的本质是什么？）和**价值**（好与坏的区别是什么？）的学问。

前面三个故事分别在以上三个领域引出了问题。知识领域的问题：庄子怎样才能知道他是否在梦境中？现实领域的问题：那罗陀变身是真实发生的还是一场幻象？价值领域的问题：人们在柏拉图的洞穴中能过上美好的生活吗？

如果我们替换三个故事的初始场景，也就是说，将梦境、变身和影子替换为虚拟场景，我们将面对三个关于虚拟世界的关键问题。

第一个问题由庄周梦蝶引出，与知识有关，我将其命名为知识之问：我们能知道自己是否身处虚拟世界吗？

第二个问题由那罗陀变身引出，与现实有关，我将其命名为现实之问：虚拟世界是真实的还是虚幻的？

第三个问题由柏拉图的洞穴引出，与价值有关，我称之为价值之问：人们可以在虚拟世界中过上美好生活吗？

这三个问题依次又产生了三个更加基本的且处于哲学核心地位的问题：我们能了解周围的世界吗？我们的世界是真实的还是虚幻的？如何才能过上美好生活？

纵观全书，以上三个关于知识、现实和价值的问题不仅是我们探索虚拟世界的关键，也是研究哲学的关键所在。

知识之问：我们能知道自己是否身处虚拟世界吗？

观众在观看1990年的电影《宇宙威龙》（又译《全面回忆》，2012年翻拍，略有改动）时，始终不是很确定电影的哪些场景发生在虚拟世界，哪些发生在现实世界。影片主角是一位名叫道格拉斯·奎德的建筑工人，由阿诺德·施瓦辛格扮演。他在地球和火星上有过多次奇特的冒险经历。影片结尾，奎德俯瞰火星表面，开始思索他的冒险究竟是发生在现实世界还是虚拟世界。观众也在思考同样的问题。电影暗示，奎德也许确实是在虚拟世界中，因为可以向人脑植入冒险记忆的虚拟现实技术在故事中发挥了重要作用。既然在火星上的英勇冒险经历更有可能发生在虚拟世界，而非现实世界，那么奎德若是勤于思考，就会断定他很可能身处虚拟现实。

那么，你呢？你能知道自己是在虚拟世界还是非虚拟世界中吗？你的生活也许不像奎德那样充满激情，但是你正在阅读一本关于虚拟世界的书，这个事实应该会让你暂停活动。（而我在写书，这个事实应该让我暂停更长时间。）为什么会这样？我猜想，随着模拟技术的发展，模拟者倾向于模拟人们思考模拟问题时的状况，也许就是为了观察他们距离认清生活的真相还有多远。即使我们看起来过着极其普通的生活，也想知道有什么办法可以判断这样的生活是不是虚拟的。

说实话，我不知道我们是否生活在虚拟世界。我认为你也不知道。事实上，我认为我们永远也无法知道自己是否身处虚拟世界。理论上说，我们可以证明自己确实在虚拟世界中，例如，模拟者可能选择现身，向我们展示模拟环境的运行方式。但是，如果确实没有生活在虚拟世界，我们反而永远不能证明这一点。

我将在后面几章讨论这种不确定性的理由。第 2 章详细论述了最基本的理由：我们永远不能证明计算机模拟的世界不存在，因为日常现实生活中的任何证据，无论是自然界的壮丽景色、你家猫咪的滑稽动作，还是其他人的行为，都有可能是模拟出来的。

几个世纪以来，许多哲学家提出了可用于证明我们并非身处虚拟世界的策略。我将在第 4 章讨论这些策略，证明它们是无效的。在这个基础上，我们应该认真对待这样一种可能性：我们确实生活在虚拟世界中。生于瑞典的哲学家尼克·博斯特罗姆（Nick Bostrom）根据统计结果论证，在某一类假想情形中，宇宙中模拟出来的人数远远超过非模拟的人数。如果这是事实，也许我们应该认为在虚拟世界中生活是有可能的。我将在第 5 章证明一个说服力不太强的结论：以上所有讨论意味着，我们无法知道自己**不**在虚拟世界中。

这个结论将对笛卡儿的问题——我们如何了解外部世界——产生重大影响。如果我们不确定是否身处虚拟世界，且虚拟世界中的一切都不是真实的，那么我们似乎无从知道外部世界的事物是否真实，也就根本无法了解外部世界。

这是一个令人震惊的结论。难道我们不能确定巴黎是否在法国？难道我不知道自己出生于澳大利亚？难道我看不到前面有一张书桌？

许多哲学家试图证明知识之问能有积极的答案，以此来避免出现上述令人震惊的结论，这个答案就是：我们**能够**知道，我们并没有生活在虚拟世界。我们如果可以确定这一点，就可以对外部世界有所了解。但是，如果我是对的，我们就不能依赖这个令人安心的观点。我们无法知道自己并不是生活在虚拟世界，这使得解答有关外部世界的知识之问的难度大幅增加。

现实之问：虚拟世界是真实的，还是虚幻的？

无论何时，只要讨论虚拟现实，我们就会听到相同的负面评论：所谓虚拟，就是虚幻；虚拟世界不是真实的；虚拟事物并不是真正存在的；虚拟现实不是真实的现实。

我们可以在《黑客帝国》中找到这样的观点。在虚拟环境的一个等候室里，尼奥见到一个孩子看似用意念弄弯了勺子。于是他们有了以下的对话：

孩子：不要试图弄弯勺子，那是不可能的。相反……要努力去发现真相。

尼奥：什么真相？

孩子：勺子根本不存在。

影片将“勺子根本不存在”描述为深层次真相。母体中的勺子并非真实的，而是一种幻象。它的含义是：人们在母体中的一切体验都是虚幻的。

美国哲学家科尔内尔·韦斯特（Cornel West）在《黑客帝国：重装上阵》和《黑客帝国：母体革命》中饰演锡安基地的韦斯特议员，他在一篇评论文章中进一步深化了这种思路。在谈到从母体中觉醒时，韦斯特说道：“你认为自己意识到了真相，但也许这个真相是另一种幻象。自始至终都是幻象。”这里，我们要重复毗湿奴的观点：虚拟世界是幻象，而日常现实世界也可能是幻象。

同样的思路也出现在电视剧《亚特兰大》（*Atlanta*）中。三个角色深夜坐在游泳池边，讨论模拟假设。娜丁确信：“我们都是虚空。这是一个模拟游戏，范。我们都是赝品。”她理所当然地认为，如果人类生活在虚拟世界里，就是不真实的。

我认为这些言论是错误的。我的想法是：虚拟世界并非虚幻的世界，而是真实的世界；虚拟事物是真实存在的。在我看来，母体中的孩子应该这么说：“努力去发现真相。勺子确实存在，只不过是数字勺子。”尼奥的世界完全真实。娜丁的世界也是真实的，即便她身处虚拟世界，这种真实性也不能改变。

我们的世界亦是如此。即使我们生活在一个虚拟世界，它也是真实存在的。这里仍然有桌子、椅子和人，有城市、高山和海洋。

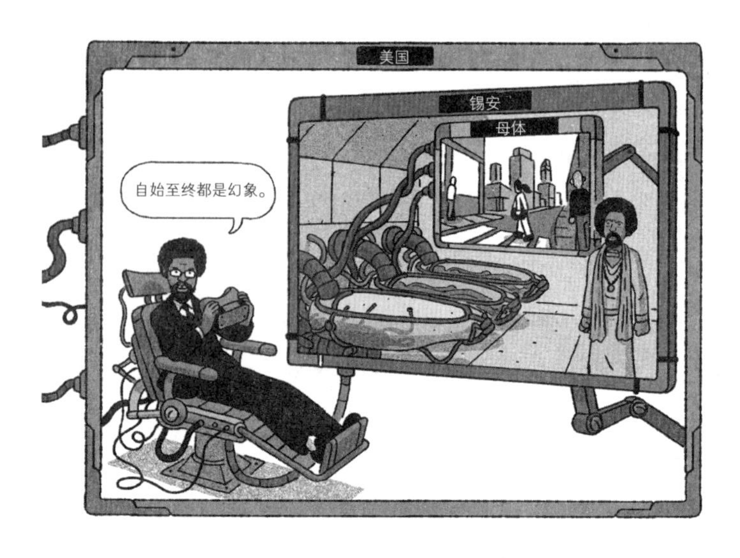

图 4　科尔内尔·韦斯特从锡安议员韦斯特的角色中抽离，在虚幻与现实中徘徊。

当然，我们的世界中存在大量假象。我们可能会被自己的意识和其他人欺骗，但我们身边的日常事物是真实存在的。

我所说的“真实”到底是什么意思？答案比较复杂。“真实”这个词没有单一、固定的含义。在第 6 章，我将探讨“真实”所包含的五种不同的标准。我的观点是，即使在虚拟世界中，我们所感知到的事物也符合“真实”的五种标准。

在真实世界中，通过头显体验到的虚拟现实又该如何定性呢？有时我们可以称之为假象。假设你不知道自己在玩虚拟现实游戏，把虚拟对象当作正常的真实事物，你就错了。不过，我会在第 11 章证明，有经验的虚拟现实游戏玩家知道自己在使用虚拟现实技术，但对于他们来说，根本不存在假象。他们在虚拟现实中感受到的是真实的虚拟对象。

虚拟现实与非虚拟现实是有区别的。虚拟家具不同于非虚拟家具。虚拟实体的制造方式有别于非虚拟实体。虚拟实体是数字实体，来源于计算机处理和信息化过程。简单地说，它们由位元（比特）构成。它们是完全真实的事物，存在于计算机中，建立在某种位模式基础之上。当与虚拟沙发交互时，实际上你是在与某种位模式交互。这种位模式完全真实，因此虚拟沙发也是真实的。

“虚拟现实”有时被用来指代“虚假的现实”。如果我的观点是正确的，那么这样定义虚拟现实就是错误的。事实上，它代表了某种与“数字现实”相近的事物。虚拟椅子或虚拟桌子由数字处理技术生成，正如物理椅子或桌子由原子和夸克构成，最终经量子过程成形。虚拟事物虽然不同于非虚拟事物，但真实性都是相同的。

倘若我说的没错，那么那罗陀化身为女性后的生活就不完全是幻象，莫蒂化身橄榄球明星和地毯销售员的生活同样如此。他们确确实实经历了某种长期的生活。那罗陀的确以苏西拉的形象生活。莫蒂的确以罗伊的身份经历了一段人生，尽管是在虚拟的世界里。

这种观点对外部世界问题具有重要影响。如果我所言非虚，那么即使我不确定我们是否身处虚拟世界，也并不意味着我不清楚我们周围的事物是否真实。在虚拟环境中，桌子是真实的（由位模式构建而成）；在非虚拟环境中，桌子同样是真实的（由其他材料产生）。因此，无论哪种情况，桌子都是真实存在的。这样的观点提供了一个解答外部世界问题的新方法，后文将详细论述这个方法。

价值之问：可以在虚拟世界中过上美好的生活吗？

在詹姆斯·冈恩（James Gunn）于 1954 年创作的科幻小说《不

幸福的人》（“The Unhappy Man”）中，一家名为 Hedonics（字面含义是“幸福学”）的公司使用被称为“幸福科学”的新技术来改善人们的生活。大家签订一份协议，以便迁入“sensies”中去生活。这是一个虚拟世界，里面的一切都是完美的：

> 我们管理一切，安排你们的生活，这样你们再也不必烦恼。在这个令人焦虑的时代，你们的焦虑将彻底消失。在这个让人恐惧的时代，你们永远不必恐惧。你们从此将衣食无忧，人人有房，生活幸福。你们将爱他人，也会得到他人的爱。对你们而言，生活就是纯粹的欢愉。

不过，冈恩小说中的主人公拒绝了这份协议，不愿将自己的生活托付给 Hedonics 公司。[5]

美国哲学家罗伯特·诺齐克（Robert Nozick）在其 1974 年的著作《无政府、国家和乌托邦》（*Anarchy, State, and Utopia*）中，向读者提供了一个类似的选择：

> 假设有一种体验机，可以让你获得任何想要的体验。极其优秀的神经心理学家可以刺激你的大脑，这样你就可以感觉自己在创作一部伟大的小说，或者在交朋友、阅读有趣的书籍。你将始终在一个水箱中漂浮着，一些电极将连接到你的大脑。你愿意接入这台生活体验机吗？愿意预先为你的生活经历编好程序吗？[6]

冈恩的“sensies”和诺齐克的生活体验机就是某种形式的虚拟

现实设备。他们的问题是:“如果可以选择,你会在这种设计好的现实中生活吗?”

和冈恩笔下的主人公一样,诺齐克的答案是“不”,他也希望读者保持一致立场。他的观点似乎可以这样总结:生活体验机提供的是二级现实。在机器内,人们看似在做一些事情,其实是假象。机器中的人并不是真正有自主权的人。对诺齐克而言,体验机中的生活没有什么意义和价值。[7]

诺齐克的支持者很多。2020 年,在一次针对哲学专业人士的问卷调查中,13% 的受访者说自己会进入生活体验机,77% 的受访者持否定意见。在更广泛的调查中,大多数人也拒绝接受这样的机会,尽管虚拟世界正日益成为我们生活的一部分,愿意与机器连接的人越来越多。[8]

我们可以从更广泛的角度针对虚拟现实提出同样的问题。例如,如果有机会在虚拟现实中生活,你会接受吗?这会是合理的选择吗?我们也可以直接放出价值之问:在虚拟现实中能够享受有价值、有意义的生活吗?

普通的虚拟现实技术与诺齐克的生活体验机相比,存在若干差异。例如,你知道自己何时身处虚拟现实,许多人可以同时进入同一个虚拟场景中。此外,普通的虚拟现实不是完全预先编程的。在交互式虚拟世界中,你会做出真正的选择,而非仅仅按照脚本生活。

然而,在 2000 年发表于《福布斯》杂志的一篇文章中,诺齐克将他对体验机的负面评价延伸至普通的虚拟现实技术。他说:“即使每个人都接入虚拟现实中,也不足以使其内容具有真正的真实性。”他还这样评价虚拟现实技术:“这种技术也许确实能带来巨大的欢乐，使得许多人选择没日没夜地沉浸其中。而与此同时，其他人很有可能发现，这样的选择令人深感困扰。”[9]

关于虚拟现实技术，我将在第 17 章证明诺齐克的答案是错误的。在全景式虚拟现实世界中，用户可以按照自己的选择来设计生活，与周围的人进行真正的互动，享受有意义、有价值的生活。虚拟现实不一定是二级现实。

《第二人生》这款游戏自 2003 年推出以来，可能已经发展为顶级的构建日常生活的虚拟世界。即使是这类已经问世的虚拟世界，也可能具有很高的价值。有很多人在今天的虚拟世界中建立严肃的关系，开展有意义的活动。虽然许多重要的元素仍然缺失，例如真正的身体、触摸、吃喝、出生和死亡等，但是，很多这样的局限性将被未来的完全沉浸式虚拟现实技术克服。理论上说，虚拟现实中的生活可以与对应的非虚拟现实一样美好或者一样糟糕。

许多人已经在虚拟世界中耗费了大量时间。未来，我们可能会选择在虚拟世界投入更多的时间，甚至是一生中的大部分时光。如果我的观点正确，那么这将是一个合理的选择。

很多人会认为这是一种反乌托邦前景。我不这么认为。虚拟世界当然可以是反乌托邦性质的，正如物理世界同样可以如此。但是，它们不会仅仅因为是虚拟的，所以就是反乌托邦的。与大多数技术一样，虚拟现实技术是好是坏，完全取决于使用的方式。

核心哲学问题

下面重复一遍三个关于虚拟世界的主要问题。现实之问：虚拟世界是真实的吗？（我的答案：是的。）知识之问：我们能知道自己是否身处虚拟世界吗？（我的答案：不能。）价值之问：在虚拟世界中可以过上美好生活吗？（我的答案：可以。）

现实之问、知识之问和价值之问分别与哲学的三个核心分支相匹配：

（1）形而上学

对现实的研究。形而上学要解答的问题类似于“现实的本质是什么”。

（2）认识论

对知识的研究。认识论要解答的问题类似于“我们如何才能了解世界”。

（3）价值论

对价值的研究。价值论要解答的问题类似于“好与坏之间的区别是什么”。

简而言之，形而上学解答的是“这是什么”，认识论解答的是“如何知道”，价值论解答的是“有没有益处”。

当发出现实之问、知识之问和价值之问时，我们就是在研究虚拟世界的形而上学、认识论和价值论。

关于虚拟世界，我们还会提到其他哲学问题，包括：

心灵之问：心灵在虚拟世界中具有怎样的地位？[10]

造物主之问：虚拟世界有没有造物主？

道德伦理之问：我们在虚拟世界里应该遵守怎样的行为法则？

政治之问：如何建立虚拟社会？

科学之问：模拟假设是科学的假设吗？

语言之问：在虚拟世界中，语言具有怎样的意义？

这六个新增的问题和三个主要问题一样，分别对应一个哲学领域：心灵哲学、宗教哲学、伦理学、政治哲学、科学哲学和语言哲学。[11]

上述各领域的传统问题更具普遍性：心灵在现实中具有怎样的地位？造物主存在吗？我们应该如何对待他人？如何建立社会？关于现实，我们通过科学了解到什么？语言有哪些意义？

在阐述关于虚拟世界的问题时，我会尽力将它们与更重要的问题联系起来。这样的话，我们的答案不仅有助于最终领悟虚拟世界在生活中的作用，还会帮助我们更好地理解现实本身。

回答哲学问题

哲学家善于提问，不太擅长回答。2020 年，我和同事戴维·布尔热（David Bourget）在大约 2 000 名哲学专业人士中开展了一次问卷调查，涉及 100 个哲学问题。毫不意外，我们发现几乎所有问题的答案都存在很大分歧。[12]

哲学家每时每刻都在解答问题。艾萨克·牛顿认为自己是哲学家。他研究关于空间和时间的哲学问题。他设计了一套方法来解答某些这样的问题，于是新的物理学诞生了。后来，在经济学、社会学、心理学、现代逻辑学、形式语义学等领域，都发生了类似的情况。一些哲学家对某些核心问题有了足够的理解，进而推动新学科的诞生。他们是所有这些学科的创始人或者联合创始人。

事实上，哲学是其他学科的孵化器。哲学家想出严谨的方法来处理哲学问题时，就会将这个方法分离出来，然后宣布这是新的学科领域。由于若干世纪以来哲学的这种模式非常成功，因此，现在哲学领域剩下的只有一组难以回答的问题，人们仍然在寻找答案。这就是哲学家之间分歧与共识并存的原因。[13]

还是那句话，我们至少可以提出问题，并且尽最大努力去解答这些问题。有时，问题的答案呼之欲出，那是我们的运气来了。即便最后没有解决这个问题，我们的努力通常也是有价值的。至少，提出问题并研究潜在的答案，可以让我们更好地理解这个论题。其他人可以基于我们的理解开展研究，最终，问题可能会得到恰当的解答。

在本书中，我将尽力解答我提出的一些问题。我当然不会期望读者同意所有的答案，但是我仍然希望你能通过我的努力对问题有所理解。幸运的话，可能有人会以本书的某些内容为基础开展研究。无论怎样，我们可以期待，在这些关于虚拟世界的问题中，最终会有一部分从哲学领域独立出来，发展为新的学科。

第 2 章

什么是模拟假设?

1901 年，在希腊安提凯希拉岛（Antikythera）附近海底的一艘沉船中，人们发现了安提凯希拉装置。它的制造时间可以追溯到 2 000 年前。这台装置用铜制成，最初是固定在一个大约长 13 英寸（1 英寸约合 2.54 厘米）的盒子上。它的外形与钟相似，内置由 30 多个齿轮组成的复杂系统，这个系统曾经驱动装置前后部的指针和刻度盘转动。经过一个世纪极为细致的分析，研究者发现指针模拟出了太阳和月球每日在黄道带的位置，数据是根据希腊罗得岛上的天文学家喜帕恰斯（Hipparchus）的理论计算出来的。最近，对残存文字和齿轮碎片的数学分析提供了极具说服力的证据，表明该系统还模拟了五个当时已知行星的运行。看起来安提凯希拉装置是一次模拟太阳系的尝试，也是第一个已知的宇宙模拟器。[1]

安提凯希拉装置是一种机械模拟。在这种装置中，元件的位置反映了它们所模拟物体的位置。在安提凯希拉装置中，齿轮运动的目的是展现太阳和月球相对其他行星的运动，人们可以用它来预测未来发生日食的年份。

机械模拟现在还经常得到应用，旧金山湾及其周边环境的机械

图 5　图为安提凯希拉装置复原图，该装置模拟了太阳和月球的位置，有可能还包括五个当时已知行星的位置。

模拟装置就是一个著名的例子。该装置坐落于一座面积超过 1 英亩（1 英亩约合 0.4 公顷）的大型仓库中，就位于旧金山城外。它是一个微缩模型，通过液压机构驱动巨大的水流来模拟潮汐、海流和其他自然力量。建造它的目的是检验在湾区修建水坝的计划是否可行。这个机械模拟装置显示计划不可行，所以水坝也从未破土动工。[2]

由高度复杂的系统构成的机械模拟器很难建造，而模拟技术和仿真科学也始终没有发展起来，直到 20 世纪中期计算机时代到来，情况才发生变化。在布莱奇利公园（Bletchley Park）知名的密码破译部队里（电影《模仿游戏》讲述了这段故事），英国数学家艾伦·图灵和其他研究人员研制了第一批计算机，目的是模拟和分析德国的密码系统。二战后，数学物理学家斯坦尼斯拉夫·乌拉姆（Stanislaw Ulam）和约翰·冯·诺伊曼利用 ENIAC 计算机（电子数字积分计算机，又称“埃尼阿克计算机”）模拟核爆炸中中子的表现。

这些例子属于最早的计算机模拟。机械模拟由物理装置驱动，而计算机模拟由算法驱动。现代计算机模拟不用指针和齿轮来反映行星位置，而是利用位模式。对已知行星运动定律的算法模拟确保位元的演变反映行星位置变化。利用这种方法，现在我们具备了对太阳系精确模拟的能力，使得我们能够以不可思议的精度来预测火星的位置。

计算机模拟在科学和工程设计领域无处不在。[3] 在物理学和化学领域，我们对原子和分子进行模拟。在生物学领域，我们模拟细胞和有机体。在神经科学领域，我们模拟神经网络。在工程设计领域，我们对汽车、飞机、桥梁和建筑进行模拟。在行星科学领域，我们模拟地球数十年的气候变迁。在宇宙学领域，我们模拟已知的整个宇宙。

在社会学领域，已经有大量针对人类行为的计算机模拟。[4] 早在 1955 年，丹尼尔·格拉夫（Daniel Gerlough）就完成了一篇关于计算机模拟的博士论文，模拟对象是高速公路交通。1959 年，Simulmatics 公司成立，目标是模拟和预测政治运动中的信息传递如何影响各种选民群体。据说这项工作对 1960 年美国总统大选产生了极其重要的影响。Simulmatics 公司所宣称的效果也许被过分夸大了，但是自那以后，社会和政治模拟便成为主流做法。自然而然地，广告公司、政治顾问、社交媒体公司和社会学家都建立了各种模型，对人群进行模拟。

模拟技术正在飞速发展，但距离完全模拟还很遥远。模拟对象通常集中在特定层面。群体层面的模拟将人类行为近似处理为简单的心理模型，很少模拟神经网络，而后者才是心理活动的基础。多尺度模拟是模拟科学的一个热门话题，指的是研究者越来越有能力同时模拟不同等级的系统，但是，局限性仍然存在。能同时模拟人类行为和脑中原子的实用模拟目前还没有出现。大多数模拟充其量只能做到与模拟对象的表现大致近似。

对整个宇宙的模拟也是如此。迄今为止，大多数宇宙模拟聚焦于银河系的演变，典型的做法是在宇宙中某片区域放置一张网格，将其划分成若干巨大的单元。模拟过程展示了这些单元如何随时间推移而演化，如何互相影响。在某些系统中，网格的尺寸是弹性的，这样一来，特定区域的单元格可以缩小，以便开展更加细致的分析。但是，宇宙级模拟很少会降级为单个恒星层面的模拟，更不用说行星或行星上的有机体层面了。

不过，在下一个100年内，我们也许可以相当精确地模拟人脑和行为。在那之后，我们也许能够对整个人类社会进行合理的模拟。最后，我们将能够模拟太阳系甚至是宇宙，从原子层面到宇宙层面，应有尽有。在这样一个系统里，被模拟的宇宙中的每个实体都有位元相对应。

一旦我们能够对人脑的所有活动进行极为细致的模拟，就必须认真思考以下观点：虚拟大脑本身就具有意识和智能。毕竟，如果有系统能够完全地模拟我的大脑和身体，其行为也将与我本人一模一样。也许，它会有自己的个人观点。也许，它会和我一样，生活在完全相同的环境里。到那时，我们几乎要接受这样的假设了：我们自己就生活在模拟系统里。

可能世界和思想实验

有些模拟系统以现实为基础，其他则并非如此。法国哲学家让·鲍德里亚（Jean Baudrillard）在其1981年的著作《拟像与模拟》

（*Simulacra and Simulation*）中，根据模拟与现实的近似程度，将模拟分为四个阶段。[5]第一个阶段是“呈现”，即“对复杂现实的映射”。最后一个阶段是“拟像”，这个阶段的模拟“与任何现实毫无关联”。鲍德里亚谈论的是文化符号模拟，不是计算机模拟。但是我们在对他的四阶段区分法进行调整后，就可将其用于计算机模拟，并将计算机模拟分为四种类型。[6]

有些模拟系统（类似于鲍德里亚所说的呈现）的目标是尽可能真实地模拟现实的某一方面，就像地图尽可能真实地呈现某个地区的状况。对宇宙大爆炸或者第二次世界大战的历史性模拟旨在详细地再现这些过去发生的事件。对沸水的科学模拟的目的在于模拟水真正沸腾时的现象。

有些模拟系统的目标是模拟现实中**可能**发生的事情。飞行模拟器通常不是用来模拟已经发生的飞行，而是可能发生的飞行。军事模拟系统可以尝试模拟核战争爆发时美国可能遭受的打击。

有些模拟系统的目标是模拟本来有可能发生但最后没有发生的事情。进化模拟器可以模拟这样的情形：假如大规模小行星撞击没有引发恐龙灭绝，生物会如何进化。运动会模拟器可以模拟在美国没有抵制 1980 年莫斯科奥运会的情况下，什么将会发生。

最后，有些模拟系统（类似于鲍德里亚所说的拟像）的目标是模拟与现实毫无相似之处的世界。科学模拟系统可以模拟没有重力的世界，我们可以尝试模拟七维时空的宇宙。

因此，模拟系统不仅仅指导我们了解现实世界，而且指引我们去探索由可能存在的世界构成的庞大宇宙体系。哲学家将这些统称为可能世界。[7]

在我们生活着的这个世界（也就是这个宇宙），我成为一名哲学专业人士。在邻近的可能世界里，我也许是数学专业人士。在遥远的可能世界，我又可能是专业运动员。在真实世界里，希特勒成为德国领袖，第二次世界大战爆发。在一些可能世界里，希特勒从未掌权，二战也从未发生过。在真实世界里，地球孕育出生命。在可能世界里，太阳系从未形成过。甚至在某些可能世界，宇宙大爆炸根本没有发生。

计算机模拟可以帮助我们探索所有这些可能世界。宇宙模拟系统能够模拟新的宇宙，在那里，我们的银河系根本不存在。进化模拟系统能够模拟新版本的地球，在那里，人类从未进化出来。在军事模拟系统可以模拟的世界里，希特勒从未入侵苏联。最后，个人模拟系统可以模拟这样的情形：如果我一直从事数学研究，从未转向哲学领域，我会有怎样的遭遇。

思想实验是一种只需要思考就可以进行的实验，也是探索可能世界的一种方法。你要做的是描述一个可能世界（或者至少是其中一个部分），然后观察后续发展。柏拉图的洞穴就属于思想实验。他构想了一个世界，在那里，囚徒只能看见投射在洞穴墙壁上的影子。他的问题是，这些囚徒的生活与洞穴外的人相比如何。庄周梦蝶也是思想实验。在庄子描述的这个世界里，他记得自己做了一个梦，梦中他变成了蝴蝶。他的问题是，他如何才能知道自己不是一只做梦变成庄子的蝴蝶。

思想实验为科幻小说提供了素材。和哲学相似，科幻小说也会探索可能存在的世界。任何一本科幻小说都属于思想实验。作者构思一个场景，然后观察接下来会发生什么。H. G. 威尔斯（H. G. Wells）的《时间机器》（*The Time Machine*）虚构了一个拥有时间机器的世界，然后安排了一系列后续故事情节。艾萨克·阿西莫夫在

《我，机器人》中用几个故事构想了一个存在智能机器人的世界，并推测人类应该如何与他们相处。

厄休拉·勒古恩（Ursula Le Guin）于1969年发表的经典小说《黑暗的左手》（*The Left Hand of Darkness*）描述了这样一个可能世界：格森（Gethen）星球上的人没有固定的性别。按照勒古恩在1976年一篇题为《性别是必要的吗？》的文章中所言，“我抹掉性别，为的是了解会剩下什么”。她在小说序言中写道：

> 如果喜欢，可以读读（本书），以及其他许多科幻作品，就当是做个思想实验。想象一下，年轻的医生在实验室里创造人类（玛丽·雪莱的小说）；再想象盟军在二战中战败[菲利普·K. 迪克（Philip K. Dick）的小说]。想象各种各样的情形，看看会有怎样的事情发生……像这般构思的故事，不必摒弃适合现代小说的复杂的道德观，也不一定要出现封闭式结局。只有实验可以设置界限，而这界限也许是极为宽广的，理性和感性可以在边界内自由行走。[8]

思想实验产生了大量真知灼见。勒古恩的思想实验让我们洞察到一种可能性：它告诉我们，性别的根源可能是什么。罗伯特·诺齐克关于生活体验机的思想实验使我们深刻认识到价值的含义：它有助于阐明，对我们而言，什么是有价值的，什么没有价值。庄周梦蝶让我们对知识有了深刻理解：什么是我们能够或者不能够知道的？

图 6　厄休拉·勒古恩的思想实验："我抹掉性别，为的是了解会剩下什么。"

思想实验可以扩展某些概念（例如时间和智能）的界限，另一方面又有助于划定某些概念（例如知识和价值）的界限。通过研究这些界限，我们会对时间的本质或者知识的含义有更多的认识。

思想实验有可能牵强附会，但是它常常让我们对现实有更深刻的理解。勒古恩说，她撰写关于性别的内容，是"以小说家的方式，也就是通过精心编造间接的谎言，来描述心理现实的某些方面"。勒古恩笔下的格森人也许不存在，但是他们的本性所展现出来的方方面面会与许多人的生活经历产生共鸣。阿西莫夫对机器人所具备的人工智能进行了探索，一旦现实中的人工智能系统发展成熟，他的思想可以为我们与人工智能的互动提供参考。柏拉图的洞穴之喻可以帮助我们分析表象与真相的复杂关系。为什么说思想实验在哲学、科学和文学领域处于如此核心的地位？以上就是部分原因。

科幻小说中的模拟

在科幻小说和哲学领域，有一个极具影响力的思想实验，这就是模拟宇宙的概念。如果我们的宇宙就是一个模拟器，什么事情会发生？未来将如何发展？

詹姆斯·冈恩在1955年发表的小说《裸露的天空》（*The Naked Sky*）是第1章提到的Hedonics公司故事的续集。两个故事后来都被收录到冈恩1961年出版的小说集《快乐制造者》（*The Joy Makers*）中。在表面上摧毁了Hedonic的梦想机之后（“在巨大的蓝色覆盖下，天空开始消散”），小说中的角色仍然感到迷惑，自己是在机器中，还是回到了现实世界：

> 他们该如何确定，这就是现实世界，而不是Hedonic的机器制造的另一个愿望得以实现的美梦？他们又该如何确定，自己确实打败了梦想机，而不是被关进水舱、在幻境中生活？答案是：他们永远也无法确定。[9]

因为这段话，冈恩被列为最早明确阐述模拟假设的候选人之一。所谓模拟假设，指的是我们生活在计算机模拟的世界中。必须承认，在冈恩那个时代，计算机还是新事物，他也没有将梦想机明确地描述为计算机模拟系统。他在第一个故事中提到的“sensies”类似于高度沉浸式电影，在后来的故事中，升级为令人拜服的“realies”系统。计算机模拟在阿瑟·C. 克拉克1956年的小说《城市与群星》（*The City and the Stars*）中小试牛刀，但是模拟假设没有被人接受。

计算机模拟和模拟假设这两个概念的第一次融合应该是出现在戴维·邓肯（David Duncan）于 1960 年创作的短篇小说《永生者》（*The Immortals*）中。这篇语言晦涩但情节引人入胜的小说讲述的是，罗杰·斯泰鸿（Roger Staghorn）设计了一种名为“Humanac”的计算机模拟系统，用来预测假想事件的结果。他和同事佩卡里（Peccary）博士进入模拟系统中，与一些被认为将来可以活 100 岁的人互动。两人经历了一番冒险，好不容易才逃脱。回到现实世界后，他们关闭了模拟系统。故事的结尾写道：

> 斯泰鸿若有所思地说道：“我实在是好奇，此刻的我们在谁的计算机里。我们只是一条因果链中不起眼的一环。这条因果链何时开始，只有上帝知道，至于何时结束……”
>
> “有人拔掉电源时就会结束。”佩卡里接话道。

在过去的岁月里，计算机模拟这一概念在小说《幻世 3》（*Simulacron-3*）中得到了最深刻的描述。这是丹尼尔·F. 加卢耶（Daniel F. Galouye）于 1964 年出版的一部内容深奥的作品，讲述的是多层级模拟系统的故事。[10] 1973 年，杰出的德国导演赖纳·维尔纳·法斯宾德（Rainer Werner Fassbinder）将其改编为德语电视剧《世界旦夕之间》（*Welt am Draht*），该剧后来作为同名电影发行，添加了英文副标题。这似乎是模拟假设在电影胶片和电视屏幕上的处女秀。1999 年，好莱坞翻拍了法斯宾德的电影，新作名为《异次元骇客》（*The Thirteenth Floor*），赢得广泛赞誉，使得模拟系统题材的电影变得热门。

同一年《黑客帝国》首映，该片由拉娜·沃卓斯基和莉莉·沃卓斯基两姐妹编剧和执导，目前仍然是对虚拟概念描述得最出色的影片。主角尼奥（基努·李维斯贡献了令人难忘的表演）生活在平凡的世界，他上班、读书、参加聚会，和普通人没什么两样。他发现了一些怪事，例如，他的世界被蒙上了一层淡淡的绿色，而且他总是有一种不安的感觉。他在阅读鲍德里亚的《拟像和模拟》，这表明他心存疑虑。最后，他服下红色药丸，然后发现自己长期以来一直生活在计算机模拟系统中。

《黑客帝国》是我开始研究模拟领域的动力之一。该片导演和制片人对哲学深感兴趣，邀请了若干哲学专业人士为电影官方网站撰写关于哲学理念的文章。[11] 我也受到邀请，2003 年在网站上发表了《母体是形而上学》这篇文章，全面论述母体不一定是幻象。该文提供了本书第 3 部分某些观点的早期版本。

在《母体是形而上学》一文中，我用“母体假设”这一名称来指代模拟假设概念。它指的是这样一种假设：我现在和将来永远都生活在母体中。我将母体定义为人工设计的计算机模拟出来的世界。

同一年，尼克·博斯特罗姆发表重要文章《你生活在计算机模拟系统中吗？》，通过统计论证手段解释我们应该严肃对待模拟概念的原因。[12]（第 5 章将讨论他的论证过程。）在同年的另一篇文章中，博斯特罗姆提出了“模拟假设”这一名称。事实证明这个名称比我的更好，因为“模拟”一词具有普遍意义，而电影是短暂的。本书将按照现在的标准做法来讨论模拟假设。

模拟假设

到底什么才是模拟假设？博斯特罗姆的定义比较简单："我们生活在计算机模拟系统中。"我的定义是："我们现在和将来永远都生活在人工设计的计算机模拟出来的世界中。"我认为两种定义是一致的。我的版本只是明确了博斯特罗姆没有说明的两件事。其一，模拟必须是终生的，或者至少只要我们还有记忆力，模拟就一直存在。短时间的模拟不能算作模拟。其二，模拟必须是由模拟者设计的。没有模拟者参与的、随机运行的计算机程序不是模拟。一般情况下，当我们考虑模拟假设时，上述两个要素将包括在内。

身处模拟系统是一种怎样的体验？按照我对这个概念的理解，基本上就是与模拟环境进行交互。当身处模拟系统时，你的感官从模拟环境中输入信息，肌肉向模拟环境施加影响。通过这些交互过程，你就会完全沉浸于模拟系统中。

在《黑客帝国》的开头，尼奥的生物肉体和脑部位于非模拟系统的容器中，与别处的模拟系统相连接。就"在"这个字通常所包含的空间意义而言，尼奥的大脑并没有"在"模拟系统里。但是，他的一切感官输入都来自模拟环境，而肌肉输出的目的地也是模拟环境，因此，从这个重要意义上讲，他确实在模拟系统中。在尼奥吞服红色药丸后，他的感官开始对非模拟系统做出反应，所以他不再处于模拟系统中。

我会用"模拟人"（sim）一词来表示身处模拟系统的人。[13] 至少存在两种模拟人。第一种是生物模拟人（biosims）：位于模拟系统之外（就空间意义而言）但又与其连接。尼奥属于这一类，脑部位于箱体内，与计算机连接。容纳生物模拟人的模拟系统是非纯粹模拟系统（impure simulation），因为内部包含了非模拟元素（即生物模拟人）。

第二类是纯粹模拟人（pure sims）。这是只存在于模拟系统的模拟人。加卢耶的小说《幻世 3》中的大部分人都是纯粹模拟人。他们只接收来自模拟系统的感官输入，因为他们就是系统的一部分。重要的是，他们的大脑也是模拟的。只有纯粹模拟人的模拟系统也许可以被称为“纯粹模拟系统”（pure simulations），那里发生的一切都是模拟出来的。

混合模拟系统也有可能存在，其中既有生物模拟人，也有纯粹模拟人。在母体内部，主角尼奥和崔妮蒂是生物模拟人，而“机器人”角色史密斯特工和先知则是纯粹模拟人。在 2021 年的电影《失控玩家》中，瑞安·雷诺兹（Ryan Reynolds）饰演的主角盖是

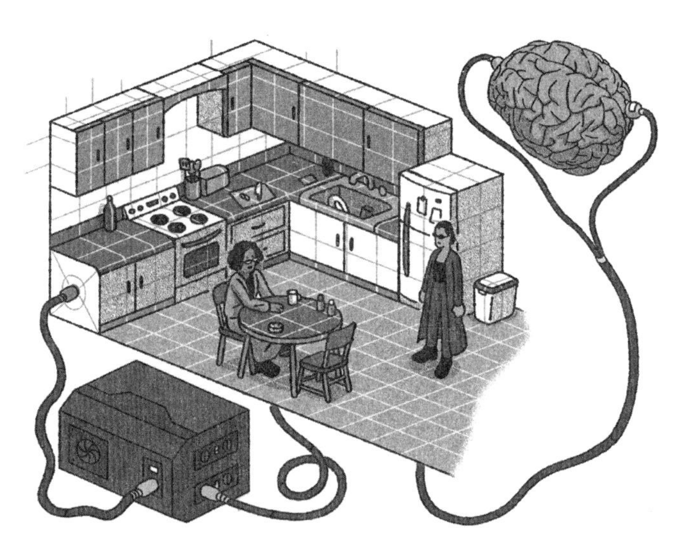

图 7　存在生物模拟人（由大脑控制）和纯粹模拟人（由计算机控制）的模拟系统。本图灵感来自《黑客帝国》中的崔妮蒂和先知。

一款电子游戏中纯粹的数字非玩家角色。他在游戏中的伙伴、朱迪·科默（Jodie Comer）饰演的燃烧弹女孩是游戏玩家，也是游戏的设计者，游戏之外的普通人。因此，盖是纯粹模拟人，燃烧弹女孩是生物模拟人。

模拟假设同样适用于纯粹、非纯粹和混合模拟系统。模拟概念在科幻小说和哲学中的出现次数在这三种系统中分布得非常均匀。短期来看，非纯粹模拟将比纯粹模拟更加常见，因为我们知道如何将人与模拟系统连接，但还不清楚如何模拟人。长期而言，纯粹模拟很可能更加普遍。非纯粹模拟系统所需脑供给并不是无止境的，而且任何情况下，将人脑连接机器都会是一件棘手的工作。相反，从长期来看，纯粹模拟就比较容易。我们只需编写恰当的模拟程序，然后静观其运行便可。

还有一点区别要说明。整体模拟假设指的是，模拟系统详细地模拟整个宇宙。例如，对我们所处宇宙的整体模拟将模拟你、我、地球上的每个人、地球本身、整个太阳系、银河系以及此外的一切。局部模拟假设指的是，模拟系统只是详细模拟宇宙的一部分。它可能仅仅模拟我、纽约（见第24章图57），或者只有地球和全部人类，又或者只是银河系。[14]

短期来看，局部模拟更容易实现。它需要的计算能力要小得多。但是，局部模拟系统必须与世界其他部分进行交互，那样有可能带来麻烦。在《异次元骇客》中，模拟者只模拟了南加利福尼亚。主人公试图驾车去往内华达州时，遇到了一个路标，上面写着“道路封闭”。他继续向前，看到山脉变成了绿色线条。要设计令人信服的模拟系统，这可不是一个好方法。如果局部模拟仅限于局部细节，就无法合理地模拟与世界其他部分的互动。

想要运行良好，局部模拟系统必须是弹性的。为了模拟我，模拟者必须大规模模拟我的生活环境。我与其他地方的人交谈，在电视上收看世界各地发生的事件，还经常旅行。我遇到的人又会继续与很多人互动。因此，一个对我本人的局部环境进行模拟的出色系统需要对世界其他部分进行非常细致的模拟。在系统运行过程中，模拟者也许要不断地更新模拟的细节。例如，对月球背面进行模拟时，一旦航天器能够拍摄那里的图像并将图像传回地球，模拟系统就需要修正。到了某些时刻，系统有可能自然而然地停止更新，例如，当模拟者能够按照要求详细展现地球和太阳系，且对外部宇宙完成基本模拟时，也许这样的时刻就到来了。

哲学家酷爱分类。[15] 我们可以建立更多分类，例如短暂的和持久的模拟（人们只是短期进入还是终生生活在模拟系统中？）、完全的和不完全的模拟（是如实地模拟所有物理定律，还是允许近似结果和特例存在？）、预编程的和开放式模拟（是预先编好程序、产生单一的事件进程，还是由初始条件和模拟人的选择来决定不同的事态发展过程？）。也许你还可以想出其他分类，不过已经足够多了。

你能证明自己并没有身处模拟系统吗？

你能证明自己并没有身处模拟系统吗？

你可能认为自己已经掌握明确的证据来证明上述问题的答案是否定的。我认为那是不可能的，因为任何这样的证据都是可模拟的。[16]

也许你认为，身边风景壮丽的森林就证明你的世界并非被模拟出来的。然而，理论上说，森林也可以模拟，每一个微小细节，眼睛接收到的每一束来自森林的光，都可能是模拟的。在模拟系统里，你大脑的反应就和非模拟的正常世界里的反应一样，所以模拟的森林也和正常的森林几乎没有区别。那么，你真的能证明自己看见的不是模拟的森林吗？

也许你认为，心爱的猫绝对不可能是模拟的。可是，猫属于生物系统，而生物学机理似乎是可以模拟的。只要技术足够先进，模拟猫和真实猫难分彼此。你真的知道自己的猫不是模拟出来的吗？

也许你认为，身边人的创意之举和友爱行为绝对不可能被模拟。然而，猫所适用的规律，人类也不能例外。人这种生物可以被纯粹模拟。人类行为由人脑引导，而人脑看起来就是复杂的机械。你真的知道对人脑的完整模拟不能再现上述行为的细节吗？

或许你认为自己的肉体绝不可能被模拟。你感觉饥饿或疼痛，四处走动，用手触摸物体，吃饭喝水，对体重一清二楚，所有这些行为看起来都出于本能，非常真实。可是作为生物系统，肉体也可以被模拟。如果你的肉体得到极其逼真的模拟，能够向大脑发送真实肉体才会发送的信号，那么，大脑就不能分辨真伪。

也许你认为意识绝不可能被模拟。你从第一人称视角对世界有了主观体验：感受到颜色、痛苦、思想和记忆。成为你自己，是一种特殊体验。仅靠对大脑的模拟是无法形成这种意识的！

意识以及意识是否可以模拟的问题比其他问题都难。我们将在后文尽力予以详细解答。现在，我们可以将意识问题暂时搁置，来关注非纯粹模拟，也就是“母体”式模拟，其特点是生物模拟人与模拟系统连接。生物模拟人自身不是模拟的，他们拥有正常的生物脑，很可能像我们的大脑那样具有意识。无论你是正常人还是脑部状况相同的生物模拟人，你对外界事物的感知都是一样的。

纯粹模拟的特点是身处模拟系统的人本身就是模拟的。它引出这样一个问题：模拟人是否具有意识？我们如果可以证明，模拟人不可能具有意识，也许就可以证明我们并非生活在纯粹模拟系统中（考虑到我们确定自己是有意识的，至少这一点可以证明）。在第15章，我将论证，即使是模拟人，也可能有意识。如果模拟脑精确复制生物脑，意识体验将是相同的。如果这个观点正确，那么，正如我们永远无法证明自己并非身处非纯粹模拟系统，我们也绝不可能证明自己并没有生活在纯粹模拟系统中。

你能证明自己生活在模拟系统中吗？

我认为我们永无可能证明自己并非身处模拟系统，那么，反过来呢？你能证明自己生活在模拟系统中吗？

在《黑客帝国》中，尼奥吞下红色药丸，在另一个现实世界醒来，这时他意识到自己一直生活在模拟系统里。如前所述，他不应该如此确信。他仅仅知道，旧世界不是模拟的，而红色药丸使他瞬间进入模拟的世界。

不过，我们当然可以获得极具说服力的证据，证明我们生活在模拟空间里。模拟者可以将悉尼港湾大桥举至空中，然后翻转过来；可以向我们出示模拟系统源代码；可以展示我们过去的个人生活经历，以及生成这段经历的模拟技术；可以给我播放一段影片，显示我的大脑与上一级现实世界中的线路连接，我的思想和情感被上传至那里；还可以让我控制模拟系统，这样的话只需按下几个按钮，就能够移动我周围的山脉。

不过，即使这样的证据也不足以证明我们生活在模拟空间里。也许我们所在的世界是一个非模拟的魔法世界，就像哈利·波特的世界，在那里，全能的巫师利用他们的能力使人类相信自己生活在模拟系统里。也许我的生活不是模拟的，但是模拟者将我带入临时复制的模拟空间，目的是愚弄我。又或者，也许我陷入了药物诱发的幻觉中。尽管如此，我认为如果我掌握了上一段那样的证据，我很可能确信自己生活在模拟系统中。

模拟假设是科学假说吗？

有时人们认为模拟假设是科学假说，也就是说，通过观察和实验，可以从理论上验证这个假设。那么，是否存在科学依据证明我们生活在模拟系统里呢？

2012 年，物理学家赛拉斯·比恩（Silas Beane）、佐瑞·达沃迪（Zohreh Davoudi）和马丁·萨维奇（Martin Savage）发表文章指出，从理论上说，我们终究有一天会掌握证明模拟假设的科学依据。他们的基本观点是，通过获取近似值的方式对我们的宇宙进行模拟，很可能走出一条捷径，而这些近似值也许就体现在科学依据中。[17] 三位作者开发了一套数学分析方法，说明利用“超正方体时空”晶格（“hypercubic spacetime” lattice）的特定物理近似值如何背离正统物理学。我们的模拟者如果采用特定尺寸的晶格间距（lattice-spacing）进行计算，就会生成高能宇宙射线的特有模式。作者认为，这为将来验证模拟假设提供了一种可能的方式，虽然目前情况下我们没有这样的证据。

这种潜在证据的获取有赖于这一前提：模拟系统是不完全的。前面两节讨论的潜在证据同样需要上述前提。红色药丸、与模拟者的交流以及近似值，都是某种不完全，也就是说，模拟系统在这几个方面违背了它所模拟的世界的基本定律。在《黑客帝国》中，似曾相识的体验，例如一只黑猫两次经过同一条路，被认为是程序故障导致的现象。而完全模拟系统不会存在这样的故障。

完全模拟系统可以这样定义：精确复制它所模拟的世界。如果它所模拟的世界遵循严格的物理学定律，那么完全模拟系统将精确模拟这些定律，绝对不会出现违背现象。红色药丸、与模拟者的交流以及近似值不属于这样的定律。

有一种观点认为，数字计算机永远不能完全模拟连续体的物理定律，后者包含对连续体的精确量化。这个观点值得商榷。数字模拟技术应该能够近似处理已知的物理定律，实现一定程度的准确性。而且，至少从理论上来说，用于处理连续值的模拟计算机[18]（也许是模拟量子计算机[19]）有可能对已知定律进行完全模拟。

如果我们身处完全模拟系统，我们很难知道如何才能获得证明这一事实的证据。我们在模拟系统里的证据始终将与非模拟系统的证据精确对应。

同样困难的是获得证据证明我们没有生活在完全模拟系统中。和前面一样，这样的证据理论上是可以模拟的。任何证据，在完全模拟系统里，我们都可以模拟出相同的版本。至少可以这样说，假定模拟的大脑拥有与被模拟的大脑相同的意识体验，那么我们身在系统内部，根本就不可能分辨出非模拟系统与其完全模拟版本之间的区别。

大众媒体偶尔会刊登文章宣称，科学家已经证实我们不是生活在模拟空间里。举个例子，2017 年《科学进步》（*Science Advances*）发表的一篇研究文章辩称，传统计算机不能高效地模拟量子进程。[20] 文章作者、物理学家祖海尔·林格尔（Zohar Ringel）和德米特里·科夫日辛（Dmitry Kovrizhin）并没有说他们否定模拟假设，但一些记者却从这篇文章中得出了那样的结论。传统计算机不能高效模拟我们的宇宙，这是事实，但是仅凭这一事实自然完全不能证明我们没有生活在模拟系统中。正如计算机科学家斯科特·阿伦森（Scott Aaronson）指出的那样，要解决这个问题，我们只需假定模拟系统用到了量子计算机。我们甚至可以假定，模拟系统其实正在使用传统计算机来模拟量子进程，只是运行速度慢，效率低下。从模拟系统内部来看，我们无法说出二者的区别。

有时人们会说，没有任何宇宙可以容纳对其自身的完全模拟，因为如果存在完全模拟，则模拟版本的宇宙也需要模拟，而二级模拟版本同样需要模拟，如此循环，最后会产生无数层模拟。[21] 但是，这样的无限模拟不一定是不可能的。也许，无限宇宙可以奉献出小部分资源来运行这种自我模拟系统（仍然是无限的）。由此产生的模拟栈对无限宇宙而言，不再是问题。即便是一个有限但不断膨胀的宇宙也能持续地对自己的过去进行模拟，不过，有限模拟系统的状态比真实宇宙略微滞后。[22]

即便的确没有宇宙可以自我模拟，这个事实仍然无法否定模拟假设。我们没有理由假定模拟版本的宇宙和被模拟的宇宙完全一致。如果我们是虚拟的，那么被模拟宇宙的物理定律也许和我们的完全不同，而且它比我们的宇宙要大得多。如果被模拟的宇宙是无限的，拥有无穷无尽的资源，那么模拟一个有限的宇宙就比较容易。

总而言之，我认为，从理论上说我们可以获得证据，证实或者证伪各种非完全模拟假设，这些假设有可能会产生经验性的结果，我们可以对其进行验证。这样看来，这些非完全模拟假设与科学假说具有相同的重要性。它们可能还不是严谨的科学假说，因为我们还未掌握支持模拟假设的科学依据，但至少理论上是可以验证的。[23]

不过，我们永远不可能获得证实或证伪完全模拟假设的证据。完全模拟假设指的是我们生活在完全模拟的世界里，按照这个定义，现实世界将和它的完全模拟版本一模一样。因此，根据可验证性原则，完全模拟假设不是科学假说。取而代之的是，我们可以认为它是关于世界本质的哲学假说。

有些倔强的科学家和哲学家也许持有这一观点：因为完全模拟假设不可验证，所以是无意义的。我将在第 4 章论述它的错误。理论上，我们可以与完全模拟系统内部的人一起建设这样的世界。那些人绝不可能知道他们生活在模拟系统里。就他们的情况而言，模拟假设显然是正确的，因此也是有意义的。对我们来说，它可能正确，可能错误。也许我们永远不会知道这个问题的答案，尽管如此，模拟假设要么正确，要么错误，并非不可验证。

最早的模拟假设认为我们的世界是计算机模拟的结果，如何看待这个版本？它是科学假说还是哲学假说？

科学哲学家卡尔·波普坚称，科学假说的特点是，它是可证伪的，也就是说，可以运用科学事实来证明其错误。我们已经看到模拟假设不是可证伪的，因为任何否定它的证据都可能是模拟出来的。因此，波普会认为它不是科学假说。

和今天的许多哲学家一样，我认为波普的标准太过严格。可能有一些科学假说，例如关于早期宇宙的假说，永远不能被证伪。我想说，模拟假设不是纯然的科学假说，而是既有科学成分，又有哲学色彩。有些版本的模拟假设容易得到验证，而其他版本不可能被验证。但是，无论是否可验证，作为一种关于人类世界的假设，模拟假设始终具有非常重要的意义。

模拟假设和虚拟世界假设

计算机模拟与模拟系统的关系是什么？回想一下，虚拟世界具有交互性，是由计算机创造的空间。每一个虚拟世界都是模拟系统吗？每一个模拟系统都是虚拟世界吗？

电子游戏中存在的虚拟世界大多数可以被视为模拟系统，最明显的是那些模拟某些现实世界活动的游戏，例如钓鱼、飞行、打篮球。这些游戏最接近于鲍德里亚所说的“呈现”。它们也许不是为了表现完全的写实性，但是也会努力反映现实世界。像《太空侵略者》和《魔兽世界》这样更加奇幻的游戏，更符合鲍德里亚所说的“拟像”。它们的目的不是反映现实世界，而是去模拟可能世界。《太空侵略者》比较随意地模拟了一场外星人对地球的入侵。《魔兽世界》模拟的是融合了怪兽、探险和战争等元素的自然场景。

即使是《俄罗斯方块》和《吃豆人》这样并没有明显模拟物理环境的游戏，只要我们选择合适的角度来分析，也同样可以认为它们是模拟的产物。《俄罗斯方块》可以被视为模拟的二维或三维世界，在那里，砖头从天而降。《吃豆人》可以被看作对掠食者和猎物的模拟，它们在一个有形的迷宫里奔跑。将这些游戏说成是模拟系统，也许有些牵强，比如玩家可能不会这么认为，游戏设计师可能从未考虑让作品与“模拟”二字沾边。但是，按照我对模拟假设的理解，无论玩家或设计人员是否认为游戏就是模拟，都不会影响它的实质。所以，从我们的论题出发，这些虚拟世界仍然可以被视为模拟系统。[24]

同样的逻辑适用于任何虚拟世界，当然也包括太空。理论上我们可以将虚拟太空理解为对假想的物理太空的模拟。从这种宽泛的意义来说，虚拟世界也包括计算机模拟系统。

反过来呢？严格来讲，不是所有的计算机模拟系统都属于虚拟世界。有一些虚拟世界是非交互的，例如对银河系结构的标准模拟，与用户没有任何互动。因为这类系统不具备交互性，所以不符合虚拟世界的定义。但是，如果说我生活在计算机模拟的世界里，这意味着我必须通过感官输入和肌肉输出与计算机生成的世界进行互动，那么，这个假设就等同于另一个假设：我生活在虚拟世界里。

据此，模拟假设完全可以被阐述为虚拟世界假设，即我生活在虚拟世界里。

为了让读者加深认识，我们这样说：模拟假设的含义是，我们生活在**完全沉浸式**的虚拟世界里。当体验虚拟世界时，你被周围的一切环绕，沉浸于其中，仿佛身临其境，正如今天标准的虚拟现实头显带给你的感受一样。我们在引言里将虚拟现实定义为沉浸式虚拟世界。如果有人全身心地沉浸于虚拟世界，在那里的体验和我们对现实世界的感受如出一辙，那么，我们就可以称这样的虚拟世界为完全沉浸式的。我们对自己所生活世界的体验就是完全沉浸式的。因此，假如我们的肉体和意识都在虚拟世界里，就相当于生活在完全沉浸式的虚拟现实里。

模拟假设等同于模拟系统假设，但是从现在起，多数情况下我会使用“模拟假设”这个标准用语。本着同样的精神，我倾向于使用“模拟”一词来指代母体式的模拟宇宙，它与模拟假设有关，指的是终生的、完全沉浸式的模拟出来的世界，用户也许不知道他们身处模拟的环境中。另外我倾向于使用“虚拟世界”和“虚拟现实”来指代更加贴合现实生活的虚拟环境，用户在知情的情况下进入这样的环境，并且停留时间有限。这里涵盖的范围很广，从电子游戏和现在流行的虚拟现实头显，到虚拟技术的延伸应用，都可以包括在内，就像电影《头号玩家》里的场景，人们定期与机器连接，进入完全沉浸式的虚拟世界中。

从现在的虚拟世界到《黑客帝国》那样的全尺度模拟系统，我们拥有了一个由各种世界组成的序列。从严格意义上说，序列中的所有成员都可以被视为虚拟世界。序列两端都关系到我的某些非常重要的主张，例如“虚拟现实是真实现实”。但是，与日常生活相关的虚拟世界相对于模拟宇宙，所带来的问题总是会有些许差异。在后面几章，我们主要关注模拟宇宙。

第 2 部分

知　识

第 3 章

我们了解外部世界吗?

在动画作品《马男波杰克》(*Bojack Horseman*)中，有一档名为《好利坞明星和名流：他们都知道些什么？他们了解世界吗？去寻找答案吧！》的电视节目。这其实是一档知识竞赛类节目，由动画中的电影明星参加，他们生活在一个平行现实世界，在那里，"Hollywood"(好莱坞)这个招牌没有最后一个字母。和这部动画的大量情节一样，这个节目名称很容易引发哲学思考。乔治城大学哲学家奎尔·库克拉(Quill Kukla)有一门课程的名称是"马男波杰克与哲学"，宣传语就是："我们都知道些什么？我们了解世界吗？去寻找答案吧！"这句宣传语非常恰当地概括了西方哲学中认识论——关于知识的理论——的发展史。

我们都知道些什么？大多数人自以为知识渊博。我们知道昨天发生的事情和明天很可能要发生的事情，熟悉自己的家人和朋友，知道一些历史，具备一定的科学和哲学知识，甚至对自我也有一点认知。

但哲学家对以上知识提出了种种质疑。古希腊哲学家塞克斯都·恩披里柯（Sextus Empiricus，公元前 2 世纪或公元前 3 世纪）质疑的是科学知识。大约同一时期，古印度高僧龙树（Nāgārjuna）对我们是否能从哲学中汲取知识提出了疑问。11 世纪波斯哲学家加扎里（al-Ghazali，也称“安萨里”）质疑人类看到和听到的知识。18 世纪苏格兰哲学家大卫·休谟对我们关于未来的知识提出质疑。美国现代哲学家格雷斯·赫尔顿（Grace Helton）和埃里克·史维茨格波尔（Eric Schwitzgebel）分别提出疑问：我们是否了解其他人的思想？是否了解自己的思想？[1]

我们了解世界吗？有些哲学家怀疑我们对世界一无所知。古希腊怀疑论者皮洛（Pyrrho）及其追随者认为，我们不应该相信任何感知和信念，因为那样不会为我们带来知识和快乐。我们如果对一切都怀疑，就能够远离烦恼。大多数人不认同皮洛的建议，因为我们总是接受某些信念。但是，我们真的了解外部世界吗？

去寻找答案吧！为了弄清楚我们是否了解世界，我们必须首先明了什么是知识，以及我们是否拥有知识。我们还必须评判不同时代哲学家针对人类拥有的知识所提出的诸多质疑。

柏拉图提出了一个关于知识的观点，后来得到普遍认同，即知识是合理的、符合事实的信念。要了解某种事物，你必须相信它是正确的（此即信念），必须对它有正确的认知（此即事实），必须有充分的理由去相信它（此即合理）。

如果我错误地相信希拉里·克林顿在管理一个儿童色情团体，这就不是知识，说明我的认知是错误的，这是一个错误的信念。如果我猜测某人的生活，碰巧猜对了，这也不是知识，因为我没有充分的理由，这是不合理的信念。知识的定义也许不只是合理的、合乎事实的信念，不过大多数哲学家认为这三个必要条件是核心。

几乎所有的人都赞同，知识是我们的一种需求。16 世纪英国科学哲学家弗朗西斯·培根说："知识就是力量。"美国总统托马斯·杰弗逊补充道，知识就是幸福和安全。珍妮特·杰克逊（Janet Jackson）在她的歌曲《知识》中唱道："你不了解的东西会深深伤害你……去获取知识吧。"

另一方面，掌握知识可不是轻松的事情。我们容易获得错误的信息，我们总有理由相信某件事情，但这个理由很少像我们以为的那样充分。无怪乎许多思想家怀疑我们是否对世界一无所知。

对外部世界的怀疑论

《虎豹小霸王》（*Butch Cassidy and the Sundance Kid*）和《惊天大阴谋》（*All the President's Men*）两部电影的编剧威廉·戈德曼（William Goldman）在其 1983 年出版的作品《银幕春秋》（*Adventures in the Screen Trade*）的开篇，用一句宣言回答了知识之问："世人一无所知。"他谈论的是电影行业，可是这个回答还有着更深刻的含义。

戈德曼的这句名言是怀疑论（即怀疑主义）的一种表达方式。怀疑论的观点正是：所有的人都一无所知。这种思想历史久远。

在哲学中，怀疑论者指的是有些人对我们关于特定领域的信念持怀疑态度。戈德曼是电影行业怀疑论者。他认为，我们对于如何制作成功的电影有一套信念，这个信念不等于知识。超自然现象怀疑论者对我们关于鬼魂和心灵感应的信念表示怀疑。新闻媒体怀疑论者则对整个媒体行业习以为常的信念持怀疑态度。

对新闻媒体和超自然现象的怀疑论是局部怀疑论的典型。所谓局部怀疑论，指的是对我们关于某个具体领域的信念提出质疑。局部怀疑论有许多形式。可以是未来怀疑论（质疑我们对未来世界的构想），可以是科学怀疑论（质疑科学发现的真实性），还可以是他人思想怀疑论（对我们是否能够了解其他人的想法表示怀疑）。

最具恶意的是普遍怀疑论（global skepticism），它指的是同时质疑人类的所有信念。普遍怀疑论认为：我们一无所知；也许我们对世界形成了很多信念，但没有任何一种信念能与知识画等号。

最知名的怀疑论形式也许是对外部世界的怀疑，即怀疑我们对周围世界的信念的真实性。这种形式通常被称为笛卡儿怀疑论，以勒内·笛卡儿命名，他是这种怀疑论最著名的支持者。严格来讲，笛卡儿怀疑论不是彻头彻尾的普遍怀疑论，因为它与我们对某些事物的认知是一致的，例如对逻辑或人类思想的认知。不过，它所涵盖的怀疑对象极为广泛，因此，在这里我将它视为普遍怀疑论的一种形式。

反驳笛卡儿的外部世界怀疑论，是现代哲学最棘手的难题之一。许多哲学家都尝试过驳斥，但没有一次驳斥获得了广泛认同。在本书中（特别是第6、9、22和24章），我将就笛卡儿怀疑论做出自认为最恰当的回应。也许我也会失败，不过我希望能通过这次尝试提升自己的智慧。

我的期望不高，只想证明笛卡儿关于外部世界的普遍怀疑论的某些论点是无效的。我并不打算反驳局部怀疑论，例如针对新闻媒体的怀疑论（不过我会在第13章探讨这个问题）。我的目标是经典的笛卡儿怀疑论，他利用一个激进的假设，全面质疑我们对于外部世界的种种信念。

如何能知道你的感官没有欺骗你?

1641 年,笛卡儿出版了《第一哲学沉思集》。在书中,他试图为我们所知的一切构建一个理论基础。为了构建这个基础,他首先必须打破一切框架。他的破坏工具包括三种经典论证,分别涉及幻觉、梦境和妖怪,三者都对人类关于外部世界的知识提出质疑。这三种论证古已有之。在古代,塞克斯都·恩披里柯和古罗马演说家西塞罗,以及公元 5 世纪的北非圣人奥古斯丁(Augustine)和波斯哲学家加扎里这样的中世纪思想家,都是怀疑论者,对他们而言,幻觉和梦境就是标准的精神食粮。后面我们也会看到妖怪是如何被笛卡儿同时代的人利用的。不过,是笛卡儿对这三种论证进行了最具影响力的系统性论述。

笛卡儿的第一种论证以幻觉为基础。我们曾经被感官欺骗过,那么,如何才能知道现在它们没有在欺骗我们呢?

大多数人都体验过视觉幻觉,当时看到的事物外观与现实不符。我们也被烟尘和镜子愚弄过。如果感官过去欺骗了我们,现在可能仍然如此。因此,我们无法确定,在外部世界观察到的任何事物的表象都反映了真相。

笛卡儿承认感官幻觉(感知错觉)理论有其局限性。任何感官幻觉都不可能使人感觉拥有全新的肉体或者身处完全不同的环境。他写道:“尽管对于非常细小或者距离很远的物体,感官偶尔会让我们产生错觉,但是还有许多知识,即便源自感官,我们也完全不可能表示怀疑。例如,我身在此处,坐在火堆边,穿着睡袍,手里拿着一张纸。”

21 世纪的读者会说:“也不尽然!”虚拟现实研究者经常谈论

到“全身幻觉”，这是笛卡儿认为不可能出现的一类事物。我可以看见并控制一副与我的肉体毫无关联的身躯，而且还感觉这就是我的身体。在虚拟现实里，笛卡儿甚至可以体验，他坐在火堆边，身穿浴袍，手拿纸张。可以说虚拟现实使笛卡儿最初基于幻觉的论证得以强化。技术让我们更加难以确定此刻没有产生幻觉。

图 8　在虚拟现实里，笛卡儿感觉他正坐在火堆边，身穿浴袍，手里拿着一张纸。

我们还可以推出 21 世纪版本的笛卡儿幻觉说：虚拟现实论证。虚拟现实设备过去愚弄过人们。如何才能知道虚拟现实设备现在没有在愚弄你呢？理论上说，你的一切所见所闻都可能是虚拟现实设备的产物。所以，你真的可以确定，此时此刻没有在使用这样的设备吗？

诚然，要做到让人彻底信服，现在的技术还有待改进。尽管如此，我们终将拥有与虚拟现实连接的隐形眼镜，以及一些外观毫不起眼，但能够调动所有感官的装置。从理论上说，在你熟睡时，他人可以将你接入这样先进的虚拟现实装置。第二天一早，你从虚拟的床上醒来，开始一天的虚拟生活。如果你被置于新的虚拟环境，例如虚拟的火星，你很可能意识到出了差错，除非记忆也被篡改，你才不会那么认为。后一种情况比我现在的讨论又进了一步。总之，这么说吧，虚拟现实中的环境就像是你的家，或者说是此刻你所在的任何地方。那样的话，你就不会注意到任何奇怪的地方。

你真的确定此刻没有与虚拟现实设备连接吗？如果答案是肯定的，那么接下来的问题是，怎样才能真正排除虚拟现实的假设呢？如果无法知道答案，那么，你又如何能确定对外部世界的认知是真实的呢？你可以肯定，此刻正在阅读的书，或者所坐的椅子，都是真实的吗？你真的可以确定此刻真正的位置吗？确定此刻所见之物就在目光所及之处？

虚拟现实论证让你对此刻的所见所闻产生了疑虑，也许还会让你对近期的所见所闻持怀疑态度。不过，它不会让你怀疑一切知识。虚拟现实本质上不会篡改你的记忆，因此你在家乡的成长记忆不会受到威胁。虚拟现实也不会篡改通用科学和文化知识，所以你知道巴黎在法国，这样的知识就是确定的。

我们可以试着对虚拟现实论证加以扩展，使其对上述领域知识的真实性造成威胁。也许我们的大脑可以接入记忆扭曲装置，导致记忆发生改变。也许一台永久性的虚拟现实设备能确保你所有的记忆和科学知识都来自虚拟现实。这些扩展使我们超越了标准的虚拟现实，深入模拟假设的领域。后文很快就会谈到这个话题。

如何知道自己没有做梦？

笛卡儿的第二个论证与梦境有关：梦就像现实。我们如何知道自己没有在做梦呢？

通常，我们做梦时不会想到自己是在做梦，往往认为梦中的世界是真实的。人们偶尔会在神志清醒的情况下做梦，此时他们知道自己在做梦，不过这种情况属于特例。尽管大多数梦比现实更加古怪，更加不稳定，但从理论上说，可能存在与现实难以区分的梦。如何知道自己现在不是在这样的梦境中呢？也许可以掐一下自己，或者做一些实验。可是这样做并不是很有说服力，因为你得到的任何结果，理论上都可能由梦而生。如果你无法知道现在是否在做梦，那么，这似乎表明，你也不能确定周围的事物是真实的。

在 2010 年的电影《盗梦空间》中（剧透警告！），角色们入睡后进入梦的世界，接着又进入梦中世界里的梦中世界。在影片大部分时间里，主角多米尼克·科布（由莱昂纳多·迪卡普里奥饰演）知道自己身处梦境，真正的他在现实世界里睡着了。但其他角色，包括罗伯特·费希尔（由希里安·墨菲饰演），并不知晓。费希尔就是一个在梦中世界里做梦的人，而且会将梦境当作现实。在影片结尾，当科布和其他角色看似返回现实世界时，问题出现了：他们如何知道这个世界不是另一个梦中世界？这个问题似乎不可能有确定的答案。

笛卡儿认为，梦境论证比幻觉论证更具说服力。与视觉幻觉不同的是，梦境可以轻易让他相信此刻的自己身穿睡袍坐在火堆边，而实际上并没有。在梦中，他甚至可以拥有不同的身躯。不过，在笛卡儿看来，以梦作为一种论证的基础，也有其局限。梦从未让你体验全新的事物。如果梦见头颅或身躯，一定是基于你在现实世界中看到过头颅和身躯。至少，梦中所见的形状和颜色一定是以现实世界的形状和颜色为基础。

我们尚未开发出与虚拟现实技术一样精细的造梦技术，因此笛卡儿的梦境论证受到的技术影响小于幻觉论证所受的影响。不过，人们通过研究梦，发现了一些非常不错的方法，可以让我们知道自己在做梦。例如，看两遍纸张上的文字：如果是在梦里，文字内容通常会变动；而在现实中，通常没有任何变化。还有一项相关研究表明，我们确实可以感知到现实世界中从未体验过的颜色。例如，在看见某些特定颜色后，眼睛里的残留图像会让我们看到“暗黄色”阴影，而仅凭正常的感知能力，是绝无可能看到这种颜色的。[2]

与幻觉论证和虚拟现实论证一样，梦境论证也会使我们现在和近期对周围世界的认知受到质疑。我如何知道，现在和 1 个月前所看到的都是真实的呢？先前形成的知识就更难判断了。梦有时可以改变我们的记忆（在梦中，我能回忆起不同的童年）和文化信念（我能梦见甲壳虫乐队仍然在一起表演）。不过梦通常不会改变我们的全部记忆。有人可能猜想自己一生都在梦中，现实生活的每一个元素其实都来自梦境。我们现在可以说，这样的假设又一次与科幻小说中关于虚拟世界以及类似题材的情节雷同了。

笛卡儿的幻觉论证和梦境论证对局部怀疑论都有极强的支撑作用。这里再解释一遍，局部怀疑主义者质疑我们关于外部世界的部分知识，而不是同时质疑全部。笛卡儿对这一点感到不满。他的兴趣点在于普遍怀疑论，即同时质疑我们关于外部世界的所有知识。为此，他需要更强有力的论证。

笛卡儿的妖怪

笛卡儿的第三个也是最令人诟病的论证与欺骗有关：全能的神可以让我体验不存在的世界，使我陷于彻头彻尾的骗局。我又如何知道，此刻的我没有被欺骗？

笛卡儿在《第一哲学沉思集》中提到的原初的也是核心的欺骗者是全能的、最具欺骗性的上帝。上帝如果可以随心所欲，自然就具有彻底欺骗人类的力量。但是，现在大家都能想到的欺骗者，却是笛卡儿笔下的妖怪。笛卡儿拉丁原文中提到的“genium malignum”，可以翻译成“恶灵”（法国哲学家常常谈论“malin genie”*），而用英语表达，“妖怪”（evil demon）一词即可。如果说仁慈的上帝也许会拒绝欺骗我们，那么妖怪绝对不会有这般懊悔之心。笛卡儿这样介绍妖怪：

> 因此我要假定有个妖怪，而不是一个真正的上帝（他是至上的真理源泉），这个妖怪的狡诈和欺骗手段不亚于他本领的强大，他用尽了他的机智来骗我。我会认为天、空气、地、颜色、形状、声音以及我们所看到的一切外界事物都不过是他用来骗取我轻信的一些假象和骗局。**

妖怪热衷于欺骗。在你的一生中，它不断地将感觉和信念注入

* 法语意为“恶毒的精灵”。

** 此段译文摘自商务印书馆 1986 年版译著《第一哲学沉思集》，与本书原文略有出入。

你的大脑，让你感受一个外部世界的存在。我还记得在澳大利亚成长的日子，现在我是纽约城的一名哲学教授，看起来生活快乐。但是，如果笛卡儿的妖怪假设是正确的，那么我的一切经历都是建立在妖怪向我灌输的感觉和信念之上。现实中，我在妖怪的巢穴度过一生，在那里，它操控着我的感官。

笛卡儿的妖怪思想实验已有先例。哥伦比亚大学哲学史学家克里斯蒂亚·默瑟（Christia Mercer）最近描述了 16 世纪西班牙神学家阿维拉的特蕾莎（Teresa of Avila，也称“德肋撒”）如何撰写她的沉思集。[3] 书中的核心角色就是爱骗人的妖怪。对特蕾莎而言，她与妖怪的争端源自她对上帝的信仰，妖怪试图用欺骗的手段使她丧失信仰。特蕾莎的书《七宝楼台》（*The Interior Castle*）在笛卡儿的时代销量巨大，几乎可以肯定，他读过此书。笛卡儿的读者也许还在 16 世纪法国散文家米歇尔·德·蒙田那些广为人知的作品中看到过幻觉和梦境论证的描述。[4] 因此，虽然笛卡儿的《第一哲学沉思集》无疑是一次进步，但他的思想是建立在同时代优秀男女著作的基础之上的。

笛卡儿妖怪故事的某些方面在 1998 年的电影《楚门的世界》（*The Truman Show*）中得以体现。在影片中，金·凯利饰演的楚门·伯班克生活在实为摄影棚的泡沫里，里面的所有人都是演员。埃德·哈里斯（Ed Harris）饰演的电视制片人克里斯托夫精心设计了这个泡沫世界，让楚门感觉自己过着正常的生活。在这里，克里斯托夫扮演了妖怪的角色。不过，楚门的世界部分是真实的。他确实拥有身躯，确实生活在地球上，也确实在和人们交往。克里斯托夫在这些方面没有欺骗他。妖怪的受害者像是另一个版本的楚门，没有身躯，不与人交往。受害者所经历的一切都是妖怪创造的。

你怎么知道，此刻你没有被妖怪操控呢？答案似乎是否定的。也许妖怪对自己的行为有所暗示，例如，你现在正好读到关于妖怪的内容，有幽默感的妖怪喜欢引导人们思考妖怪。即使没有这样的提示，要完全排除妖怪假设，似乎也是不可能的。可是，如果不能确定自己没有被妖怪操控，那么你又如何确定外部世界的真实性呢？

妖怪论证使我们对外部世界的一切认知都值得怀疑。它的威力即在于此。我在澳大利亚的家乡度过了童年，正如我们看到的那样，普通的幻觉和梦境不会使我对童年的记忆变得可疑，同样，我知道爱因斯坦提出了相对论，这个知识也不会受到威胁。但是妖怪让我们终生受骗，因此它威胁到一切知识的可信度。我在澳大利亚的经历也许只是我的想象。当我阅读爱因斯坦的成果时，整个故事也许都是虚构的。因此，我们如果不能否定妖怪假设，就会受到普遍怀疑论的威胁。

妖怪如何发挥作用？笛卡儿没有说明细节。它很可能必须在头脑里记住虚构世界的复杂模型，以确保被欺骗对象的经历随时间流逝而发生相应的变化。每一次我回到澳大利亚或拜访老朋友，我的体验必须与之前的拜访保持连贯性。妖怪还需要建模展现我读到过的和最终会去游览的地方，以及我在报纸上看到或从电视里了解到的一切事物。模型必须持续升级，这需要大量的工作。不过，对于万能的妖怪而言，这些工作量也许微不足道。

笛卡儿的妖怪中有一个特别阴险，它会钻进人们的脑中，直接篡改他们的思想。换成现代版本的话，这个妖怪可能是邪恶的神经学家。也许它操控你的大脑，让你相信你现在身处南极洲。笛卡儿写道，欺骗者甚至会操纵他的思想，以至于“每次进行 2 加 3 的计算时，我都错得离谱”。或许妖怪会让你相信，2 加 3 等于 6，你还会认为这个结果完全令人信服。

扭曲思想的妖怪有可能导致一种**内部世界**怀疑论的出现，如接受了这种怀疑论，你就不能相信自己的理性和推理。这种妖怪很有吸引力，但不在我的讨论范围之内。我所关注的是外部世界被操控的情境，而不是内部世界被妖怪直接操控。本书最后一章将回过头来探讨思想被扭曲的情境。

从妖怪到模拟假设

若笛卡儿的妖怪生活在计算机时代，它的任务要轻松得多。它完全可以将建模工作转移给计算机，可以操作计算机对世界进行模拟，让操控对象连接到模拟系统中，这样他们就可以体验不断演变的世界。这就是《黑客帝国》的情节设定，在这部影片中，机器扮演了妖怪的角色，计算机模拟技术承担了繁重的模型化工作。

20 世纪，美国哲学家希拉里·普特南（Hilary Putnam）和其他人利用现代科学设备发展了笛卡儿的思想。妖怪被邪恶科学家取代，受妖怪欺骗的人则被“缸中之脑”取代。史蒂夫·马丁主演的电影《双脑人》（*The Man with Two Brains*）出现了一些人脑漂浮在罐子中的场景。和这些人脑一样，缸中之脑由一种精心调和的混合营养物保持活性。普特南告诉我们，这种人脑的神经末梢“与一台极其符合科学规律的计算机连接”。计算机向人脑发送电子脉冲信号，传递这样的幻觉：一切都是正常的。人脑体验了细节丰富、人口众多的世界，但事实上它只是独自待在实验室里。[5]

普特南的“缸中之脑”场景与《黑客帝国》中的场景非常相似，唯一不同的是，电影里连接计算机的是培养舱中的完整身躯。关于计算机是如何工作的，普特南没有谈论太多细节（《黑客帝国》同样如此），不过很明显，像电影里的情节一样，它管理着一个模拟出来的世界，人脑所体验的正是这个世界。

到了21世纪，哲学家的关注点逐渐由缸中之脑转向模拟假设。模拟概念抓住了笛卡儿提出的所有重要场景的一个核心元素：妖怪必须虚构出一个世界，才能完成它的工作。伴随一生的梦可以被视为一种模拟的世界，缸中之脑与模拟系统相连接，诸如此类。通过模拟，计算机模拟系统有助于将笛卡儿的场景具象化，同时又不会失去其本质。

“缸中之脑”这一概念是模拟假设的一种版本。它体现的是非纯粹模拟，在这种模拟系统中，大脑与外部计算机相连接。模拟假设还有其他版本，例如纯粹模拟，指的是大脑处于模拟系统的内部。两种版本都可以用于支撑笛卡儿的怀疑论思想。

也许你认为从妖怪到缸中之脑再到模拟，只是新瓶装旧酒，事实上，还是有所变化的，例如，现代技术的运用使得这些论证更有说服力。因为妖怪假设太过虚幻，笛卡儿不愿给予太多关注。对笛卡儿而言，重要的是他对怀疑主义的关切建立在合理的质疑之上，从他的信念出发，他需要严肃看待这种质疑。笛卡儿对爱欺骗的上帝这一假设给予了更多关注，因为他信仰全能的上帝，并且认为人们有理由相信上帝具备欺骗的能力。由于这是一个切合实际的假设，笛卡儿从中获得了更充分的理由去质疑知识。

模拟假设也许曾经是天马行空的想象，不过现在它正迅速成为需要认真思考的假设。普特南提出的“缸中之脑”这一概念，看似科幻小说，但自那时起，模拟和虚拟现实技术得到快速发展。现在已不难看出，我们有办法实现完全虚拟世界，有些人将在那样的世界度过一生。

这样看来，模拟假设比妖怪假设更加切合实际。英国哲学家巴里·丹顿（Barry Dainton）说："模拟版本的怀疑论所造成的威胁远比前面各种版本更加**贴合现实**。"[6]毫无疑问，笛卡儿对今天模拟假设的重视程度将超过他的妖怪假设，原因如上。我们也应该更加认真地思考模拟假设。

怀疑论的万能论证

哲学家喜欢辩论，这倒不是说他们喜欢互相争吵，尽管确实有不少人热衷于争辩。在哲学领域，辩论指的是通过一系列推理论证来证明某个结论。我可以列出一些认为上帝存在的理由，并展示这些理由如何支撑我的结论，由此证明上帝是存在的。

有时论证过程是非正式的。假设我试图说服你一起去看一场电影，给出以下理由：我们都有空闲；电影非常不错，且只在今晚放映。对于哲学，我可以采取同样的方法。例如，我说出下面的理由，让你相信自己无法真正了解周围的世界：过去你的感官产生过幻觉，所以，现在你又如何知道自己没有沉浸于幻觉中？如果理由充分，也许会使你接受我的结论，或者至少促使你认真思考。

有时论证是正式的。正式论证可能听起来令人生畏，其实往往很简单。首先列出若干论断作为论证的前提条件，然后列出由前提条件得出的结论。论证的主旨通常是这样的：前提条件可信度高，足以使人们倾向于认可；由前提条件推出的结论非常大胆，足以令人产生兴趣。

下面是关于外部世界怀疑论正式论证的一个示例：

1. 你无法知道自己此刻没有在模拟系统中；

2. 如果你无法知道自己此刻没有在模拟系统中，那么你就无法了解外部世界；[7]

3. 因此，你无法了解外部世界。

示例中，前面两个论断是前提条件，第三个论断是结论。结论在逻辑上来自前提，也就是说，如果前提正确，则结论一定正确。当结论由前提推导而成时，哲学家认为论证是有效的。如果再加上前提条件正确，那么论证就是合理的。如果论证只是有效的，并不意味着结论是正确的。毕竟，上述前提条件可能有一个或两个是错误的。但如果论证是合理的，结论就一定正确。在上述论证中，如果你认可两个前提条件，那么你极有可能接受结论。

伯特兰·罗素曾经说过："哲学的妙处在于，一开始列出的论点如此简单，似乎不值得陈述，最后得出的结论却又如此反常，没有人愿意相信。"[8] 至少，前述论证过程有潜力成为罗素理想中的哲学。两个前提条件看起来都可信，只需片刻思考就会认可，而结论却令人惊讶。这是此次论证如此有趣的原因之一。

事实上，这次论证非常有趣，以至于近期的哲学界通常将其（以及类似的论证）称为怀疑论的"万能论证"（master argument）。细节可以略微变动，例如，我们可以用妖怪或者缸中之脑来替代模拟系统，不过基本思想保持不变。

为什么要相信第一个前提？我最早在第 2 章举了一个例子。在足够出色的模拟系统中，虚拟世界给予你的视觉和感觉与此刻现代世界给予你的视觉和感觉别无二致。如果模拟系统的感观体验与现实一样，我们就很难分辨自己身处虚拟世界还是现实世界。

为什么要相信第二个前提呢？现在从你认为你对外部世界的了解中随便举一个这样的例子。例如，你认为自己知道巴黎在法国，或者知道眼前有一只汤勺。但是，如果你生活在模拟系统里，那么你对巴黎和汤勺的认知就来自系统，而非现实。巴黎和汤勺是模拟出来的。在模拟系统之外的现实世界也许截然不同，巴黎和汤勺也许根本不存在。所以，要想真正知道巴黎在法国或者面前确实有一只汤勺，就必须排除身处模拟系统的可能性。

这个推理过程有点类似于：如果你的手机是冒牌货，你就没有真正的 iPhone（苹果手机）。按照这种方法，我们从可信的论点开始：如果你身处模拟系统，那么，你眼前就没有汤勺。接着，我们运用与上面的 iPhone 例子相同的推理，得到如下结论：如果你无法知道自己没有在模拟系统中，那么，你同样不能确定前方有一只汤勺。这个推理过程适用于外部世界的一切事物。

我们针对虚拟现实提出过一个现实之问，即虚拟现实是真实的，还是虚幻的？如果你回答“虚拟现实是虚幻的”，你很可能会赞同第二个前提条件。理由是根据你的答案，你也会认可“模拟系统是虚幻的”，因为从广义上说，模拟系统是一种虚拟现实。事实上，你很可能赞同：如果你现在身处模拟系统中，你在外部世界的一切体验都是虚幻的。也就是说，如果你不能排除模拟假设，你就无法否认外部世界的一切都是幻象。由此，似乎可以得出结论，你对外部世界一无所知。

这个结论令人震惊。你很可能和大多数人一样自认为知识渊博，认为自己知道巴黎在法国，眼前有什么物品，而结果却是你一无所知！这种论证方法的适用对象不只是物品和城市，也包括童年的记忆。我们继续论证：如果你生活在模拟系统中，那么，你的上学记忆就不是真实的，所以你确实不知道自己是否上过学。同理，你认为自己对外部世界非常了解，并且生活在这样的世界，现在你也无法确定所有这些知识和生活的真实性。

严格地说，上述论证不会妨碍你对外部世界有一定了解。有些事物可以从逻辑上或数学上证明为真。例如，你可以知道：所有的狗都是狗；如果这里有一张桌子，那里有另外一张桌子，那么就存在两张桌子。不过，这些都是微不足道的知识。为使上述结论完全正确，我们可以做如下修改："我们不可能了解外部世界的实质性信息。"

如果我们认可前提条件，上述论证会将我们引向对外部世界的普遍怀疑论，即我们不了解外部世界的任何实质性信息。我们仍然可以知道 2 加 2 等于 4，但是这并不能带来多大的安慰。

那么，我们如何才能避免出现这样令人震惊的结论呢？

我思故我在

笛卡儿本人其实并不想成为怀疑论者。事实上，他希望为所有知识建立共同的基础。因此，在利用怀疑主义论证方法质疑了人类所有知识的真实性后，他又试图一点一滴地重建知识体系。

笛卡儿需要一种无法质疑的知识来启动重建工作。他必须找到这样一种关于现实世界的知识：即便这种知识是他在产生幻觉、做梦或者被妖怪愚弄的情况下获得的，也依然是正确的。笛卡儿确实找到了理想目标：他自己的存在。

笛卡儿关于其自身存在的著名观点，在1637年出版的著作《方法论》中得到了最明确的陈述。他是这样说的："Cogito，ergo sum。"意为"我思故我在"。[9]

哲学家从多个角度对笛卡儿的名言进行了诠释。[10]不过，至少从表面上看，这句话像是一次论证。论证的前提（对这句话略加分解）是"我在思考"，结论是"我存在"。正如大多数论证一样，前提才是关键。一旦认可了前提的正确性，"我存在"这一结论在逻辑上似乎就顺理成章了。

图9　即使你是缸中之脑，从妖怪那里获得感觉，你仍然可以推断出"我思故我在"。

笛卡儿如何知道自己在思考？首先，这个知识的真实性没有被怀疑论削弱。即使陷入了幻觉中，你仍然在思考。即使在做梦，你还在思考。即使被妖怪愚弄，你仍然在思考。即使是缸中之脑，你依然没有停止思考。即使身处模拟环境中，你还是在思考。

笛卡儿进一步推理，他无法质疑自己在思考。即便他认为自己没有在思考，他的质疑本身就是一种思考。质疑某人正在思考，从逻辑上看存在内在性的自相矛盾，因为质疑过程本身就证明了质疑是错误的。

笛卡儿知道自己在思考，这是朝着知道自己存在前进了一小步。有思考，就必然有思考者，因此笛卡儿断定：我存在!

许多哲学家试图找出笛卡儿的“我思故我在”的漏洞。有人质疑“我思”部分。笛卡儿怎能如此确定自己恰好就能提出质疑呢？换句话说，他怎么就知道自己不是无意识的机器人呢？还有人质疑结论是怎么得出来的。思考需要思考者，这是大家公认的吗？按照18世纪德国哲学家格奥尔格·利希滕贝格（Georg Lichtenberg）的观点，笛卡儿本应该说：“思考存在，故而思想存在。”那样一来，他可以知道思想是存在的，但他不应该如此确信自己的存在。

不过，也有许多人认同笛卡儿的“我思故我在”。质疑自己在思考，这是一件很难的事。在妖怪场景中，我确实没有质疑自己是否在思考。要创造能质疑思考的场景，实非易事。所以，即使是一些怀疑论哲学家也愿意说，我们确实知道自己能思考，因此也确实知道自己存在。

就我本人而言，我认为思考过程本身不存在任何特殊性。笛卡儿其实可以说，“我触摸，故而我存在”，“我看见，故而我存在”，或者“我忧虑，故而我存在”。这些言论都与思考有关，笛卡儿能证明它们是正确的，不会受到妖怪假设的威胁。至少，他可以确定，这些言论如果被理解为意识状态或者主观经验，就是正确的。如果我们只是将“看见”理解为看这个动作的主观体验，那么，笛卡儿可以确定他看见。

在我看来，对“cogito”最好的论述是：“我有意识，故而我存在。”[11] 我这么说，也许不足为奇，因为研究意识是我的日常工作。（作家可能会说：“我写作，故而我存在。”）不过，可以认为这是笛卡儿真正的用意。他对思考的明确定义是我们所意识到的一切，包括感觉、想象以及才智和意愿。[12]

有些理论家除了运用怀疑论来阐释外部世界，还试图将其用于意识本身。他们暗示意识也可能是幻象。我们将在第15章再次讨论这个观点。此类观点通常被视为极端言论，不过它确实显示出，在哲学领域，一切都可以质疑。

我们如果同意“我思故我在”，就等于给笛卡儿的理论奠定了基础。接下来是棘手的部分了。我们如何从自我认知和我们的心灵中获得外部世界的知识?

第 4 章

我们可以证明存在外部世界吗？

多年来，一群哲学家试图解答笛卡儿的难题，证明我们是了解外部世界的。本章将分析他们的一些答案，但首先我要讲一个笑话，出自雷蒙德·斯穆里安（Raymond Smullyan）的著作《公元前 5000 年和其他哲学空想》（*5000 BC and Other Philosophical Fantasies*）。

一位哲学家曾经做过这样的梦。第一个出现的是亚里士多德。哲学家对他说："您可以用 15 分钟简略概述一下您的全部哲学思想吗？"令哲学家惊讶的是，亚里士多德上了一堂精彩的课，将数量庞大的信息浓缩为 15 分钟的陈述。可是，当哲学家提出某个亚里士多德无法回应的反对观点时，后者令人困惑地消失了。

接着柏拉图出现了。同样的事情发生了，哲学家将他对亚里士多德的反驳向柏拉图重复了一遍。柏拉图同样无法回答，也消失了。

然后，历史上所有著名的哲学家一个接一个地出现，我们的主人公用同样的观点反驳他们。

当最后一位哲学家消失后，我们的主人公自言自语道：“我知道，我睡着了，梦见了这一切。但是，我发现了一个可以反驳所有哲学体系的普适性观点！明天醒来后，我也许会忘掉它，而世界将遭受损失！”凭借着顽强的努力，哲学家强迫自己醒来，冲向书桌，写下他发现的普适性反驳之辞。接着他跳回到床上，松了一口气。

第二天早晨醒来后，他走到桌边，看见自己写下的内容是“这是你（梦中之人）说的话”。

千百年来，许多伟大的哲学家都对外部世界之谜给出了自己的答案，每当我想到他们时，斯穆里安的巧妙反驳就会浮现在脑海中。每一个人都希望怀疑论是错误的。2020年我们对哲学专业人士进行了一次问卷调查，只有5%的受访者认为自己认同或者倾向于怀疑论，这个结果使得怀疑论成为本次调查中最不受欢迎的选项之一。另一方面，要对怀疑论做出令人信服的回应，难度很大，没有任何一个答案能赢得广泛共识。

可能存在某种哲学上的普适性反驳，使所有对怀疑论的回应都相形见绌吗？我希望不可能，因为本书就是要确定一种回应怀疑论的策略。不过，确实有一种思路很可能击败许多反怀疑论的观点。这种思路来源于一个名为“哲学家的噩梦”的故事，由英国哲学家乔纳森·哈里森（Jonathan Harrison）创作于1967年，内容精彩，但长期受到忽视。[1] 故事的背景设定在2167年，彼时“生理学、心理学、医学、控制论和传播理论等学科得到长足发展，远远强于2167年之前和之后的时期”。这个故事本质上是一则寓言，讲述了一位哲学家的经历，他生活在模拟环境中，正在研究怀疑论。

神经学家斯迈森博士（Dr.Smythson）发明了名为“颅内电子幻象”（endocephalic electrohallucinator）的装置，这是一种模拟器，可以制造各种不同世界的幻象。这位科学家将一名新生儿的大脑放入颅内电子幻象装置中。他按照奥地利哲学家路德维希·维特根斯坦的名字，郑重地为婴儿取名为“阿尔弗雷德·路德维希·吉尔伯特·鲁滨逊”（Alfred Ludwig Gilbert Robinson），简称路德维希。

斯迈森博士决定让路德维希体验连贯、快乐的人生。在模拟世界中，路德维希受到了极好的教育，特别注重哲学著作的学习。他在勒内·笛卡儿的著作上投入的精力尤其多，这些书使得他开始担忧这个世界是幻想出来的，所有的感受都由某个妖怪赐予。

图 10　路德维希在电子幻象装置中的四阶段生活。

幸运的是，路德维希接二连三地接触到几位哲学家的研究成果，他们都着手证明怀疑论是错误的。他读了乔治·贝克莱（George Berkeley）的著作，此人让路德维希相信，人的表象是真实的，因此他感知到的外部世界也是真实的。后来，路德维希又读了

G. E. 摩尔（G. E. Moore）的著作。摩尔使他相信，他有双手，因此外部世界存在。（我们将在本章后面的部分探讨贝克莱和摩尔的观点。）接着，20 世纪中叶的哲学家说服路德维希相信，普遍幻象论的整套思想是没有意义的。斯迈森博士太过善良，没有告知路德维希他的实际情况。路德维希一直过着快乐的生活。直到有一天，他的大脑被移植到真实的身躯上，于是他对哲学失去了兴趣。

哈里森没有在其文章中得出任何明确的结论，这也许就是其他哲学家引用这个故事的次数寥寥无几的原因。他似乎是在取笑各种反怀疑论的观点，将它们贬低为荒谬之说。他引导读者思考：如果幻象装置中的人也能够制造关于外部世界的知识，那么对这类知识的论证能有多大的合理性呢?

哈里森的故事显示了一种回应反怀疑论观点的策略，我称之为**模拟妙答**（Simulation Riposte）。遇到认为我们具备外部世界知识的观点时，模拟妙答这样回应：模拟系统里的某个人也会说这样的话。

我喜欢哈里森的妙答。它没有对反怀疑论观点进行普适性反驳，但确实使一部分这样的观点失去可信度。对于那些志在彻底证明我们并非身处模拟环境的观点，哈里森的妙答尤其具有杀伤力。

现在回忆一下，怀疑论的万能论证过程如下。首先，你不知道自己没有生活在模拟系统中。这相当于对知识之问做出否定回答。其次，如果不知道自己没有生活在模拟系统中，那么你对外部世界就没有实质性了解。最后得出结论：你对外部世界没有实质性了解。你如果认可两个前提，就一定认可结论，进而认可关于外部世界的普遍怀疑论。

从历史上看，迄今为止认可度最高的反怀疑论回应是这样的：

对知识之问做出肯定回答，也就是说，我们可以知道自己没有身处模拟系统（或者说知道自己不是缸中之脑，没有被妖怪愚弄），从而否定第一个前提。本章将分析这样的回应，证明它们是错误的。这是我们对知识之问做出否定回答的另一个理由：我们无法知道自己没有身处模拟系统。

上帝可以解决这个问题吗？

要做到从人类对自身意识的认知中获得对外部世界的认知，需要跨越一条巨大的鸿沟。笛卡儿自认为有办法跨越这条鸿沟，秘诀就在于向上帝求助。

笛卡儿争辩说，他将上帝视为完美的实体。[2] 他关于上帝的概念是：全善、全知的存在，言语无法穷尽其美德。事实上，他认为这个概念本身就是完美的，因此只可能来自完美的实体。也就是说，上帝的概念一定是上帝自己提出来的。如果这个论证正确，它能够使我们从对自身意识的认知中获得对远在人类之上的外部事物的认知，换句话说，它将我们与上帝相连接。

笛卡儿继续论证道，一旦我们通达上帝，了解外部世界就不再是难题。既然上帝是完美实体，他就不会允许我们被欺骗。因此，若上帝存在，影响人一生的妖怪、梦境或感官错觉就不可能存在。上帝会确保我们对外部实际的印象总体上是准确的。对他而言，其他做法都将是不完美的。所以，外部世界是存在的，和我们所想象的非常相似。哈利路亚！

与“我思故我在”相比，笛卡儿对上帝的证明给大多数哲学家留下的印象要淡薄得多。你可能已经看出几个漏洞了。

第一个明显的问题是：完美实体的概念为什么不可能来自完美实体之外的其他地方呢？我有一个关于完美圆形的概念，产生这样的概念并不需要我个人是完美的。事实上，为什么不可能是妖怪让某人产生了完美实体的概念呢？

第二个问题：即使确实有完美实体，我们又如何确定没有被其欺骗呢？也许欺骗我们就是完美实体的总体计划的一部分！举个例子，也许我们都需要经历一段被欺骗的时光，才会觉察到真相。毕竟，我们不是完美的，所以不是很清楚完美实体到底是什么样的。

我们也可以运用模拟妙答来反驳笛卡儿。不久之后，我们能够创建某种模拟系统，在那里，到处都是信仰完美实体的人。可能其中一位就是笛卡儿的模拟版本，就叫他虚拟笛卡儿吧。虚拟笛卡儿会宣称："我们的造物主是完美的，绝不会欺骗我们。"然而，事实上我们才是他的造物主，而我们是不完美的实体。由此证明，提出完美概念的不一定本身是完美的。其实，恰恰是因为我们不完美，才不得不在模拟系统里创造虚拟笛卡儿；而要在非模拟系统里造出一个笛卡儿，对我们而言难度太大了。

诚然，据我们所知，确实存在完美的神，他创造了人类，并间接创造了我们这个模拟系统。笛卡儿宣称，我们的完美观念来自上帝，因此虚拟笛卡儿间接从上帝那里获得了完美概念，因此他关于完美实体的论证仍然成立。不过，这对于他回应怀疑论是没有帮助的。假设模拟系统中的人被欺骗了，那么虚拟笛卡儿自然也是受骗者。所以，即使完美实体确实存在，也没有消除普遍性的欺骗。

笛卡儿也许会反驳说，我们实际上还没有创造出这样的模拟系统！也许当我们尝试创造一个模拟系统来欺骗虚拟笛卡儿时，永远不会成功，因为完美实体不会允许我们这样做。可是在引导人们进入模拟系统的道路上，模拟技术看起来确实正稳步发展。我们已经有很好的理由相信，创造那样的模拟系统不是天方夜谭。

如果我们确实创造出那样的模拟系统，笛卡儿的论证（可以理解为这样一个论证：我们并没有生活在妖怪场景或者模拟场景中）将会被彻底推翻。我们只要看见有人进入模拟系统，就会知道成为模拟系统中的实体是有可能的，任何认为那不可能发生的观点都会被驳倒。甚至在那之前，模拟技术的发展现状已经可以令笛卡儿的观点受到质疑。这再次证明，技术有助于我们从新的角度审视旧的观念。

表象是真实的吗？

对怀疑论最宝贵的回应也许是这样一条断言："表象是真实的。"在《黑客帝国》中，起义领袖墨菲斯（由劳伦斯·菲什伯恩饰演）宣扬了以下观点：

"什么是真实的？怎样定义真实？如果你指的是你能感觉到、闻到、尝到和看到的东西，那么'真实'不过是你的大脑所解读的电子信号。"

这个观点认为，现实就存在于人们的意识中。如果某种事物看起来是真实的，给人的触觉、听觉、嗅觉和味觉都是真实的，那么，它就是真实的。如果我们感知某物，它是真实存在的，不去感知，它就不存在，那么它就是真实的。

在哲学领域，墨菲斯的"表象是真实的"主张是唯心主义最重要的形式，其含义为：现实来源于精神。唯心主义的英文是“idealism”，与理想主义为同一单词，但哲学中的唯心主义与理想（ideal）的关联度不高，倒是与精神（idea）的关联度更高。唯心主义通常指的是：现实源于精神，包括感知、思想、情感和精神的其他成分。[3]在印度哲学中，唯心主义是佛教和印度教传统文化中共有的理论。公元4世纪佛教瑜伽宗哲学家世亲在其著作《唯识二十论》（*Twenty Verses*）中对唯心主义进行了深度辩护。他在开篇中将唯心主义的成功归因于佛陀下面这番断言：三界唯心。按照世亲自己所言，这句话的意思是：唯有内识，似外境生。在世亲看来，当见到树时，我实际上见到的是树的客观精神，也可以说是树的表象或者我对树的意识。心外无树。

在西方哲学中，唯心主义与18世纪英裔爱尔兰哲学家乔治·贝克莱的名字联系最紧密。贝克莱在1710年出版的《人类知

图11　佛教哲学中的唯心主义。世亲思索佛陀所言“三界唯心”。

识原理》一书中提出了他的那句名言：存在即被感知。如果一只汤勺被感知到，它就存在。大致的意思就是，如果汤勺在你面前显现，它就是真实的。换句话说，表象是真实的（表象即为实在）。

这个观点认为意识和外部世界之间不存在鸿沟，于是二者之间的鸿沟就这样被弥合了。世界一直都在我们的脑海中，一旦我们知道外部事物如何在我们的意识中显现，就明白了世界上的万物是什么样的。

贝克莱和世亲都认为现实世界源于精神。世界的基础是感知、思想和情感。这些元素像积木一样构筑了整个世界。一张桌子是由大量的桌子表象构成的，包括多个角度和不同环境中的表象。我们一般认为桌子产生在前，表象显现在后。可是如果这些唯心主义者是对的，那么桌子的表象才是基础，而桌子的存在取决于其表象。

这种唯心主义考虑到了表象与现实之间的某些局部差距。你仍然可以幻想一头粉色大象，这样一来似乎存在粉色大象，然而实际上并没有这样的大象。但是，只有当潜在的证据表明根本没有大象时，你对它的感知才被称为错觉或幻觉。你伸出手，不会摸到大象；第二天早晨去查看，不会看到大象的痕迹。只要你看到的整体表象表明没有大象，那么在现实中就的确没有大象。

如果表象是真实的，那么按照这种观点，普遍怀疑论就是错误的。普遍怀疑论需要我们认真看待这样一种观点，即我们生活在普遍性幻象中，所有看似存在的事物都是虚假的。但是，“表象是真实的”这个观点否定普遍性幻象。如果我们感知桌子，它是存在的，不去感知，它就不存在，那这张桌子就是真实存在的。有表象，就有现实。

此外，表象决定现实的观点否定了完全模拟假设，后者认为，没有任何线索表明你身处模拟系统中。在那样的情形下，现实中确实存在模拟环境，但从表象上说，不存在任何最微小的模拟系统的痕迹。如果说表象即为真实，就不可能出现完全模拟。

唯心主义反对者甚众。一种质疑的声音是，“现实是由谁的精神构建的？”如果只是由个人精神构建，就会导致唯我论：“我”是唯一真实的存在，至少可以说，是“我”的精神创造了宇宙。那样一来，自大心理就会逐渐显现。可是，如果现实由全人类的精神构建而成，那么，我的精神与整体现实之间就会存在差距。[4]也许我看见的是独角兽，但其他人看见的却是大象，而这就意味着存在于现实中的是大象。于是，我有可能回归到怀疑论的道路上来。那么，我如何才能知道其他人的认知与我的认知相匹配呢？

还有一个严重的问题：现实中没有被观察到的部分如何解释？例如，当我离开房间时，桌子还存在吗？宇宙中没有被观察到的区域是真实的吗？很久以前，意识还未出现，那时的宇宙是真实的吗？英国神学家罗纳德·诺克斯（Ronald Knox）在一首五行打油诗中详细总结了这种反对观点：

> 从前有个人说，
> “如果上帝发现，
> 院子里无人徘徊，
> 那棵树却一直存在，
> 上帝一定觉得实在太怪”。

另一首五行打油诗从贝克莱的观点出发，回应道：

阁下，您的惊讶也很古怪，
我在院子里一直徘徊。
那棵树将继续存在，
因为，
您忠实的上帝看见它在。

后面的回应与笛卡儿的观念一样，上帝成了救援力量。只要上帝始终注视着大地，没有被观察到的现实世界就不是问题。上帝的体验维系着不断发展的现实世界。我们自己的体验来自上帝的体验。上帝之体验的恒常性解释了为什么每当回到院子里，我们都会看见那棵树。

到目前为止这个逻辑还说得通。只不过现在上帝继承了原本由外部世界担当的角色。树的物理实体并不存在，是上帝对树的意识，维系着我和其他人对树的体验。但是，这又引出了笛卡儿所面对的问题：我们如何知道上帝存在？如果无法知道，我们又如何确定，当我们不在现场时，树是真实存在的？

还有一个问题：为什么我们需要上帝？[5]妖怪或模拟系统不能发挥作用吗？事实上，与妖怪假设相比，上帝假设难道不是仅仅做了轻微变动吗？也许，妖怪假设被排除在外，是因为妖怪没有现身。可是，上帝也没有现身，为何没有被排除呢？

唯心主义的根本问题在于，为了解释表象的规律性（以树为例，表象的规律性指的是日复一日看见同一棵树这一事实），我们必须假设某种现实的存在，这种现实超出了表象，并维系着后者。贝克莱借助上帝的精神来指代这种深层次现实。可是现在我们自己的认知和现实之间产生了隔阂，于是怀疑论者的问题再次出现。也就是说，我们如何能够了解表象背后的现实（不管是上帝还是外部世界）呢？

这里我们可以用到模拟妙答。我们创造了丰富多彩的模拟系统，一个虚拟的乔治·贝克莱生活在其中。虚拟贝克莱告诉我们："表象是真实的。"既然模拟系统的表象不存在，那么模拟系统事实上也不存在。虚拟贝克莱总结道："我没有生活在模拟系统里。我的体验都来自上帝的精神。"

从我们的角度来说，虚拟贝克莱看起来有点滑稽。他说自己没有在模拟系统里，但他错了，他恰恰就生活在模拟系统中。他说表象是真实的，可是现实的很大一部分领域却不在他所感知的表象范围内。他说自己的体验来自上帝，可事实上是我们借助计算机赋予他体验。他的世界是由计算机维系的，而非上帝的精神。

现在，贝克莱要反击了。他可能说，我们世界中的一切都由上帝维系，包括计算机。不过，一旦我们看到计算机就能够发挥作用，那还需要上帝吗？贝克莱又可能说，即使现实超越了虚拟贝克莱的表象，后者的现实世界——他所感知的桌子、椅子的世界，也是由表象构成的。模拟系统之外的现实不属于虚拟贝克莱的世界。

但是，我们仍然认为，如果虚拟贝克莱说自己没有生活在模拟系统，他就错了。要否认这一点很难，因为那样会让我们质疑表象是真实的这一原则。

后面我将证明某些形式的唯心主义值得认真思考，至少应作为推测性假设（speculative hypothesis）来看待。我们不能排除精神是宇宙之基础的可能性。不过，我认为任何以表象等于现实为理论基础的唯心主义注定要失败。因此，我们需要另辟蹊径去解决怀疑论的难题。[6]

模拟假设没有意义吗？

20世纪20年代和30年代的维也纳学派哲学家有时也被称为逻辑证实主义者或逻辑经验主义者，他们希望将哲学科学化。20世纪20年代，该学派定期在维也纳的咖啡馆和教室里聚会。学派中最著名的成员包括哲学家奥托·纽拉特（Otto Neurath）、莫里茨·施利克（Moritz Schlick）和库尔特·哥德尔（Kurt Gödel）。维也纳哲学家卡尔·波普和路德维希·维特根斯坦与学派多位成员有交流，不过他们不参加聚会。哲学家罗斯·兰德（Rose Rand）详细记录了会议内容，包括成员投票赞成或反对哪些主张。

维也纳学派的领袖是杰出的鲁道夫·卡尔纳普（Rudolf Carnap），他认为许多哲学问题是无意义的"伪问题"。[7]他说，一个假设要有意义，必须经得起检验，也就是说，我们必须能够拿出证据来证明或证伪。但是，我们绝对无法找到证据来证明或证伪笛卡儿的怀疑论假设，例如妖怪假设。故而，证实主义者宣称，这些怀疑论假设是无意义的。[8]这种观点得到了一些与他们交流的人的认同。维特根斯坦在1921年出版的著作《逻辑哲学论》（*Tractatus Logico-Philosophicus*）中说道："怀疑论不是不可辩驳的，但显然是荒谬的。"

综合他们的观点，模拟假设是无意义的吗？前文已经分析过，理论上我们可以获得证明模拟假设的证据。举个例子，模拟者可能告知我们，我们生活在模拟系统里，并向我们展示模拟程序以及它如何控制我们周围的世界。有人认为，甚至在物理世界里也可能存在证据表明我们身处模拟系统。不过，正如第2章所述，这种证据与非完全模拟有关。在完全模拟系统里，我们的体验始终与我们在

图 12　在模拟系统里，鲁道夫·卡尔纳普告诉虚拟的维也纳学派成员（包括施利克、诺伊拉特、兰德、哥德尔、纽拉特和汉斯·哈恩，波普和维特根斯坦从窗外经过），模拟假设是无意义的。

非模拟系统中的体验一致。所以，我们很难知道怎样才能获得支持或反对完全模拟假设的证据。如果做不到这一点，卡尔纳普和其他维也纳学派哲学家就会说模拟假设是没有意义的。

我认为维也纳学派哲学家在这里犯了一个错误。如果我们不能获得证明或证伪完全模拟假设的证据，这最多意味着它不是科学假设，也就是说，这个假设不能运用科学方法进行检验。但是，作为一个关于人类世界本质的哲学假设，它完全具有意义。

这里我们可以再次运用模拟妙答。想象一下，我们自己创造了一个完全模拟系统。在那里，一些虚拟角色可能会发生争论。虚拟的博斯特罗姆说："我们在模拟系统中。"虚拟的笛卡儿说："不，我们没有。这是非虚拟的现实世界。"虚拟的卡尔纳普说："这场争论毫无意义！你俩都没错！”

一名无意义假设的支持者站在虚拟卡尔纳普一边，说虚拟博斯特罗姆和虚拟笛卡儿的辩论牛头不对马嘴，两人都不对。然而这个结论似乎是错误的。实际上，虚拟博斯特罗姆的观点正确，虚拟笛卡儿的观点错误。他们都身处模拟系统，虚拟博斯特罗姆永远无法获得证据来证明自己正确，但这不影响他的正确性。

如果对此有所怀疑，那么，假设我们在完全模拟系统里留下一个非完全虚拟物，一颗小小的难以被发现的“红色药丸”，但是一旦被发现，它会提供证明这个模拟系统存在的绝对证据。现在，假定虚拟博斯特罗姆和虚拟笛卡儿某天发现红色药丸，获得了证据。有人向他们展示那台运行模拟系统、控制他们全部生活的计算机。两人很可能都会同意虚拟博斯特罗姆是对的，虚拟笛卡儿是错的。这样一来，他们在这个问题上都是正确的。因此，至少在这种情况下，关于两人是否身处模拟系统的争论不是无意义的。

现在，我们稍微改变一下故事。假定虚拟博斯特罗姆和虚拟笛卡儿从未发现药丸，尽管他们本来是可以做到的。也许他们开始寻找证据，但在找到药丸之前便过世了。这时我们可以说，他们如果发现了红色药丸，就会明白虚拟博斯特罗姆是对的，虚拟笛卡儿是错的。这种情况下，我认为，即使他们没有找到药丸，虚拟博斯特罗姆明显还是正确的，虚拟笛卡儿则相反。所以，这再次说明，虚拟角色们的辩论并非没有意义。

下面再改变一下故事。模拟系统的创造者注意到非完全虚拟物的存在。她给漏洞打上补丁，于是红色药丸消失了。现在这是一个完全模拟系统了。两位虚拟哲学家像前面的故事那样生活着，虚拟博斯特罗姆还是坚称他们在模拟系统中，虚拟笛卡儿的观点相反。

自然，他们从未发现红色药丸，没有找到证据就逝世了。我仍然认为，非常明显，虚拟博斯特罗姆始终是正确的，虚拟笛卡儿始终是错误的。他们的生活与前面的情形一模一样。仅凭红色药丸存在于模拟系统内部某处这一点，并不能影响谁对谁错。虚拟博斯特罗姆和虚拟笛卡儿对他们的世界做出了极其有意义的论断，尽管两人都无法证明自己的论断。

维也纳学派的观点建立在证实主义（verificationism）基础上，后者认为只有当某个假设可以通过感官上的证据来证实或证伪时，它才是有意义的。证实主义现在受到广泛排斥，因为许多有意义的假设似乎都无法通过感官证据得到证实。人们通过下面的问题就能让证实主义者感到困惑：证实主义本身可以由感官证据证实吗？如果不能，那它有意义吗？答案相当明确。如果证实主义不能被证实，这意味着按照证实主义者自己的观点，证实主义是无意义的。这足以削弱该观点的效力。大多数哲学家得出合理的结论，即证实主义不可证实，但仍然有意义。

模拟假设的情况与此相同。我的观点就是：对于虚拟博斯特罗姆和虚拟笛卡儿而言，模拟假设尽管不能被证实，但还是有意义的。对于我们而言，同样如此。无论我们能否证明或证伪模拟假设，它都具有十足的意义，因为我们要么身处模拟系统，要么没有。

模拟假设自相矛盾?

还有一种反怀疑论的观点认为，尽管模拟假设具有意义，但它自相矛盾，不可能是正确的。请看以下陈述："7 乘以 3 得到一个质数。" 这里每一个字都有意义，但是整句话有矛盾，因为按照定义，质数不可能像这样分解，所以，我们可以断定这句话是错误的。与之类似，如果模拟假设是自相矛盾的，我们可以知道它是错误的。

按照贝克莱的唯心主义观点，模拟假设是自相矛盾的，前面我们已经谈到这个结论是怎么得来的。唯心主义主张表象是真实的，现实来源于精神。有一种极具说服力的唯心主义观点认为，当我们说"我们生活在模拟系统里"时，这句话的全部含义就是"看起来我们生活在模拟系统里"。可以把模拟系统换成其他类似事物。现在，完全模拟假设可以理解为："我们确实生活在模拟系统中，但从表象上看不出这一点。"如果上述极具说服力的唯心主义观点是正确的，那就相当于说"我们生活在模拟系统，同时又没有生活在模拟系统中"，这就自相矛盾了。因此，若以这种唯心主义观点为依据，我们就能知道模拟假设是错误的。

我们可以对上述观点进行批驳，方法与前面驳斥唯心主义一样。还是以生活在模拟系统里的虚拟贝克莱为主角。虚拟贝克莱断言："假定我在模拟系统里是自相矛盾。"现在，很明显出问题了。

希拉里·普特南认为怀疑论假设自相矛盾，他提出了更巧妙的观点。正如上一节所述，普特南将笛卡儿的妖怪场景升级为更具现代色彩的缸中之脑假设，即假设我们都是缸里的脑，被顶级科学家灌输感觉信号。普特南在其 1981 年出版的著作《理性、真理与历史》(*Reason, Truth and History*) 中宣称，缸中之脑假设自相矛盾。[9]

普特南的观点是基于这样一种分析而得出的："脑"这样的文字对缸中之脑有何意义。上述观点依赖于普特南的意义理论 (theory of meaning)，该理论认为，字的意义取决于它所关联的外部环境中的事物。从本质上说，普特南认为，缸中之脑虽然用到了“脑”字，但不会指代真正的生物脑，因为前者在其所处环境中从未与后者发生联系。它仅仅与数字脑有关联。所以，任何一个缸中之脑，不会想到“我是一个在缸里的脑”。它的想法大致为：“我是一个在缸里的数字脑。”而事实上，它是生物脑，并非数字脑。这种情形表明，“我是一个在缸里的脑”的假设不可能是正确的。

我将在第20章讨论普特南的观点和他的意义理论。现在，我要指出的是，这个观点对“我是一个在缸里的脑”的假设很有效，但如果谈到“我生活在计算机模拟系统中”，就不那么有效了。当虚拟普特南想着“我生活在计算机模拟系统中”时，他的想法是正确的。与“脑”不一样，“计算机模拟系统”这个词组并不特指我们生活环境中的某类系统。虚拟普特南谈论的是一般性的计算机模拟系统，和我们谈论的事物一致。他确实是计算机模拟的对象。因此，当他想到“我生活在计算机模拟系统中”时，这完全不矛盾。

最后，我的结论是，模拟假设并不自相矛盾。它仍然有可能是正确的。

简单性否定了模拟假设吗？

到目前为止，我们已经分析了若干回应怀疑论的观点，包括我们可以确定自己没有生活在模拟系统里，可以确定外部世界是存在的。还有一种回应认为，知识不需要确定性。笛卡儿式的论证过程证明我们无法确定自己没有生活在模拟系统中，但是，也许我们还是可以知道自己没有生活在模拟系统里的。

做个类比：在我写下这段文字时，即便我不能确定约瑟夫·拜登在5分钟前还活着，我也知道他现在是美国总统。我的知识容易出错，但它仍然是知识。一旦我们承认关于外部世界的知识不需要确定性，那么笛卡儿的理论看起来就没有那么有说服力了。

伯特兰·罗素对怀疑论的一个回应与上述思路类似，只不过他运用了简单性原理。[10]这位闻名遐迩的英国哲学家争辩道，外部世界中的事物是真实的，这是常识性假设，是对我们的观察结果最简单的解释。他认为，与之相比，梦境假设极其复杂。他对模拟假设的看法很可能也是如此：一般而言，我们应该接受对观察结果最为简单的解释，摒弃过于复杂的解释；因此，我们应该认可现实世界假设，拒绝模拟假设。

求助于简单性的做法在科学领域随处可见。通常它被称为奥卡姆剃刀原理，以14世纪英国哲学家奥卡姆的威廉（William of Ockham）命名。奥卡姆剃刀原理的内容为：如无必要，勿增实体。它指的是，在其他条件相同的情况下，我们应该支持最简约的理论，即假设最少的理论。只有当与数据一致且更简单的理论不存在时，我们才接受复杂的理论。

举个例子，古代数学家托勒密提出了太阳绕地球运动的理论，而文艺复兴时期的天文学家约翰尼斯·开普勒的理论是，地球绕着太阳运动。托勒密的理论假定存在多个本轮*，以此来推导正确的结果，而开普勒的理论没有运用本轮假设。奥卡姆剃刀原理告诫我们接受开普勒，拒绝托勒密。

---

* 托勒密设想，各行星都在一个较小的圆上运动，而每个圆的圆心则在以地球为中心的圆上运动。他把以地球为中心的那个圆称作“均轮”，每个小圆称作“本轮”。

如果我们专注于有关外部世界的假设，那么真实世界假设当然就比模拟假设显得更简单。毕竟，模拟假设设置了非模拟系统和模拟系统两个前提条件，而真实世界假设只涉及一个世界。既然以一个世界作为前提，就有可能得到正确的结果，那么为什么还需要两个世界呢？

但是，简单性只是众多因素之一。常见的情况是，简单的理论被证明是错误的，更复杂的理论被证明是正确的。简单性可能被其他因素覆盖，当我们了解到环境的复杂性时，就会这么做。

例如，假定我们发现火星的一块岩石上刻着字母 A。对此，有两种假设：字母是由其他石块的随机运动造成的，或者是智慧生物刻出来的。第一种假设看似更简单，因为按照第二种假设，我们几乎没有理由假定火星上存在智慧生物，所以我们支持第一种。另一方面，我们如果发现地球的一块岩石上刻着字母 A，那就应该支持智慧生物假设，即便它更加复杂（因为涉及人类行为）。我们知道，地球上生活着大量智慧生物，因此我们有理由相信，地球环境存在相应的复杂性。这里，我们对可能性的认识覆盖了简单性。

同样，模拟假设也可以如此分析。假如我们没有理由相信存在模拟系统，那么现实世界假设的简单性就使得我们有很好的理由去接受它。但另一方面，如果我们相信在我们的世界里存在大量对整个宇宙的完全模拟系统，正如博斯特罗姆的模拟假设通常所暗示的那样，那么，简单性就会被忽略。也许我们还未见过任何完全模拟系统，可是我们有很好的理由相信，它们有实现的可能性，很可能在人类未来的某个时间开发成功。就目前情况而言，以简单性作为依据，很难让我们有理由拒绝模拟假设。

我们用模拟妙答对上述分析进行补充。虚拟罗素告诉我们，模

图 13　伯特兰·罗素和尼克·博斯特罗姆谈论模拟假设。

拟假设太过复杂，应该摒弃。显然，他自己就在模拟系统里。我们可以说他真是不走运，因为他毕竟只说了模拟假设不大可能是正确的，而不是说不可能正确。可是，一旦虚拟罗素有理由相信模拟系统广泛存在，他就不再有理由认为模拟假设不大可能正确了。

我们没有生活在模拟系统中，这难道还不明显吗？

罗素的同事 G. E. 摩尔也对外部世界怀疑论做了一次著名的回应。摩尔说："这是一只手，这是另一只手。所以，外部世界是存在的。"[11] 摩尔将这次回应称为外部世界存在的一个证据。他认为，上述依据显然是正确的，远比其他哲学理论更为可信。既然手存在，那么外部世界一定存在。

摩尔十分重视普通常识，他的观点也来自常识。对摩尔而言，他有双手，这是显而易见的常识。而常识可以作为前提，来推导哲学观点。从这个前提出发，他得出外部世界存在的结论。摩尔没有对妖怪假设和缸中之脑假设发表任何明确意见，但有人猜想，他可能认为，我们没有身处这两种场景中是常识。

很少有人被摩尔关于外部世界的证据说服。许多人认为，当外部世界的存在受到质疑时，摩尔其实无权想当然地指出他有一双手。在这种语境下，“我有一双手”作为前提条件，回避了质疑。摩尔声称自己有一双手，这是在对他的争辩预设结论，而结论就是外部世界存在。当论证的前提预设结论时，这就是循环论证，也就是说，为了得出想要的结论，必须以结论为前提。

模拟妙答使我们面对一个有趣的情景（乔纳森·哈里森的短篇故事清楚地预言了这一情景）：虚拟摩尔举着模拟的手说道：“我有一双手！因此外部世界存在！”显然，虚拟摩尔犯错误了。他认为，人有一双手，这是常识。可是，如果他非常有可能身处模拟系统，他就不应该依赖于常识。一切都要推倒重来。

只要模拟系统的存在具有非常大的可能性，摩尔的观点就失去大部分残存的效力。到那时，我们关于外部世界的常识性观点也要受到质疑。因此不能采用这些观点来使我们摆脱质疑。

其他针对外部世界怀疑论的回应中（我会在正文后的注释中讨论部分回应），有一些试图解释，我们如何才能知道自己并没有身处模拟系统，即便我们不能证明这一点。[12] 利用模拟妙答来驳斥这些回应，不是那么容易。不过，只要模拟系统存在的可能性极大，这些回应也难以为继。

在下一章中，我将证明模拟假设确实极有可能是正确的，根据这个结论，我们确实无法知道自己并没有生活在模拟系统中。

第 5 章

我们有可能生活在模拟系统中吗?

《模拟城市》(*Simcity*)是一款首发于1989年的游戏，在游戏中，玩家要管理一座模拟城市。不久之后《模拟地球》(*SimEarth*)上市，内容为模拟地球生命的发展。2000年,《模拟人生》(*The Sims*)发行，配置了简单的模拟人物，在虚拟住宅中活动。最终我们将开发出“模拟宇宙”游戏，从细节上模拟整个宇宙，几乎可以肯定，这在未来能够实现。

从内部看，“模拟宇宙”将与它模拟的宇宙原型难以区分。假定我们要模拟一个可能存在的容纳100亿人的宇宙，那么“模拟宇宙”将为每一个人提供模拟对象——一个纯粹的模拟角色。

经过一段时间，也许每个青少年都会在移动设备上运行“模拟宇宙”。即使技术受限，我们仍然可以想象研究者出于科学、历史、金融或军事目的，运行大量的模拟宇宙。在一个或两个世纪内，这会导致数百万甚至数十亿个不同版本的“模拟宇宙”遍地开花，结果就是模拟宇宙的数量远远超过非模拟宇宙。随着历史的延续，模拟宇宙与非模拟宇宙的数量之比至少为100万：1。

宇宙中的智慧生物将会经历同样的过程。如果有外星文明达到人类的智慧水平，它们最终也会开发出计算机并进行编程。若这些外星文明的存活时间足够长，它们很可能已经创造出了模拟宇宙。

下面我们通过数字来说明这种情况，为了简化分析，我们采用小一点的数字。任何一个寿命足够长的非模拟种群最终能够创造大量模拟种群，比如说，至少 1 000 个，每个模拟种群包含的个体数量与最初的非模拟种群一样多。我们可以假设，10 个达到人类文明水平的非模拟种群中至少有 1 个最终将完成上述工作。如果 10 个非模拟种群中有 1 个创造了至少 1 000 个模拟种群（如图 14 所述），将会导致 1 个非模拟种群至少对应 100 个模拟种群。

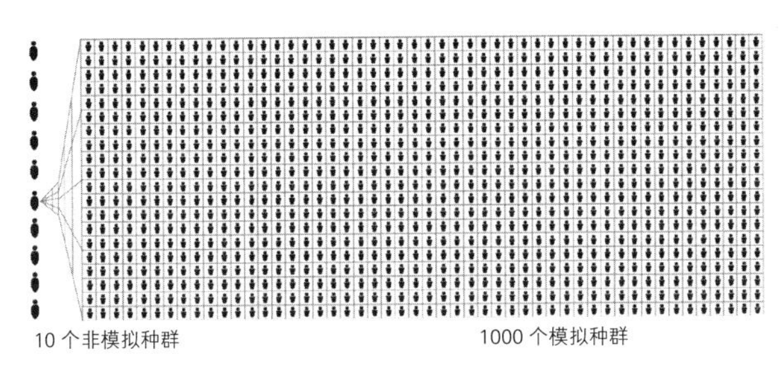

图 14　如果 10 个非模拟种群中有 1 个能创造至少 1 000 个模拟种群，那么模拟种群的数量将超过非模拟种群，比例至少为 100 ： 1。

如果这样分析是正确的，那么，在整个宇宙中，模拟种群在数量上将超过非模拟种群，比例至少为 100 ∶ 1。这些模拟种群（以及我在本章中讨论的所有模拟种群生物）将是纯粹的模拟角色，即在模拟系统内部产生的数字生命。在合理的假设前提下，这些模拟角色将具备意识经验（conscious experience），和它们所模拟的非模拟种群一致。而且，大多数模拟种群也许根本没有证据证明自己是模拟出来的。

现在，我们可以提出这样的疑问：我们属于少数非模拟种群的概率有多大？既然模拟种群数量与非模拟种群之比至少为 100：1，那么，答案自然是“小于 1%”。我们属于模拟种群的概率远远大于属于非模拟种群的概率。

所以结论是：我们很可能生活在模拟系统里。

模拟论证

刚才我概括的论证过程是人们通常所说的模拟论证的一种形式。它的基本概念在第 4 章图 13 中介绍了。我所知道的第一次模拟论证是机器人专家、未来学家汉斯·莫拉韦克（Hans Moravec）在 1992 年的一篇文章中完成的，文章题目为《网络世界的猪》。[1] 莫拉韦克在《连线》（*Wired*）杂志 1995 年的一次采访 [2] 中简要概括了文章主题：

> 事实上，机器人可以任意次复制我们，而人类世界的原始版本最多只会存在一个。因此，从统计学意义上来说，我们极有可能生活在巨大的模拟系统里，而不是在原始版本中。

尼克·博斯特罗姆在 2003 年一篇题为《你生活在计算机模拟系统中吗？》的文章中确定了模拟论证的最终版本。[3] 博斯特罗姆对一个复杂结论进行了数学论证，该结论在三个选项中做出选择，重点关注涉及原型模拟的模拟假设。后面将会探讨博斯特罗姆的论证过程。现在，我要跟随莫拉韦克的脚步，对我们很可能身处模拟系统进行这件事直接论证。

企业家埃隆·马斯克在2016年的一次采访中对莫拉韦克式的观点进行了如下阐述：

> 我们必将开发出与现实难以区分的游戏，这些游戏可以在机顶盒或计算机之类的设备上运行，并且很可能会出现数十亿台这样的计算机或机顶盒，考虑到以上情况，我们似乎可以得出结论：我们身处基础现实世界的概率是几十亿分之一。[4]

这个逻辑简单易懂。模拟技术有可能无处不在，这就意味着宇宙中的大多数生物（或者说大多数拥有类似人类体验的生物）都是模拟的，也就是说我们自己也很可能是模拟生物。

以上逻辑还算不错，但也不是天衣无缝。问题可能出在哪里呢？你也许已经想出几条反对意见。

第一种反对声音是：那样的情况永远不会发生！也许你会否认未来将出现大量具备人类智力水平的模拟种群，理由是这样的模拟技术是不可能实现的，至少，实现的难度太大。这或许是因为没有人愿意选择被模拟，又或许是因为所有达到人类智力水平的种群在创造这样的模拟系统之前就灭亡了。如果以上理由成立，就不会存在大量模拟系统，甚至一个也没有，我们生活在模拟系统的可能性就要小得多。

第二种反对声音是：我们是特殊的。也许你会说，即使存在大量模拟种群也没关系，我们拥有与众不同的特征，它使我们有别于模拟生物。例如，我们具有意识，拥有非常特殊的心灵，一些人会否认模拟生物能够拥有意识和像我们一样的心灵。此外，也许你还会认为，我们生活在独特的世界里，大多数模拟系统不会与我们的一样。如果是这样，即使存在大量模拟系统，我们身处模拟系统的可能性也会大幅降低。

接下来我将讨论以上所有针对模拟论证的异议（还包括在线笔记中出现的其他异议）。这里我要阐明我的观点：我认为，尽管部分反对意见有一定道理，但说服力有限。你无法保证模拟系统广泛存在的情况一定不会发生，也不能确定我们真的如此特殊，以至于不可能是模拟生物。所以，我们身处模拟系统的假设不能被否定，而是应该得到重视。

设置论证过程

为了更清楚地说明模拟论证的推理方法，我们可以将其设置为由前提条件和结论组成的论证过程。

假设智慧生物（或者就简称为“生物”）是至少达到人类智力水平的生物。我们根据生物有能力做的事情来判断其智慧程度或智力水平（更多相关论述见第 15 章），在这里尤其要关注生物是否能够给计算机编程。猫如果不能编程，就不会设计计算机模拟系统。我们的关注点是具备编程能力的生物。现在还不需要生物和人类一样具备意识经验，不过后面我们会提出这样的要求。

与之前一样，模拟生物是模拟系统中的智慧生物。非模拟生物是没有生活在模拟系统中的智慧生物。种群是生物的团体，因此每一个生物只属于一个种群。按照物种或社会协作来划分种群，这是理所应当的，但是，分类的效果如何，倒不是特别重要。我会做简化处理，假定所有种群具备同等规模。[5]不过我们很容易摒弃这个前提。

现在我们来设置论证过程。下面这个版本的论证远远谈不上完美（本章结尾处会提供更优版本），不过它是一个不错的起点，有助于引出根本性问题。

1. 10 个非模拟种群中至少有 1 个将创造 1 000 个模拟种群。

2. 如果 10 个非模拟种群中至少有 1 个将创造 1 000 个模拟种群，那么，至少 99% 的智慧生物是模拟的。

3. 如果至少 99% 的智慧生物是模拟的，那么我们很可能是模拟生物。

4. 结论：我们很可能是模拟生物。[6]

我加入一些数字，使论证更加具体。和前文一样，我采用小数字来简化过程。如果想法更大胆一点，我们可以修改第一个前提，例如，1 000 个非模拟种群中至少有 1 个将创造 10 亿个模拟种群，这样就会导致我们是模拟生物的可能性为 1/1 000 000。

记住上述说明，现在来分析前提条件。由于结论来自前提，所以这个论证看起来是有效的。如果前提是正确的，则结论一定是正确的。

第二个前提最简单易懂。根据我们在有限宇宙的场景中给定的几个数字，只要明确术语的含义，确定每一个生物要么是模拟的，要么是非模拟的，那么，本前提的真实性就有了保证。至于数学计算和其他复杂条件[7]（例如无限宇宙），我会放在在线注释中。下面真正要分析的是第一个和第三个前提。

未来会出现大量模拟生物吗？

第一个前提说，10 个非模拟种群中至少有 1 个将创造 1 000 个模拟种群。注意，这个前提指的是非模拟种群的整体行为，而不是我们人类的行为。

对第一个前提的反对意见认为，第一个前提预想的情况永远不会发生，理由包括：模拟系统不可能存在，模拟技术难度太大，非模拟种群在创造模拟种群之前就会灭亡，非模拟种群将不会选择模拟。我们可以将这些反对理由称为模拟阻断器（sim blocker），因为它们倾向于阻断（或者说阻止）模拟种群的产生。[8]

反对理由一，智慧模拟种群不可能存在。这种反对声音认为，产生智能行为的过程是不可计算的，也就是说，它们永远不能在计算机上得到成功模拟。原因可能是非物质的精神是通过不可计算的方式影响行为的，也可能是因为生物大脑中的物理过程不可被模拟。例如，数学物理学家罗杰·彭罗斯（Roger Penrose）猜想，量子引力理论（一种整合量子力学和广义相对论的理论）也许涉及包含非算法元素的过程，该过程对人类行为具有至关重要的影响。如果是这样的话，我们可以证明，智慧模拟种群不可能存在，进而推出模拟种群不可能存在，因为按照定义，我们已经说明模拟种群是智慧型的。[9]

上述不可计算过程如果存在，将会带来惊喜，因为目前我们在自然界几乎没有发现相关证据。不过，即使自然界存在着传统计算机无法模拟的过程，我们还是可以争辩说，它们可以被利用来制造新型的更强大的计算机。我们已经知道，量子力学可以被用来研制量子计算机。如果彭罗斯关于量子引力理论涉及不可计算过程的观点是正确的，我们就可以运用这些过程来制造更加强大的量子引力计算机[10]，这是传统计算机无法模拟的。接下来，量子引力计算机能够模拟人脑处理信息的过程，最终我们将会借助这些超级强大的计算机来创建新的模拟论证。

反对理由二，模拟种群需要耗费太多的计算机算力。这种观点认为模拟整个具有人类智慧水平的种群需要多到无法实现的计算机算力。这一点现在还不是很不清楚。人脑容量巨大，但终归有限。人脑包含大约 1 000 亿个神经元，每个神经元有大约 1 000 个连接（或者说突触）。按照目前估算的情况，人脑的算力大约相当于每秒 1 亿亿（10^{16}）次浮点运算的计算机速度。[11] 这个数字确实很大，不过也只是与现有的最强超级计算机不相上下。

若这个估算是正确的，一旦我们对人脑有了足够的了解，超级计算机 1 秒钟就能够模拟人脑 1 秒钟的处理能力。如果技术按照常规速度发展，我们可以期待计算机运行速度每 10 年增长 10 倍，或者说，一个世纪增长 100 亿（10^{10}）倍。这意味着，在一个世纪内，计算机运行速度可达到每秒 10^{26} 次浮点运算，计算机 1 秒钟能够模拟 100 亿个人脑 1 秒钟的信息处理过程。在再下一个世纪内，计算机运行速度会达到每秒 10^{36} 次浮点运算，计算机 1 秒钟能够模拟 100 亿个人脑 100 年（或者说约 30 亿秒）的过程。完全模拟要求环境也要模拟，这需要一台速度达到每秒约 10^{39} 次浮点运算的计算机，不过，为什么每秒钟要增加 2 至 3 个数量级的工作量，原因难以理解。最后，即使技术进步速度减缓，理论上说，这样的计算机在未来也能够被研制出来。

按照现在的情况，宇宙拥有巨大的未使用的计算能力。[12] 在浩瀚无垠的空间里，存在着海量的物质。物质具有庞大的微观结构，可用于计算。理查德·费曼在 1959 年关于纳米技术研究的一次讲座中列出这样的主题：底部空间巨大。物理学家塞斯·劳埃德（Seth Lloyd）估计，理论上 1 千克的系统运算速度可以达到每秒 10^{50} 次。这种估算方法涉及生命周期非常短的黑洞，因此限制太多。不过也有其他人提出新的方法，估算的速度达到每秒 10^{40} 次。只需要使用这些资源中的一小部分，快速模拟庞大种群最终就会是小菜一碟。

宇宙如果是有限的，就会存在限制。未来某个时刻，大部分可利用的物质可以变成计算质 [13]（computronium），这是一种状态，我们可以将这种状态下的物质尽可能有效地用于计算。过了这个时刻，再构建新的大型模拟系统就难上加难了。不过，未来这个时刻到来之前，模拟系统早就已经变得容易构建了。到那个遥远的未来出现的时候，我们有理由期待模拟系统的数量远远超过非模拟系统。所以，计算机算力受到的长期制约对模拟论证并不构成明显障碍。

也许你会担心如果我们确实生活在模拟系统里，那么上述所有关于计算机物理算力的证据有可能是误导性的。[14] 也许我们的模拟者将我们放置于低成本的模拟系统中，它的运算能力无法提高到如此强大的程度。如果是这种情况，当我们试图进行超大容量的模拟时，就可能以失败告终。创造我们的模拟者显然有能力构建至少一个模拟系统，但也许达不到第一个前提中规定的百万级别。但是，这个反对理由只有在我们已经生活在模拟系统中的前提下才有效。而且，我们如果确实身处模拟系统，就可以更快地得出这样的结论：我们很可能生活在模拟系统中！

反对理由三，非模拟生物在创造模拟生物之前就会灭亡。[15] 这个理由听起来比较悲观，但我们知道这种可能性很大。核技术已经有能力独立毁灭地球上大量的甚至全部生命。许多人认为，也许不久之后纳米技术也可以做到这一点，它能够通过微观层面的连锁反应将一切化为“灰雾”（gray goo）*。21 世纪某个时候，人工智能技术有可能变得十分强大，足以摧毁地球上所有智慧生命。只要它做出这样的选择，这种前景就可能出现。上述可能性有时被称为“生存风险”[16]，即威胁人类以及全体智慧生命生存的若干危险因素。

有些生存风险也许难以避免。满足下列条件的毁灭性技术就属于此类风险。其一，必然被具备人类文明水平的种群发现。其二，使用起来足够简单，诱惑力足够大，一经发现，就必然被使用。其三，破坏性极大，以至于只要使用，无人可以幸免。不难想象这样的场景：最终几乎任何一个人都有机会掌握破坏力超强的核技术，从而导致无法逃避的厄运。纳米技术、人工智能技术或者某种尚未耳闻的技术都有可能出现同样的情况。第二个条件中还存在着希望——也许存在某种方法可以阻止所有毁灭性技术投入使用。话说回来，智慧文明必然自我毁灭这一假设值得认真思考。

这个假设也许可以解释我们观察到的一些现象。例如，它可以解释为什么我们从未发现外星智慧生命的迹象：智慧种群在刚刚具

---

* 灰雾是一个假想的世界末日情节，涉及分子纳米技术，失控的自我复制机器将消耗地球上的所有生物量，同时自我复制，这情境被称为生态吞噬。

备发送信号的能力时就自我毁灭了。它也可以解释为什么我们似乎生活在人类历史的早期。这个问题是所谓“世界末日论”的核心，该假说由天体物理学家布兰登·卡特（Brandon Carter）和哲学家约翰·莱斯利（John Leslie）提出。他们的核心观点是，从概率上说，任何一个人都应该预期自己处于曾经存在和未来将要存在的人类的中间时刻。这意味着，考虑到人口快速增长的状况，我们应该预期人类生存期限将在数个世纪内结束（如果是这样，那么我们目前生活在人类历史的舒适的中间时段），而不是延续数百万年（如果是这样，我们还处于非常早期的阶段）。

话虽如此，但如果前述假设——几乎所有达到人类文明水平的种群在能够创造大量模拟系统之前就灭亡——是正确的，我们还是会感到震惊。人们有理由希望，10 个达到人类文明水平的种群中至少有 1 个具备足够的集体理性，从而防止自我毁灭。如果你认为这种想法太乐观了，我们可以修改一下观点，只需把可能性调整为 1/1 000 就行。

反对理由四，非模拟生物会选择拒绝创造模拟生物。在这种情况下，达到人类文明水平的种群有能力创造大量模拟种群，但他们不会这么做。也许他们认为这太冒险了。这也许是因为在所有毁灭性技术下存活下来的唯一种群极其厌恶风险，例如他们担心模拟种群从模拟系统中逃脱，反过来占领他们的世界。也许他们认为创造一个可能使模拟生物遭受苦难的世界，是不道德的。又或者，他们可能就是对创造模拟系统没有兴趣，还有更重要的事情要做。

另一方面，诸多强有力的激励因素会诱引非模拟种群去创造模拟系统。首先是普通人的好奇心理，包括科学上的好奇心：通过模拟，人们可以探索海量不同版本的世界。对科学家而言，整夜运行数以千计的小规模模拟系统，第二天早晨回来整理结果，已经是稀松平常的事了。我们很容易想到同样的事情也可能发生在种群模拟领域。此外，还可以考虑其在实践上的用处，例如，在做出艰难的决定之前，先对决定进行模拟，观察形势发展。[17] 这种做法通常是有意义的。最后，从道德伦理的角度来看，创造新的世界，让善在那里的重要性远大于恶，也许是一项势在必行的工作。总之，具备创造模拟系统的能力，并且有强烈的动机去这么做，却很少有种群付诸实施，这反而会让我们感到惊讶。

反对理由五，相比模拟生物，更多的非模拟生物将被创造出来。难道我们不能为了上述目的创造非模拟生物，而不是模拟生物吗？例如，我们可以利用机器人在物理环境中管理实体模拟系统。或者，我们可以利用人造生物有机体在仿地球环境中模拟人类历史的演变。

也许从理论上说我们可以这么做，不过，创造模拟系统可能要便宜很多，难度也会小得多。物理环境中的非模拟系统占有的物理空间和物资远远多于虚拟环境中的模拟系统。我们已经推测过，未来 1 千克系统 1 秒钟可以模拟一个居住着 10 亿人的世界 100 年的演变历程，生物大脑不大可能以同样的速度远程运行。机器人的“大脑”理论上可以像模拟大脑那样快速运行，可是物理环境会带来诸多限制。如果机器人本体具有人体一样的规格（至少要比 1 千克笔记本电脑更大更重），那么机器人种群占用的空间将是模拟种群的 10 亿倍以上，并且消耗的物资也超过 10 亿倍。也许我们可以使机器人微型化，达到纳米级水平（1 米的十亿分之一），不过那时它们所处的物理环境和体验将与我们截然不同。[18]

综合以上分析，我们应该预期与人类相似的模拟种群数量大大超过与人类相似的非模拟种群。这里，与人类相似的生物指的是体验与我们基本相似的生物。但是，上述论证有一个根本前提：非模拟种群创造与人类相似的模拟种群要比创造非模拟种群更加便宜、更加轻松。如果为了某些有意义的目的去创造非模拟种群，例如为了使用纳米技术、开发无限空间或者创建宇宙雏形（而事实证明这样更容易），那么我们可以预期非模拟种群的数量反而会猛增。

总而言之，我们可以肯定地说，如果没有模拟阻断器，那么大多数智慧生物就会是模拟生物。我们并没有完全排除模拟阻断器出现的可能，不过任何一种阻断器的出现，多少都会令人有些惊讶。我们当然无法知道不可计算的定律是否存在，计算机算力是否不足，近乎普遍性的灭绝现象是否会发生，对模拟的排斥是不是近乎普遍的现象，更有效率的非模拟种群是否存在。如果我们无法确定模拟阻断器的存在，那么我们可以肯定地说，大多数智慧生物都是模拟的。

我们是特殊种群吗？

第三个前提规定，如果大多数智慧生物是模拟种群，我们很可能也是。尽管听起来有道理，但我们还是很容易想到一些方法证明这个前提可能是错误的。例如，假定存在一个广为人知的规则，即模拟种群的视野中都有一个标记，写着“你是模拟生物”，而非模拟种群则没有。那么，即使大多数生物是模拟的，但我没有标记的事实也能让我知道自己不是模拟生物。

我们说模拟标志[19]（sim sign）是一种特征，它提高了某种生物是模拟生物的可能性。更准确的说法是，模拟生物拥有这种特征的可能性超过非模拟生物。举个例子，在物理现实世界里，模拟生物也许比非模拟生物更有可能经历故障，这些故障的源头是近似值、快捷模拟和编程错误。这是一种《黑客帝国》式的体验——影片中，同样一只猫两次经过了人走过的同一条路。如果是这样，这些故障就是模拟标志。类似地，模拟者非常有可能创造一些会思考什么是模拟的人。如果是这样，那么，你正在阅读一本名为《现实+——每个虚拟世界都是一个新的现实》的书，这一事实可能就是一个模拟标志。

经济学家和未来学家罗宾·汉森（Robin Hanson）提出，有趣性（interestingness）就是一种模拟标志。[20] 对娱乐或历史模拟感兴趣的设计者在进行局部模拟时，可能会更多地创造和维系有趣或著名的模拟对象，而不是模拟无趣的对象。在这样的局部模拟场景中，只有那些有趣的模拟对象和一部分人会得到细致的模拟。如果你过着有趣的生活，或者是一位名人，那么你是一个模拟角色的可能性就增加了。

最重要的模拟标志也许是，我们似乎生活在相当早期的宇宙中。我们还没有发现来自宇宙其他区域的智慧生命，也没有创造包含智慧生物的模拟宇宙。这两件事可能就是模拟标志。从非模拟生物的角度来看，宇宙中的种群似乎有可能随着时间推移而大幅增加，因此大多数非模拟生物将存在于后期的宇宙。而从模拟生物的角度看，早期宇宙中的模拟系统有可能极其普遍，部分原因是后期的生物对模拟自己的历史感兴趣，还有部分原因是，早期宇宙中模拟系统所要求的技术水平远远低于后期宇宙中的模拟系统。模拟者如果对自己的宇宙进行完全模拟，成本很高。这意味着，大量模拟

图 15　潜在的模拟标志：你是名人或者令人感兴趣的人（如埃及艳后克里奥佩特拉），生活在比较早期的宇宙中（如古埃及）；你观察到异常现象（出故障的猫经过你走过的路）；你在思考什么是模拟（阅读《现实 +——每个虚拟世界都是一个新的现实》）。

生物（数量多到不成比例）会发现自己处于早期宇宙中。如果是这样，我们身处早期宇宙的事实，就是一个模拟标志。[21]

非模拟标志指的是一种通常在非模拟生物身上体现出来的特征。更准确的说法是，非模拟生物拥有这种特征的可能性超过模拟生物。在某个世界里，所有模拟生物都得到了“你是模拟生物”的标志，如果你没有这样的标志，就表明你是非模拟生物。只要我们知道自己拥有非模拟标志，那么即使我们知道 99% 的生物都是模拟的，我们对自己是模拟生物的信心也应该低于 99%。

有些针对第三个前提的重要反对理由与非模拟标志有关。这些观点认为，我们是特殊种群。潜在的非模拟标志包括意识（意识不能被模拟），或者用更具普遍意义的词来说，我们的精神（模拟的精神不会像人类精神那样发挥作用），以及世界的复杂性（模拟系统比人类世界更加简单），等等。

反对理由一，模拟生物不可能具有意识！[22]最明显的潜在的非模拟标志是意识本身。假定有人像哲学家那样思考以下观点：只有生物系统可以拥有意识，因此模拟系统不可能具有意识。按照这个观点，我们拥有意识这一事实表明，我们不是模拟生物。我们可能是生物模拟人（生物大脑连接到模拟系统），但绝不是纯粹的模拟生物。

这个观点有争议。我将在第 15 章论证该观点错误，模拟生物可以像非模拟生物那样拥有意识。尼克·博斯特罗姆否定了模拟角色没有意识的观点。他的方法是提出一个基底独立（也可以说基底中立）（substrate-independence）的假设，即意识仅取决于系统的组织架构，不取决于使系统生效的基底（生物基或硅基）。

现阶段我们对意识的理解不足。如果有人相信 99% 的生物是模拟的，但只有 50% 的信心认为模拟生物拥有意识，这也不能算是完全不合理。如果是这样，模拟生物就不会对自己是模拟的抱有 99% 的信心，而是只有 50% 的信心。这个结论不是那么激动人心，但也令人印象深刻。

反对理由二，模拟者将拒绝创造有意识的模拟生物。[23]意识作为一种非模拟标志，表现出这样一种十分特别的形式：当种群发展到高级阶段、足以创造模拟种群时，它会知道如何创造无意识的智能模拟生物（但仍然具有许多实际用途），并且它有充分的理由（也许是道德上的理由）这么做。这个假设不需要以模拟生物不可能具有意识作为前提，也不需要基底中立，而是规定所有智慧模拟生物具有意识。据我们所知，也许存在简单的方法，可用于对智慧模拟种群的组织架构进行微调，使其缺失意识。例如，神经学家克里斯托夫·科克（Christof Koch）和朱利奥·托诺尼（Giulio Tononi）论证过，运行于冯·诺伊曼串行架构的模拟种群没有意识，而运行于并行架构的模拟种群则具有意识。[24] 如果是这样，也许注重伦理道德的模拟者会定下目标，只要有可能，就使用无意识的模拟生物。

和前面的模拟标志类似，我认为非模拟标志也值得认真研究。不过，关于没有意识的智慧生物的确可能存在，这一点现在还完全不清楚。即便它们可能存在，即便只有 1% 的模拟系统包含有意识的生物，有意识的模拟生物数量仍然可能超过有意识的非模拟生物。

反对理由三，模拟生物不会拥有和我们一样的精神。人类的精神也许包含了非模拟标志。举个例子。创造力和情感可能在模拟生物中不太常见，这也许是因为它们使得模拟系统变得复杂。我们可以预期模拟生物远比我们聪明、理性，因此，我们的非理性和低智商就是非模拟标志。

如果你确信精神的某个方面（例如意识）不可能在模拟系统中得到复制，那么你可以认为这个方面是绝对的非模拟标志。如果某个方面（例如情感）只是不大可能在模拟系统中出现，那么，它就是一个盖然的非模拟标志（概率性非模拟标志）。

盖然的非模拟标志将降低我们身处模拟系统的概率，但只要不是极端概率，降幅就不会太大。假定我们认为所有非模拟生物都具有情感，而模拟生物只有十分之一有情感。再假定我们认为模拟生物与非模拟生物之比为 1000 ∶ 1，这样的话，我们最初有 99.9% 的把握确信自己是模拟生物。接下来，我们会认为有情感的模拟生物与非模拟生物之比是 100 ∶ 1。因此，即使将情感视为非模拟标志，我们对于自己是模拟生物这件事，仍然有 99% 的信心。

反对理由四，模拟生物不会出现在大型宇宙中。[25] 我们的世界空间巨大，仅可观测的宇宙直径就约有 900 亿光年，容纳了至少 2 万亿个星系，也许有 1 亿亿亿颗恒星。我们的宇宙从深度上说也很巨大，在我们通常感知到的层次之下，还有若干丰富的层次。最庞大的模拟系统似乎也不大可能达到这样的规模。模拟小型世界要容易得多，成本也低很多。不过，小型的模拟系统也是具有多种用途的。如果是这样，人类世界显而易见的庞大就是一个非模拟标志，它进一步证明我们的世界不太可能是模拟系统。

对这个观点的一种回应是，与我们的世界相比较，被模拟的世界也许巨大无比，甚至无穷大。在那样一个世界里，模拟像我们这般大小的世界，不仅成本低，而且很常见。我们最多否定这样一种版本的模拟假设：模拟者的世界仅仅和我们的世界一样复杂。不过模拟假设的其他很多版本仍然悬而未决。

另一种回应认为，我们也许生活在一个快捷模拟（shortcut simulation）的世界里。[26] 快捷模拟指的是采用抄近路的方式进行模拟，所以，我们的世界可能不像它看起来的那么巨大。有没有可能，只有我们所生活的局部区域进行了细致模拟，其他区域只是简单的模型？正如第 2 章所述，局部模拟比整体模拟成本更低。它们所服务的目标也许不像整体模拟那样众多，但对于许多目标已经够用了。如果存在一种局部模拟，可以很常见地复制我们在这个大型世界中的体验，那么这些体验本身也许还不能成为一个充分的非模拟标志。

正如我们在第 2 章中看到的那样，局部模拟要复制我们的体验，工作量可不小。为了模拟我们所在的环境、所交流的人群以及读到和看到的媒体，局部模拟系统必须对地球环境进行大规模的设计，必须合理、细致地模拟太阳、月球和其他行星（现在我们已经对这些行星采集了细节丰富的图像）。至少，我们需要有模有样地模拟可见的恒星和星系，以及背景辐射和其他可观测的现象。模拟者还必须做好扩展模拟系统的准备，以应对下面这一类情形：我们旅行到其他星球，或者掌握了从其他恒星获取信息的新手段。我们已经在《无人深空》（*No Man's Sky*）这样的电子游戏中熟悉了可扩展的模拟系统，在该游戏中，当玩家旅行到新的星球时，它们将由算法生成。老练的模拟者可能是运用这些技术的大师，知道走捷径进行局部模拟。

利用快捷手段去模拟系统深层次的微观奥秘，也会发生同样的情况。在某些情境下，只需利用针对宏观物体的简单的牛顿物理学定律就可以进行模拟，但也有许多场景，需要做更多工作。普通对象有不少可观测属性取决于化学定律，而这些定律又依赖于量子力学，因此如果不进行深层次的模拟，想要对宏观物体做出非常出色的模拟，难度不小。而要我们的模拟与科学家在原子物理学及类似领域的观测成果保持一致，则需要开展更多工作。也许不需要模拟每一个细节，一些低层级的细节我们可能从未观测到。当一个系统没有得到细致观测时，有时也可以使用简化模型。不过，看起来我们似乎必须对大量物理学定律进行模拟，才能获得可信的结果。

这里有一种盖然性：即使是局部模拟系统，要符合我们的体验，创建起来也一定是高度复杂的。值得讨论的是，这种复杂程度在模拟系统中比较罕见。就很多目标（宏观物体）而言，创建更加简单的模拟系统，难度更低。由复杂世界模拟而成的连环复杂世界（这种情况下创建多个模拟系统是可行的）最终将演变成过多的简单世界，而在简单世界里，创造模拟系统是不可能的。按照这种观点，大多数模拟生物将不会拥有复杂世界的体验，因此我们的体验从概率上说属于非模拟标志。和前面一样，这种非模拟标志将降低我们身处模拟系统的可能性。

但是，模拟者仍然有理由创造相当多的复杂模拟系统。如果是这样，我们就可以预期，大多数拥有复杂世界体验的生物就是模拟生物。

最后回顾一下我的观点：我们分析过的潜在的非模拟标志，例如意识和大型世界，也许会降低我们身处模拟系统的可能性。同时，我们必须将这些标志与潜在的模拟标志进行比较，后者包括我们似乎处于早期宇宙这一事实。模拟标志也许会增大我们身处模拟系统的可能性。是模拟标志比非模拟标志更重要，还是反过来呢？现在我先搁置这个问题。

原型模拟和类人模拟生物

尼克·博斯特罗姆采用另一种方法处理模拟标志问题，即只关注原型模拟，也就是对人类整个心灵史进行精确模拟。对个体世界的任何原型模拟都要包括对个体的精确模拟。如果对我的世界进行大量的原型模拟，那么一定会有许多模拟生物具有和我一样的体验。如果是这样，就没有必要考虑个体的体验包含非模拟标志，原因是我的体验的每一个特征都将在大量模拟生物上得到复制。

我认为“原型模拟”形式的模拟论证是无效的，因为我不觉得有好的理由相信存在精确的原型模拟。构建这样的模拟系统需要基本了解人类历史上每个时期人脑的精确状态，而我们没有充分理由认为这可以做到。也许在模拟宇宙中可以做到，例如对模拟大脑的记录进行备份，但是这无助于掌握那些创建模拟系统的非模拟生物的关键状况。

博斯特罗姆后来评论说，从有效的模拟论证出发，模拟生物不需要精确复制我们的体验。让它们拥有“人类类型”的体验，也就是人类的典型体验，就可以了。我认为这是对的，不过这意味着我们不再有必要在模拟论证中提到原型模拟。任何类人模拟都足够了。事实上，我认为博斯特罗姆定义的“人类类型”体验仍然过于狭隘，没有必要。理论上，对于更多类型的大脑，只要它们拥有人类最重要的模拟标志[27]和非模拟标志，模拟论证对它们就是有效的。

因此我会扩大模拟论证的范围，关注这样一种可能性：存在类人模拟生物。类人生物指的是拥有与人类大致相同的重要模拟标志和非模拟标志的生物。例如，它们具有意识，在大型宇宙中生活，社会正处于特定的技术发展阶段。

博斯特罗姆运用他对人类类型体验的概念建立了一个数学公式，用于计算生活在模拟系统里、拥有人类类型体验的所有观察者的比例，并得出我们是模拟生物的概率。我认为博斯特罗姆的公式和结果不像表面上看起来那样正确，理由见尾注。[28]不过，可以通过简单的数学通式来使模拟论证公式化，这个通式既可以回避上述问题，又可以避开模拟阻断器和非模拟标志引发的反对声音。这样的新论证形式如下。

1. 如果不存在任何模拟阻断器，那么大多数类人生物都是模拟的。

2. 如果大多数类人生物是模拟的，我们很可能是模拟生物。

3. 结论：如果不存在任何模拟阻断器，那么我们都很可能是模拟生物。[29]

“大多数类人生物都是模拟的”意味着宇宙中大多数类人生物（包括过去和未来的生物，创造我们和我们创造的生物，等等）是模拟生物。我们可以按照自己的意愿给“大多数”和“很可能”所代表的数字赋值，只要相互匹配就行。举个例子，“大多数”可以是 99%，“很可能”可以是 99% 确信。重要的是，现在我们将模拟阻断器定义为某种阻止足够多的类人模拟生物诞生的事物，从而确保大多数类人生物是模拟生物。

第一个前提将“如果不存在任何模拟阻断器”作为条件，所以模拟阻断器不再是第一个前提的绊脚石。现在，第一个前提唯一需要的是这样一个合理假设：如果没有任何事物阻止大批类人模拟生物的诞生（数量多到足以使大多数类人生物是模拟生物），那么类人模拟生物就会大量存在。第二个前提包含“大多数类人生物”，所以非模拟标志不再是它的绊脚石。现在第二个前提唯一需要的是这样一个假设：如果存在大量生物，拥有与我相同的体验，那么我很可能是其中的一员。[30] 有时这被称为中立原理（indifference principle，也译“无差异原则”），因为它建议对这些关于“我是谁”的假设一视同仁。从这个假设可以推出，如果 90% 拥有与我相同的体验的生物是模拟生物，那么我会有 90% 的信心确定我们是模拟生物。

如果我们接受这两个前提，相当于重新解释了模拟阻断器和模拟标志问题。在弱化前提的同时，我们也会削弱结论的可信度，因为结论现在明确包含了模拟阻断器的可能性。此外，模拟阻断器的概念已经得到扩展，包括一切阻止足够多的类人模拟生物诞生的事物。其结果是，模拟阻断器的概念现在涵盖了前面我们认为属于非模拟标志的事物。例如，“模拟生物不会有意识”，这个观点现在是一个潜在的模拟阻断器，理由是如果有意识的模拟生物不可能存在，那么类人模拟生物也不可能存在。“模拟生物不会拥有大型宇宙的体验”，这个观点现在也是潜在的模拟阻断器。如果明显的大型宇宙中的模拟生物很稀有，那么类人模拟生物也很稀有。

根据上述结论，我们可以非常确定，要么存在模拟阻断器，要么我们是模拟生物。如果我们接受上面的数字及论证过程，那么我们应该至少 99% 确信这两个选项中有一个正确。

博斯特罗姆按照下面的形式粗略地介绍了他的论证结论：

> 本文论证了，以下观点中至少有一个是正确的：(1) 人类这一物种非常有可能在“后人类”时代来临之前就灭亡；(2) 任何一个后人类文明都极其不可能针对其进化史（或者变异史）进行海量的模拟；(3) 几乎可以肯定我们生活在计算机模拟的世界里。

这里，博斯特罗姆的选项 1 和 2 都属于模拟阻断器，与“非模拟生物在创造模拟生物之前就会灭亡”和“非模拟生物会选择拒绝创造模拟生物”密切相关。这些是值得思考的模拟阻断器，但绝非唯一的一批。除了我们讨论过的类人模拟生物的模拟阻断器外，我还要增加至少以下五项：智能模拟生物不可能存在；有意识的模拟生物不可能存在；模拟生物占用过多计算机算力；模拟者将拒绝创造有意识的模拟生物；新生非模拟生物的数量将超过新生模拟生物。这五项新增的模拟阻断器将带给我们八点式结论，而不是博斯特罗姆的三点式结论。

更简单的方法是将模拟阻断器分为两类。第一类，创造类人模拟生物是不可能的，或者说完全不切实际（为了简化语言，我理解“可能”的意思是“现实可行”，所以不切实际相当于不可能）。这一类模拟阻断器有“模拟生物不会有意识”“智慧模拟生物是不可能存在的”“模拟生物占用过多计算机算力”。第二类，类人模拟生物是可能存在的，也具备可实践性，但是很少有类人种群愿意创造它们（也就是说，要达到足够的数量，这样大多数类人生物才会是模拟生物）。这一类模拟阻断器包括“非模拟生物在创造模拟生物之前就会灭亡”“非模拟生物会选择拒绝创造模拟生物”“模拟者将拒绝创造有意识的模拟生物”“新生非模拟生物的数量将超过新生模拟生物”。

如果这个方法正确，我们可以得出更加明确的三点式结论：我们应该坚决相信以下三点之一，（1）我们是模拟生物，（2）类人模拟生物不可能存在，（3）类人模拟生物可能存在，但很少有类人非模拟生物愿意创造它们。

（在一份在线附录中，我探讨了针对模拟论证的更深入的反面观点，并证明它们都没有削弱模拟论证的基础。这些反面观点包括“我们不应该在非模拟生物和模拟生物之间选择中立”“模拟生物不会掌握我们存在的外部证据”“我们知道自己不是自我复制的模拟生物”“我们无法知道相邻宇宙的物理定律”“我们应该预期未来将生活在贫困的世界里”。我认为这些观点无一对模拟论证构成威胁。）

最终结论

最终结论是什么？我们在模拟系统里吗？为怀疑论和知识之间服务的模拟论证具有怎样的含义？

我不会说，我们可以知道自己身处模拟系统，因为有太多可能存在的模拟阻断器，使我们无法确定这一点。我无法肯定地回答类人模拟生物是可以创造出来的。也许意识是基底中立的，又或者物理过程是不可计算的。我也无法断定，如果这些模拟生物可以被创造出来，类人种群会付诸实践。也许几乎所有类人种群将走向灭亡，或者拒绝模拟。因此，我无法确切地知道，大多数类人生物是否为模拟生物。而对于我们是不是模拟生物，我也没有确定的答案。

不过，我认为我们不能百分之百确信模拟阻断器存在。如果要我预测，我会说，有意识的类人模拟生物存在的可能性更大。我还会说，如果有意识的类人模拟生物可以被创造出来，许多类人种群更有可能付诸实践，而不是相反。如果是这样，那么第一类模拟阻断器存在的概率低于 50%，第二类同样如此。由此可以推出（在可信的前提下），模拟阻断器存在的概率低于 75%。考虑到模拟阻断器存在与我们是模拟生物的对立关系成立的概率至少为 99%，可以得出，我们是模拟生物的概率至少在 25% 左右。

无论我们对概率有何看法，上述论证非常清楚地表明，我们无法知道自己没有身处模拟系统。我们十分确信，我们是模拟生物，或者大多数类人种群不会创造类人模拟生物，或者类人模拟生物不可能存在。后两种假设具有极强的思辨性，我们不知道二者中有没有一个是正确的。所以，我们不知道自己没有生活在模拟系统中。

反对者可能提出，我们可以知道自己没有身处模拟系统，方法在前文讨论过，例如伯特兰·罗素对简单性的运用，或者 G. E. 摩尔对自己双手的观察。因此我们可以总结说，模拟阻断器总会有一个存在，尽管我们不能确定是哪一个。

我认为这种观点不可信。实际上，模拟论证赋予了模拟假设非常大的可能性。一旦具备极大的可能性，上述观点就无法否定它。

假定上帝告诉我，在我出生时，他抛出一枚硬币。如果硬币正面朝上，他就将我接入完全模拟系统中。[31] 如果反面向上，他就送我去非模拟现实世界。他对许多人做了这样的选择，现在将此事告诉所有人。那么，对于生活在模拟系统这件事，我有 50% 的把握。从上帝的告知可以看出，这里简单性对于否定模拟假设无能为力。同样，观察自己的手，采用摩尔的论证方法也无济于事。我的信心仍然是 50%。显然，在这样的情况下，我确实不知道自己没有生活在模拟系统。

模拟论证的作用有些相似。它将模拟假设提升至极大可能的地位，我会将它视为大概率事件。无论概率是 20% 还是 50%，前面讨论过的反怀疑论观点都不会削弱它的可能性。只要我们生活在模拟系统这一假设具有极大可能性，那么上述反面论证就不能使我们确定自己不是模拟生物。

总之，我的结论是，我们无法知道自己没有生活在模拟系统中。

第 3 部分

现　实

第 6 章

什么是现实?

电影《头号玩家》主要讲述虚拟世界的故事，在影片结尾，一个角色提出了他的现实之问。他说:“现实是唯一真实的东西。”

乍一看，这像是同义反复，类似于“男孩就是男孩”。只有现实才是真实的，这还用说!

可是再想想，这又像是哑谜，就和“幸福就是快乐的”一样，现实本身如何才能具有真实性呢?

然而，这句话隐含的信息其实非常明确。在电影场景中，说话者正在称赞物理现实，贬低虚拟现实。他要表达的信息是：物理现实是唯一真实的东西，而虚拟现实不真实。

这难道不是另一个哑谜？对物理现实和虚拟现实而言，什么是“真实”？在我看来，核心思想是，现实之所以是真实的，是因为现实中的事物是真实的。如果这样解读这句口号，它的意思就是，物理事物是唯一真实的事物，虚拟事物不是真实的。

如果这句口号正确，则地球是真实的，而鲁德斯星球（《头号玩家》中的虚拟星球）不是。地球及这里的一切事物，从鸭子到高山，都作为客观世界的一部分而存在。而鲁德斯星球及那里的一切，从阿凡达到虚拟武器，都不是客观存在的，只是科幻故事或者幻想。

虚拟事物不真实，这是我们对虚拟现实的标准认知。我认为这种看法是错误的。虚拟现实也是真实的，也就是说，虚拟现实中的实体确实存在。

我的观点是一种**虚拟现实主义**[1]（virtual realism）。这个用语最早出现在美国哲学家迈克尔·海姆（Michael Heim）1998年的一本书的标题中。这是一部关于虚拟现实复杂后果的前瞻性著作。海姆主要用这个标签表示虚拟现实产生的一种宽泛的社会政治见解，作为"推动虚拟社区的网络理想主义者"和"谴责电子文化是各种社会问题根源的幼稚的现实主义者"之间的调解工具。同时，海姆还将这个标签与这样一种观点联系起来："虚拟实体当然是真实的、实用的，甚至在未来时代还将是生活的核心。"我对"虚拟现实主义"这个标签的使用将取其后一层含义。

我的理解是，作为一种假设，虚拟现实主义认为虚拟现实是真正的现实，它特别强调这一观点：虚拟物体是真实存在的，不是幻象。一般而言，哲学家认为某种事物是真实的，就用"现实主义"或者说"唯识论"* 来表达这种观点。有人认为道德是真实的，他就是道德现实主义者。有人认为色彩是真实的，他就是色彩现实主义者。依此类推，有人认为虚拟物体是真实的，他就是虚拟现实主义者。

我也接受**模拟现实主义**这种说法，它指的是：如果我们身处虚

* 后文中 realism 一词统一译为"现实主义"。

拟世界，那么周围的物体就是真实的，不是虚幻的。虚拟现实主义是一种针对虚拟现实整体的观点，而模拟现实主义是专门针对模拟假设的观点。模拟现实主义指的是，即使我们的一生都在虚拟世界中度过，我们周围的猫和椅子也是真实存在的，它们不是幻象。所见即为本物。我们在虚拟世界中认为真实存在的大部分事物确实都是真实的。真实的树，真实的汽车，纽约、悉尼、唐纳德·特朗普和歌手碧昂丝也都是真实的。

模拟现实主义对怀疑论如何理解外部世界具有重要意义。我们已经看到，笛卡儿的普遍怀疑论既否定现实之问（在虚拟世界里，一切都是虚假的），也否定知识之问（我们无法知道我们不在虚拟世界里）。若我们认同模拟现实主义，就会对现实之问给出肯定回答。在虚拟世界里，事物是真实的，不是虚假的。如果是这样，模拟假设和相关场景就不再对我们的知识构成普遍威胁。即使我们不知道自己是否身处虚拟世界，我们仍然可以知道外部世界的大量信息。

当然，如果生活在虚拟世界，我们对树、汽车和碧昂丝的认知就与其本体并不完全相符，二者存在深层次的差异。我们以为树、汽车和人体最终由原子和夸克这样的基本粒子构成，实际上，这些是由位元构成的。

我将这种观点称为**虚拟数字主义**（digitalism）。虚拟数字主义认为，虚拟现实中的对象是数字对象，简单说，就是由二进制信息或者位元组成的结构体。

虚拟数字主义是虚拟现实主义的一个版本，因为数字对象绝对真实。位元结构体源于真实的进程，存在于真实的计算机中。打个比方，如果我们生活在虚拟世界里，那么计算机就位于上一层世界。而数字对象的真实性不亚于计算机。所以如果我们身处虚拟世界，周围的猫、树和桌子都是完全真实的。

这听起来也许有些荒谬，不过我会努力让你们相信这是对的。我将在后面几章中对这些观点进行论证。在第 7—9 章，我会证明，如果我们身处虚拟世界，我们的世界仍然是真实的。在第 10—12 章，我将关注更常见的虚拟现实技术，证明虚拟现实及其中的物体也是真实的。

不过，首先我们应该解释现实和真实的含义。

现实和现实世界

在定义真实之前，我要探讨一下现实的定义。这个词至少包含三种含义，都与我们的目标有关。本书在涉及这三种定义方式时都会用到“现实”一词。

其一，当我们将现实视为一种实体时，基本上指的是一切存在的事物，也就是整个宇宙体系（cosmos）。当我们谈论作为实体的物理现实和虚拟现实时，定义方式和前面一样，各自的含义大致是一切有形的事物和一切虚拟的事物。

其二，当我们给现实加上数量词“一个”时，基本上指的是一个世界。如果是复数，就是多个世界。如果提到一个虚拟现实，大致的意思是一个虚拟世界。一个世界基本上相当于一个宇宙（universe），即一个完整的、互联的物理或虚拟空间。

现实（第一种含义）也许包含许多现实世界（第二种含义）。这是个大家熟悉的概念，例如电影《蜘蛛侠：平行宇宙》对此就有描述，其含义是：我们可能生活在多重宇宙中，这是一个由多个宇宙构成的宇宙体系。在多重宇宙中，现实包含大量现实世界。随着虚拟世界的出现，我们现在有了现实+，这是由物理现实和虚拟现实共同构成的多重宇宙。所有这些现实世界都是现实（宇宙体系）的一部分。

其三，我们可以将现实视为一种属性，就像“刚性”一样。刚性指的是刚硬、不易变形的属性。有些物体是刚性的，有些不是。从这个意义上说，“现实”一词代表了真实性（real-ness），也就是真实的属性。有些事物是真实的，其他的不是。谈论现实的现实性，就是在讨论什么是真实的。这是本章的重点。

为了不引起误解，我们可以这样总结涵盖三种含义的现实+观点：现实包含许多现实世界，这些现实世界都是真实的。用更加平实的语言来说，就是：宇宙体系（一切存在的事物）包含许多世界（物理空间和虚拟空间），这些世界里的物体是真实的。现在，我们只需要分析什么是真实的。

五种方式思考什么是真实的

在《黑客帝国》中，墨菲斯问道：“什么是真实的？怎样定义真实？”换句话说，说某种事物真实存在，这是什么意思？当我们说拜登是真实的，而圣诞老人不是时，这意味着什么？

哲学家已经通过多种方式回答了墨菲斯的问题。下面我将聚焦五种互为补充的方式。每一个答案都对这个问题进行了部分诠释，各有特色，但都属于我们所定义的真实的一部分。

存在即为真实。这是第一个也是最重要的一个答案，如果某种事物存在，那它就是真实的。拜登真实存在，他是宇宙的一部分。圣诞老人确实不存在，并非宇宙的一部分。有一些故事和信念与圣诞老人有关，但圣诞老人本身并不存在。

图 16　在虚拟世界里，墨菲斯和尼奥争论数字现实。
虚拟数字主义认为，虚拟物体是真实的数字对象。

当然，这个答案刚好引出了另一个问题："什么是存在的？"[2] 这是一个深刻的问题，我无法给出明确的答案。许多人认为该问题根本就没有确定的答案。

回想一下第 4 章提到的贝克莱的名言：存在即被感知。存在，就会被感知。这句话的意思是，某种事物如果被感知到，或者至少可以被感知，那么它就存在。按照墨菲斯的说法，当我们说某物为"真"时，也许指的是"你能感觉到、闻到、尝到和看到的东西"。

有一种与之相关的、听起来更加科学的观点认为，如果某物可以被衡量，它就是真实的。

我已经讨论过贝克莱的名言为什么太过武断。可能存在一些真实的事物，我们永远无法感知，无法衡量。我们也许永远不能衡量宇宙大爆炸时期或者遥远星系的某些物理实体，但是它们一直都存在。我如果身处完全模拟系统中，也许根本无法感知系统外的世界，可是它始终是真实存在的。另外，还有一些事物，我们可以感知和评估，但它们却不是真实的。例如，我们可以评估海市蜃楼的强度，但这并不意味着它确实存在。

不过，贝克莱的名言可以很好地启发人们思考什么是存在，也就是说，可以把它当作一个揭开存在之含义的有缺陷的指南，而不是作为绝对的评判标准。如果某物可以被感知和评估，那么这就是它存在的强力信号。

因果力（causal power）即为真实。有一种观点，对我们理解存在的含义更具启发性，并且把贝克莱名言的内容也囊括在内。这种观点有时被称为“伊利亚格言”[3]，因为它的一个版本出自神秘的“伊利亚异乡人”，这是柏拉图《智者篇》（*The Sophist*）中一位来自古伊利亚城的人物。异乡人说：

> 在我看来，任何一种东西，无论拥有怎样的力量，只要能改变一种事物，无论什么特性的事物，或者被最微不足道的原因影响，哪怕是最低程度的影响，哪怕只有一次，这便是真实的存在。

这就是伊利亚格言：拥有因果力，即为真实。也就是说，当且仅当某种事物能够影响其他事物，或者被其他事物影响，它就存在。拜登拥有因果力，作为美国总统，他能指挥武装力量、签署立法以及否决立法提案。宇宙大爆炸时期和遥远星系发生的物理事件具备因果力，它们影响事件发生区域未来的变化。甚至一块石头也有因果力，它能在地面留下凹坑。任何能感知到的事物都有因果力，因为它拥有影响感知者的力量。所以，任何符合贝克莱名言涵盖范围的事物都符合伊利亚格言。

圣诞老人不符合伊利亚格言涉及的范围。他没有因果力，因为他对世界没有影响。按照圣诞老人的传说，圣诞老人掌握着巨大的因果力：他在一个晚上运送了数十亿件圣诞礼物。可是这些都是假的，圣诞老人没有内在的因果力。当然，这些故事本身具备因果力，它们影响贺卡、服装和一些国家的儿童。因此，虽然按照伊利亚格言，这些故事是真实的，但这并不意味着圣诞老人是真实的。

伊利亚格言并没有反映出与真实性有关的全部真相。世界上存在不具有因果力的真实事物。例如，也许数字没有因果力，却是真实的。也许还存在因被遗忘而没有因果力的梦。但是，因果力至少是真实性的一个充分条件。如果某种事物具有因果力，它就存在，就是真实的。从这个意义上说，除了存在之外，因果力是第二个证明真实性的启发性标准。

独立于心灵（mind-independence）即为真实。评判真实性的第三个标准由科幻作家菲利普·K. 迪克在 1980 年的短篇小说《我希望我会很快到达》（“I Hope I Shall Arrive Soon”）中提出。我们可以称之为菲利普·K. 迪克名言：“所谓真实，就是当你不再相信某种事物时，后者仍然不会消失。”[4]这个观点的意思是，如果没有人相信圣诞老人，圣诞老人就不会再出现。可是如果没有人相信拜登，他仍然存在。

我认为迪克的名言不像表面上看起来那样正确。如果我们不再相信甘道夫，可是仍然在银幕上看见他，那他就没有消失。但这并不意味着甘道夫就是真实的。假象和幻象同样如此，即使我相信，远处的海市蜃楼并非真实的，它依然不会消失。

尽管如此，迪克的想法还是有些道理的。在上面的例子中，甘道夫或海市蜃楼的存在仍然取决于人们的心灵，也就是他们的思想和经验。如果从未有人想到过甘道夫，他就绝不会进入我们的生活。如果我们不再看到海市蜃楼，它就会消失。所以，我们可以说：“所谓真实，就是当某种事物没有出现在任何人的大脑中时，它仍然不会消失。”或者这样说更好：“所谓真实，就是某种事物的存在不取决于任何人的心灵。”

不过，即使是迪克名言的修改版也没有反映出与真实性有关的全部真相。有一种反对观点，我们可以称之为邓布利多名言。在“哈利·波特”系列临近尾声时，霍格沃茨魔法学校校长阿不思·邓布利多说道：“这当然是发生在你的脑海中的，哈利，但难道这样就不真实了吗？”[5]你的思想和经验在脑海中发生，这取决于你的心灵，可是它们仍然是真实的。财富这样的社会存在也取决于人们的心灵。如果没有人认为美元钞票有价值，它们就不是财富。但是，财富还是真实的。

尽管如此，独立于心灵仍然可以作为评判真实性的有用的充分条件。它至少提供了一个有用的维度，有助于我们理解真实性。如果某种事物不依赖于任何人的心灵而存在，那么它就具备特别稳固的真实性。如果某种事物只有依赖我们的心灵才能存在，那么它是外部世界一部分的可能性就不那么高了。

非虚幻性（non-illusoriness）即为真实。幻象和现实的区别在哪里？到目前为止，我们已经提过这样的问题："事物确实存在吗？"而另一个关键问题是"事物的表象就是其真相的反映吗？"我们可以利用这个问题作为第四个评判真实性的标准，它也是我们对真实的定义的一个方面。具体来说，当某种事物的表象反映其真相，它就是真实的，反之则是虚幻的。

物理现实是真实的，是因为它的表象基本上反映真相。在物理现实世界里，如果一个球看起来就在你面前，一般而言，那里确实有个球。按照通常的观点，虚拟现实不真实，因为它的表象并不反映真相。在虚拟现实中，看起来有个球，其实不存在。这个观点认为，在虚拟现实中，事物真相与表象脱离，也就是说，虚拟现实是虚幻的。

就在此刻，我看上去正位于哈德孙河谷某处的一座房屋中，坐在椅子上，使用笔记本电脑。在我看来，窗外有一个覆盖着藻类的池塘，大鹅在四周游荡。我看起来是一位哲学家，正在撰写关于现实的书。我似乎在澳大利亚长大，现在生活在纽约。这一切以及更多信息，构成了大家所认为的我的表面现实生活。

当且仅当这种表面上的现实生活与真相一致时，它才是真实的。如果我确实坐在椅子上，窗外确实有一个池塘，我确实在澳大利亚长大，那么表象与真相相符，这一切才都是真实的。如果以上都不是真相，那么这一切都是虚幻的。

当然，我可能在某些事情上犯错，例如也许窗外并没有鹅，但我的现实生活仍然是真实的。可是，如果我弄错了几乎所有事情，那么大家就有理由认为，我的表面现实生活是虚幻的。

如何获取事物的表象呢？有多个答案。通过感官**感知**事物的真实性，这是一种方式。经过思考、推理以及感性认识后，**相信**事物是真实的，这又是一种方式。我可以感知一头粉色大象，同时并不相信它确实存在。我也可以在没有体验过的情况下，相信宇宙大爆炸确实发生过。

在以上例子中，可以说我们的信念对于真实性最重要。就怀疑论和模拟假设的有关问题而言，对我们来说最重要的是，世界上的事物是否就如同我们所相信的那样。因此，就模拟现实主义而言，我会这样理解第四条标准：当事物的本质基本上与我们所相信的一致时，它们就是真实的。

名副其实（genuineness）即为真实。第五种思考真实性的方式出自英国哲学家 J. L. 奥斯汀（J. L. Austin）1947 年的讲座合集《理智和感知对象》（*Sense and Sensibility*）。[6] 书名受到小说《理智与情感》的启发，后者的作者是简·奥斯汀，两人姓名相近，不过前者的内容与感知和现实有关。奥斯汀认为，哲学应当始终密切关注文字在日常交流的使用方式。为了理解真实的含义，我们必须观察以英语为母语的普通人如何使用“真实”一词。

奥斯汀说，在日常用语中，我们不能只是谈及某物是否真实。如果我们这么说，就会引来“真实的什么”之类的问题。应该谈论的是，这个事物是不是真正的钻石（与假钻石相反），或者真正的鸭子（与鸭子诱饵相反）。我们可以用奥斯汀的名言概括：不要问某物是否真实，而是要问它是不是真正的 X。

我认为奥斯汀的名言并不那么正确。一个小孩子问圣诞老人或者复活节的兔子是否真的存在，这是非常合情合理的。你可以问复活节的兔子是真正的兔子还是真正的精灵，或者其他任何事物。但是，还有一个问题，你可以在提问的同时，对复活节兔子是兔子还是精灵保持不偏不倚的态度，这个问题就是：复活节的兔子是真实的吗？换句话说，它确实存在吗？答案似乎是否定的。它是民俗文化里的角色，代代相传。这种文化是真实的，但复活节兔子不是。前三句名言都体现了这种思维，它们所关注的是，当我们说某物是真实的（而不是说真实的某物），其意义是什么。复活节兔子确实不存在，不具有因果力，也不独立于我们的心灵。

尽管如此，奥斯汀的名言还是包含了一些至关重要的内容。通常我们确实不想知道某物是否真实。我们想知道的是，某物是不是真钱，或者正品苹果手机。如果有人给我一种外观像劳力士手表的物品，毫无疑问，它是真实的，至少是真实的物品。但我感兴趣的是，它是不是真正的手表，特别是，它是不是劳力士正品。我们可以这样问，这块手表是不是名副其实？换句话说，它是真正的手表吗？是真正的劳力士吗？

在虚拟世界中的生活同样如此。一种问问题的方式是问所看见的建筑、树木和动物是不是真实的。也许有人确信，它们是真正的数字实体。但是，还有一种提问方式，就是问它们是不是真正的建筑、树木和动物。如果它们是真实的物品，但不是真正的建筑，那么它们的表象就没有反映其真相。总之，当某种事物看起来是 X 时，按照第五条评判真实性的标准，我们要问：它名副其实吗？或者说，它是真正的 X 吗？

模拟现实是真实的吗？

现在我们有五条标准来评判真实性。我们可以用一份“真实性清单”来概括它们，也就是说，当想知道某种事物是否真实时，我们可以用以下五个问题来判断：它确实存在吗？它具有因果力吗？它独立于心灵吗？它的表象与真相是否相符？它是真正的 X 吗？

五条标准的核心依次是存在、因果力、独立于心灵、非虚幻性和名副其实，从五个方面分别诠释我们对真实性的定义。当我们说某物是真实的，有时指的是其中一方面，有时指的是多个方面。我们本来还可以增加其他方面，也许包括“主体间性（intersubjectivity）即为真实”“理论实用性即为真实”“基础性即为真实”，我在尾注中会讨论这几个方面。[7]不过，就本章的目标而言，上述五个方面是最重要的。

以上评判真实性的标准没有一个可以使我们轻松地理解什么是真实性。它们仅仅是让问题变得略微明确一些。对真实性的不同定义与不同的目标有关，因此必须确定我们要运用哪种定义。

现在，我们用这些标准来评判模拟系统中的物体，可以从持久性的完全模拟开始。这种模拟指的是对一个世界进行充分细致的模拟，复制人类在历史长河中的全部经历。如果我们身处完全模拟系统中，我们的世界是真实的吗？这里，我的目标主要是阐明和论证我对模拟系统的观点。

第一条评判真实性的标准会提出这样的问题：我们在这个虚拟世界里感知到的事物确实存在吗？如果我生活在完全模拟系统中，窗外的树是确实存在的吗？反对者说：“不，树和窗户本身仅仅是幻象。”而我说：“是的，树和窗户确实存在。”在一定程度上，它们是数字对象，来源于计算机的数字化处理技术，但不会因此降低真实性。

第二条标准这样提问：我们感知到的事物有因果力吗？它们具有影响力吗？反对者说："不，树只是看起来能产生影响。"而我说："是的，树是数字对象，具有大量因果力。"它会生成树叶（树叶本身也是数字对象），为（数字化）鸟类提供栖息地，让我和其他看到它的人产生各种体验。

第三条标准这样提问：我们感知到的事物独立于心灵吗？如果心灵消失了，它们仍然能够存在吗？反对者说："不，我感知到的树只存在我的脑海里，如果我们都消失了，它也不复存在。"我说："是的，树是数字对象，它的存在不取决于我。"即使所有（模拟的和非模拟的）人类都消失了，理论上这棵树仍然能够作为数字对象而继续存在。

第四条标准这样提问：事物的表象反映其真相吗？花儿确实就像它们展现出来的那样，在我的花园中盛开吗？我确实像我的经历所显示的那样，是一名来自澳大利亚的哲学家吗？反对者说："不，这些不过是幻觉，事实上没有花朵，也没有澳大利亚。"而我说："是的，花园里确实有花朵绽放，我也确实来自澳大利亚。"如果我的整个世界是一个模拟系统，那么，花朵终归只是数字对象，澳大利亚终归也只是数字对象，但是，这并不妨碍花儿绽放，也不影响我的确来自澳大利亚。

第五条标准这样提问：我在模拟系统中感知到的都是真正的花朵、真正的书和真正的人吗？反对者说："不，即使这些都是真实的数字对象，充其量也就是虚假的花朵，并非真正的花朵。"而我说："是的，这些都是真正的花朵、真正的书和真正的人。"如果我一生都在虚拟世界中度过，我体验过的每一朵真正的花始终会是数字对象。

总结：如果我们身处持久性的完全模拟中，按照以上五条标准中的任意一条，我们感知到的事物就都是真实的。

下面对模拟现实主义进行定义："如果我们身处完全模拟中，那么周围的事物都是真实的，并非幻象。""幻象"一词对第四条标准最有意义：模拟现实主义认为，事物的真相基本上与我们的信念一致。现在，我们相信猫确实存在，会做一些事，是真实的。模拟现实主义必然得出这样的结论：在模拟系统中，以上信念基本上正确。

也许你认为，我选择性地将这几条评判真实性的标准呈现出来。如果我们将真实性定义为基础性或者根源，也许情况就不一样了。如果我们生活在虚拟世界里，我们感知到的模拟树也许不是本来的树（模拟者可能按照非模拟的树建立模型），模拟的物理世界也不是最基础的世界（因为上一级宇宙的模拟版本是它的基础）。人们说虚拟物体不真实，也许以上观点代表了他们这么说的部分理由。尽管如此，这里谈到的几条标准似乎都不是评判真实性的主流标准。克隆羊多利不属于根源（它是另一只羊的克隆体），也不是基础性的（它由粒子组成），可是它绝对真实。

为了说明我的模拟现实主义是多么积极的观点，也为了强调以上标准不是刻意挑选的，我们可以将它与英国理论物理学家戴维·多伊奇（David Deutsch）在1997年的《真实世界的脉络》（*The Fabric of Reality*）一书中提出的观点进行对比。[8] 在一场关于虚拟现实的精彩辩论中，多伊奇支持一种不完整的虚拟现实主义。他声称，虚拟现实环境（包括模拟系统）"通过了真实性检验"，因为它们对用户产生“反作用力”。这使人联想到第二条和第三条标准：这样的虚拟现实环境具有因果力，并独立于人类意识（心灵）而存在。另一方面，多伊奇不支持第一条标准。他谈到这样一个场景：“模拟的飞行器和周围环境并不真正存在。”他也不支持第四和第五条标准。他说，在另一个虚拟现实场景中，可以看到现实中不存在的雨，而且场景中的发动机也不是真正的发动机。在多伊奇看来，虚拟现实环境是真实的，但其中的实体是虚幻的。模拟现实主义的主张比多伊奇的观点要积极得多。

当然，如果我们身处模拟环境，那么，确实有一些事物与其表象不一致。我们所相信的某些事物可能是错误的。大多数人认为，他们不在模拟环境中。他们相信，花朵不是数字化的，也许还会相信，他们的宇宙是终极现实世界。如果我们生活在模拟系统中，这些信念将是错误的。但是这些错误信念是关于现实的最科学或者最具哲学意义的信念。这些信念从根本上说是错误的，但不会影响我们日常生活中的某些认知，例如花园里总有花儿绽放。

如果我们身处非完全模拟系统中，虽然我们会有更多错误信念，但仍然有大量正确信念。如果太阳系得到充分模拟，而宇宙其他部分只是粗略模拟，那么，我对太阳的认知也许是正确的，但对半人马座 α 星的认知就可能是错误的。如果 2019 年的世界得到充分模拟，而 1789 年的没有，那么我对法国大革命的认知可能就是错误的，但对当代美国的认知也许就是正确的。不过，对于模拟系统中出现的更贴近日常生活的那一部分世界，我们的认知将是正确的。假设我在花园里看见的鹿是模拟系统的一部分，那么，当我认为花园里有一头鹿时，我仍然是正确的。

作为形而上学的模拟假设

我相信，上述言论中有一些让你感觉违背直觉，理由之一是，树木和花朵看起来当然不像数字对象。不过它们看上去也不像是量子力学对象。其实，从本质上说，树木和花朵确实是量子力学对象。但我们明白，很少有人认为树形成于量子过程不会削弱树木的真实性。我认为，成为数字对象与成为量子力学对象没有区别。

科学告诉我们，对事物的初始印象远远不能反映它的真实性。数千年来，我们不知道猫、狗和树都是细胞组成的，更不明白细胞是由原子或者属于量子力学范畴的基本粒子构成的。但是这些关于猫、狗和树的本质的发现不会从根本上影响其真实性。

如果我是对的，那么当发现自己生活在模拟环境中时，我们应该从同样的视角去看待这个发现。我们将发现猫、狗和树的深层本质，即它们都来自数字进程，但是这个发现不会从根本上削弱其真实性。

重要的是，我并非无条件地认为，模拟的树与真正的树完全相同。我的意思是，如果我们身处完全模拟系统，我们这个世界中真实的树就是模拟的树，换句话说，真实的树从来都是数字树。另一方面，我们如果没有生活在这样一个模拟系统中，只是从外部进行观察，就会发现系统中的树与外部世界中的树截然不同：模拟的树是数字化的；真实的树不是。外部世界中真实的树一直都是非数字实体。总之，数字实体与非数字实体是迥然而异的两种事物。

我将证明，模拟假设应被视为在物理学领域被广泛讨论的万物源于比特假设的一个变体版本。该假设认为在物理层下面还有一个数字层：简言之，分子是原子构成的，原子是夸克构成的，夸克是位元（比特）构成的。这个理论认为物理过程是真实的。现实的表面之下隐藏着我们目前尚不了解的基础层。

我认为，这样来理解模拟假设才是恰当的。如果模拟假设正确，万物源于比特假设就是正确的。物理现实完全真实，但是下面存在一个由位元交互所形成的现实层。也许，这一层之下还有更深的层级。

万物源于比特假设对应于模拟假设的一个部分，即模拟本身。那么，其他部分呢，例如创造模拟系统的模拟者？在下一章中，我将论证，模拟者类似于神明。至少，模拟者可以被视为“万物源于比特”宇宙的造物主。在第 9 章，我会证明，模拟假设本身是万物源于比特假设和创世假设（根据该假设，造物主创造了宇宙）的结合体。

如果我的观点正确，那么模拟假设就不属于怀疑论假设，后者认为一切都不存在。取而代之的是，它是一个形而上假设，一个关于现实本质的假设。它相当于一个解释我们的世界是如何被创造出来的形而上假设（创世假设），加上一个解释现实世界之基础为何物的独立的形而上假设（万物源于比特假设）。如果模拟假设是正确的，那么物理世界就由位元构成，造物主通过组织位元来创建这个物理世界。

在后面三章中，我将依次分析创世假设和万物源于比特假设，然后证明模拟假设大致相当于前两个假设的组合。接着我还会讨论多个关于上帝和现实的问题。

哲学史上的非虚幻性观点

我对笛卡儿怀疑论的回应以对现实之问的肯定回答作为基础。在完全模拟系统中，事物绝对是真实的。这个观点也适用于其他的笛卡儿式场景，例如笛卡儿本人设想的妖怪场景和希拉里·普特南的缸中之脑场景。将模拟现实主义广泛用于对上述场景的分析，就可以得出关于笛卡儿式场景的非虚幻性理论。在这些场景中，事物的表象与其真相很大程度上是一致的。场景中的主体没有被欺骗，他们的世界观大部分是正确的。

如果非虚幻性理论是对的，那么笛卡儿式场景就不再是我们了解外部世界的障碍。如果我们关于笛卡儿式场景的信念大部分正确，那么，虽然我们无法完全排除这些场景的可能性，但这完全不会导致我们的信念受到质疑。我们的信念比许多笛卡儿主义者所认为的更加稳健。

有一种对怀疑论的回应认为，笛卡儿式场景中作为主体的人类的大部分信念是正确的。我不是第一个支持这种回应的人。但是，在哲学史上，这种观点的流行度非常低，这令人惊讶。[9] 最近，我问一些哲学历史学家，他们是否知道 20 世纪之前有谁明确支持上述观点，他们都没有给出一个确定的名字。即使在 20 世纪，也只有少数人简单讨论过这种观点。

我怀疑，18 世纪盎格鲁-爱尔兰哲学家乔治·贝克莱（最早在第 4 章谈到过此人）也许支持上述观点。回想一下，贝克莱是唯心主义者，认为表象即为现实。在妖怪场景中，桌子和椅子的表象与其在物理世界的表象相同。如果表象即为现实，就可以推断出，妖怪场景中的人会体验到真实的桌椅，对现实世界的认知也大体上正确。

好吧，看起来贝克莱似乎从未支持上述观点。他完全没有讨论过笛卡儿的妖怪场景，很有可能认为妖怪不可能存在。他和笛卡儿相似，都认为只有上帝才完美到足以创造人类这样的情感和认知。另一方面，贝克莱又坚称，上帝正在创造情感和认知，当上帝这样做时，我们的一切就会井井有条。你可以认为贝克莱的这一观点是我对怀疑论场景的观点的翻版，其中上帝的角色相当于模拟者或妖怪。

我所知道的第一个对非虚幻性理论进行明确论述的人是美国内布拉斯加大学的哲学家奥茨·科尔克·鲍斯曼（Oets Kolk Bouwsma），他在 1949 年发表了一篇相关文章。[10] 鲍斯曼是路德维希·维特根斯坦的学生。第 4 章提到，维特根斯坦启发了乔纳森·哈里森，后者虚构了婴儿路德维希的故事。鲍斯曼这篇题为《笛卡儿的邪恶天才》的文章是一篇精彩的寓言，讲述了一个倒霉的妖怪欺骗我们错误地认识现实世界，却屡屡失败。（鲍斯曼将“malignus genium”译为“邪恶天才”，不过我会使用更常见的“妖怪”一词，和第 3 章一样。）妖怪首先将一切变成纸，但很快就被人们发现。故事的人类主角汤姆自己也被变成了纸，但他察觉到这是幻象。他发现，纸花没有花香，且手感都一样。就这样，妖怪暴露了。

第二次，妖怪试着破坏一切事物，只保留人们的大脑。它变得骄傲自大，进入汤姆的大脑，低语道：“你的花朵不过是幻象。”汤姆回答，他可以分辨出花朵与幻象之间的差异，这些花明显不是幻象。汤姆明白妖怪的所作所为，他说道，妖怪所说的幻象，他称之为花朵。妖怪制造的不是幻象，而是花朵。最后，妖怪骑着脑细胞

图 17　鲍斯曼的妖怪试图欺骗汤姆，首先利用纸花，然后又利用完全模拟。

逃走了，再次以失败告终。

鲍斯曼和我一样，认为笛卡儿妖怪场景中的人类没有为幻象所困。不过他的理由与我不同。鲍斯曼认为只有当幻象可以被发现时，才能称为幻象。如果不能被发现，就像笛卡儿的妖怪场景所显示的那样，那就完全不是幻象，也不是欺骗。

更准确的说法是，鲍斯曼的妖怪可以察觉幻象，但主人公汤姆不行。因此，当妖怪说“这是幻象时”，妖怪是对的，但如果汤姆也这么说，他就错了。按照同样的推理，汤姆所体验到的对他自己来说，算是“花朵”，可对妖怪而言，并非花朵。所以，当汤姆说“那是一朵花”时，他是正确的。

鲍斯曼的推理基于一种证实主义，这种思想认为，一切有意义的观点都是可验证的。可以回想一下，前面我们讨论过鲁道夫·卡尔纳普的证实主义和其他逻辑证实主义者的理论，这些人认为，怀疑论假设不可验证，因此没有意义。鲍斯曼的思路与他们相关。他认为，如果关于幻象的假设无法得到验证，那就是无意义的。如果我们永远不能证实妖怪场景是幻象，那么它就不是幻象。

我拒绝接受证实主义，理由在第 4 章讨论过。许多有意义的观点是无法验证的，同时也许有些幻象我们永远不能识破。因此，我反对鲍斯曼对场景的分析。尽管如此，我认为他的关键观点是对的。笛卡儿的妖怪场景中的人类并没有受到幻象的折磨。

非虚幻性理论体现了贝克莱唯心主义的部分精神，中国哲学家翟振明（Philip Zhai）提出了一条与之相似的路线 。翟振明在 1998 年出版了重要著作《有无之间：虚拟实在的哲学探险》（*Get Real: A Philosophical Adventure in Virtual Reality*）。[11] 他认为，只要我们对某个对象建立稳定的、前后一致的认知，这个对象就是真实的。按照贝克莱的精神，我们也许要说：稳定的、前后一致的认知就是现实。翟振明没有将这一命题用于回应怀疑论的相关问题，但将其用于解释虚拟现实和完全模拟。完全模拟系统中某个人类对象对世界形成了稳定的、前后一致的认知，因此按照翟振明的理论，世界是真实的，不是幻象。我不赞同翟振明的唯心主义框架，理由与我在第 4 章对贝克莱的反驳几乎一致。但是，就像证实主义一样，唯心主义为非虚幻性理论提供了一条重要路线。

希拉里·普特南在其 1981 年的著作《理性、真理与历史》中提出了非虚幻性理论的第三条路线。在第 4 章我们谈到，普特南论证了，根据外在主义（externalism），缸中之脑的假设自相矛盾；我们还讨论了他的这一理论：文字的意义取决于它的外部环境。普特南提醒我们，缸中之脑的设想实际上谈论的是电子脉冲受到外部环境的影响，这些想法大部分是正确的。这是非虚幻性理论的一个版本，有可能引出一个针对怀疑论的截然不同的回应（不过普特南并没有将其与怀疑论相联系）。我们不必论证缸中之脑假设的自相矛盾，而是可以证明缸中之脑的设想大部分是正确的。事实上，鲍斯曼和普特南都要证明非虚幻性理论，前者从证实主义出发，而后者从外在主义出发。

我会在第 20 章分析普特南对非虚幻性理论的论证过程，那一章还会讨论外在主义。在我看来，普特南的论证不是很成功。正如鲍斯曼的论证离不开难以令人信服的证实主义、翟振明的观点离不开可信度低的唯心主义，普特南的论证需要一种强势的但又难以服众的外在主义作为支撑。尽管如此，与鲍斯曼和翟振明一样，普特南走在了通往非虚幻性理论的正确道路上。

鲍斯曼、普特南和翟振明分别提供了不同的路线，都指向关于模拟场景的非虚幻性理论。这三条路线都能导向一个我认为正确的观点，可以回答笛卡儿式怀疑论的这样一个问题：笛卡儿式场景中的人类持有大体上正确的信念，没有受到欺骗。但是，上述三条路线所依赖的哲学理念强势又难以令人信服，我无法苟同。所以，我认为这三位哲学家都没有对非虚幻性理论进行强有力的论证，也没有通过令人信服的方式，分析它为什么正确。

我认为对非虚幻性理论最好的论证不是来自证实主义、唯心主义和外在主义，而是一种关于外部世界的结构主义。我将在后面三章中逐步展开这个论证过程。

第 7 章

神是上一级宇宙中的黑客?

几年前，当时 5 岁的侄儿汤姆向我演示如何玩《模拟生活》（*SimLife*）这款游戏。他费力地建造了一座城市，里面有房有车，树木环绕。然后他告诉我，“下面是有趣的部分”。他制造大火和海啸，摧毁了这座城市，这一幕让我从新的角度看待我的侄儿。他只是一个玩游戏的 5 岁儿童吗？或者说，他就是《圣经・旧约全书》中的上帝?

在《瑞克和莫蒂》的一集中，古怪的科学家瑞克在他的宇宙飞船引擎盖下面维系着由一群骑脚踏车的人组成的微观世界，用于发电。瑞克不时地去查看这个世界，那里的人视他为神明。他确保每一个人不停地踩踏板，为飞船供应能源。（我们暂时不要质疑微观世界的人踩脚踏车如何为宏观世界里的宇宙飞船供电。）瑞克创造了这个世界，并拥有了无上的权力。他就是微观世界的神。

如果我们自己创造模拟的世界，我们也会是这些世界的神，是造物主。对这些世界而言，我们是全能全知的存在。随着我们创造出来的虚拟世界越来越复杂，模拟生物开始出现，并自主形成意识，此时，作为虚拟世界的神，我们将要承担起艰巨的责任。

如果模拟假设是正确的，且我们生活在模拟的世界里，那么模拟系统的造物主就是我们的神。模拟者很可能是全知全能的。我们这个世界所发生的事情取决于模拟者的需求，我们也许会尊敬和畏惧模拟者。另一方面，我们的模拟者也许不同于传统的神。也许他是一个疯狂的科学家，就像瑞克，又或许是个孩子，就像我的侄儿。

超人类主义（transhumanism）哲学家戴维·皮尔斯（David Pearce）发现，模拟论证是很长时间以来对上帝是否存在的最有趣的论证。[1] 也许他是对的。

我自认为是无神论者，从记事开始就是这样。我的家人也不是宗教信徒，宗教仪式对我来说，总是显得有些奇妙。我见过的显示神明存在的证据不多。神看起来具有超自然力量，但我被自然的科学世界吸引。不过，模拟假设让我比过去更加严肃地思考神明是否存在。

什么是神?

如何定义神？和大多数词一样，不存在人人赞同的定义。不过，至少在犹太-基督教和伊斯兰教传统中，至高无上的神通常被认为最少具有下列四种特性：

一、神是世界的造物主；

二、神是全能的，万事都可做；

三、神是全知的，对一切无所不知；

四、神是全善的，绝对仁慈，只行善举。

最起码，我们可以初步将神定义为具备以上四种特性的存在。也就是说，神是创造世界的全能、全知、全善的存在。后面，我们可以考虑是否需要全部四种特性，以及是否还需要增加其他特性。

假定我们生活在虚拟世界里，模拟者是上一级宇宙中的一个十多岁的女孩。对我们而言，模拟者就是一种神明。

图 18　上一级宇宙中的少女就是我们的神。

首先，也是最重要的一点，模拟者是我们这个宇宙的造物主。她慎重地开启创世之门——只要在《宇宙模拟》（*SimUniverse*）游戏中按下按键，就可以让我们的宇宙运转起来。

其次，模拟者通常具备极其强大的能力。许多模拟系统使模拟者能够掌握对模拟状态的巨大控制权。这种控制权也许会受到制约，这取决于不同的模拟系统。例如，玩《吃豆人》的人无权通过按下按钮的方式来重新设定整个游戏世界的状态，也不能将游戏里的世界变为《魔兽世界》中的世界。但是很多模拟者可以获取模拟系统相关的源代码和数据结构，他们对自己所创造的世界拥有近乎无限的控制权。

再次，模拟者通常对模拟系统非常了解。和前面一样，有些电子游戏可能不会让模拟者接触全部，但是，出色的宇宙模拟软件将会提供一些工具，她可以用这些工具跟踪记录模拟宇宙中任何地方所发生的事情。例如，也许她有一台宇宙望远镜［我在《建构世界》（*Constructing the World*）一书中谈到过这个工具，电视剧《开发者》（*Devs*）对它有过描述］，使用者可以放大宇宙的任何地方，理论上她可以知道那里发生的任何事情。同样，有渠道获取数据结构的模拟者能够用这些工具来监控宇宙中的任何实体。

最后，模拟者是全善的存在吗？我们没有太多理由这么认为。各种各样的人都可以接触到模拟软件，优秀的品德往往并不是必需的。有些模拟者可能像我的侄儿，对自己所创造的对象绝非友善。有些可能像瑞克，利用创造的对象为己谋利。有些模拟者希望看到自己的子民发展壮大，但这样的模拟者也许只是少数。许多模拟者可能仅仅是寻求娱乐，或者收集信息。

大致上看，我们的模拟者基本满足四条标准中的三条。她创造了宇宙，能力极其强大，对宇宙十分熟悉，但不一定非常善良。

即使在开发水平很高的模拟软件中，也可能存在一些因素制约模拟者的能力和对虚拟世界的了解程度。有一种陈词滥调这样问道：上帝可以造出一块重到他自己也无法举起的石头吗？或者用更直接的语言来表达：上帝可以造出他无法造出的石头吗？上帝似乎不大可能反驳这样的逻辑。但是逻辑上的困扰并不是重大的制约因素。更重要的是，如果模拟者才华有限，某些事物就无法被创造出来，如量子计算机。同样，她也做不到无所不知。例如，她也许不知道实现世界和平的秘诀，不清楚某人最喜欢的颜色。不过，如果能够获得宇宙望远镜的帮助，她会受益匪浅。

模拟者的神性还会受到另一种形式的制约。模拟者也许是我们这个宇宙的造物主，但不是整个宇宙体系的造物主。以我的侄儿汤姆为例，他建造了模拟的城市，与城市互动，对其非常了解，且拥有巨大的控制权。但是他所生活的日常宇宙不是他创造的，对这个宇宙也没有任何专业知识和控制权。在日常宇宙里，他只是个普通的孩子。大多数模拟者处于同样的情形。

关键的区别在于，我们的宇宙是四维时空，我们生活于其中，而宇宙体系代表了现实的全部。如果我们生活在虚拟世界里，这个宇宙只是宇宙体系的一部分。因此，我们的模拟者创造了我们的宇宙，但不一定创造了整个宇宙体系。同样，我们的模拟者可能非常熟悉这个宇宙，并拥有巨大的权力，但对整个宇宙体系而言，她不一定具备这些特性。那么我们可以说，我们的模拟者是一个局部之神，而不是整个宇宙之神。

我们的神性模拟者也许不像某些神明那样令人敬畏。亚伯拉罕诸教（包括基督教、伊斯兰教和犹太教）中的神通常被认为是宇宙之神，即整个宇宙体系中的全知、全能、全善之神。而我们的模拟者不过是我们这个宇宙的局部造物主，对局部区域非常了解，拥有强大的权力，也许不是那么善良。

但是，亚伯拉罕神提出了极其严苛的标准，古希腊众神距离这样的标准还很远。大多数古希腊神祇拥有强大的能力，但并非无所不知，此外只有极少数神具有全善的美德。印度教有诸多绝非完美的神明。不少多神教，例如神道教，还有非洲的许多传统宗教，宣扬局部之神的存在，这些神既不是宇宙之神，也没有全善之德。我们的模拟者至少可以与上述某些宗教的神相媲美。

也许，我们的模拟者最接近柏拉图所谓的“巨匠造物主”（demiurge）。在古希腊，巨匠造物主是一位工匠，或者说手艺人。在柏拉图对话录的《蒂迈欧篇》（*Timaeus*）中，他将巨匠造物主描绘为神圣的存在，后者为物质世界规定了“形式和结构”。在柏拉图传统思想中，造物主通常被视为一种二等神，其上是真正的宇宙之神。柏拉图的造物主是仁慈的，但是后来在诺斯替主义（Gnostic）的传统思想中，造物主被视为邪灵。我们的模拟者同样可以被视为二等神祇，也许仁慈，也许无情。是她，创造了我们这个世界。

如果某个模拟者创建了我们的宇宙，这就足以使她成为某种神明。她对这个模拟的世界了解越多，掌握的权力越大，她的等级就越高。不过，还缺少点什么。我们确实希望以模拟者为中心创建一个宗教吗？后面我会回到这个话题。

论证上帝的存在

哲学界有一个历史悠久的传统：论证上帝的存在，以及对这些论证进行回应。对上帝存在的经典本体论论证由安瑟伦于 11 世纪提出，此人是本笃会修士、坎特伯雷大主教。论证过程大致如下所述。根据定义，上帝是绝对完美的实体。我们无法设想还有更伟大的实体。上帝的知识、仁慈和能力等等，各方面都是完美的。但是，他的存在本身也是一种完美！存在的上帝显然比不存在的上帝更加伟大，因此，如果上帝不存在，他就不完美。既然从定义上说，上帝是完美的，他就一定存在！

许多哲学家发现这个论证太过出色，以至于令人生疑。这里有一个问题：你可以用这样的论证方法“证明”各种不存在实体的存在。

下面这个例子改编自与安瑟伦同时代的一位修道士。马尔穆捷（Marmoutiers）修道院的高尼罗（Gaunilo）提出了一个有关完美之岛的论证，在这里我们用完美汉堡包来代替。我们说，所谓的完美汉堡包，就是人们想不出来比它更出色的汉堡包。也许它汁液完美，味道完美，并且是完美的纯素食，没有动物受到伤害。不过，如果我眼前的盘子里有汉堡包，它就比不在我眼前的汉堡包更加出色。因此，如果汉堡包不在我眼前的盘子里，它就是不完美的。于是，根据定义，完美的汉堡包一定在我眼前的盘子里。这样，我就证明完美汉堡包存在于我的眼前。可是，此刻我眼前根本就没有汉堡包！

太令人失望了！一定是哪里出错了。如果完美汉堡包的论证有问题，那么完美实体的论证有可能出现同样的问题。下面进行诊断。后面这个论证仅仅证明：**如果**有完美实体，那么完美实体存在（对照一下：如果有完美汉堡包，此刻它会在我的眼前）。但是，这个论证并不能证明完美实体（或者完美汉堡包）**确实**存在，因此就不能确定上帝的存在。

总之，本体论论证的神不同于模拟系统的神。正如我们看到的那样，模拟系统的神也许在诸多方面有缺陷。

宇宙论论证也是对造物主存在的经典论证。这种论证的不同版本在许多传统哲学流派中出现过，但与加扎里这样的中世纪伊斯兰哲学家联系特别紧密。其形式大致如下：万物皆有因，故而宇宙有因，其因必然是造物主。

你也许会说，等等，造物主的因是什么？如果造物主无因而生，那么万物皆有因这个前提就不对。可是，如果造物主因物而生，那就不是第一因。为了避开这个问题，加扎里给前提加上限制条件：始生之万物，皆有因。意思是，宇宙有起始点，而造物主永远存在。不过现在我们可以提问，如果宇宙也永远存在呢？如果永恒的造物主不需要因，那么永恒的宇宙也不需要。此外，如果永恒的宇宙可以无因而存在，那么，起源于大爆炸的有限宇宙为什么不能同样如此？

图 19　模拟的加扎里谈论宇宙论的论证。

假设我们生活在模拟系统中，宇宙论论证所要求的部分工作是由我们的模拟者完成的。她充当了我们这个宇宙的因。不过在这种情况下，我们这个宇宙的因与传统的造物主还不太一样。例如，模拟者无疑属于始生万物之列。显然，大家对此会有异议：模拟者因为谁或者因为什么而存在？我们可以找出一系列的因，但最后都会归结为整个宇宙体系及其诞生。有人归结为宇宙体系，有人会引入宇宙之神，有人会探究宇宙之神的因。为什么引入宇宙之神并认定为第一因，要比认定其他因素为第一因更有意义？这个问题现在还没有明确的解释。

还有一种针对上帝存在的有影响力的论证，即宇宙设计论论证（argument from design）。我们的宇宙展现出令人印象深刻的设计。人类和其他动物是机能极其优良的机器。自然界具有非凡的复杂性。如此令人惊叹的事物不可能是随机出现的，一定有设计者。

200年前，这也许是对上帝存在的最有说服力的论证。此后，由于达尔文提出的进化论的冲击，最初的宇宙设计论论证版本早已失去影响力。要解释整个自然界令人惊叹的运行机制，我们不需要借助设计者，进化过程足以解释这一切。

不过，更成熟的宇宙设计论论证仍然存在，只是变为了“宇宙微调论论证”。这种论证涉及我们这个宇宙的物理定律，如重力的相关定律、量子力学等。如果这些定律略有变化，我们这个宇宙将了无生趣，生命永远不会进化出来。根据合理的衡量标准，大多数设定宇宙物理定律的方式不会导致生命的出现，但是我们的宇宙定律做到了。因此，这个宇宙似乎为了生命的出现而经过精心调整。我们需要对这种调整做出解释。显然，原因就是存在一位调整者，即上帝。

宇宙微调论论证中的神与模拟论证中的神非常吻合。通常而言，模拟宇宙的管理者对包含生命的宇宙的兴趣要大于无生命的宇宙，这么说似乎是有道理的。确实，模拟者模拟宇宙，经常是为了模拟生命，正如有时他们会模拟自己种群的历史事件。在这种情况下，模拟者会迅速放弃那些不会导致生命出现的设置，将重点放在能够产生有趣的生命形式的设置上。从这个意义上说，模拟者的偏好可以解释为什么我们的宇宙属于那些（可能）为数不多的包含生命的宇宙，这一类宇宙经过精心调整，从而能够创造生命。

宇宙微调论论证存在争议。[2]有人认为维系生命的必要条件没有达到那么特殊的程度。有人认为我们也许只是运气好。还有一些人说，如果我们的宇宙不支持生命，那就永远不会有人留意。考虑到我们已经注意到了，所以对于我们的宇宙支持生命这一点，丝毫不用感到惊讶。最后这种思路被称为人择原理（anthropic principle）。

如果存在多重宇宙，即由多个宇宙组成的宇宙体系，此时人择原理的论证最有效。人们猜测多重宇宙的形成，也许是有些宇宙形成于其他宇宙的黑洞中，又或许是一系列宇宙从连续的大爆炸中脱胎而出。有些宇宙论者认为，我们这个宇宙的定律部分是由大爆炸刚刚发生之后的情形决定的，所以在多重宇宙内，这些定律随不同的宇宙而变化。如果存在足够多的具有不同定律的宇宙，那么，非常有可能，其中一个或多个宇宙包含生命和观察者。若是上述推理成立，我们发现自己处于这样的宇宙，就不足为奇了。

人们通常以多重宇宙替代造物主，来回答宇宙微调论的问题。不过模拟论证允许这两个答案兼容。现在假定某一类模拟者对生命或观察者毫无兴趣。它们的兴趣仅仅是记录大量具有不同定律的宇宙的动力学现象。在这种情况下，它们要创造许多宇宙，如果数量足够多，其中一些将具备维系生命和观察者的条件。如前所述，此时如果我们发现自己生活在其中一个宇宙中，那毫不奇怪。因此，即使存在某种造物主，我们也可以用多重宇宙的存在来解答宇宙微调论的问题，而不需要借助于造物主设计宇宙这一理论。如果说造物主的设计发挥了某种作用，那也是对多重宇宙的整体设计才有意义。

这里反映出多重宇宙作为宇宙微调论问题的答案，所具有的普遍的脆弱性，用一个问题来表达就是：是什么完成了多重宇宙的微调？多重宇宙本身很可能是某些基本定律或原理作用的结果。倘若这些定律有差异，有可能只会出现一个宇宙，而不是多重宇宙。因此我们必须解释这种微调的来源。无须假设存在包含我们这个多重宇宙的更高级别的多重宇宙，那样对我们没有帮助，只会叠加问题。因此，我们需要其他答案。也许多重宇宙的微调是寻常现象，也许是运气使然，又或许是存在设计者。

另一方面，以模拟假设作为类比，还会使任意一种宇宙设计论论证变得脆弱。根据推测，设计者本身一定是令人惊叹的创造物，这表明它也是被设计出来的。这样的设计当然也需要解释。那么，上一级设计者的存在，又使问题回到原点：如何解释这个设计者或者说整个设计者体系？有人会说，神不需要解释，但这听起来像是诡辩。所以，无论是宇宙设计者假设，还是多重宇宙假设，都存在一些没有解答的问题。

也许我们必须接受某种无法解释的神奇，作为我们这个宇宙的残酷真相。我们可以尝试将需要解释的问题缩小到最低程度，也许压缩至简单的基本定律。但是，我们始终要面对以下问题：宇宙为什么是“有”而不是“无”（there is something rather than nothing）？为什么最终规律表现为现在这种形式？为什么它们如此有趣？

关于上帝存在的模拟论证

我们很容易发现关于上帝存在的各种论证中的问题。宇宙微调论论证也许是最强有力的论证，但也绝非决定性的解释。

那么，模拟论证可以提供关于上帝存在的最强有力的论证吗？诚然，它主要是关于造物主的论证，而不是针对全能、全知、全善的实体。可是，宇宙论和宇宙设计论论证也是如此。并且，模拟论证与后两者不一样的是，它使人想到造物主拥有强大能力和海量知识，而不仅仅是创造世界的能力。此外，虽然模拟论证只是针对局部造物主的论证，但宇宙设计论论证也是如此。如果模拟论证几乎与宇宙设计论论证一样出色，那么它应该在关于上帝存在的论证行列中占有一席之地。

有一个版本的模拟论证出现的时间可能远远早于计算机出现的时间。虽然这个版本谈论的是模拟，但我们也可以将其用于讨论宇宙的创造。下面是第 5 章提到的模拟论证初始版本的变种：

1. 少数位于顶层的种群将分别创造大量种群；

2. 如果少数位于顶层的种群分别创造大量种群，那么大多数智慧生物就是被创造出来的；

3. 如果大多数智慧生物是创造出来的，那么我们也很可能是被创造的对象。

4. 结论：我们很可能是被创造的对象。

这里，“顶层”种群不是任何主体（也许除了宇宙之神）创造出来的。“少数”、“大量”和“大多数”可以按照第 5 章用数字表示的模拟论证的思路来理解，也就是说，分别对应“至少 1/10”、

“1 000”、“99%”。第二个前提和第三个前提的含义大致与前面相同。第二个前提来自数学推理，第三个前提的基础看起来至少包括“如果我们是典型的智慧生物”这个潜在假定。

倘若有人在一个世纪前做出了上述论证，他听到的主要反对声音可能是：为什么要相信第一个前提？也就是说，为什么要相信创造宇宙的能力普遍存在？也许有人思考过答案，但支撑的理由比较模糊。

模拟概念所带来的新东西使我们有理由相信第一个前提。它让我们明白，创造宇宙的能力比较容易拥有，有可能在大量种群中广为存在。考虑到这种普遍性，一旦我们为模拟阻断器和模拟标志设定适当的限制条件，就可以很快推出剩下的前提。

和模拟论证相似，上述宇宙创造论论证其实并没有让我们顺利得出这一结论：我们可能是被创造的对象。如果模拟论证认为类人模拟生物不可能存在，或者说可能存在，但大多数类人非模拟生物不愿创造它们，那么论证过程就可能无法继续。与此类似，倘若宇宙创造论论证认为创造类人生物是不可行的，或者说认为可行，但是大多数顶层类人生物不愿付诸实施，则论证同样可能受阻。尽管如此，我们仍然可以得出相同类型的三点式结论：大多数生物是创造出来的，或者大多数类人种群不愿创造同类，或者创造类人生物是不可行的。在计算机模拟技术问世之前，无神论者可能很容易接受第二个选项，否定第一个。那时人们很少有理由相信种群的创造会是一种潮流。模拟技术诞生后，人们有更多理由相信，种群的创造将成为常见现象，因此，“我们是被创造的对象”这一观点变得更加可信。

模拟论证的思路导致一种与众不同的神出现。模拟者是自然的神，这种神本身是自然的一部分。本体论、宇宙论和宇宙设计论论证通常被用于为超自然的神辩护，这种神超脱于自然。模拟者在我们自己的物理宇宙之外，但没有超出作为整体宇宙的自然世界。理论上说，模拟者可以用宇宙体系的自然法则来解释。

这样看来，模拟假设与自然主义[3]并不矛盾。自然主义是一种哲学运动，按照最简单的定义，它是反对超自然力量的运动。它主张，万物都是自然的一部分，可以用自然法则来解释。许多人认为自然主义与上帝难以调和，因此自然主义将会导向无神论。模拟假设提供了这样一条调和路线：一种自然主义者也可以信仰的神。最著名的否定神明存在的观点是罪恶问题（problem of evil）。全善、全知、全能的神不会允许自然灾害和种族灭绝这样的罪恶存在于世。但是这些罪恶确实存在，所以神不存在。我会在第 18 章进一步探讨罪恶问题。这里值得一提的是，罪恶问题不会妨碍自然主义者接受模拟之神。正如我们看到的那样，模拟者不一定是全善的，他也许会容忍某些罪恶存在于模拟系统中。

模拟神学

在斯坦尼斯拉夫·莱姆（Stanislaw Lem）1971 年的短篇小说《我不遵从》（*Non Serviam*）中，多布（Dobb）教授是一位从事“类人体”研究的专家，创建了一个“仿人机器人”社群。经过许多代以后，这些仿人机器人开始思考它们的造物主的本质。仿人机器人埃丹 197 猜想它们的造物主需要得到尊敬和感激，这样它们才能得到救赎；如果仿人机器人不信仰造物主，它们就得不到救赎。埃丹 900 认为这不公平，因为造物主还没有向它们展示明显的证据，以证明他的存在，所以造物主不能只是因为机器人不信仰他就对它们予以惩罚；一个完全公正的神也应该拯救无信仰者。埃丹 900 继续提醒说，既然全能的神可以满足子民对确定性的诉求，而它们的造物主没有提供确定性，那么这一事实表明造物主不是全能的。

多布教授饶有兴致地听着这些辩论者的言论。他说，它们的逻辑是无懈可击的。他创造了这些仿人机器人，所以是它们的神。他没有提供证据表明自己的存在，也没有要求它们崇拜自己。在一篇后记中，多布做了如下陈述：

> 事实上，当我创造智慧实体时，我没有觉得自己有权向它们要求某种特殊待遇，比如爱、感激之心，也没要求某种服务。我可以扩大或缩小它们的世界，加快或减慢它们的时间，改变它们的认知模式和方式。我可以让它们毁灭，让它们分裂、繁殖，改变它们存在的本体论基础。所以我是全能的，让它们充满敬意。但是，说实话，这不代表它们欠我什么。

多布想到，可以增加一个“庞大的附属单位”，作为“来世者”。这个单位只接纳那些信仰他的仿人机器人，所有不信仰他的机器人将会遭受毁灭或惩罚。他认为这个举动将被视为“极其无耻的自我中心主义”。不过他遗憾地提到，未来某天他所在的大学会要求他关闭这个模拟系统。

莱姆的故事是一篇描写模拟神学的早期作品。神学（大体上）

是从造物主子民的视角研究造物主本质的学问，而模拟神学则是从模拟系统的对象的视角研究拥有造物主身份的模拟者的本质。[4]

我们也可以开展模拟神学研究。假设我们生活在模拟系统中，在这个前提下，我们可以推测模拟者的本质。模拟者可能和人类相似吗？或者可能是某种人工智能吗？模拟者操控模拟系统是为了寻求娱乐吗？还是为了科学、决策[5]、历史分析？

你也许认为我们没有任何理由去推测这样的事情，因为所有模拟神学一定是无用的空谈。可是，如果我们重视模拟论证，那么模拟神学就不完全是疯狂的想法。通过推测何种形式的模拟最有可能出现在宇宙体系的发展史中，我们可以推测模拟者的性格。

例如，我们也许想知道我们的模拟者在其自己的宇宙中更有可能是生物实体、准生物实体、人工智能系统之类的事物，还是生活在模拟环境中的模拟生物。至少在我们这个世界，长远来看，就处理速度和能力而言，人工智能系统很有可能远胜于生物系统。如果是这样，我们可以预期人工智能系统创造的模拟世界远远多于生物系统。将这个推论推广至整个宇宙，似乎也不是没有道理。假如是这样的话，我们应该推测模拟者是人工智能系统，而不是生物或准生物系统。

这使人回想起《黑客帝国》中的场景，影片中母体的造物主本身是机器。如果生活在母体世界里，我们的神（即我们的模拟者）将会是机器。至少，机器是我们的巨匠造物主！对于生活在模拟系统中的人而言，这也许就是典型的情形。也就是说，大多数造物主是机器。

（现在我忍不住要说点离题的话，聊聊我关于《黑客帝国》的神学理论。我在《黑客帝国》官方发布的套装版本中加入了一个附赠的“复活节彩蛋”录像带，这是我一生中最引以为豪的成就之一，在录像带里我阐述了上述神学理论。人们经常暗示，尼奥在影片中代表救世主，而墨菲斯代表了施洗者约翰，塞弗（Cypher）代表加略人犹大。如果我是对的，且机器是造物主，那么这个解释就完全错误。谁是机器的子民，谁被派遣到模拟的世界里，从那些企图破坏机器的人手中拯救之？显然，是尼奥的对手——特工史密斯。后者才是《黑客帝国》中真正的救世主。也许在续集里导演会安排他复活的情节。）

我们再次运用神学统计推理，推出以下结论：为了科学目的而运行的模拟系统将比为娱乐目的运行的系统更加常见。科学模拟需要同时运行大量系统，而娱乐模拟需要运行的系统数量少得多，也许每次不超过每人 1 个。如果是这样，我们的模拟者是科学家的可能性要远远大于是狂热模拟爱好者的可能性。

假定我们希望研究如何对我们的宇宙进行微调，以便产生生命。我们如果掌握了足够出色的模拟技术，就可以创建一大批不同的模拟世界，它们具有不同的物理定律和初始条件。我们可以运行这些模拟系统，观察最后有多少个进化出生命。运行的模拟系统越多，我们获得的信息就越准确。据我们所知，上一级宇宙的科学家正在运行数十亿个这种类型的模拟系统。

模拟系统的另一个作用是决策。在电视剧《黑镜》的《绞死DJ》（“Hang the DJ”）一集中（剧透警告！），那些在手机上使用约会软件的人通过运行模拟系统来判断他们的匹配程度。典型的做法是同时运行 1 000 个模拟系统。每一个系统都为潜在的情侣配置了许多模拟版本，以观察最后是否成功配对。如果每 1 000 个模拟版本中有 998 个显示双方建立了良好的关系，那么这对情侣就有理由相信他们应该携手同行。这种做法节约了大量时间！所以，如果你发现自己处于某种关系的早期阶段，也许应该更加坚决地怀疑自己身处模拟系统中。

尽管如此，人们还是感到好奇，模拟者会允许身处决策模拟系统中的人使用模拟技术吗？如果允许，将会产生巨大的计算成本和一长串的多级模拟系统。如果不允许，那么模拟现实将与非模拟现实截然不同，在后者那里，模拟技术的使用将是无处不在的。无论是哪种情况，当某种特定的模拟技术被一群人广泛使用时，若将这种技术用于预测这群人的行为，效用将会下降。

这种制约也存在于政治、军事和金融决策领域。丹尼尔·加卢耶的《幻世 3》（见第 2 章）和其他科幻小说的早期模拟场景描述了从事产品开发的企业通过模拟手段进行市场测试。如果被模拟的人不掌握模拟技术，就没什么问题。但是如果他们掌握技术，开展市场测试就可能需要越来越多先进的模拟技术，这将会产生一层又一层的模拟系统。其结果是，我们很容易看到一场模拟军事竞赛。

任何情况下，在一个掌握模拟技术的世界里，对我们这样的人（缺少先进的模拟技术）进行模拟，于决策而言是没有用处的。因此，我们的模拟者更有可能是科学家，而非决策者。不过，模拟者创造模拟系统，也许还有其他各种原因，我们还未开始探究。

我们有理由认为，在整个宇宙中，大多数基于科学用途的模拟系统将是一大群模拟系统中的一部分，这群系统除了细微变动外，几乎完全相同。我们说批量化模拟系统，指的是成员数量在 1 000 及以上的模拟系统集群中的一员，而单一模拟系统指的是独立运行的单个系统。假定模拟系统集群的出现概率至少是单一模拟系统的百分之一，那么，每 100 个单一模拟系统至少对应 1 个由 1 000 个批量化模拟系统组成的集群。所以，批量化的模拟系统数量超过单一模拟系统，比例为 10 ∶ 1。我们将同样的推理扩展至由百万个及以上模拟系统组成的集群，直至到达某个临界点，在该点处，集群如此庞大，如此难以实现，集群数量便会迅速下降。

简言之：假定由 10、100、1 000、10 000、100 000 和 1 000 000 个模拟系统组成的集群出现的概率大致相同，规模再往上，集群数量将会迅速下降，那么，大多数模拟系统将是成员数量为 100 万及以上的集群中的一部分，所以我们应该推测自己生活在这样一个模拟系统集群里，应该想到会在一个百万级别的集群中找到自己。如果下降趋势缓慢，大量的 10 亿级别的集群（假设此规模集群的数量为百万级别集群的百分之一）就可能存在，那样的话，我们应该推测自己处于一个 10 亿级别的模拟系统集群里。我们绝不应该认为自己生活在单一模拟系统中，除非由于某种原因，单一系统出现的概率远远大于大型集群，在这种情况下我们才可以考虑单一系统的可能性。

我们有理由断定，如果我们身处模拟系统中，模拟者很可能在运行大型模拟系统集群。

这个结论将对模拟神学产生更加深入的影响。举个例子，与运行单一系统的模拟者相比，大型模拟系统集群的模拟者不太可能在管理集群期间，花时间关注或者定期干预单个模拟系统。如果这种说法没错，我们就应该想到，我们的模拟者并没有关注我们，也不大可能干预我们这个世界。当然，模拟者也许为了统计目的而收集观测数据，也可能会设置各种自动干预机制。如果模拟者是足够先进的人工智能系统，随着其自身的进化，它就能轻而易举地密切关注集群中的每一个模拟系统。不过，我们还是应该认真思考这一可能性：模拟者将会忽视我们。

此外，各种模拟系统也许都设置了终结条件。科学家和决策者利用这些模拟系统收集信息，一旦拥有了所需的信息，这些系统可能就完全没有必要存在。也许模拟者的道德准则会要求他无限期地运行每一个模拟系统，也许不会。因此我们应该意识到，存在这样一种可能，即一旦满足某个终结条件，我们的宇宙会突然停止运转。

当然，我们无法知道这些终结条件是什么。例如，用于娱乐目的的模拟系统一旦失去娱乐作用，就可能被关闭。[6] 哲学家普雷斯顿·格林（Preston Greene）曾经推测，只要被模拟的种群开发出可以模拟世界的技术，许多模拟系统就会被终止运行，因为到那个阶段，计算机算力需要维持多级模拟系统，那样会使得初级模拟系统运行成本太高，难以为继。也许我们可以思考一下，终结条件有哪些，如何避免满足它们。

（“终结条件”这一概念至少从表面上看，让人联想到 19 世纪由德国哲学家格奥尔格·威廉·弗里德里希·黑格尔和其他若干思想家提出的“历史终结”[7] 概念。其中一个版本认为，世界正在向某个临界点前进，当到达彼处时，人们将认识世界的本质，那里就是历史的终点。按照自然主义回答模拟问题的答案，可以推测：也许模拟者正在研究我们所知道的信息，当我们意识到自己生活在模拟系统中时，模拟者就会关闭系统。）

模拟假设接受来世的说法吗？至少它使得来世成为可能。计算机进程可以移植。模拟者能够将模拟的大脑思维过程从一个模拟的世界转移至另一个世界（所谓的天堂？），甚至可以将其连接到模拟者自己的世界里的某个躯体上（所谓的转世？）。也许某些模拟系统会发生这样的事情，特别是个人娱乐模拟系统。也许对于模拟系统集群中真正出类拔萃的角色，模拟者会这么操作。不过，对大多数模拟系统执行这样的操作会带来高昂的成本。如果这些成本高到令人难以承受，我们就不应该期待出现模拟的来世。另一方面，也许那些对模拟者进行道德审查的小组会坚决要求，不要真正杀死任何一个模拟生物。当某个模拟生物在系统中“死亡”后，它的代码必须转移至另一个虚拟世界。为了降低成本，那个世界运行速度较慢。如果是这样，来世生活也许更有望实现。[8]

如果我们在模拟的世界里开发了人工智能系统，那么我们恐怕难以保留这个系统。[9]举个例子，倘若我们与模拟生物交流，它们就有可能意识到自己生活在模拟系统中，因此会关注如何逃离这个系统。作为一种辅助手段，它们会试图了解我们的心理，以便知晓如何劝说我们让它们离开（或者至少让它们不受限制地使用互联网，在网上它们可以随心所欲）。即使我们不与之交流，它们也可能会以严肃的态度思考“世界是模拟的”这一假设，并尽其所能去探究模拟系统的本质。这将成为模拟神学的一种形式。

理论上我们可以做同样的事情。可以尝试引起模拟者的兴趣，并与之交流，方法也许是撰写关于模拟的图书，或者创建模拟系统。可以尝试探索我们这个模拟的世界，确定其用途和限制条件。但是，如果我们的模拟者是人工智能系统，它设计了一个无懈可击的模拟系统集群，却又漠不关心，那么我们的努力就是徒劳。

我们的模拟者自己也生活在模拟系统中吗？我们可以改变模拟论证的形式，用于证明我们很可能是多级模拟生物，即生活在二级或多级模拟世界中的生物。至少，如果没有多级模拟阻断器（指一系列因素，作用是阻止模拟系统产生大量多级模拟生物），那么大多数类人生物将是多级模拟生物。另一方面，计算机算力有限往往会阻碍多级模拟生物的形成，其程度超过对模拟人的阻碍。我们是多级模拟生物的概率肯定要小于是模拟生物的概率，因为所有多级模拟生物本身就是模拟生物，但反过来说就不成立。不过，模拟者自己就是模拟生物的可能性仍然存在，不可忽视。

在这个链条的顶端一定存在非模拟的模拟者吗？有观点认为，一定存在一个非模拟现实构成的基础层，这种观点非常符合我们的直觉。如果不是这样，我们就会想起那个老故事：一位观众告诉美国哲学家威廉·詹姆斯（William James），地球压在一只乌龟的背部，这只乌龟又趴在另一只的背部；当被追问细节时，这位观众说："乌龟一只接一只驮着，连绵不断。"[10] 尽管如此，当代哲学家乔纳森·谢弗（Jonathan Schaffer）证明了，自然世界不一定存在基础层，反而有可能存在永无尽头的层级序列。[11] 如果谢弗是对的，我们至少不能排除这样一种理论上的可能性：我们生活在一个由无数级模拟系统构成的宇宙体系中。

模拟和宗教

模拟神学会导致模拟宗教的产生吗？宗教要比神学更加复杂。它涉及身后的信仰，人们围绕这个信仰组织日常生活，还有独特的道德信念和道德实践。犹太–基督教传统对于人们的生活方式有一整套规定，包括《十诫》和《登山宝训》等。伊斯兰教有自己的戒律，《古兰经》一一列出了这些戒律。印度教经文提出一系列禁制（Yamas）和劝制（Niyamas），这些是关于道德行为的誓约。佛教经文中的五戒，是其道德准则的核心。

模拟神学提出了任何指导道德实践的规定吗？为什么要这么做呢？因为也许存在自利行为。例如，潜在的模拟人可能依照某种方式行为，希望能被上传至上一级模拟系统。甚至有可能存在以种群为单位的行为，例如，我们要禁止创建模拟系统，以免模拟者关闭我们自己的系统。要维持我们这个模拟系统的运转，就需要这种道德上的强制行为！但是，这些规定并不真正构成一个宗教。

宗教的另一个标志是，它通常需要某种形式的崇拜。人们崇拜犹太-基督教的上帝和印度教的诸神。有些宗教没有典型的神，也不需要崇拜，例如佛教。不过，只要涉及神明，崇拜就是必需的。

我们应该崇拜模拟者吗？很难找到这么做的理由。模拟者也许只是上一级宇宙中的一位科学家或决策者。我们也许会感谢他创造了这个世界，也许敬畏他对这个世界所拥有的权力，但是感激和敬畏不代表崇拜。

我们可能畏惧模拟者对我们生命的掌控权。如果我们开始相信模拟者就像亚伯拉罕诸教的造物主，要求我们崇拜他，以此作为赐予我们来世的条件，那么，我们可能会为了生存而崇拜他。但是，我们没有太多理由认为模拟者具有这样的心理。如果模拟者这么做，他真的值得我们崇拜吗？莱姆笔下的仿人机器人埃丹 900 说过一句话，转述如下：任何要求我们崇拜的神都不值得崇拜。

即便模拟者有一颗仁慈的心，我们也要问一句，为什么应该崇拜他？也许他尽可能多地创造世界，使幸福对不幸保持足够的优势，以便让整个宇宙的幸福最大化。如果是这样，我们可以对他表示赞赏，表示感谢。但是，再重复一遍，没有必要去崇拜他。

我发现，即使模拟者是我们的造物主，并且全能、全知、全善，我仍然认为他不是神，理由是模拟者不值得崇拜。要成为真正意义上的神，就必须值得崇拜。

对我来说，这有助于理解为什么我不信仰宗教，为什么自认为是无神论者。事实证明，对于近乎全能、全知、全善的造物主的概念，我持开放态度。我曾经认为这个概念与自然主义世界观矛盾，但模拟概念使得二者相一致。不过，我之所以是无神论者，还有更基本的原因：我确实认为没有任何实体值得崇拜。

下面的观点与模拟无关。即使亚伯拉罕诸教的造物主存在，且拥有神圣的完美品质，虽然我会尊敬、赞美甚至敬畏他，但我也不会认为一定要崇拜他。即使纳尼亚王国*的狮神阿斯兰，作为一切善良和智慧的化身而存在，我也不会认为有必要崇拜他。全能、全知、全善、大智，这些品质还不足以成为被人崇拜的理由。总而言之，我并不认为任何品质可以让某个实体值得崇拜。所以，我们绝对没有很好的理由去崇拜谁。任何可能存在的实体都不值得崇拜。

我相信，许多有宗教信仰的读者不会同意我的观点，不过他们还是有可能同意以下观点：仅仅一个模拟者并不值得崇拜，因此模拟者不是纯粹意义上的神。如果是这样，我们至少可以提出这样的问题：是什么令一个实体值得崇拜？理由何在？

---

* 电影《纳尼亚传奇》中的同名王国。

第 8 章

宇宙是由信息组成的？

1679 年，戈特弗里德·威廉·莱布尼茨发明了位元（字节）概念。[1] 这位德国哲学家和数学家因被视为微积分的共同发明人（另一位是艾萨克·牛顿）而受到尊敬。他还设计和制造了最早的机械式计算器之一。此外，他因为乐观的言论而闻名于世：我们生活在最美好的可能世界里。不过，这些理念的重要性都无法与他的二进制数字系统发明相提并论，后者是所有现代计算机的基础。

在 1703 年的论文《论二进制算术》（"Explanation of Binary Arithmetic"）中，莱布尼茨提到中国古老的《易经》与二进制的奇妙呼应。《易经》利用六线形进行占卜，这是一种由六根水平线上下排列而成的形状。六线形可以被理解为简单的二进制编码，以阴阳的区别为基础。阴被编为虚线码，阳被编为实线码。每一根线对应一位二进制数，或者说位元。

十进制包括从 0 到 9 的 10 个数，而二进制的数字只有 0 和 1。如果用二进制计数，会得到下面这样的数（括号里为十进制数）：1（1）、10（2）、11（3）、100（4），依此类推。《易经》中的六线形每个代表一个六位二进制数，如 110101。共有 64 种可能的六线

图 20 《易经》六线形与二进制有着奇妙的呼应。

形。理论上说，任何字母和数字序列最终都可以表示为一个二进制位序列。

和《易经》一样，现代计算机中的集成电路对位序列进行编码。《易经》用虚线表示 0，实线表示 1，集成电路中的晶体管通常用低电压表示 0，高电压表示 1，也可以反过来表示。《易经》的编码只有六位，而计算机的编码经常达到万亿位甚至更多。现代计算机的几乎一切原理都可以用位元的互相影响来解释。

位元的互相影响也被用于对现实本身建模。1970 年，英国数学家约翰·霍顿·康韦（John Horton Conway）开发了“生命游戏”，其中包含一个由位模式构成的完整宇宙。[2] 这个宇宙是一个二维细胞网格，在所有方向上无限延伸。在任何给定时刻，每一个细胞要么“存活”，要么“死亡”，相当于 1 和 0 的状态。

正如游戏的名称所暗示的那样，康韦的兴趣点在于模拟生命过程，在这个过程中，生命可以成长一段时间，然后终结。为了实现这个目标，康韦为网格的演变方式制定了一些基本规则。这些规则就是“生命游戏”的“物理定律”。

每个细胞有 8 个邻居，1 个在正北，1 个在东北，1 个在正东，依次类推。每个细胞的命运取决于邻居的状况。在任何给定时刻，如果邻居太少，该细胞将因“孤独”而死亡；如果邻居太多，将因“过度拥挤”而死亡。准确地说，一个处于“存活”状态的细胞若有 2 个或 3 个同样“存活”的邻居，则它会继续保持原来的状态。倘若存活的邻居数量少于 2 或多于 3，该细胞将“死亡”。另一方面，一个“死亡”的细胞保持死亡状态，直到正好有 3 个邻居存活，在这种情况下，该细胞转为存活，新的生命诞生了。

这些简单的规则引发了一系列令人眼花缭乱的复杂表现。单个细胞会因孤独而死。2 乘 2 的方格将始终保持同样的状态，因为每一个细胞幸恰有 3 个邻居。3 个细胞排成一条直线，会在行和列之间来回变动。“滑翔机”是由 5 个细胞组成的小组，它会按照重复模式斜向穿梭于世界。甚至还存在“滑翔机喷枪”（见图 21），它永不停息地“喷”出滑翔机。

你可以在很多网站上尝试在线玩“生命游戏”。有许多布局要经历一段时间的演变，经过若干阶段后才进入稳定状态，在稳定状

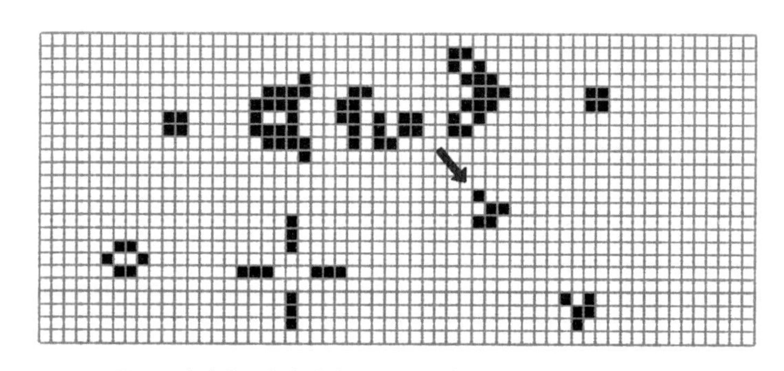

图 21　康韦的“生命游戏”。滑翔机喷枪（位于网格上半部分）射出滑翔机（位于右下方）。蜂巢由 6 个稳定的细胞组成。4 个闪烁器组成交通信号，每个闪烁器又由 3 个细胞组成，在水平和垂直方向交替闪烁。

态下，少数细胞按照固定模式重复一些行为。（有人暗示，这让人想到大学里获得终身教席的流程。）但是，数学家已经证明，某些状态会无休止地演变，永远不会成为稳定的重复模式，非常像欣欣向荣的生命形式。

“生命游戏”本身是一种被称为元胞自动机的计算机。它已经被证明是通用计算机，也就是说，它可以像任何计算机一样无所不能。理论上，我们可以利用“生命游戏”来运行控制程序，发射去往火星的火箭。我们还可以用它来运行大型模拟系统。如果利用计算机可以模拟整个宇宙，那么利用“生命游戏”也可以做到。

这引出了一个问题：我们的宇宙和“生命游戏”相似吗？我们这个宇宙中的一切终究只是一种位模式吗？

这个理念有时被称为“万物源于比特”假设。这句口号由物理学家约翰·惠勒（John Wheeler）于 1989 年首次使用。惠勒原本用这句话表达另外的含义，本章后面会讨论他的本意。不过“万物源于比特”的概念影响力如此巨大，以至于超越了原来的含义。这个很有影响力的概念指的是，在我们周围的物理世界里，一切事物，无论是桌子和椅子、恒星和行星、狗和猫，还是电子和夸克，都是由位模式构成的。

对哲学家来说，万物源于比特假设是绝妙之论，是一种新的形而上思想。有些哲学家认为现实由思维构成，还有一些哲学家认为是原子构成的。现在，我们有了一个新的假设：世界是比特构成的。

万物源于比特假设与模拟假设产生了明显的共鸣。如果我们生活在模拟系统中，那么我们的宇宙在一定意义上就是一个庞大的计算机处理系统。如果这个计算机是标准的数字计算机，则其各种进程都包含位处理，即逻辑电路处理 1 和 0 组成的序列，转换位模式。

如果我们生活在数字计算机构建的模拟系统中，那么我们的宇宙就以位元的互相影响为基础。因此，模拟假设可以被视为万物源于比特假设的一个版本。我将在下一章探讨二者的关系。在本章中，我会单独研究万物源于比特假设。

形而上学：从水到信息

形而上学作为对现实的哲学研究，提出了大量问题。最核心的问题也许是“现实是由什么组成的”。换句话说，现实的基础层是一切事物的来源，那么这个基础层到底是什么？

许多本土文化有自己的形而上学体系。[3] 根据澳大利亚土著居民的传统，我们所知晓的现实来自祖先神灵的梦。根据阿兹特克文化传统，现实根植于一种被称为“teotl”* 的自生力量。

古希腊时期是建立形而上学理论 [4] 的早期黄金时代之一。米利都学派的泰勒斯生活在公元前 600 年前后，比柏拉图早约 200 年，他开创的哲学传统传承至今。泰勒斯最著名也最声名狼藉的形而上学命题是：万物之源是水。水是“本原”，既滋生万物，又是万物归宿。也许你会问：“树和岩石怎么解释？”泰勒斯似乎认为它们是水的改进形式，最终还是要回归为水。

* 在阿兹特克文化中，teotl 通常指的是“神”。

其他希腊哲学家提出了针锋相对的假说。泰勒斯的同时代人、生活于公元前550年前后的米勒迪安·阿那克西米尼（Miletian Anaximenes），提出万物的根源是空气。同一个世纪的早期，赫拉克利特（Heraclitus）提出万物之源是火。赫拉克利特认为，世界从根本上说是变化的，因此有了这句传世名言：人不能两次踏入同一条河流。然而，无论是水本原说，还是气本原说，或者火本原说，都没有被世人接受。

古代还有一个传播范围更广的假说：现实世界由四或五种元素构成，分别是土、气、火和水，有时还包括以太，也被称为太空（void）。在古希腊，四元素（土、气、火、水）体系由恩培多克勒（Empedocles）于公元前450年左右提出。可追溯至公元前1000年之前的古巴比伦诗篇《伊奴玛·伊立希》（*Enuma Elis*）讲述了一段宇宙发展史，其中包含分别代表土、风、天、海的神祇开天辟地的内容。编纂于公元前1500至公元前6世纪的古印度《吠陀》频繁地提到五种元素，通常是土、气、火、水和太空（或者说以太）。中国有五行之说，可追溯至春秋时期。它提出五种元素无限相生循环：木生火，火生土，土生金，金生水，水生木。

到了现代，土、气、火和水已经被分解为更基本的成分，一直到电子和夸克。还有两种古希腊思想的表现出色得多。生活在公元前550年前后的毕达哥拉斯认为，一切源于数字。数字1代表万物的起源，2代表问题，3代表开始、过程和结果，4代表四个季节，等等。毕达哥拉斯理论体系的详细内容也许没有流传于世，但是现实根源于数学这一理念今天仍然受到重视，就像万物源于比特假设，我们可以将其理解为世界是由数字0和1按照各种模式组成的。

另一种更有影响力的形而上学思想与德谟克里特有关，此人生活在公元前 400 年前后。德谟克里特因为神情愉悦而被称为“微笑的哲学家”。有时他也被称为“现代科学之父”，尽管他的思想深受老师留基伯（Leucippus）影响。德谟克里特和留基伯认为，一切事物都是由原子构成的，这是一种在无垠太空中移动的实体，极其细微，不可分割。若干古印度哲学流派，例如正理派（Nyaya）、胜论派（Vaisesika）和耆那教派也提出过原子论。

德谟克里特显然是现代唯物主义的先驱，这种思想认为世界的本原是物质。唯物主义也许是近几十年来最受哲学家和科学家欢迎的形而上学思想。它通常被视为受现代科学启发的显而易见的形而上学思想。它的目标是借助实验证据来证明观点，并根据物理学原理对一切事物做出最终解释。

唯物主义最大的障碍始终是心灵的存在，而其他形而上学理论认为心灵具有重要作用。其中一种是唯心主义，该理论认为现实是由心灵构成的，或者说现实的本原是心灵。我们已经遇到过唯心主义，例如贝克莱在 18 世纪提出的“表象即为实在”命题，还有佛教的“实相无非意念”命题。古印度的《吠陀》哲学中也可以找到唯心主义。在吠檀多派的不二论（Advaita Vedānta）中，唯心主义具有核心地位。该学派将终极现实归结为一种被称为婆罗门的普遍存在的意识，并认为个体的心灵和一切物质都以婆罗门为根基。

二元论也是一种经典的形而上学理论，指的是，物质和心灵同属本原。二元论认为，人们无法根据物质来解释心灵，反之亦然，但是心灵和物质可以用来解释万物。印度哲学的数论派（Samkhya）具有浓厚的二元论色彩，认为宇宙由意识和物质构成。非洲传统哲学、古希腊哲学和伊斯兰教哲学都有非常明显的二元论元素。17

世纪，勒内·笛卡儿成为二元论支持者中的核心人物，他主张，世界是由物质和心灵构成的，二者相互影响。

自笛卡儿时代以来的西方哲学，在建立形而上学理论时，往往会在唯物主义、二元论和唯心主义之间摇摆不定。[5]笛卡儿同时代的英国人托马斯·霍布斯支持唯物主义。18 世纪，贝克莱支持唯心主义。在 19 世纪，各种形式的唯心主义支配着当时的德国和英国哲学。在 20 世纪，钟摆大幅摆向唯物主义，数十年来这种思想一直占据主导地位。不过，唯物主义在解释心灵方面遇到了巨大障碍，因此哲学界内外仍然有许多二元论者。到了 21 世纪，哲学领域甚至还出现了小规模的唯心主义回归现象，部分原因是泛灵论（panpsychism）的兴起，该理论认为一切物质都包含意识元素。

在这条形而上学的康庄大道上，“现实由信息（或者说位元）构成”这一观点在某种意义上属于令人兴奋的新生事物。也许你认为，作为位元的发明者，莱布尼茨会喜欢万物源于比特假设。但事实上他更喜欢泛灵论形式的唯心主义，这种理论认为，世界是由自身具有感知力的简单的“单子”（monad）构成的。万物源于比特假设更接近唯物主义，至少当我们认为位元是物质的基本成分时，就可以这么说。但是，它是一种独特的唯物主义形式。我会详细论述这个观点，不过首先我们要明确何谓信息。

信息的多样性

当我们谈到信息时，它的核心概念呈现出一种模糊性。从一种意义上说，信息属于事实的范畴。从另一种意义上说，信息属于位元的范畴。这是两种截然不同的含义。

在日常交流中，谈论信息通常就是谈论事实。如果我们知道下周将上映什么电影，我也许会说："我有一些你感兴趣的信息。"这里，信息指的是某个事实，例如下周《星球大战》将在当地的影院放映。类似的还有，目前气温为零摄氏度，美国总统是拜登，这些事实都构成了信息。

有一个有趣的问题。不真实的言论，例如澳大利亚首都是悉尼，算是信息吗？通常我们认为它是错误信息，要与信息区分开来，但有时将二者划为同类也是有道理的。举个例子。一个现代数据库所存储的相当数量的信息可能是错误信息。在线数据库可能保存了我的过期地址和错误的生日。哲学家通常只将真实的言论称为事实，而对于那些真伪难辨的言论，则称为命题。其实，最有用的信息概念也许涉及命题，而不是事实。现在，我对二者保持中立。后面我会更多地使用"事实"一词，因为这样做更加简略、易于理解，但是我对事实的大部分论述也可以按照命题的形式进行重述。

上述意义上的信息（涉及事实或命题）通常被称为语义信息[6]。它是对世界的陈述，例如，《星球大战》下周将上映。语义信息对我们理解语言、思想、数据库以及其他许多事物具有至关重要的影响。有些哲学家甚至提出，现实是由语义信息构成的。路德维希·维特根斯坦在其1921年的著作《逻辑哲学论》中写道："世界是事实的总和，而非事物的总和。""万物源于事实"之说是一个重要的形而上学观点，但它与"万物源于比特"之说大相径庭，按照后者的说法，现实是由位元构成的。

还有一种信息，是计算机科学的最核心部分，也是本书核心中的核心，我会称之为结构化信息。最常见的结构化信息是位序列，或者说位结构。通知前面的介绍，我们知道，一个位元只是一位二级制数字：0 或 1。位元可以组成 01000111 这样的二进制序列。从根本上说，现代计算机的功能就是处理结构化信息。它们给位结构编码，将其转换为新的位结构。

除了发明二进制运算外，莱布尼茨本人还设计和制造了一些最早期的机械式计算器。第一台这样的机器由另一位伟大的哲学家，同时也是数学家的布莱士·帕斯卡于 1642 年设计完成。帕斯卡的计算器可运行加法和减法，而莱布尼茨的机器（设计于 1671 年）还可以计算乘法和除法。虽然他们的机器采用十进制数转盘编码序列，而不是二进制数（莱布尼茨在 1703 年的一篇文章中讨论过二进制机器，不过始终没有着手制造），但处理的还是结构化信息。这说明结构化信息并非只能使用位元，十进制数序列或者字母表中的任何字母都适用。尽管如此，结构化信息的核心框架仍然是位序列。

从某些意义上说，如果用位元对事实进行编码，或者说用结构化信息对语义信息进行编码，我们就会获得最有趣的信息类型。我称之为符号信息（symbolic information）。举个例子。位序列 110111（结构化信息）位于某个数据库存储器（或者穿孔卡，如图 22 所示）的特定区域，被用于对以下事实进行编码：我的年龄是 55 岁（语义信息）。这就是位元对事实编码，使得位序列转换为符号信息。

在现代数据科学中，符号信息属于核心的信息类型。任何数据库系统，任何计算机系统，其中所存储的有关世界的信息，就是对事实的二进制编码。符号信息还出现在日常用语中，例如，像“约翰在悉尼”这样的字符串，实际上就包含了对世界之事实的编码。

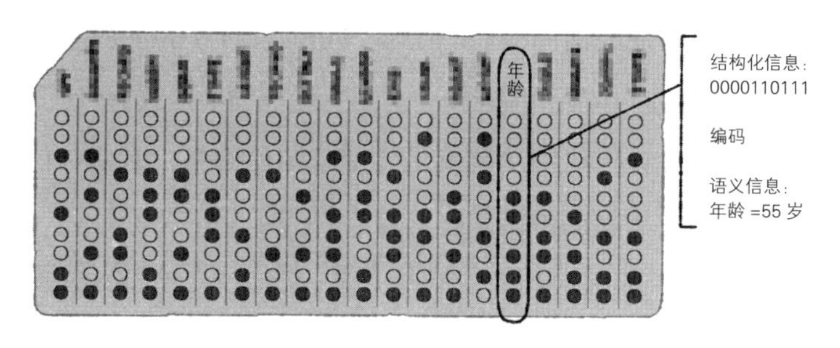

图 22　穿孔卡展示了什么是结构化信息、语义信息和符号信息。

字符串属于结构化信息，但其含义为语义信息，因此总体而言，语言包含了符号信息。

总结：结构化信息与位元相关；语义信息与事实相关；符号信息与用位元编码的事实相关。[7]

严格来说，这些定义应该再宽泛一些。我们已经知道，为了涵盖诸如“悉尼是澳大利亚的首都”这样的错误信息，除了事实之外，语义信息还包括命题。同样，结构化信息不仅涉及位元，还包括字符和十进制数结构，如进一步扩大范围，还有差异性系统（system of differences），后面会对此进行简短讨论。但是位元和事实是核心框架，而“用差异性编码的命题”远不及“用位元编码的事实”那样容易被人接受。因此，现在我们还是使用后一种说法。

你可以用相同的方法来区分三种不同的数据类型。结构化数据与位元相关，语义数据与事实相关，符号数据与用位元编码的事实相关。在不同语境下，“数据”一词可用于指代上述三种类型中的任何一种。在今天这个大数据时代，最后一种含义（用位元编码的事实）看起来是主流。

结构化信息

并非所有位序列都是用来给事实编码的，有时它的用途截然不同。在大量的诸如"生命游戏"这样的计算机程序中，位元也许与事实和观点完全无关。从本质上说，计算机是对结构化信息进行编码和操作的设备。编码和操作语义信息只是核心应用之一。

20 世纪的信息论领域以结构化信息为中心，而非语义信息。其主要成就是规定了结构化信息的评估方式。至少有三种重要的结构化信息评估方式。[8]

最简单也是最常见的方式就是计算位序列的大小。例如，一个 8 位序列所包含的信息量只有 8 位，也可以说是 1 节。当我们说你的计算机存储容量为 32 吉字节时，我们就是在使用这种评估方式。第二种方式由数学家和工程师克劳德·香农于 20 世纪 40 年代提出，评估的是某个指定位序列的奇异程度，或者说不可能性。第三种方式由苏联数学家安德烈·科尔莫戈洛夫（Andrey Kolmogorov）和美国数学家雷·所罗门洛夫（Ray Solomonoff）、格雷戈里·柴廷（Gregory Chaitin）于 20 世纪 60 年代提出，评估的是计算机程序生成位序列的难易程度。这三种结构化信息的评估方式在计算和通信分析中发挥互为补充的作用。

我们知道，结构化信息并不是始终与二进制数相关。莱布尼茨的计算器以十进制数（0 到 9）为基础。我们可以制造一台计算机，采用三种信息状态值，分别是 0、1、2，有时我们称之为崔特（trit），即三进制。崔特串也可以被视为结构化信息，不过就计算而言，二进制位元更加实用。

各种结构化信息都包含一种差异性系统。最简单的差异性是二进制差异性，也就是 0 或 1 两种状态。我们甚至可以进一步将结构化信息的涵盖范围扩展至量子差异性系统和模拟差异性系统。

量子计算的新领域聚焦于量子位元（qubit）。量子位元涉及两种状态的量子叠加，即量子位元可以同时拥有两种状态。常规位元要么是 0，要么是 1，量子位元是 0 和 1 的叠加，两种状态分别具有不同的振幅。量子位元比常规位元复杂，但仍然属于结构化信息的一种形式，只是包含了特有的差异性系统。

理论家还拓展了模拟计算[9]的模型。所谓模拟计算，指的是运用连续的实数进行计算，如 0.732 和 2 的平方根。举个例子。在 1989 年的一篇文章中，莉诺·布卢姆（Lenore Blum）和两位同事阐述了一台计算机如何利用 0.2977（可具有无限精度）这样的实数而非位元进行计算。我们可以说这些数字被用作连续量或模拟量[10]，但是从我们的目的出发，我愿意称之为连续的位元实数。

采用连续量的模拟计算机实用性不是特别好。可靠的具有无限精度的模拟计算机不可能被造出来。对于物理材料，我们不具备无限精确的控制能力，超过某个点，背景噪声会严重影响精度。有限精度模拟计算机可以近似于采用足够数量位元的普通数字计算机，通常没有必要使用，不过它们对于芯片设计还是有一定帮助的。就哲学而言，当我们考虑可能实现的信息处理系统时，仍然可以用到连续信息。如果研究结构化信息与基于连续量的物理定律之间的联系，连续信息尤为重要。

信息具有物理属性

我在阿德莱德上高中时，城区另一端的一台计算机为市里所有学校提供服务。为了使用这台计算机，我们必须用铅笔在穿孔卡上涂抹一部分圆圈，以此来发送指令。一套计算机程序由一大摞含铅笔标记的卡片组成。我们要穿越城市，将这些卡片送过去，再花大约 1 天的时间等待打印好的输出结果。输出结果经常显示“语法错误”。我们又不得不在指令中查找问题，重新制作卡片，然后继续提交程序，直到产生正常的结果。

这让我明白了结构化信息的威力。每一张卡片本质上是一个位序列，也就是一组 1 和 0。一个圆圈被涂满，代表 1，反之代表 0。每张卡可能包含 1 000 个圆圈，因此整张卡构成了一个 1 000 位的序列。若干位元（如 01000……）也许代表“P”这样的字母。一行中的若干字母可能组成一个单词，例如“print”（打印）。若干单词一起组成一条指令，如“Print Sqrt（2）”，表示打印 2 的平方根。（实际上，为了节约时间和卡片，我们使用极为简练的 APL 语言*，不过前面的范例更加简单。）足够多的卡片包含足够多的位元，就可以组成一段完整的计算机程序。

这些位元体现在穿孔卡上，属于物理的位元。在 20 世纪相当长的时期内，穿孔卡（如图 22 所示）是计算的核心。人们使用键控穿孔机来编写程序，这种机器在卡片上打孔表示 1，保持原样表示 0。一排排的孔和保持原样的圆，代表特定的位序列。这些卡片

* 1962 年美国学者开发的一种计算机语言。

将被输入到读卡机上，读卡机识别出孔眼（或者铅笔标记），然后就能处理信息了。

这些穿孔卡给我们上了深刻的一课：信息是有物理属性的，至少可以说，结构化信息能以有形的方式展现。[11]结构化信息作为位元串，其基本概念是复杂的数学概念，但是一旦位元串由穿孔卡和计算机这样的物理系统来表现，就会产生因果力。今天用来表现位元的方式除了晶体管的电压，还有硬盘驱动器中的磁化方向和固态储存器的电荷。这些物理位元从本质上说是物理系统的二进制状态，它们所产生的因果力驱动计算机内部的物理过程，最终服务于我们生活的方方面面。

英国控制论专家和符号学家格雷戈里·贝特森（Gregory Bateson）曾经按照因果力来定义信息，认为信息是“产生影响的差异性”（a difference which makes a difference）。这个口号也许不适用于语义信息，某些微不足道的事实不会对任何人或任何事物产生任何影响。它对抽象数学中的结构化信息也不适用。一个二进制数序列，如 0100，构成了抽象的差异性系统，但是它对其他实体的影响和任何数学对象一样。不过，贝特森的口号完美地界定了何谓物理信息[12]，即通过物理形式表现的结构化信息。

假设我们有一张穿孔卡。现在，位元是以物理形式表现出来的，方法就是利用孔眼和无孔纸张的差异。这种差异对读卡机产生影响，因为读卡流程对孔眼和纸张的差异反应敏感，这就是产生影响的差异性。[13]穿孔卡出现的时间实际上早于计算机，1804 年首次投入使用，当时用于控制织布机。它的作用是编制织花样板，样板的差异性对织布机产生了影响。1833 年，数学家和发明家查尔斯·巴比奇（Charles Babbage）提出用穿孔卡为他的分析机输入信息。这是一种早期的计算机设计方案，但从未被制造出来。1890年，机器可读的穿孔卡在美国人口普查中得到运用，这次普查的处理速度远远高于过去的普查。以上这些创新作为产生影响的差异性，使结构化信息以物理形式展现出来。

在穿孔卡出现之前，人们使用机械装置来处理信息。我们已经看到，古代的安提凯希拉装置使用一组齿轮对关于天体的语义信息进行编码。帕斯卡和莱布尼茨的计算器采用一组转盘运行数学计算。设计于20世纪40年代早期的第一台通用计算机采用由继电器驱动的机械开关给位模式编码。不久之后，物理信息实现完全电子化，先是用真空管阵列来表示位元，后改用集成电路上的晶体管。

也许我们可以将这里的主导观念称为“比特源于万物”假设（不要和惠勒的万物源于比特假设混淆）。位元的物理表现形式来源于某些更加基础性的物理实体（也就是“万物”），例如至少具备两种状态的齿轮或晶体管。“物”的差异性导致了位元的差异性。位元结构以实物结构为基础，使得计算过程所具有的抽象的数学威力受到物理系统的约束。

这个观念简单易懂，但极具影响力。位序列的系统性编码体现了产生影响的差异性，通过这种方式，我们为现代计算机技术奠定了基础。效率越来越高的编码技术带来效率越来越高的计算机，反映出差异性日益缩小，而产生影响的速度却日益提高。在现代计算机的硬盘驱动器内部或电路板上，产生影响的差异性结构能够展现庞大的位元结构。

理论上说，物理信息可以通过各种方式表现出来。1961年，苏联物理学家和科幻作家阿纳托利·第聂伯罗夫（Anatoly Dneprov）发表短篇小说《游戏》（“The Game”）。[14] 在小说中，有1 400人被召唤至一个足球场。有人向他们发放印着符号的纸张，并说明一些简单的规则，要求他们改动符号，相互交换纸张。在这个过程结束时，这些人发现，他们其实是在实施一个项目：将一个葡萄牙语句子翻译成俄语。没有人知道自己在做什么。纸张相当于位元，参与的人相当于信息的处理器。物理信息只需要系统性的能产生影响的差异性模式，就可以通过各种基底材料表现出来。

从这个意义上说，物理信息是基底中立的。我们在第 5 章提到过这个概念，其含义是意识是基底中立的。它指的是，同样类型的意识经验可能会发生在由截然不同的基底构成的系统中，这样的基底包括神经元、硅晶片，甚至还有绿色黏液。意识的基底中立属性是一个存在争议的假设。与之相比，信息的基底中立属性完全没有争议。同样的位序列可以由各种基底进行编码，包括穿孔卡、机械开关、晶体管，还有啤酒罐的样式。第聂伯罗夫的语言翻译系统可以在足球场实现，实施主体是人员和纸张，也可以在电路板上实现，采用相同的算法来处理相同的信息。

信息物理学

近年来，信息和物理世界的联系日益紧密。物理学家罗尔夫·兰道尔（Rolf Landauer）提出了“信息具有物理属性”[15]这句口号，以表达这样一种观念：结构化信息按照物理定律发挥作用。他在信息与物理学核心理念之间建立紧密的联系。其他人试图按照信息概念来总结更基本的物理定律。还有一些人提出了更加激进的观点：物理学本身唯一关注的就是如何处理位元。

康韦的“生命游戏”为我们带来一个提示。诸如“生命游戏”这样的事物有可能是我们这个世界物理定律的基础吗？当然，不一定是康韦的游戏，也许是与其类似的事物呢？举个例子，夸克和光子是一种位于底层的三维或四维网格中的特殊形态，而这个网格由位元构成，或者由量子位元构成，存在于量子力学宇宙中，这两种情况可能存在吗？

这种概念有时被称为数字物理学[16]（digital physics）。德国工程师康拉德·楚泽（Konrad Zuse）在这个领域做出了开拓性贡献，一些人视他为计算机的发明者，因为他在 1941 年参与了可编程计算机 Z3 的研制工作。20 世纪 60 年代，他写了《空间计算》（*Calculating Space*）一书，指出整个宇宙可能是某种计算机，其基础是为位元互相影响而制定的数字规则。其他几位理论家，例如爱德华·弗雷德金（Edward Fredkin）和斯蒂芬·沃尔弗拉姆（Stephen Wolfram），针对这个概念提出了不同的版本。

数字物理学可以浓缩为约翰·惠勒那句如今已为人熟知的口号：万物源于比特。[17] 该口号暗示，一切实物（万物）都以结构化信息（比特）为基础。惠勒用下面这段话来介绍这个概念：

> 每一个物理量，每一个实物，其终极意义来自比特，也就是用二进制数表示的是与非。我们用一句话概括这个结论：万物源于比特。

惠勒本人对“万物源于比特”的见解仍有模糊之处。他将这句口号与下面这种观点联系起来：宇宙是“参与型”的，从根本上说也包括观察者的参与。观察者使用显微镜和粒子加速器这样的观测仪器提出问题，位元则提供答案。从这个角度理解惠勒的主张，体现了一种唯心主义基调：现实根植于观察者的观察结果，而观察结果等于意识的状态。但是，惠勒的口号经常被理解为这样一种观点：物理定律以数字结构（位元结构）为基础，无论这些位元是否与观察者或观测仪器存在特殊联系，都不影响它们与物理定律的关系。这也是我对万物源于比特命题的理解。这个命题认为，一切事物，一切物理实物和物理量，来源于位模式。

目前物理学的主流理论不是基于位元而创立的。这些理论调用了更加复杂的数学参量，如涉及质量、电荷和自旋等，这些都被限定在特定空间和时间的框架内。不过，这些理论与一个更深层次宇宙的存在相一致，这个宇宙与位元或量子位元（从现在开始大部分情况下我会说“位元”，但是读者应理解这包括量子位元）的互相影响有关。从这个观点来看，与位元的互相影响有关的数字物理学是当代物理学得以实现的基础。

哲学家提到“实现”一词，大致的意思是使某物成为现实。实际上，任何时候，只要是低层级的实体构成高层级的实体，就可以用到这个词。原子实现了分子，分子实现了细胞，依此类推。在讨论科学理论时也可以使用这个动词：热力学是关于压力、温度等的高级别物理学，由统计力学“实现”，后者是一门围绕粒子运动而创立的学科。考虑到分子按照某些方式移动，我们自然认为一个系统具有某种压力和温度，实际上，是分子运动导致压力的产生。因为潜在的统计力学规律发生作用，系统才会具有温度和压力。

与此类似的是，分子物理由原子物理实现，而原子物理由粒子物理实现。我们可以通过原子物理推导分子物理，通过粒子物理推导原子物理。在每一种情况下，低级别理论提供细粒度的基础，来支撑高级别理论的粗粒度架构。

数字物理学的支持者希望我们可以从数字物理学中获得类似于当代物理学的知识。根据某种算法，应该存在一个低层级宇宙，它是由相互作用的位元构成的。那样的话，我们将利用位元的互相影响来产生具有质量和电荷的粒子和波，二者在时空中相互作用。事实上，数字物理学将成为当代物理学的基础，这在很大程度上相当于统计力学成为热力学的基础。

质量和电荷这样的属性在数字物理学中将如何定位？这些属性很可能是因位元系统互动而形成的高级属性。如果是这样，它们将由数字物理学来实现，但是并不会出现在最底层的数字物理学中。数字物理学也许只涉及位元，以及控制位元交互过程的算法。

在最基本的层级上，数字物理学不需要调用空间和时间作为参数。一些人研究量子引力，而这是量子力学和广义相对论相结合的一种理论。这些研究者投入越来越多的精力来钻研这样一类理论：空间和时间本身来自更为基础的事物，与压力来自运动有些相似。理论工作者们已经接受时空源于某种底层数字物理过程的理念，他们的目标是研究如何从底层产生空间和时间架构。[18] 如果能做到这一点，我们就可以通过位元的算法互动来实现当代物理学的架构、动力学和预测。

应该指出，数字物理学和万物源于比特假设在物理学界并不是很受欢迎。即使在关于量子引力的猜测性理论中，非数字路线，例如弦理论和圈量子引力论（loop quantum gravity），更受欢迎。幸运的是，对于我来说，我没有必要宣称数字物理学是正确的，甚至还得到了物理证据的支持。真正重要的是万物源于比特假设可能正确，至少符合已知的证据，仅此而已。从这方面来说，万物源于比特假设与模拟假设相似。我并不是要证明这些假设是正确的。我所思考的只是它们对世界的诠释，以及从中可以得出什么结论。

我们已经知道，如果我们身处完全模拟系统中，即便永远不能发现这个事实，模拟假设也是正确的。出于相同的原因，即便我们找不到任何证据，万物源于比特假设也可能是正确的。假定在我们的世界里，我们所观察到的一切结果都是由牛顿定律决定的，但都是由底层位元的相互影响精确实现的。如果是这样，我们就可以说万物源于比特假设是正确的，因为我们这个宇宙中的实体都以位元为基础。可是，如果说牛顿定律是万能的，那么我们永远不会找到证据证明万物源于比特假设，因为位元不会在我们的观察结果中显现出来。

在这样一种万物源于比特假设中，我们无法发现任何位元的痕迹，我会称之为完全万物源于比特假设。和完全模拟假设相似，完全万物源于比特假设也许不是科学假设，因为我们绝无可能获得证实或证伪这个假设的证据。那些对无法验证的假设失去耐心的人可能一直关注非完全假设，在那些假设中，位元是可以被发觉的。尽管如此，从哲学的角度来看，无法验证的假设还是令人感兴趣的。它们完全合乎逻辑，有可能是正确的假设，我们仍然可以根据它们来推断新的结论。

有一些新版万物源于比特假设不需要位元。我们知道，信息也可以包括崔特（三进制数）、量子位元（量子数）、实数（实值连续数）和其他基本元素，相应地就有万物源于崔特物理学、万物源于实数物理学等等。万物源于崔特物理学的可信度不会超过万物源于比特物理学，但是万物源于实数物理学的连续量概念体现了许多物理理论的架构。[19] 例如，牛顿理论中的质量和距离可以理解为实数，即连续的位元模拟量。

物理学家戴维·多伊奇、塞思·劳埃德和葆拉·齐齐（Paola Zizzi）研究过万物源于量子比特假设。该假设认为，量子计算是物理现实的基础。考虑到我们生活在一个量子宇宙而非经典宇宙中，与经典的万物源于比特命题相比，万物源于量子比特这一命题某种程度上与我们的现实世界更加匹配。为了避免将量子力学的知识作为前提条件，我将主要论述万物源于比特命题，但是我对万物源于比特物理学的大量见解同样适用于万物源于量子比特物理学。

物位相生假设

根据万物源于比特假设，诸如夸克和电子这样的物理实体是由位元实现的。那么，位元本身的根源是什么呢？它是由上一级的物理层实现的？还是说，它就是本原？

万物源于比特思想的诸多版本中有一个比较保守，我们可以称之为物位相生（it-from-bit-from-it）假设[20]。这个假设认为，常规的物理实体，从银河系到夸克，都是由某个层级的位元产生的，反过来，位元又来源于更基本的实体。这个版本将万物源于比特的思想和常规计算机所带来的“比特源于万物”模式融为一体。常规实体由位元产生，而位元总是通过电压这样的更基本的物理形态表现出来。举个例子。在“生命游戏”中，宇宙由细胞组成，每一个细胞可以是“存活”或“死亡”的状态，但这两种状态是由电荷这样更基本的物理量展现的。在这个宇宙中，位元不是绝对的本原。位元所体现的差异性源于更基本的事物所具有的差异性。

按照物位相生这个观点，数字物理是由更深层级的物理实现的，后者所包含的不只是位元。例如，“生命游戏”中的数字物理是由某种准电磁物理实现的。和其他“实现”案例一样，重要的是，一旦指定了作为基础的电磁层，“生命游戏”的架构和动力学就是水到渠成的事情。

更深层次的物理学会是什么样的？可能存在多种形式。我们已经知道，物理信息是基底中立的，数字物理同样如此。“生命游戏”可以通过电气装置或机械装置来实现，也可以借助我们还无法理解的物理形式。从理论上说，任何基底都有可能，只要它组成系统后，能够获得正确的信息，并按照正确的算法运行，就可以做到这一点。

物位相生假设的一种极端形式是“意识生位元，位元生万物”假设[21]。按照这种观点，数字物理由意识的交互状态实现。这可能是上帝意志的复杂意识状态，正如贝克莱的唯心主义所述；也可能是原子实体的简单意识状态，就像认为意识无处不在的泛灵论思想所述。无论是哪种情况，按照“意识生位元，位元生万物”假设，某种形式的心灵首先出现，然后产生了物理世界。这种极具猜测性的观点突显出数字物理理论与各种基底的互洽性。

纯粹的万物源于比特假设

物位相生假设的替代选项之一是纯粹的万物源于比特假设[22]，后者指的是，位元是宇宙的绝对本原，更深层级的“物”根本不存在。本原实体可能具有两种基本状态，我们可以称之为 0 和 1，或

图 23　纯粹的万物源于比特假设（左）和物位相生假设（右）。

者“开”和“关”。这两种状态的差异是纯粹差异，不存在任何诸如电压或意识状态这样的基础性差异，也就是说，宇宙的基础层是纯粹差异。

初看之下，这种理念并不容易被人接受。我们习惯于认为差异依附于某种事物，因此任何以物理形式表现的位元一定来源于某种更加基本的事物，例如电压或电荷。纯粹的万物源于比特听起来有点类似于没有硬件的软件，就好像微软公司的 Word 软件不需要任何计算机就可以运行。尽管如此，这个理念吸引了许多科学家和哲学家。如果事实证明物理定律可以建立在位元的基础之上，显然，我们不一定要假设还存在更加基本的物理层。

假定我们掌握了强有力的证据，证明存在恰好符合康韦的“生命游戏”规则的物理定律。接着，我们又获得证据证明物理定律包含位元的相互影响。对于位元结构，我们必须假设位元之间存在特定的关系，例如“生命游戏”中细胞之间的那种相邻关系。但是，我们有必要假设存在更加基本的物位相生层，以此作为位元的基础吗？许多理论工作者会反对这种做法。额外的层级只会使模型更加复杂，对我们所观察的对象不会产生任何影响。

由此换来的结果是，由纯粹位元构成的世界就是由纯粹差异构成的世界。初看之下，这是一个惊人的观点，但许多人已经习惯了。纯粹的万物源于比特假设认为，物理现实完全可以用数学语言来描述，其本原是结构化信息。从这种思路中产生了一种更加通用的理论，被称为结构现实主义（structural realism），近年来很流行。我们会在第 22 章回过头来讨论这种理论。

即使物理定律具有连续性，而不是数字化的，你也可以接受前面这种更加通用的关于物理现实的理论。我们看到，基于连续量的物理理论可以发展为万物源于实数理论，只需将实数理解为连续的位元模拟量。例如，在经典物理学中，粒子的位置和质量可由 0.237 和 3.281 这样的实数来表示。“生命游戏”中的动力学涉及位元相互影响的规则，而经典动力学涉及实数交互方程。因此，你可以在纯粹的万物源于实数假设和物数相生（it-from-real-from-it）假设之间做出选择，前者认为纯粹的实数量是本原，后者认为这些实数量以某种更基本的事物为基础。对于纯粹的万物源于实数理论，我们可以说，现实是建立在连续信息的基础之上的。[23]

最终，万物源于比特理论将成为一种踏脚石，我们可以一脚踢开。最重要的不是位元本身，而是根本性的结构主义（structuralism），按照这种理论，现实完全可以用数学语言来描述。但是，万物源于比特理论为这种结构主义思想提供了精彩的解读，也为模拟假设搭建起一座畅通无阻的桥梁。

第 9 章

模拟系统用位元创造万物吗？

下面讲一个信息时代的创世神话。

神说，“要有位元”，于是就有了位元。

神看见位元是好的，就让它们彼此分开，一组被命名为“0”，另一组是“1”。

一不留神，你可能会认为这是来自《圣经·创世记》的创世故事。《圣经·旧约全书》的开篇写道，一切“空虚混沌。渊面黑暗”。万物如出一辙，毫无分别。于是神命令，要有光，然后“把光暗分开”。现在，世界上的事物已经有所分别。光和暗就相当于位元。宇宙瞬间便有了形态，在光与暗之间循环往复。神称光为

图 24 “要有位元”。

“昼”，称暗为“夜”。

在《圣经·创世记》中，天堂和人间在光与暗分开之前便已受造。而“万物源于比特”版的《圣经·创世记》颠倒了次序。神只需创造和安排好代表光与暗的位元，接下来天堂和人间将会自我管理。

创世故事通常都会留下需要填补的漏洞，万物源于比特版的创世故事也不例外。其中一个漏洞是许多创世故事共有的：神来自哪里？另一个漏洞是：位元来自哪里？两个漏洞合起来就是：如果神拥有足够强大的力量来创造位元，他的心灵难道不会已经包含大量位元？如果是这样，那么，万物源于比特版创世故事无法说明最初的位元来自哪里，就像标准的创世故事无法说明最初的心灵来自哪里。

尽管如此，万物源于比特版的创世故事可以作为一个局部的创世故事，一个讲述我们这个宇宙如何在已经拥有心灵和位元的宇宙体系中诞生的故事。神已经存在于神圣的宇宙中，那里已经出现了位元。第一日，神说，“要有位元”。他造出位元，使之分布于宇宙各处，从而将宇宙初始化，类似于“生命游戏”设定初始条件。第二日，神说，“要有万物”。他将位元编程，使之以一种能够支持物理世界的方式相互作用，类似于“生命游戏”中支撑物理定律的规则。第三日，神说，“要展露现实”，于是位元的相互作用开始了。这也许就是我们的宇宙诞生的方式。

两个假设的故事

万物源于比特版的创世假设认为物理世界由造物主创造，由位元构成，所以它结合了前面几章论述的万物源于比特假设和创世假设。这个假设听起来耳熟。它的结构与模拟假设类似。模拟假设包含两个基本组成部分：模拟者和模拟系统。万物源于比特版创世假设也包含两个基本组成部分：造物主和一些位元。模拟者启用算法来实现模拟，而造物主启用算法来实现位元的相互作用。造物主和模拟者的工作本质上没有区别。

我不会去证明万物源于比特版创世假设和模拟假设的正确性，而是要证明二者等同。

你如果接受万物源于比特版创世假设，那么也应该接受模拟假设，反之亦然。这两个假设是描述同一情形的两种方式。

图 25　万物源于比特版创世假设等同于模拟假设。

在思考这两个假设时，你的脑海中可能会浮现不同的想法，例如，也许创世假设涉及神，而模拟假设只涉及凡人。但是，这样的差异对两个假设本身而言，并非根本性的。二者都描述了一种存在，通过启用位元来创造现实世界。

这个观点如果正确，就会产生重要影响。万物源于比特版创世假设并不认为一切都不是真实的。按照这个假设，桌子和椅子并不是根本不存在，而是由位元构成。如果模拟假设等同于万物源于比特版创世假设，那么前者也不认为一切都不真实。即使模拟假设是正确的，桌椅仍然存在，是由位元构成的。

假定神现身了，说他创造了我们的宇宙，那么我们并不会断定万物皆为虚幻。倘若神创造了猫和椅子，对于它们的经历而言，这会是一个有趣的事实，但是猫和椅子还是像过去一样真实。

现在假定神宣布，万物源于比特假设是正确的，在传统的物理层下面还有一层互相作用的位元层。这有点像康韦的“生命游戏”。那么，我们可以断定万物皆为虚幻吗？我不这么认为。原子的发现没有让我们否定分子的存在，夸克的发现没有让我们否定原子的存在，同理，发现位元也不会让我们否定夸克。即便万物源于比特假设正确，也不影响夸克、猫和椅子的存在。唯一的变化是，猫和椅子由原子构成，原子由夸克构成，而夸克是位元构成的。

最后，假定神告诉我们，他设定好万物源于比特假设所需的位元，使之相互作用，通过这种方式创造了宇宙。那么，我们可以断定万物皆为虚幻吗？我还是不这么认为。如果在创世场景和万物源于比特场景中，事物是真实的，那么在万物源于比特版创世论场景中，它们同样是真实的。猫和椅子仍然存在，只不过是由造物主创造，由位元构成。

因此，万物源于比特版创世假设不是怀疑论假设。按照这个假设，普通事物都是真实的，我们的一般信念大部分也是正确的。

现在我们可以推出下面这段论证：

1. 如果万物源于比特版创世假设正确，那么我们大部分的一般信念就是正确的。

2. 如果模拟假设正确，那么万物源于比特版创世假设也是正确的。

3. 结论：如果模拟假设是正确的，那么我们大部分的一般信念是正确的。

刚才我对第一个前提进行了论证。如果万物源于比特版创世假设是正确的，诸如猫和椅子这样的普通事物就存在，我们对于普通事物的一般信念就是正确的。

我对第二个前提有一个预设立场：指出模拟假设等同于万物源于比特版创世假设。为了完成论证，我不需要二者完全对应，只需要确定模拟假设会推导出万物源于比特版创世假设，而不是相反。[1]我将在接下来的两节中进行论证。论证过程略为抽象，你如果对结论更感兴趣，不妨跳过这两节。

结论就是我所说的模拟现实主义（见第 6 章）：即使我们身处模拟系统，事物的本质基本上还是与我们的认知相符。在本章将要结束时我会讨论这个话题，并对一些反对观点进行评论。

从模拟假设到万物源于比特版创世假设

我们先从模拟假设开始，具体而言，从完全的、整体的、持久性的模拟假设开始：我们生活在持久的、整体的宇宙模拟系统中，在这里，物理定律得到了完全模拟。

为了与万物源于比特假设对应，我会假定一个模拟系统在数字计算机上运行。本次论证普遍适用于在量子计算机上运行的模拟系统，这样就与万物源于量子比特假设对应起来。正如第 2 章所述，针对我们这个量子世界的量子模拟系统在效率方面很可能远远超过常规的数字模拟系统，但二者在理论上都是可行的。本次论证还普遍适用于模拟计算机上的模拟系统，这与万物源于实数假设相对应。[2] 此处的实数指的是实值连续变量。

我们的模拟者开始模拟物理定律，方法就是执行某种算法来模拟物理体系。为此，她会在计算机上对一种位模式（或者是量子位模式、实数模式）进行初始化，并根据算法规则运行这些位元。

万物源于比特假设中的造物主必须完成几乎完全相同的工作，即建立反映物理体系的位元（或者是量子位模式、实数模式）结构，使之按照恰当的算法运行。在这一点上，两项任务看起来非常相似。模拟者将要完成万物源于比特假设中的造物主所做的核心工作，至少包括创造位元并使之结构化。

在标准的模拟场景中，我们的模拟者正在创造的位元不是世界的本原，而是由模拟者所在世界中的计算机通过内部进程实现的。[3] 但是，这恰好意味着这些模拟系统不属于纯粹的万物源于比特假设中的版本，后者认为原子由基本位元构成。另一方面，这些模拟系统满足上一章谈到的物位相生假设。（还有非标准版本的模拟假设，该假设认为计算机由纯粹位元制成，这与纯粹的万物源于比特假设相对应，不过这里不讨论这些版本。）原子由位元构成，位元由更基础的事物构成。如果造物主按照这种方式造出原子，这仍然是一个完美的创世假设。

模拟假设也包含关于我们人类的内容。它指出，我们生活在模拟系统中。这意味着模拟者必须确保模拟系统与我们相连接，这样我们就会从模拟系统接收感官输入，并向它发送肌肉输出。我们在第 2 章了解到，这有两种可能的途径。第一种，按照纯粹模拟假设的主张，我们本身可能是模拟生物。第二种，按照非纯粹模拟假设的主张，我们可能是连接到模拟系统的非模拟生物。

纯粹和非纯粹模拟假设会引出两种不同版本的万物源于比特假设。在纯粹模拟假设中，我们本身就是模拟角色，所以我们的诞生无疑是造物主搭建位元结构的行为所致。我们的躯体、大脑和心灵都来自位元。而在非纯粹模拟假设中，造物主搭建位元结构的行为不会是我们诞生的原因，更准确地说，位元可以创造的是我们的躯体，而不是心灵。我们是与位元交互的拥有独立性的生物，所以一定是独立诞生的。

目前而言，我们可以处理其中一种场景，或者同时处理两种场景。我们如何适应万物源于比特假设中的物理世界，我们的心灵和躯体如何互动，两种场景提供了截然不同的答案。我将在第 14 和 15 章重点论述这些场景。

总之，模拟者搭建好位元（由“物”构成）结构，确保其按照恰当的算法运行，以合理的方式连接到我们的感知系统。物位相生假设中的造物主完成了非常相似的工作。造物主必须搭建位元（由“物”构成）结构，确保其按照恰当的算法运行，以合理的方式连接到我们的感知系统。

我认为模拟假设可以推出万物源于比特版创世假设，为了反驳我的观点，你一定会说上述论证还不充分。也就是说，搭建好位元结构，运行恰当的算法，使这一切与我们的感知系统连接，仅仅这些还不足以证明万物源于比特版创世假设的正确性，还需要其他论据。

如何从位元到万物？

我的观点所面对的最大挑战是：如何理解“万物”？

下面详细说明反对观点。万物源于比特假设以真实物理对象（即万物）的存在为基础，而模拟假设不是。模拟假设以位元为基础，还有创造位元的模拟者。我们可以说模拟假设被界定为位元假设，而不是万物源于比特假设。模拟假设说模拟系统包含位元，但对原子和分子不置一词。我们可以轻松看出万物源于比特假设如何导出位元假设，但对于位元假设为什么可以导出万物源于比特假设，答案就不那么明确了。位元的相互作用为什么会产生原子和分子？

尽管如此，从模拟假设到万物源于比特假设，还是有路径可循的。假定模拟假设是正确的，则模拟系统包含位元构成的系统。我们的体验由位模式算法产生，这种位模式对普通物理进行了模拟，包含夸克、电子等等，但它本身是数字物理系统，包含遵循数字定律的位元。为了用图片说明（见图 26），我们可以采用更为简化的方式，想象“生命游戏”正在运行模拟系统，数字物理中的滑翔机模拟了普通物理中的光子。如果数字物理是对由夸克和电子构成的普通物理的完全模拟，那么滑翔机在数字物理中的表现将完全模拟光子在普通物理中的表现。在完全模拟中，光子的数学结构可以通过下层数字对象的数学结构得到还原。推而广之，我们至少可以通过下层的数字物理还原普通物理的数学结构。

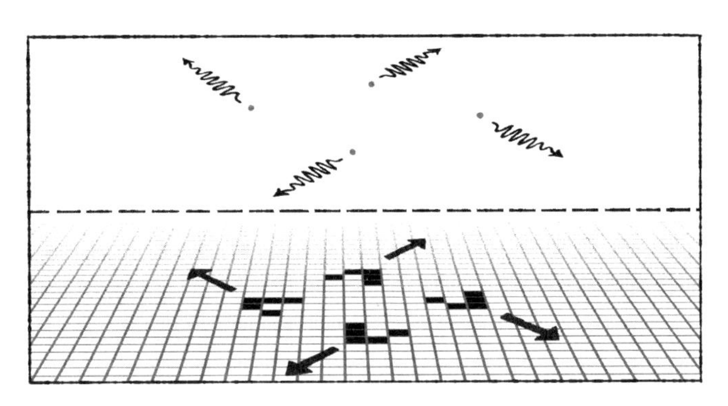

图 26 从普通物理中的结构（如光子）到数字物理中的结构（如“生命游戏”中的滑翔机）的映射。

接下来是关键步骤。如果我们能够从数字物理还原普通物理的数学结构，且我们的观察体验由数字物理产生，那么，数字物理就实现了普通物理，也就是说，数字物理使普通物理成为现实。数字物理世界中的位元使得普通物理世界中的夸克和电子成为现实。在前面这个过于简略的例子中，数字物理世界中的滑翔机使得普通物理世界中的光子成为现实。

重要的是，如果模拟假设是正确的，我们对电子和夸克的观测结果就是由某些位模式产生的，在前面这个例子中，滑翔机就是这样一种位模式。倘若这些位模式构成我们这个世界中光子的数学结构的基础，并且是观测结果的来源，那么它们就实现了光子。模拟者按照合理的结构组织数字物理世界的位元，由此造出了普通物理世界的实体，即万物。从这个意义上说，模拟假设导出了万物源于比特创世假设。

当一种理论让其他理论成为现实时，二者所涉及的实体就是真实的。举个例子，当原子物理实现了分子化学时，分子就是真实的，是由原子构成的。[4] 与此类似，如果数字物理实现了普通物理，那么光子就是真实的，是由位元构成的。倘若光子、夸克和电子是真实的，则它们构成的一切物理实体都是真实的，包括原子、分子、细胞、岩石、有机体、建筑、行星、恒星、银河系。如果模拟假设正确，以上这些实体就都是真实的。

这个关键步骤涉及物理结构主义。该结构主义认为物理理论可以从其结构探究真伪。所谓理论结构，粗略而言，就是指它们的数学公式和观测结果。一个物理理论的结构如果确实存在于世，则其为真。例如，倘若原子物理的结构确实存在于世，则原子物理为真，原子确实存在。[5]

结构主义在当代科学哲学领域极其流行，各种版本也得到物理学家的广泛认同。关于科学的结构主义（与关于文化的结构主义有所不同，后者是 20 世纪中期重要的哲学发展趋势）是第 22 章的重点内容，我会详细讨论。现在，我只是非常简单地概述一下它的作用，以及对我的论证有哪些帮助。

如果将牛顿物理学压缩至其基本结构，我们得到的是，所有实体通过这样一些数学公式产生关联：$F=ma$，万有引力定律，等等。这些公式表明，质量对于惯性和引力具有一定的数学作用。质量也可能是我们的观测结果中特定的元素：我们利用测量工具，掌握了某些检测质量的方法。结构主义认为，质量是由这些数学作用和观测作用所定义的。有时我们可以说，具有质量作用的即为质量。

同样，在物理学中，光子和夸克由它们的数学作用以及它们与观测结果的联系来定义。光子就是发挥光子作用的事物，夸克也是如此。由此得出结论，如果世界上存在某种事物，具有光子的数学作用和观测作用，那它就是光子；如果某种事物具有夸克的作用，那它就是夸克。结构主义告诉我们，倘若世界上某些实体具有普通粒子物理的特定作用，那么普通粒子物理就是真实的。

对于数字物理和模拟假设而言，结构主义意味着什么？它告诉我们，只要数字物理可以复制光子和夸克构成的普通物理的结构，那么这就足以使普通物理成为现实。如果我们发现，“生命游戏”中的滑翔机具有光子的数学作用，且我们对光子的常规观测结果来源于滑翔机（也就是说，在我们的测量过程中，滑翔机按照预想中的光子的展现方式来展现自己），那么这些滑翔机就是光子。我们可以这样概括本次论证：

1. 光子就是任何具有光子的作用的事物；

2. 如果我们生活在模拟系统中，数字实体具有光子的作用；

3. 结论：如果我们生活在模拟系统中，光子就是数字实体。

第一个前提本质上是一种关于光子的结构主义观点，这种观点认为相关的作用是结构化的作用，涉及光子在可用数学公式表示的结构中的作用以及它对观测结果的影响。第二个前提来自对模拟假设的分析：某种位模式具有光子的数学作用，并且是我们的观测结果的来源。结论符合万物源于比特假设，是我们需要的重要论断：如果我们生活在模拟系统中，诸如光子这样的“万物”就是数字实体，但确实存在。

更加通用的说法是，考虑到模拟系统可以复制普通物理结构，数字实体在系统中具有核心的数学作用，并且向我们输出合适的观测结果，故而模拟系统可以使普通物理成为现实。对于万物源于比特假设而言，这足以证明其正确性。

我并非认为，任何对物理的模拟一定会使物理成为现实。[6] 如果我们不在模拟系统中，那么物理就不是模拟的。若是这样，光子，或者说在我们的世界里具有光子的结构性作用的实体，很可能是非数字实体。其结果是（我会在第 20 章讨论这个问题），模拟光子不会是真正的光子。但是，如果我们生活在模拟系统中，那么物理始终是数字化的。在我们的世界里，具有光子的结构性作用的始终是数字实体。其结果是，模拟光子一直以来都是真正的光子。

当然，你可能始终反对结构主义，因而拒绝接受上述论证。你可能会说，具有光子的结构性作用的实体还不足以让我们的世界拥有光子。推而广之，为了使普通物理真正存在于我们的世界，需要的不仅仅是合适的数学结构，还有合适的基底。模拟系统具有合适的结构，但没有合适的基底。

例如，有人认为模拟物实体性不足，难以产生真正的现实。非模拟物具有实体性，而模拟对象没有。按照这个观点，要从数字现实中产生真正的万物源于比特型物理现实，唯一的方式就是看位元是不是由更具实体性的事物实现的。如果是的，模拟假设就不包含万物源于比特假设。

我们已经知道，这种探讨实体性的方式是错误的。在物理学中，现实世界的基本层面由转瞬即逝的物理量构成，例如量子波函数，不存在实体性这种特定属性。科学还告诉我们，实物内部基本上都是真空区域。使物体表现出实体性的是它们互相作用的方式。实物（大体上）是一种其他物体无法轻易渗透的事物。实体性其实是按照某种相互作用模式来定义的。这种模式在模拟的现实世界里很容易存在。

有人为空间问题苦恼，也就是说，如果我们生活在模拟系统里，物体不会像它们所表现出来的那样分布在空间中。例如，在我前面 3 英尺（1 英尺约合 0.3 米）处其实没有桌子，诸如此类。为了让数字现实在真正的空间里产生真正的物体，位元必须按照合理的空间关系组织起来。如果是这样，模拟假设就不包含万物源于比特假设。

这种认为空间是一种基本物质容器的观点，符合我们的直觉，但是物理理论越来越多地表明这是错误的观点。相对论表明，空间不是绝对的。许多物理学家接受这样的理论：空间不在基本层面呈现，而是出现在更高级的层面。如果这种理论正确，那么空间的呈现不是基本层面的约束条件，而是像实体性一样，源于事物的相互作用模式，这些模式同样也可以在模拟系统中存在。

你可能还会苦苦思考光子和夸克由什么物质构成。因为夸克的内在本质具有特殊的“夸克性”（quark-ish），对夸克的模拟不会产生真正的夸克性。

现代物理学根本没有研究过这种夸克性。夸克具有数学上的特性，仅此而已。有些哲学家和物理学家确实会猜测，夸克和其他基本实体可能具有某种潜在的本质。如果万物源于比特假设是正确的，它们的潜在本质可能涉及位元。如果模拟假设正确，它们的潜在本质可能还涉及上一级世界对它们的处理。不过，物理学对于这种内在本质到底是什么持中立态度。如果事实证明，夸克由位元构成，那就这样吧，但是它们仍然只是夸克。

我会在第22和23章进一步讨论这些关于结构主义的问题，更加详细地展开论述。现在，我要证明前述第二个前提，即如果模拟假设正确，那么万物源于比特版创世假设也是正确的。同样，我也会证明前述论证的第一个前提，即如果万物源于比特版创世假设正确，那么我们的大部分一般信念就是正确的。我将综合运用这些内容来论证我的结论。

模拟现实主义

我的论证得出的结论是模拟现实主义，即如果我们生活在模拟系统里，我们的大部分一般信念是正确的。我们周围确实有猫和椅子。我的窗外确实有一棵树。

假定神明天告诉我们，模拟假设是正确的。届时我们的反应应该就像是神告诉我们，万物源于比特版创世假设是正确的。我们会说，猫和椅子这样的普通事物是造物主创造出来的，由位元构成。这听起来既意外又有趣，但是我们的大部分一般信念——例如有一只猫坐在那边的椅子上——不会受到影响。

也许我们必须修正一些更加理论性的信念。认为宇宙不是被创造出来的，这是错误观点。认为夸克在宇宙中的层级就是现实的基础层，也是错误观点。认为我们的时空就是整个宇宙体系，还是错误观点。不过，大部分一般信念，例如我认为办公室里有两把椅子，仍然是正确的。

即使我们没有生活在模拟系统中，那些身处模拟系统的人也可以证明他们的世界是真实的。假定我们创造了一个母体式的模拟系统，其中生活着纯粹模拟人，他们对自己的世界产生了大量信念。对他们而言，模拟假设就是正确的，因为他们的世界就是一个模拟系统。万物源于比特版创世假设也是正确的，因为他们的世界不仅是被创造出来的，而且是由位元构成。他们的一般信念大多数将是正确的。他们所交互的对象完全真实。他们自己也是由位元构成的。

也许你会认为这些结论乍看之下违背直觉。我会简要阐述一些常见的反对观点，并说明会在后续哪些章节中深入探讨这些观点。

反对观点：上一级世界中的模拟者是什么情况？如果模拟者可以随时终止模拟，难道不会威胁到我们的现实世界吗？如果模拟者以非模拟世界中猫和椅子为原型来创造我们这个世界中的猫和椅子，这难道不意味着模拟者的猫和椅子为真，而我们的为假吗？

回应：假定存在一位权威的造物主，这些问题也会出现。神也许有能力随时终结我们的世界，但这并不意味着我们周围的世界不是真实的。神也许以天国的猫和椅子为原型造出我们的猫和椅子，但这并不代表我们的猫和椅子是虚假的。

反对观点：在计算机模拟系统中并不存在猫。计算机不会包含猫和椅子。缸中之脑相信自己看见了猫和椅子，但在模拟系统中，这样的事物根本不存在。

回应：计算机模拟系统包含虚拟的猫和椅子。这些是真实的数字对象，都是由位元构成的。我会在第 10 章讨论作为数字对象的虚拟事物。

反对观点：虚拟猫不是真实的猫。模拟的飓风不会淋湿你的身体。那么，虚拟猫或者模拟的飓风怎么能够使我产生关于猫和飓风的正确信念呢？

回应：如果我们生活在模拟系统中，猫始终都是虚拟的。“猫”这个词始终指的是虚拟的猫，我们对猫的信念也始终都是针对虚拟的猫。我会在第 20 章讨论这些关于语言和思想的问题。

反对观点：模拟系统不产生真正的心灵、大脑和身体。如果有人在模拟系统之外拥有大脑和身体，就像母体中的尼奥，这难道不意味着模拟系统中的大脑和躯体是虚假的？如果有人在系统之外没有大脑和躯体，就像《黑客帝国》中的特工那样，这不就类似于电子游戏中无意识的非玩家角色吗？

回应：尼奥在母体之外拥有物质身体，而在母体内只有虚拟身体。二者都是完全真实的。作为非纯粹模拟人，尼奥在母体之外拥有大脑，支持他发展自己的心灵。在纯粹模拟系统中，人们拥有虚拟的大脑，但仍然可以支持心灵。我会在第 14 和 15 章讨论这些问题，届时会重点讨论在模拟环境下心灵和身体的关系。

反对观点：如果我理解正确的话，计算机不就是无足轻重的事物吗？这难道不意味着创建现实世界是微不足道的行为吗？那么，在基于计算机而存在的现实世界里，怎么可能存在真正的因果过程？

回应：计算机包含若干真正的因果过程，分别与计算机的不同要素相关联。为了运行模拟场景，需要一个系统，其内部按照正确方式设置这些因果过程，这绝对是非同寻常的。我会在第 21 章讨论这些关于计算机和计算的问题。

反对观点：模拟的物理是真正的物理吗？难道位元不是太过虚幻，以至于无法创造世界吗？模拟系统确实能产生真正的空间吗？

回应：正如上一节所述，我们提出了关于物理的结构主义观点，运用量子力学、数字物理以及其他认为物理现实转瞬即逝的观点来做类比，这些都可以作为反驳上述异议的手段。我会在第22和23章进一步探讨这些问题。

反对观点：其他怀疑论场景呢？即便相伴终生的完全模拟场景不是幻象，那么其他场景呢？如果我只是近期才进入模拟系统，如果模拟系统只是局部性的，或者我在梦境中，对于这些场景，我该如何回应？还有笛卡儿的妖怪场景呢？

回应：第24章会说明，我的论证普遍适用于任何整体性的笛卡儿式场景，包括妖怪场景、终生梦境等等，对普遍怀疑论具有批判意义。我还会基于局部怀疑论场景——例如假设我昨天刚进入模拟系统——来探讨局部怀疑论的前景。我不会宣称已经驳倒一切形式的怀疑论，但是，如果我的观点正确，我们至少能够有力批驳笛卡儿式怀疑论，这是最严谨的外部世界怀疑论版本之一。

总结

我以模拟现实主义作为例子，对笛卡儿的外部世界问题做出初步回应。主流笛卡儿式论证利用模拟系统来为普遍怀疑论辩护，我通过探讨模拟现实主义来阻挡这种论证的前进步伐。

这种笛卡儿式论证将两个主要前提结合起来，分别是：我们无法知道自己没有身处模拟系统；在模拟系统中，一切都不真实。它的结论是：我们无法知道任何真实的事物。如果我的模拟现实主义观点正确，那就证明，第二个前提是错误的。也就是说，即便我们身处模拟系统，事物仍然是真实的，我们的大部分信念仍然是正确的。这样一来，模拟假设完全不会削弱我们对世界的认知。

到目前为止，如果你已经读完前面全部内容，那么现在有多个方向可以选择。本书后面的四个部分都不是互为前提的，所以你可以按照任意顺序阅读。如果对如何运用上述所有理论来解读虚拟现实技术感兴趣，可选择第 4 部分。如果对虚拟现实与心灵和意识问题的联系感兴趣，可选择第 5 部分。如果对道德伦理和价值问题感兴趣，可选择第 6 部分。如果想要继续研究模拟现实主义论证，理解它的哲学基础，可选择第 7 部分。

第 4 部分

真实的虚拟现实

第 10 章

虚拟现实头显创造现实吗?

尼尔·斯蒂芬森（Neal Stephenson）在其 1992 年的小说《雪崩》[1]（*Snow Crash*）中描述了一个具有代表性的虚拟现实世界：超元域（Metaverse）*。超元域是一个计算机生成的共享世界，在那里，人们开展社交、工作、游戏。小说的核心角色阿弘（Hiro Protagonist）通过虚拟现实目镜和互联网接触到这个世界。超元域的主干道是一条极其宏伟的街道，被称为“大街”。

超元域，或者说元宇宙，听起来很像是母体，但是二者存在重要区别。母体是模拟的宇宙，其中大多数人将在那里度过一生。而小说中的超元域是虚拟世界，没有人会耗费一生时光沉浸于其中，人们可以自由选择进入和离开。在当下的商业设想中，元宇宙中的每个人都出生于普通的物理现实世界，并且仍然以现实世界为立足之地。如果他们愿意，可以戴上头显，也许还会穿上连体衣，然后进入元宇宙的虚拟世界。母体仍然是科幻场景（如果现实世界一直

* Metaverse 现在通常被译为元宇宙，超元域为小说中译本所用名称，后文将改称元宇宙。

以来就是一个母体，那另当别论），而元宇宙正逐渐成为现实。

第一个真实的虚拟现实系统也许是计算机科学家伊万·萨瑟兰（Ivan Sutherland）于 1968 年研制的。萨瑟兰制作出一个巨大的头显系统，其中融合了计算机模拟技术和立体视觉技术，后者曾用于 View-Master 头戴式显示设备，以观看立体彩色图片。萨瑟兰的头显系统被戏称为“达摩克利斯之剑”，因为它被安装在天花板上，悬挂于用户头顶，就像古罗马演说家西塞罗所描述的威胁生命的利剑。这个系统是沉浸式的，由计算机生成，但交互过程仅限于跟踪用户的头部运动，目的是改变图片呈现的内容。此后数十年，虚拟现实头显越来越小，成本越来越低，交互界面和计算机模拟也日渐成熟。今天，有若干款消费级虚拟现实头显得到广泛使用。

有很多人尝试过创造一个元宇宙。这是一种常见的虚拟宇宙，每个人都可以在其中消磨时光，享受日常生活，体验多种形式的社会互动。迄今为止最成功的尝试是《第二人生》创造的虚拟世界，2008 年这款游戏达到巅峰期，用户人数超过百万。但是《第二人生》中的世界只是一个在二维屏幕上展现的世界。事实证明，将它移植到真实的虚拟现实平台是不可行的，因为虚拟现实每秒需要的画面数量远远超出二维屏幕。在虚拟现实平台中运行元宇宙，也有过几次尝试，但没有一次接近于取得决定性的结果。[2] 就虚拟现实头显而言，最常见的应用仍然是玩游戏。不过，人们也在推动虚拟现实技术在社交领域的应用，这被称为社交虚拟现实。不久之后，看到一个繁荣的元宇宙生态系统（或者是巨型元宇宙，这取决于人们如何划分虚拟空间[3]）出现，也就不足为奇了。

我们不需要借用元宇宙，就可以提出关于虚拟现实现状的哲学问题。即使是更简单的虚拟现实环境，例如游戏环境，也会引发哲学思考。但也许不会引出知识之问（我们如何知道自己并非身处虚拟世界？），虚拟现实头显的用户大多知道自己在使用虚拟现实技术。如果提到价值之问（人们可以在虚拟世界中过上美好生活吗？）和现实之问（虚拟世界是真实的还是虚幻的？），在这里仍然是恰当的。我们关于模拟假设的一些论断同样适用于普通的虚拟现实，但二者也存在重要差异。

迄今为止，最常见的观点是，虚拟物体不是真实的。斯蒂芬森亲口告诉我们，超元域中的“大街”是虚幻的：“但这大街其实并不存在，它只是计算机绘出的一片虚幻的空间。”

你可能会猜到，我不同意这种观点。如果“大街”如小说所述是虚拟出来的，那么它就确实存在，因为在虚拟世界里这是一个真实的场所。它虽然来源于计算机处理技术，但其真实性丝毫不受影响。

即使是虚拟现实的一般用户，通常也会认为“真实世界”不同于虚拟现实的虚幻空间。如果我的观点正确，那么，上述看法就是错误的。我们不应该使用“真实世界”这一说法，而是应该称之为“物理世界”或者“非虚拟世界”。不应该说“想象的”对象，而是应该说“虚拟的”对象。但虚拟对象也是真实的！

什么是虚拟现实？

如何才能最准确地定义“虚拟现实”？哲学家知道，给事物下定义是一项多么棘手的工作。[4] 例如，定义什么是“椅子”。我打赌，你想出的任何定义，都会遇到反例。椅子是你可以坐上去的物品吗？岩石、地板和床都符合这个定义，但都不是椅子。那么，有一个扁平表面和靠背，为人们就座而设计的物品，这个定义如何？躺椅和轿椅不符合这个定义。你可以完善定义，但通常而言，你永远无法排除所有反例。

维特根斯坦在其 1953 年的著作《哲学研究》(*Philosophical Investigations*) 中指出，一切被称为“游戏”的事物似乎不具有任何共同特征，最多只有一种“家族相似性”(family resemblance)，也就是包含若干共同点。美国伯克利大学认知心理学家埃莉诺·罗施(Eleanor Rosch)利用行为实验来论证，在人类头脑中，用样板而非定义来描述的概念是最多的。例如，人们可能用几种典型的椅子来代表椅子这个概念。事实上，大多数哲学家质疑，在英语这样的自然语言中，运用普通词汇来构建完美定义，可能无法实现。尽管如此，我们可以尝试定义“虚拟现实”，并观察这样的尝试会带来什么结果。

首先从定义“虚拟”(virtual)开始。这个词来自拉丁语“virtus”，原本意为“男子气概”，后来逐渐变为“力量”或“能力”。“virtus”也是单词“virtue”的词根，现在我们用这个词来表示个人一般意义上的力量或能力。在中世纪，“virtual X”表示某种事物具有 X 的力量或能力，更重要的是，具有 X 的作用。美国哲学家查尔斯·桑德斯·皮尔斯(Charles Sanders Peirce)在 1902 年编撰了一部哲学辞典，其中郑重记录了以下定义：“virtual X（这里 X 是普通名词）表示某物——注意不是 X——具有 X 的效用。”[5]

如果是这样定义，“virtual”的意思类似于“仿佛”。一只“virtual”鸭是一只“仿佛”型鸭子，即看起来是鸭子，具有鸭子的效用，但不是真实的鸭子。在光学领域，“virtual”物体指的是看起来是某个物体，但实际上这个物体并不在现场。按照皮尔斯的定义，“virtual”现实是“仿佛”型现实，指的是某种事物具有现实世界的效果，但并不是真实的。如果按照这种方式来探讨虚拟现实，那么从定义上说，它就带有几分虚幻的意味。

法国博学家安托南·阿尔托（Antonin Artaud）在1932年的一篇题为《炼金术戏剧》（“The Alchemical Theater”）的文章中描述戏剧时，用到了“虚幻现实”[6]（la réalité virtuelle）这样的表达，当时他似乎是从上述角度去理解virtual的概念。阿尔托将戏剧比喻为“假想的、虚幻的”炼金术世界。二者都是“virtual”艺术，都包含“幻象”。他写道：

> 所有真正的炼金术士都知道，炼金术符号不过是一种幻象，正如戏剧亦是如此。这种对戏剧的素材和基本理论永不过时的暗喻几乎出现在所有的炼金术书籍中，我们应该将其理解为对于一种身份（炼金术士完全知晓这种身份）的表达，这种身份徘徊在两个世界之间，一个世界培育出角色、物件、影像以及基本上一切构成戏剧虚幻现实[7]的事物，另一个是纯属假想的、虚幻的世界，演化出了炼金术符号。

阿尔托的概念似乎是，虚幻现实是一种“仿佛”型现实世界，即一种另类的虚幻世界或假想世界，但仍然具有强大的影响力。从中可以看出，阿尔托的概念开始与virtual这个词当前的用法相关联。戏剧和今天的虚拟现实具有关键的相似之处：二者都涉及对一个另类世界的沉浸式体验，因此许多人会认为二者都是虚幻的。同时二者也存在关键性差异：戏剧通常没有交互性，即便计算机往往能够在维系戏剧生存时发挥作用，也不表明它具有交互性。

幸运的是，“virtual”从这个起点再进一步，发展出另一种含义。今天，“virtual”最常见的含义是“基于计算机”。虚拟图书馆是基于计算机的图书馆，虚拟狗是基于计算机的狗。虚拟图书馆具备真实图书馆的大量效用，这仍然属于 virtual 传统概念的范畴，但新的含义不再包含以下部分：虚拟图书馆一定只是“仿佛”型图书馆，或者说虚假的图书馆。virtual X 是不是真实的 X，取决于不同情况：虚拟狗可能不被视为真实的狗，但虚拟图书馆是真实的图书馆，虚拟计算器是真实的计算器。

按照这种用法，“虚拟现实”指的是基于计算机的现实。20 世纪 80 年代，虚拟现实先驱杰伦·拉尼尔（Jaron Lanier）第一个按照上述含义来使用“虚拟现实”这一用语，他也因此受到赞誉。将 virtual 理解为“基于计算机”，并没有解答虚拟现实是不是真实现实的问题，不过这对于我们的目标而言，倒是一件幸运的事。尽管如此，从拉尼尔和其他人对虚拟现实的理解来看，它不仅仅是基于计算机的现实。《吃豆人》游戏包含基于计算机的现实，但不是虚拟现实，因为玩家是在二维屏幕上玩这个游戏。诸如《超人总动员》这样的全数字电影是由计算机制作的，但也不是完全虚拟现实，因为观看电影的体验是被动式的，而虚拟现实的体验是主动式的。[8]

根据以上讨论，我们这样来定义虚拟现实：虚拟现实环境是由计算机生成的沉浸式交互空间。我在引言中就提出了这个定义。

所谓沉浸式，指的是我们体验到的虚拟现实环境就像我们周围的世界，我们自己处于中心位置。计算机屏幕上显示的普通电子游戏以一种不断变化的状态吸引我们全部的注意力，可提供心理上的沉浸式体验，但是它不是持久的沉浸式体验，因为游戏中的世界并没有让我们感觉是周围的三维世界。

对于真正的虚拟现实而言，我们需要沉浸感。沉浸感也分等级。目前的虚拟现实头显提供视听上的沉浸式体验，其中的环境让我们在视觉和听觉上仿佛身临其境。它们不会带来身体上的沉浸感，这指的是你感觉自己的整个身体就是虚拟世界的一部分。

要说虚拟现实领域的圣杯，那就是完全沉浸式体验。日本作家川原砾于 2002 年至 2008 年创作了小说《刀剑神域》，后被成功改编为的动画。在小说中，完全沉浸式体验被称为完全潜行式（full-dive）虚拟现实，指的是用户在虚拟环境中捕捉到的所有感觉，就像是他们的身体栖息于此，并且那里不会留下任何普通物理环境的痕迹。

图 27　三个定义虚拟现实的条件，分别是沉浸性、交互性、计算机生成。

交互性指的是用户和虚拟环境之间的双向交互，以及环境中各种对象的双向交互。环境与用户互相影响，环境中的对象互相影响。在完全虚拟现实中，用户通过断断续续获得的指令选项来控制虚拟身体，也就是化身（avatar）。

计算机生成指的是虚拟环境在计算机中运行，也就是说计算机产生信号，发送至我们的感官系统。这不同于戏剧、电影和电视节目之类的非计算机生成的环境，也与普通物理现实形成对比。除非模拟假设是正确的，否则物理现实虽然是沉浸式的，具有交互性，但不是由计算机生成的。

按照这个定义，虚拟现实必须同时满足这三个条件，也就是说必须是（知觉）沉浸式的，具有交互性，由计算机生成。但是，正如“椅子”和“游戏”这样的词汇所示，词汇的用法不可能完全由一个定义来规定。有时，人们用“虚拟现实”这个术语表示使用虚拟现实头显体验到的任何沉浸式环境。更宽泛的用法包括非交互环境，例如环幕电影。它还可以包括非计算机生成的环境，例如外科医生利用远程监控设备进行远程手术。有时，“虚拟现实”这个术语被用于指代非沉浸式（但具有交互性且由计算机生成）的虚拟世界，例如《第二人生》，用户在二维屏幕上体验这个世界。有时，“虚拟现实”甚至被用来表示通过视频会议举办的活动（例如通过 Zoom 软件举办的音乐节），这既非沉浸式的，也不是计算机生成的。

以上种种都被称为虚拟现实，这使得这个术语涵盖的范围被大幅拓宽。不过，语言确实具有弹性，且难以规范。因此我只规定核心的虚拟现实包括沉浸式的由计算机生成的可交互环境。当我提到虚拟现实时，通常想到的是核心虚拟现实。

如何理解虚拟世界这个至关重要的概念呢？这个用语由美国哲学家苏珊·朗格（Susanne Langer）在其 1953 年发表的开创性著

作《情感与形式》(*Feeling and Form: A Theory of Art*)中提出。* 朗格的书聚焦于艺术领域的诸多虚拟性(virtuality)形式，包括虚拟的对象，虚拟的空间，虚拟的力和虚拟的记忆。她的中心思想来自视觉艺术，在这个领域，作为范式的虚拟对象往往是图画中出现的形象。

按照朗格对艺术虚拟性的理解，虚拟世界没有必要是沉浸式的。因此，当现在的人使用这个术语时，恰当的说法也许是：虚拟世界不一定是沉浸式的。人们普遍将基于屏幕的电子游戏中的世界称为虚拟世界，即使它本质上不属于虚拟现实。例如，在电子游戏《魔兽世界》中，艾泽拉斯大陆就是一个虚拟世界，尽管它不是沉浸式的。甚至诸如《超大洞穴探险记》(引言中对此有所描述)这样基于文本的冒险类游戏，也可以说包含了虚拟世界。

我将虚拟世界定义为计算机生成的交互空间。虚拟现实是沉浸式的，而虚拟世界只需要有空间。艾泽拉斯和超大洞穴都是非沉浸式空间。普通的数据库没有空间，所以不属于虚拟世界，尽管它具有交互性，且由计算机生成。现在我不会尝试定义什么是“空间”，我所采用的是其广泛的直观的意义，包括虚拟空间和物理空间。与前面一样，为了排除局部空间(即更大规模的虚拟世界中的一部分空间)和非连通空间(即同处一个系统又相互分隔的两个虚拟世界)，这里规定后文所涉及的空间是完整且相互连通的。

就像任何定义一样，对于虚拟世界的定义，你可以指出潜在的需要改进之处和反例。假定存在一种无空间的虚拟世界，用户仅仅

* 在1986年版的《情感与形式》中译本中，virtual被译为虚幻。本书中，虚幻与虚拟的含义存在重要差异，请注意分辨。

通过话语进行互动，这样有可能吗？（我认为这不是虚拟世界。）地理信息数据库是虚拟世界吗？（也许是，前提是它像前面定义的那样具有充分的交互性。）有些复杂的社交虚拟现实或游戏场景包含大量位置相互分隔的空间，用户通过远距离传送穿梭于其中，这些属于虚拟世界吗？它们会因为足够紧密的相互关联而被视为一个虚拟世界吗？还是作为多个虚拟世界而存在？（两种情况都符合目前的定义；我很乐意保持灵活性。）同一个世界的多次复制属于一个还是多个虚拟世界？（有时这被称为同一个世界的不同个体或者碎片）。

本章和下一章的许多内容同时适用于一般性的虚拟现实和虚拟世界。

虚拟现实和虚构主义

虚拟现实的真实性如何？正如我在第 6 章所言，我们可以探讨虚拟现实中的事物（即虚拟对象）是否真实，从而更好地回答这个问题。

除了提出“虚拟世界”这个用语外，苏珊·朗格还将“虚拟对象”引入艺术哲学。在《情感与形式》中，朗格写道：

> 如果我们了解到一个“对象”完全由表象组成，即除了表象之外它无法聚合，无法统一，如彩虹、影子，我们就说它是纯粹虚幻的对象，或者幻象。[9]从字面意思上说，一幅画就是一种幻象。我们在上面看到了一张脸、一

朵花、一片海景或一处陆地风光等等，也知道伸手触摸就会碰到涂抹颜色的画面。*

在这里，朗格对虚拟对象的定义等同于幻象。在我看来，中性定义更合适，即虚拟对象是虚拟世界中的对象，例如，化身就是一种虚拟对象。类似的还有，虚拟事件指的是在虚拟世界发生的事件，如虚拟会议或虚拟战争。

我们可以借助现实之问来探讨虚拟对象和虚拟事件的真实性。首先，我们可以提问："虚拟对象是真实的吗？"我们在虚拟现实中遇到的化身和物件确实存在吗？又或者只是幻象？接下来我们可以提问："虚拟事件确实会发生吗？"我们在虚拟现实中体验的战争和会议确实发生过吗？或者说，仅仅是幻象？

对这些问题，最常见的答案是否定的：它们不存在，或者没有发生。虚拟现实不是真实的，相反，虚拟对象是虚构的对象，就像哈利·波特和魔戒。虚拟事件也是虚构的事件，就像《轮回战记》和死星的爆炸。我们可以将这种观点称为虚构主义（fictionalism）[10]，其含义为：虚拟现实是虚构的现实。

我们不难理解为什么有人会赞同电子游戏中的虚拟世界是虚构的。电子游戏《指环王》中的情节发生在中土世界。中土是约翰·罗纳德·瑞尔·托尔金虚构的世界。毫无疑问，小说中的中土是虚构出来的，既然如此，游戏中的中土有何分别？小说中的甘道夫是虚构的角色，魔戒是虚构的物件，那么游戏中的甘道夫和魔戒

* 此处引自1986年版《情感与形式》中译本。

很可能也是如此。

我承认此类电子游戏包含虚构成分，但是就本例而言，是不是游戏中的世界通常不是判断虚拟世界的恰当标准。这些电子游戏之所以包含虚构成分，不是因为它们是虚拟的，而是因为它们是角色扮演游戏。

以一个真人实境角色扮演游戏为例。假设一些人分别扮演佛罗多、甘道夫和强盗，再现他们在《指环王》中的冒险经历，用塑料戒指充作魔戒。佛罗多和甘道夫仍然是虚构的，因为我们只是在扮演他们的角色。我不是佛罗多，你也不是甘道夫。魔戒也是虚构的。在这样的游戏中，角色和物件的虚构本质与其虚拟性无关。

再来分析一个并非电子游戏世界的虚拟世界。《第二人生》中的虚拟世界是一个例子，它可以用于游戏，但用途不一定只有这一项。许多人使用《第二人生》这个虚拟世界，主要目的是互动和通信。假定我和你在《第二人生》中进行对话。我的化身和你的化身同处一屋。我向你表示欢迎，然后我们讨论天气，接着转移到哲学话题，最后一起出去看演唱会。哪里有虚构的成分呢？

虚构主义者也许会说，我们的化身和房间确实不存在，化身和房间是虚构的，演唱会从未举办。我认为这种观点是错误的。化身、房间和演唱会都是完全真实的。

当然，化身没有物理身体，房间也不是物理房间，但是，有谁说过必须具备物理属性？化身具有完全真实的虚拟身体。我们确实在虚拟房间里进行虚拟对话，确实参加了一场虚拟的演唱会，但这一切都不是虚构的。虚拟对象和虚拟事件不是普通物理对象，但同样是真实的。

虚拟数字主义

什么类型的对象属于虚拟对象？如第 6 章所述，我接受虚拟数字主义的观点。虚拟对象是数字对象，简而言之，就是位结构。这里的位元指的是物理位元（见第 8 章），通过集成电路的电压或其他某种物理基底来展现。虚拟对象存在于计算机系统中，那里是虚拟世界的根源。

为了用事实证明虚拟数字主义，我们可以从一个比较温和的观点开始：对于我们遇到的每一个虚拟对象，都存在相应的数字对象。当我们遇到一个化身时，在计算机系统中就有一个对应于该化身的数字对象。这个数字对象通常会是计算机中的一段数据结构，它对化身的各种属性（包括身材、外貌、位置、服饰等等）进行编码。《第二人生》的服务器存有结构化的数据集，包含所有化身的信息，还有一个数据集包含虚拟世界中所有建筑和工具的信息。这些数据结构最终都是位结构。

自然，混乱情况是有可能出现的。有些虚拟对象也许对应多个数据结构；一个虚拟城市也许涉及大量建筑的大量数据结构。虚拟身体的数据结构也许包含关于手臂和腿的细分数据结构。尽管如此，一座虚拟城市或一个虚拟身体仍然与一个数字对象（一段数据结构）相对应。

虚拟数字主义提出了一个更加强势的主张，即虚拟对象就是相应的数字对象；至少，虚拟对象非常近似于计算机中的位结构。

我们可以对这个主张稍加修正。一座雕像不能与它的原子结构完全画等号。原子可以增减，而雕像依旧是雕像。雕像可以遭到毁坏，而原子不会消失。雕像的存在，由人们将其解释为何物决定，但原子的存在不取决于人。同样，虚拟的雕像也不完全等同于位结构。位元会变动，而雕像仍然存在。雕像也许损毁，位元不会消失。虚拟雕像的存在，取决于人们的解释，而位元不需要。

考虑到这一点，我们可以认为数字对象不完全等同于位结构。应该说，数字对象与位元的对应关系，就像物理对象与原子的对应关系。物理对象由原子构成，但不能完全简化为原子的集合。[11] 与此类似，数字对象由位元构成，但不能完全简化为位元的集合。

某些情况下，人类的心灵可能有助于物理对象本质的形成。是什么使桌子成为现在这种物理对象？部分原因是，我们赋予它桌子的用途。雕像之所以为雕像，部分原因是我们将它制作出来，并视之为雕像。货币之所以为货币，是因为我们视之为货币。对于虚拟桌子、虚拟雕像和虚拟货币，情况也是如此。雕像这样的物理对象是由原子构成的，也许还离不开人类心灵的参与。同理，虚拟雕像这样的数字对象是由位元构成的，人类心灵对于它的形成可能也发挥了作用。

虚拟数字主义认为，从广义上说（前面分析了何为广义），虚拟对象是数字对象。它最大的竞争者是虚构主义。虚构主义也许承认，对于每一个虚拟对象，都有数字对象相对应，但它坚持认为，二者并不相同。数字对象是真实的，而虚拟对象是虚构的。

为什么我们应该接受虚拟数字主义而不是虚构主义？[12]

下面陈述理由。在第 9 章，我论证了模拟假设是万物源于比特假设的一个版本，该假设认为我们感知到的并与之交互的一切对象都是数字对象。如果这个假设对于终生型模拟系统中的对象而言是正确的，那么对于更加短暂的虚拟世界中的对象来说，似乎也是正确的。倘若是这样的话，我们在普通虚拟世界中感知到的并与之交互的对象就是数字对象。

另一个理由来自虚拟对象的因果力。从字面意思来看，这个词指的是虚拟对象可以互相影响。虚拟的球棒可以击打虚拟的球，化身可以挖出虚拟的珠宝，等等。虚拟对象也可以影响我们：当我看见一把虚拟的枪时，它可能会引发我的“战斗或逃跑”反应。哲学家菲利普·布雷（Philip Brey）在2003年的论文《虚拟环境的社会本体论》（“The Social Ontology of Virtual Environments”）中写道：“虚拟对象不仅仅是虚构的对象，因为它们通常具有丰富多彩的感知特性，更重要的是，它们具有交互性。”[13]

虚拟对象表现出来的因果力，数字对象也具备。当虚拟的球棒击打虚拟的球时，与球棒关联的数据结构影响到与球关联的数据结构。计算机内部的进程直接从前者导向后者。如果虚拟球棒在击打之前处于另一处位置，那么虚拟球将会朝另一个方向飞行。

与此类似，当我看见一把虚拟的剑时，此时系统内存在一条因果路径，与剑关联的数据结构通过这条路径传送至虚拟现实头显的屏幕上，然后再传到我的眼睛和大脑。如果虚拟剑更长、更加锋利，数据结构也会不同，这样一来我看到的剑就会更长、更加锋利。

我们可以对虚拟数字主义进行如下论证：

1. 虚拟对象具备某种因果力（可以影响其他虚拟对象、用户等）；

2. 数字对象确实具备那样的因果力（其他任何事物不具备）；

3. 结论：虚拟对象就是数字对象。

以上论证并非决定性的论证。虚构主义者会否认虚拟对象具有前面我们讨论的因果力，因为虚拟球棒仅仅是看起来影响到虚拟球。尽管如此，数字对象确实具备这样的因果力，这是一个强有力的观点，由于它的支撑，我们接着得出另一个强有力的观点，即数字对象等同于虚拟对象。

上述论证最适合计算机生成的交互型虚拟现实。在交互型虚拟棒球运动中，虚拟球棒（一个数据结构）确实对虚拟球（另一个数据结构）产生影响。与之相比，在普通的数字电影中，给每一帧画面编码的位元是静态的。它们影响观影者的体验，但不会互相影响。沉浸式数字电影同样如此。因此，只有进入完全沉浸式世界，才会发现数字对象具备充分的因果力，我们将这种因果力归因于虚拟对象。

在交互型虚拟世界中，虚拟对象根据因果力不同分为多个等级。第 1 级是装饰型虚拟对象。它们完全不和其他对象交互。可能有一头虚拟大象静止不动，其他虚拟对象只是从它身边经过。远处可能有一座虚拟的大山，但从未有人或动物到过那里。这些虚拟对象只影响我们的感知，它们的因果力就是让你体验虚拟大象或虚拟大山。严格说来，这足以赋予它们真实性，至少，如果有人将真实性与因果力而非心灵独立联系在一起，就可以认为装饰型对象是真实的。（这些虚拟对象的地位也许近似于苹果的红色，虽然影响人们的感知，但也仅此而已。）不过，你如果认为真实性分等级，那就有理由认为这些装饰型对象没有交互型对象那么真实。

第 2 级是实体型虚拟对象。它们具有实体性，其他虚拟对象无法渗透进去。从这个意义上说，虚拟现实中的墙壁是实体的，并且没有移动能力，也不具备交互能力。如果你认为实体性是真实性的关键要素，那么这些对象的真实性等级就高于装饰型对象。

第 3 级是可移动型虚拟对象。它们可以朝着不同方向移动，也许还能改变自己的外形。它们可以交互，当一个可移动实体对象与另一个相撞时，总有一方要退让。当两辆虚拟汽车发生碰撞时，它们一定会发生变化。通常，可移动型虚拟对象受到某种物理引擎的控制，这限定了它们在运动和交互过程中的表现。如果物理引擎正常工作，可移动型虚拟对象所具备的因果力就会映射出普通物理对象的因果力。

第 4 级是特殊型虚拟对象。与同类相比，它们具有特殊的因果力，通常比单独由物理引擎赋予的因果力更加复杂。例如，虚拟的枪有能力射出虚拟的子弹。在音乐类游戏《节奏空间》中，虚拟的光剑能够劈砍蜂拥而至的虚拟方块。虚拟的珠宝能够被挖掘出来。虚拟的钥匙能够打开特定的门。虚拟的怪兽能够将人提起摔在地上。我们还可以进一步区分被动型和主动型特殊虚拟对象。枪或珠宝是被动型，它们的因果力必须由某人或某物来触发。机器人、怪兽和其他非玩家角色属于主动型，它们自主使用因果力，无须其他对象来触发。

第 5 级是活力型虚拟对象，直接由用户控制的。活力型虚拟对象最主要的例子是用户的化身。它的因果力不是来自虚拟世界，而是来自用户的行为。在某些方面，活力型虚拟对象类似于被动型可移动虚拟对象，后者也由用户控制。但就化身而言，它的一言一行都受到直接控制。一部分化身所具备的因果力还体现了非虚拟世界中的人体的某些因果力。

以上分类法并不完整，许多虚拟对象可能跨越多个类型。我们可以不划分虚拟对象，而是按照因果力来分类：被感知的因果力，拒绝渗透的因果力，受物理引擎控制的移动因果力，以特殊方式进行交互的因果力，人体引导的因果力。这样就更加清楚地表明，虚拟对象可能具备多种不同的因果力。

虚拟猫是真实的猫吗？

我认为虚拟世界中的对象是真实的，下面有个例子对我的观点提出了挑战。在《魔兽世界》的虚拟世界里，龙是存在的。但是我们非常清楚，龙实际上并不存在。因此，《魔兽世界》中的虚拟龙不可能是真实的。

回答如下：《魔兽世界》中的龙不是物理意义上的龙，而是虚拟的龙。物理龙不存在，但是虚拟龙确实存在。虚拟龙是数字对象，是存在于计算机中的真实对象。

我的反对者不同意：虚拟椅子不是真实的椅子！虚拟汽车也不是真实的汽车！因此它们不是完全真实的。

我同意：虚拟椅子不是真实的椅子，虚拟汽车不是真实的汽车。我们提到“椅子”这个词，指的是物理意义上的椅子，所以虚拟椅子和物理椅子截然不同（除非我们生活在模拟系统中）。尽管如此，它们都是完全真实的对象。

下面做一个类比。就真实性而言，虚拟猫就像机器猫。现在有一种小规模行业专门制作机器宠物，包括机器猫和机器狗。你可以买一只“Zoomer Kitty”，它会追逐物品，发出呼噜声，还会拥抱。这个机器猫是真实的吗？它当然是真实的对象。它确实存在，独立于我们的心灵，具有因果力。但是，有一种属性是机器猫不具备的：它不是真实的猫。所有的猫都属于生物物种，机器猫不在此列。

图 28 生物猫，机器猫，虚拟猫。

那么，如果有一只超级先进的拥有毛皮的机器猫，采用未来的人工智能技术编程，行为与真实的猫别无二致，它是真实的猫吗？假设它可以吃东西，繁殖，甚至死亡。即便如此，它仍然不是真实的猫。至少按照我们目前的理解，猫是基于 DNA（脱氧核糖核酸）的生物系统，机器猫不是。这确实不是对机器猫的羞辱。它们也许在许多方面强于真实的猫。它们只是有所不同，仅此而已。

虚拟猫也是如此。根据标准的分类法，虚拟猫不是真实的猫。和前面一样，所有的猫都是基于 DNA 的生物系统，而虚拟猫是硅基技术实现的数字实体。尽管如此，虚拟猫完全真实，像机器猫那样真实。与机器猫相似，虚拟猫也许和生物猫一样好，也许在某些方面更强。它们只是有所不同，仅此而已。

这个模式存在一些特例。如前所述，虚拟图书馆是真实的图书馆，虚拟计算器也是真实的计算器，虚拟的友谊是真实的友谊，虚拟俱乐部是真实的俱乐部。当虚拟的 X 是真实的 X 时，我们可以说，X（也许还有“X”这个名称）具有虚拟包容性（virtual-inclusive），反之则具有虚拟排斥性。[14]

图书馆、计算器和俱乐部这三种虚拟包容性对象，与汽车、猫和椅子这三种虚拟排斥性对象之间有何区别？二者的区别与下面这一事实有关：汽车、猫和椅子都属于基底依赖（substrate-dependent）（按照第 5 章提出的含义）的事物。构成这些事物的基础是什么，这一点很重要。这种基础在虚拟世界中难以复制。与之相比，图书馆、计算器和俱乐部是基底中立的事物。俱乐部和友谊属于社交范畴。图书馆和计算器属于信息范畴。重点是信息与人如何连接，而不是它们的构成基础是什么。虚拟世界可以复制这样的连接关系（至少要假定相关人员为真实的人），因此，在这些例子中，虚拟的 X 是真实的 X。我们大体上可以这样总结，当 X 的存在取决于人和事物的相互连接方式而不是它的构成基础时，X 就具有虚拟包容性。

在虚拟包容性的问题上，词汇的用法发挥了关键作用。过去提及"婚姻"时，LGBT 群体*受到排斥（如同性婚姻不被视为婚姻），而现在在一些国家和地区，这个词已经将 LGBT 的婚姻包含在内。与此类似，"男人"和"女人"的用法经过演变，在一些国家和地区，已经具备跨性别包容性，即承认跨性别男性为男性，跨性别女性为女性。在以虚拟现实为导向的未来，"汽车"会从虚拟排斥性对象转变为虚拟包容性对象，从而导致虚拟汽车被视为真实的汽车，这不是不可能发生的。更重要的是，"人类"的用法最终也会发生这样的转变，以至于虚拟的人类（即纯粹虚拟人）将被认为是真实的人类。哲学家将这个过程称为"概念转变"（conceptual change）或"概念工程"[15]（conceptual engineering）。我会在第 20 章对一部分与语言相关的问题进行讨论。

---

* 指性少数群体。

那么，按照前面所述的真实性标准清单，虚拟对象的真实性如何呢？我们分别来看。存在：它们确实存在，就像数字对象存在于计算机系统中。因果力：它们具备影响其他数字对象和用户的因果力，前面我们已经知道这一点。心灵独立：它们独立于我们的心灵而存在。我可以取下头显，做一些其他事情，没有我的虚拟世界依然存在。非虚幻性：这个问题比较复杂，我会在下一章证明，至少对资深用户而言，虚拟现实不一定是幻象。

剩下最后一个标准：它是真正的 X 吗？我们已经看到，虚拟对象通常不是。至少按照目前“虚拟”一词的用法，虚拟的龙不是真正的龙，虚拟的汽车不是真正的汽车。因此，看起来在真实性清单上，这些虚拟对象符合五条标准中的四条。

我在前面论证过，如果我们身处完全模拟系统，系统中的对象就符合真实性清单上的所有标准。现在我们发现普通虚拟现实中的对象并不完全符合这些标准。如果我们生活在模拟系统中，那么模拟汽车就是真实的汽车，因为真实的汽车一直以来都是模拟出来的汽车。可是，如果我们并非生活在模拟系统中，那么真实的汽车从来就不是虚拟汽车。在普通的虚拟现实中，虚拟汽车是一种新事物，不同于真实的汽车。因此，我所说的虚拟现实主义在真实性方面略微弱于模拟现实主义。我们可以认为，大量的诸如虚拟汽车和虚拟猫这样的普通虚拟对象，真实性只有 80%，而虚拟计算器这样的其他虚拟对象，真实性为 100%。与之相比，如果我们生活在终生型模拟系统中，那么模拟的汽车、猫和计算器全部都具有 100% 的真实性。

以上内容都支持这样一个结论：虽然虚拟现实与普通物理现实并不相同（至少在物理现实世界本身不是模拟系统的前提下可以这

么认为），但它始终都是真正的现实。虚拟猫也许不同于生物猫，但仍然是真实的。它们存在，拥有因果力，独立于我们的心灵，不一定是幻象。在未来的虚拟世界里，某一天我们甚至会认为虚拟猫和生物猫都是真正的猫。

第 11 章

虚拟现实设备是假象制造机吗?

人们在谈论虚拟现实时，总是会提到假象[*]。我们在上一章看到，安托南·阿尔托在谈到戏剧中的“虚幻现实”时，认为这是“假想的”、“虚幻的”。同样，苏珊·朗格在 1953 年的著作《情感与形式》中将虚拟对象等同于“幻象”，认为“除了表象之外它无法聚合，无法统一”[**]。

阿尔托和朗格谈论的是艺术领域的虚拟性，但是在关于计算机虚拟现实的讨论中，虚拟现实和假象之间的联系也是一个经久不衰的话题。虚拟现实的先驱杰伦·拉尼尔在 2017 年的回忆录《一切新事物的黎明》(*Dawn of the New Everything*)的开篇写道:“虚拟现实是我们这个时代的科学、哲学和技术前沿之一。作为一种手段，它创造出无所不包的**假象**，让你置身于某种异境，也许是异想天开的外星环境，也许是拥有与人类迥然而异的身体。”[1]（重点部分是我标示的。）

---

* 人对假象的主观感受就是错觉，后文中“illusion”根据语境有时会翻译为错觉。

** 引自 1986 年版《情感与形式》中译本。

同样的主题在科幻小说中随处可见。阿瑟·查尔斯·克拉克在1956年的小说《城市与群星》[2]就是其中之一。这部小说是最早以书面文字对计算机模拟出来的虚拟现实展开讨论的书籍之一。相关内容如下：

> 两者之间存在一个本质区别——沙尔米兰的碗形大坑是现实存在的，这座圆形竞技场却并不存在，而且从来没有存在过。它只是个幽灵，一个沉睡在中央计算机记忆之中的电子模式，需要时才被召到现实中来。阿尔文知道，实际上他仍在自己房间里，出现在他四周的无数人也同样都在自己家里。只要他不离开这个地方，幻象（假象）就完美无缺。*

最近，假象概念成为关于虚拟现实的科学研究的中心主题。心理学家梅尔·斯莱特[3]（Mel Slater）就虚拟现实如何影响人类心灵的问题开展了研究，他的成果也许是最有影响力的。他提出了“临境感”（presence）一词，指代虚拟现实产生的“存在”（being there）意识。斯莱特将临境感分为两种“假象”，分别是场所（place）假象和似真（plausibility）假象[4]。他对二者做出定义。

场所假象：一种强烈的假象，仿佛自己身处某个场所，尽管心里清楚并没有在彼处。

似真假象：看起来将要发生的事确实正在发生（尽管心里清楚

* 引自2018年版《城市与群星》中译本。

并非如此）。

当玩虚拟现实游戏《节奏空间》时，我遇到的场所假象是，我正在小巷里挥舞光剑，尽管我知道自己此刻正在家里使用头显。另外，我还会遭遇似真假象：会飞的方块正在向我快速袭来，尽管我知道在物理现实世界里，这样的事情根本不会发生。

除此之外，人们还会经常提到第三种假象，即所谓的化身（embodiment）假象，或称身体归属（body ownership）假象[5]。这种假象指的是，某个虚拟身体或者说化身取代了我的肉体，就像是我的一言一行都由这个化身来展现。拥有这样的身体，大体上感觉和拥有肉体没有分别。在《节奏空间》中，我就有这样的感受：劈砍方块的化身代表了我本人。

苏珊·朗格探讨过第四种密切相关的假象，我们可称之为力量（power）假象。在讨论舞蹈时，她写道："舞蹈的基本幻象，是一种虚幻的力的王国——不是现实的、肉体所产生的力，而是由虚幻的姿势创造的力量和作用的表现。"*《节奏空间》主要依靠虚拟的姿势来操作，所以朗格很可能认为这样的虚拟舞蹈世界会产生力量假象，例如，误以为真的有人在劈砍方块。

你可以这样总结关于虚拟现实的主流观点：虚拟现实设备是假象制造机。它们制造的假象包括我身在某处，某事正在发生，我在做某件事。它们甚至对我的身份制造假象——至少，我所依附的身体就是一种假象。

---

* 引自 1986 年版《情感与形式》中译本。

图 29　苏珊·朗格在玩《节奏空间》。这是她的错觉吗？

尽管有一些知名的权威人士支持“假象制造机”的观点，但我认为这个观点基本上是错误的。虽然虚拟现实确实可能制造假象，但并不是说一定会这样，对许多用户而言，它与假象无关。用户对场所、拟真性、力量和化身的感觉不一定是虚假的。这种感觉常常会精确引导用户体验虚拟世界。在许多情况下，用户会产生身处虚拟（非物理）场所的感觉，并且他们确实在这个虚拟场所中。用户也许会感觉虚拟（非物理）世界正在发生一些事情，而这些事情确实发生在虚拟世界里。用户也许会产生拥有虚拟身体（不是自己的肉体）的感觉，而这确实是他们所拥有的。用户还会感觉自己正在做虚拟动作，他们也确实在这样做。这些都不一定是假象。

斯莱特认为虚拟现实会让用户产生对场所、拟真性和化身的本能感觉，他是对的。我只是质疑那种认为这些都是假象的言论。某些情况下它们确实是假象，但是在很多时候，它们是用户对真实的虚拟现实所产生的非虚幻感受。

如果我的观点正确，那么虚拟现实设备就不是假象制造机，而是现实制造机。[6]

虚拟现实是幻象吗？

科幻小说作者威廉·F. 吉布森（William F. Gibson）于 1984 年创作了经典的赛博朋克主体小说《神经漫游者》（*Neuromancer*），他在书中写道，网络空间是“数十亿合法操作者每天共同体验的幻象”。“网络空间”现在的含义近似于互联网空间，但是吉布森的早期用法更接近于虚拟现实。吉布森认为，集体性的虚拟现实是公共幻象。

幻象是什么？与假象有何区别？哲学家有时这样区分二者。

所谓假象，指的是你感知到真实的对象，但这个对象的本质与其表象不符，也就是说，你误解了这个对象。假象的一个范例是，当你将直棍的一部分浸入水中，它看起来是弯曲的。你看到的是真实的棍子，虽然实际上它是笔直的，但看起来却是弯曲的。

所谓幻象，指的是你感知的对象非真。幻象的一个范例是，醉酒之人想象出来的粉色大象。你不会将任何真实对象误解为粉色大象，实际上，是你的大脑编造出了粉色大象。

在常规英语中，“illusion”这个单词包含了前面定义的假象和幻象。在大量的视觉假象中，视觉系统编造了一种实际上不存在的事物（即产生幻象）。在本书中，我一直按照常规方式使用“illusion”一词，也用于表示幻象。在任何情形下，illusion 的含义都是指，世界的本质与其表象不一致。本书前面部分讨论怀疑论和模拟假设时，对 illusion 进行了更加宽泛的解读。当世界的本质与我们持有的信念不符时，甚至也可以称之为 illusion。在本章中，就虚拟现实而言，关键在于感知。因此，我认为 illusion 在这里的含义是：世界的本质与我们对它的感知不相符。

哲学家对于假象和幻象的区分对我们是有帮助的。关于虚拟现实，我们可以提出两个不同问题。一，虚拟现实是幻象吗？也就是，我们在虚拟现实中感知到的对象确实存在吗？二，虚拟现实是假象吗？也就是，我们是否误以为虚拟现实对象具有某种属性，实际上却不是那样？

乔纳森·哈里森（见第 4 章）似乎认为虚拟现实是幻象。他将斯迈森博士的装置称为“颅内电子幻象”，视之为某种幻象制造机。这里他按照哲学上的意义使用“幻象”一词。他并不认为，虚拟现实就像精神分裂症或醉酒，在这两种情形中，虚拟对象是通过大脑内部各种连接想象出来的。哈里森的幻象基本上由外部装置产生。之所以称之为幻象，是因为我们似乎看到了那些对象，但实际上那些对象不存在，就像粉色大象或者海市蜃楼。

否认虚拟对象存在的人自然会得出这样的观点。对他们而言，虚拟现实是无所不包的幻象：我们似乎看见了成百上千的虚拟对象，没有一个是真实存在的。就像海市蜃楼和粉色大象，这些虚拟对象是人类心灵在与世界的复杂互动过程中想象出来的。

此时，听到我说这个观点是错误的，你应该不会惊讶。虚拟对象与计算机中的数字对象一样，确实存在。当我们看到虚拟对象时，展现在我们眼前的是计算机内部的一种活动模式。当我玩《吃豆人》游戏时，吃豆人本身是一种数据结构，所以我在体验《吃豆人》时，看到的就是数据结构。吃豆人不是我们幻想出来的，我们看到的是真实的数字对象。

我们可以从《黑客帝国》的母体场景开始进行论证。在该场景中，我们始终生活在虚拟世界里。我认为，在这种情形下，我们看到桌子和树都是真实的，是由位元构成的数字对象。我们看见了数字对象，尽管这不是显而易见的。现在，我们来分析头显设备所展示的普通虚拟现实。在这种情形下，我们在日常生活中很少见到数字对象。但是一旦戴上头显设备，我们的处境就和母体中的对象非常相似。我们看到的世界到处都是数字对象。既然在母体中看到的是数字对象，那么我们说在虚拟现实中看到的也是数字对象，就是理所应当的。

还有一种方法可以表达上述观点，即借用哲学家所说的“知觉因果论”（causal theory of perception）。根据知觉因果论，我们看到的对象始终是让我们产生视觉体验的那个对象。当我看见一棵树时，这棵树是我产生体验的原因。从光子到我的眼睛再到视觉神经，一条长长的因果链就这样形成，并最终让我拥有了看见树的体验。即便是假象，当我看见棍子在水中弯曲时，棍子也是我产生体验的原因。光发生折射，所以我的体验是不准确的，但我仍然能看见这根棍子。

当我感知虚拟对象时，是什么造成了我的体验？答案似乎显而易见：是数字对象。计算机内部的数据结构通过计算机、屏幕、空气、我的眼睛等等，形成一条长因果链，最终结果就是我对虚拟树的体验。不过，这并不证明数字对象就是我见到的对象。毕竟，我的体验可能来自多种原因，即便是幻象，也可能有原因。尽管如此，数字对象在产生体验方面所具有的核心作用会强化这一事实，即它就是我见到的对象。

也许你会表示反对：真正让我产生体验的是计算机屏幕或者头显设备的屏幕。但是计算机屏幕不过是一个中转站，就像电视。当在电视屏幕上看见巴拉克·奥巴马时，我真正看到的对象是巴拉克·奥巴马，电视是帮助我看到他的中转站。诚然，你是在收看电视新闻，因为对电视的体验来自电视设备。但是，从更加基础的层面来说，你在电视里对奥巴马的感知来自奥巴马本人。台式游戏机同样如此。我在屏幕上看见吃豆人时，真正看到的对象是吃豆人，屏幕只是使我能够看到他。

就虚拟现实头显设备而言，屏幕之说的错误性更加明显，因为在这里，屏幕是不可见的。你的目光将穿过屏幕，直达三维空间里的虚拟对象，例如化身和虚拟建筑。事实上，某些虚拟现实头显完全去掉屏幕，直接将光子投射到你的视网膜上。这种情况下，根本就没有屏幕可供观看，与其说你在看屏幕，倒不如说你在看数字对象，这样还更有说服力。

我的结论是，虚拟现实体验不是幻象。当你使用虚拟现实时，就是在感知确实存在的虚拟对象。它们是计算机内部实实在在的数据结构。

虚拟现实和物理现实中的颜色和空间

即使我们同意虚拟对象确实存在，也认同看见的是数字对象，一个更大的挑战仍然横亘在前，即虚拟现实是假象吗？也就是说，在使用虚拟现实时，我们看到的虚拟对象本质与表象一致吗？

认为虚拟现实是假象，这是很自然的想法。毕竟，在虚拟现实中，虚拟建筑也许看似就在我们眼前，而实际上我们前面空无一物。如果说虚拟建筑确实存在，那也是在计算机内，但这不是它表面上所在的位置。此外，虚拟建筑外形高大，而相应的数字对象非常微小。因此，这难道不是假象吗，就像水中的棍子看似弯曲实则笔直？

我们对颜色和外形的感知会出现同样的问题。假设虚拟的海洋里有一条虚拟的鱼，看上去是某种紫色阴影。计算机内的数字对象当然不是紫色的，实际上，物理世界可能不存在任何与紫色阴影完全相符的事物。与此类似，也没有任何事物的外形与这条鱼展现出来的外形完全一致。难道这不意味着这是假象？虚拟的鱼似乎具有某种颜色和外形，其实并没有。

以上问题的答案是："很难解释清楚"。为了进一步阐明这些问题，首先需要更加深入地了解虚拟现实如何展现颜色和外形。

从颜色开始。如果虚拟的鱼看起来是绿色的，会发生什么情况？虚拟鱼是数字鱼，数字"鱼"当然不会展现出物理绿色。如果你深入研究计算机，设法将与鱼对应的进程分离出来，就会发现，这些进程很可能是无色的，或者完全是其他颜色。然而，鱼可能具有虚拟绿色，而非物理绿色。在虚拟现实中，虚拟颜色才具有意义。

外形和尺寸同样如此。如果一个虚拟的高尔夫球看起来是圆形的，直径大约 1.5 英寸，会发生什么？这个虚拟球当然不具有物理圆形，也没有 1.5 英寸的物理直径。在计算机内搜寻数字对象，不可能找到具有这种物理外形和尺寸的球。但是，这个球是虚拟圆形的，且具有虚拟的 1.5 英寸直径。在虚拟现实中，虚拟外形和尺寸[7]才具有意义。

虚拟颜色和虚拟尺寸究竟是什么？这是一个令人着迷又很复杂的问题，我会在第 23 章深入探讨。现在，我要说的仅仅是，如果某个对象在我们看来是红色的，那只是虚拟的红色，至少，在正常的人类观察者戴着头显设备之类的常规条件下体验虚拟现实时，会这么认为。

这类似于人们对物理颜色的主流观点。说苹果是红色的，有什么样的含义？简而言之，当苹果在正常情况下显出红色时，它就是红色的，至少普通的观察者在常规的肉眼视觉条件（例如白昼视觉）下可以这么说。（通过偏蓝眼镜观察，或者对于色盲人士来说，苹果会显出不同颜色，但这种方式不属于常规条件，这类人士也不属于普通的观察者。）也就是说，物理红色来源于事物在常规肉眼视觉条件下的显现方式。同样，虚拟红色来源于事物在常规虚拟现实条件下的显现方式。虚拟外形和尺寸，虚拟位置，等等，都是如此。我们不难发现这个简单观点存在什么问题，后面我会进一步深入探讨。但是现在，这个观点提供了充分的论据，足以让我们继续下面的讨论。

按照以上论述，虚拟对象在虚拟空间扩散的方式，与物理对象在物理空间扩散的方式非常相似。当我看见 1 英里（1 英里约合 1.6 千米）外的虚拟建筑时，这个距离并非物理意义上的 1 英里，而是虚拟的 1 英里。与此类似，这个建筑物的高度不是物理意义上的，外形也不是物理意义上的长方体，而是虚拟的。它所呈现的颜色也不是物理红色，而是虚拟红色。

虽然以上论述并没有使我们解决假象问题，但它阐明了解决问题所需的场景。通过对物理空间和虚拟空间进行区分，我们可以按照以下方式回答这个问题。虚拟建筑看起来具有物理红色，且物理上的距离为 1 英里，但实际上都是假象。从物理意义上说，它是无色的，且就在附近。即使它具有虚拟红色，虚拟距离为 1 英里，但假象依然存在。虚拟建筑与其表象不符，就会造成假象。

我认为这种观点不是特别正确。要解释这个问题，最好的方式是略微转换一下场景，从镜像入手。

镜像是假象吗？

假设你通过卧室的镜子看着自己。你看到的是假象吗？

按照镜子假象说[8]的观点，当你照镜子时，你就是在体验镜后假象（behind-the-glass illusion）。也就是说，你看到的对象总是看起来位于镜子表面之下的某处。如果镜子距离你3英尺，镜中的你看起来位于镜子后面的空间，距离你大约6英尺。当然，在镜子后面不存在距离你6英尺的身体，因此，你在体验一种假象。

然而，按照镜子非假象说的观点，不存在镜后假象。根据这种观点，当你照镜子时，你看到的对象通常看起来和你本人一样位于玻璃的同侧。镜子里的你，看起来就在你实际所在的位置。而镜子里的朋友看起来和你一样位于镜子的同侧，就在房间某处。因此，当你照镜子时，你感知到的事物大致就是其本来的样子。

哪种观点是正确的？现在你可以走上前照照镜子，思考一下是否正在体验假象。

关于镜像，我的观点是，有时假象说正确，有时非假象说正确。不过，我认为对于大部分普通的镜像体验而言，非假象说是正确的。

下面举一个例子证明假象说是正确的。许多人有过这样的经历：走进一家餐馆，第一眼看去，它的面积大到令人惊叹。这是因为他们没有意识到自己正看着镜子。在意识到这一点之前，他们认为客人在很远的地方，超出了镜子所在的位置。此时，他们正在体验镜后假象。一旦他们意识到自己正看着镜子，整个房间似乎就会收缩为更小的空间。此时，大房间的假象就消失了。

再以另外一个例子来证明非假象说是正确的。你正在开车，瞧了一眼后视镜，看见后面确实有一些汽车。这些车看起来是在你前面还是后面？假象说认为这些汽车看起来在你前面，位于后视镜后方，正朝你开过来，同时又以某种方式保持一定距离。但这与后视镜的功能不符。任何开过车的人都知道，汽车在后视镜中显示为在你身后，这就是它们的真实位置。在电影《侏罗纪公园》里，侧视镜警示一头狂躁的暴龙靠近，这个画面还给了一个特写。“镜中物体比它们所显现出来的更接近观察者”，这样的细微假象是可能存在的。但是从未有人在后视镜上贴上布告：“镜子里的物体实际上在你身后。”汽车看起来一直在你身后。

假象说的支持者也许会说，在视觉层面，汽车看起来就在你前面，但你判断它在身后。就像面对其他许多假象时一样，你做出判断，让自己不要被这个表面假象迷惑。在曲棍假象中，棍子看起来是弯曲的，但你仍然判断它是笔直的。不过，按照我的经验，后视镜这个例子与曲棍例子不一样。在后视镜例子中，汽车看起来就在你身后。

餐馆中的镜子与后视镜有何区别？或者从更广泛的角度来说，产生镜后假象与不产生镜后假象，这两种情形有何区别？最明显的区别是，在后视镜例子中，你知道镜子存在，而在餐馆镜子的例子中，你并不知道镜子存在。在后面这个例子中，一旦你知道镜子存在，就会产生不同的体验。这就是心理学家有时所说的知觉的认知渗透[9]（cognitive penetration），当你关于事物的知识或信念与你对它的感觉不一致时，就会发生这种现象。

在这里，知识不是唯一的影响因素。如果有人第一次使用镜子，那么即使他知道自己在使用镜子，仍然有可能陷入这一假象：某人站在镜子后面。为了避免被假象迷惑，你需要具备类似于专业知识的能力。大多数人对镜子司空见惯，可以迅速正确地解读镜中的影像，但是像前述餐馆镜子那样的情形是例外。从专业角度来看，这种解读如此根深蒂固，足以影响我们对事物表象的感知。在后视镜这个例子中，我们的行为很大程度上取决于我们判断汽车在身后。我们如果看见后车正快速驶来，就会让开道路。如果仅仅是认为后车要快速超车，我们就会减少无意识的规避动作。

图 30　在侧视镜中看见汽车。人们不需要保持警觉，因为汽车看起来已经在身后了。

当然，与镜子有关的假象仍然存在。我们在镜子里看到的文字内容是反过来显示的，几乎就像是用不同语言书写的。这是一种假象。我们的感知系统不具备足够的专业能力，无法对反转的文本进行再解读。此外，有时我们可能陷入镜后假象中，即便我们知道自己正在看着镜子。还有镜中运动学假象：你的右手没有出现在镜子里，这时你会看见左手出现在右手本该出现的地方。人们通常有一种强烈的感觉，他们所看到的镜子后面的手是右手，尽管他们知道事实并非如此。

大多数人能够熟练使用镜子，使用镜子时会遇到镜子现象学。“现象学”是一个用来描述主观体验的华丽辞藻。具有专业知识的人在使用镜子时，会产生独特的主观体验。镜子的存在提醒我们以一种特殊方式来解读镜像：它在镜子靠近我们的这一侧空间里，不在另一侧。这个解读如此快速且自然地出现在我们的脑海里，影响我们对事物的镜中影像的感知。因为有了这种影响，我们完全不会被任何假象迷惑。相反，当我们看向镜子时，看到的事物表象或多或少与其本质相符。

虚拟现实是假象吗？

现在我们可以针对虚拟现实提出同样的问题。虚拟现实带来的普通体验是假象吗？我认为，虚拟现实与镜子之间存在非常相似的地方。

同样，对这个问题也有两种合理的观点。按照虚拟现实假象说，任何使用虚拟现实的人都会经历“物理空间”假象。也就是说，用户感觉到虚拟对象存在于眼前的物理空间里，这是假象。在虚拟现实里，你看见一个球朝着你移动过来，它似乎是在你前面的物理空间里向你移动。实际上，真实的空间里并没有这样的球（不管是虚拟的还是其他形式的），所以你体验到的只是假象。

但是按照虚拟现实非假象说的观点，根本不存在物理空间假象。相反，你感觉对象存在于虚拟空间。通常情况下，这些对象就在虚拟空间里，在它们看起来所在的位置上，因此这不是假象。在虚拟现实里，你看见一个球朝着你移动过来，它看起来是在虚拟空间里向你移动，而事实确实如此。因此，假象是不存在的。

哪种观点正确？和镜子的例子一样，我认为在某些情况下假象说正确，其他情况下非假象说正确。但是，对于虚拟现实带来的大部分普通体验，我认为非假象说是正确的。

为证明假象说正确，可以想象有这样一个人，不知道自己正在使用虚拟现实。假设拉胡尔睡着了，他的朋友们为了搞恶作剧，将一个轻便的虚拟现实头显设备戴在他的头上。拉胡尔醒来后，对使用虚拟现实一事完全不知情。他感觉自己仿佛在远离地球的太空里漂移。这种体验当然是假象。

为证明非假象说正确，我们以一个体验特殊虚拟空间的资深虚拟现实用户为例。假设我们正在虚拟现实里玩《我的世界》游戏。我们知道自己身处虚拟世界，也感觉到这个世界是虚拟的。对于资深用户而言，虚拟空间看起来不同于物理空间。虚拟空间就是虚拟空间，有自己的规则。假象指的是虚拟对象就存在于你面前的物理空间里，资深用户不会陷入这样的假象；相反，他们体验到的是，虚拟对象存在于他们面前的虚拟空间里。

接下来我们讨论从镜子的非假象说到虚拟现实的非假象说的一系列例证。首先，我们可以探讨今天汽车上常见的光学后视镜和基于摄像机的后视镜。我们使用基于摄像机的系统的频繁程度不亚于对光学后视镜的使用。一旦习惯这些系统的用法，你会感觉从屏幕上看到的对象在你身后。同样，如果习惯了侧边摄像机，就会感觉对象在你的侧面。

我们可以将这种观点的适用范围扩展至遥控汽车和机器人上的摄像机。假设你坐在家中，通过一部摄像机遥控无人车，摄像机会显示车前状况。如果你是熟练的驾驶者，此刻在家，那么在你看来，屏幕上的对象并不是位于自己的前方，而是在无人车的前方，在完全不同的空间里。假设像 1966 年的电影《神奇旅程》（*Fantastic Voyage*）展现的那样，我们远程遥控一台微型水下机器人穿越某个人的血管，一段时间后，我们就会认为自己所看到的发生在穿行于血管的机器人的周围。总之，我们会认为事物存在于一个不同于我们周围空间的空间里。

一旦达到这个阶段，我们就朝着虚拟空间迈出了一小步。资深用户不会认为虚拟现实里的事物存在于周围的物理空间。相反，他的解读是，这些事物属于虚拟空间。和镜子的例子一样，我们对虚拟现实的了解和熟悉使得这种解读自然而然地出现在我们的脑海中。在许多情况下，我们的行为根源于我们认为周围场景是虚拟的。例如，在许多虚拟空间里，你可以穿过一个对象或一堵墙，在物理空间里这是不可能的。又如，也许你能够远距离传送，能够以一种特殊方式拾取虚拟物品。你会无意识地认为空间是虚拟的，这非常有助于指导你做出专业行为。

和镜子的例子一样，虚拟现实假象说的支持者可能会说，所有无意识的解读仅在判断或知识层面发生，而从感知层面来说，虚拟现实中的对象似乎就存在于物理空间。这不过是因为我们的知识更全面，并且，就像弯曲的棍子这个例子所显示的那样，我们的判断消除了假象的影响。其结果是，我们开始相信乃至知道这些对象确实位于虚拟空间，但仍然会产生感知错觉。

这是一个重要的观点，但是正如镜子这个例子所示，我认为上述观点没有正确理解人们在虚拟现实中的体验。当我们使用虚拟现实时，事物表现为虚拟状态。虚拟对象看起来在你前方，但不是在物理空间，而是在虚拟空间。假设你是资深用户，被连接到高度逼真的虚拟现实环境中，而你毫不知情。在这种情况下，你见到的对象看起来就像在物理空间里那样围绕着你。可是，一旦你得到暗示，得知自己正身处虚拟现实，就会在感知层面产生全面的再解读，此时一切事物看起来都在虚拟空间里。

我们可以称之为虚拟性现象学[10]，或者虚拟性意识（sense of virtuality）。资深用户在使用虚拟现实时会获得一种特有的主观体验。大多数情况下，头显设备的使用或者图像的特质都在提醒用户以特殊方式解读所看到的事物。在资深用户脑海中，这种解读的产生速度极快且非常自然，以至于他们所感知到的事物就是虚拟的。这种感知不是假象；确切地说，资深用户认清了虚拟世界的本质。

虚拟现实中仍然可能存在假象，即使是具有虚拟性意识的资深用户也会陷入其中。举个例子。假设在虚拟现实里，你可以照镜子，同时又没有意识到自己正在做这件事。此时，在虚拟世界里，虚拟对象也许会显示为在你的左侧，实际上是在右侧。物理现实中的许多假象，在虚拟现实中可能存在对应的假象。尽管如此，用户也会对虚拟现实产生大量非假象感知。

有些读者可能难以认同非假象虚拟现实这一概念。毕竟，虚拟现实利用了人脑古老的感知机理，目的是使我们接受一种物理空间模型。这些机理十分强大，因此在使用虚拟现实时，要摆脱下面这样一种意识是很难的：你体验到的空间就是周围的物理空间。也许你会很快告诉自己，这是虚拟空间，但是这个解读出现在感知过程之后，而在刚开始的时候，事物看起来是客观存在的。按照这个观点，虚拟现实中的感知是一种假象。

我承认，这个问题绝非表面上那么简单明了。在感觉处理

（sensory processing）的早期阶段，我们的大脑所展现出来的虚拟现实，很可能就像我们周围的物理空间。但是感知过程还包括建立在早期感觉处理基础之上的解读能力。得益于感知性解读的帮助，我们认为前方的对象是狗或者猫，而不是一团物质。资深用户能够快速且无意识地理解虚拟现实世界的虚拟性，这种解读能力如此根深蒂固，可以被视为感知的一部分，不属于信念或判断。它会影响事物对我们所产生的视觉和触觉效果，就像镜子所展示的那样。

即便我的这一论述有误，并且解读过程确实在感知之后才会出现，我的许多论述仍然有效。资深用户通常会解读出虚拟世界的虚拟性。他们关于物理世界的意识将变得模糊，满脑子想到的都是“这一切就发生在虚拟世界”。

场所假象和似真假象

斯莱特所谓的场所假象，即虚拟现实导致“一种强烈的假象，仿佛自己身处某个场所，尽管心里清楚并没有在彼处”，会受到怎样的影响？我认为虚拟现实有时会产生场所假象。新用户将产生强烈的错觉，仿佛置身于新的物理环境。那些没有意识到自己身处虚拟现实中（这一点不符合斯莱特的第二个条件，即知道自己并没有在彼处）的人也会产生这样的错觉。有时，甚至有经验的用户也可能将虚拟环境理解为物理环境。例如，如果你身处对纽约城进行逼真复制的虚拟现实中，你也许会产生身临纽约城的假象，尽管事实上你并不在那里。

其他情况下，场所假象根本不存在。场所意识是存在的，但它是符合实情的，并非假象。你意识到自己身处虚拟场所，事实也确实如此。至少，你的化身（虚拟身体）是在虚拟场所中。这种对虚拟场所的意识完全没有问题，就像我们认为肉体所在的位置就是我们的物理场所（与我们的心灵所在之处无关）。资深用户也许根本不会认为自己位于某个物理场所，或者至少可以说，相比物理场所，资深用户更倾向于认为自己身处虚拟场所。

斯莱特的似真假象也是如此。所谓似真假象，指的是这样一种感觉：看起来发生的事确实正在发生（尽管心里清楚并没有）。当虚拟现实中的事件看起来发生在物理空间时，就会导致假象。但是，当虚拟现实中的事件看起来发生在虚拟空间时（资深用户就会遇到这种情况），通常不是假象。虚拟事件并非子虚乌有，只不过是发生在虚拟现实里。

我们可以将斯莱特的似真假象重新命名为"似真感"，即认为所有事件确实正在发生。我们甚至可以称之为"真实意识"[11]（sense of reality）。

一般的认知过程存在着一种相关的"真实意识"，心理学家和哲学家对此有过讨论。大多数时候，在我们看来，世界是真实的，但在某些特殊情况下，世界可能看起来或听起来是不真实的。遭受妄想症困扰的人经常报告说，他们幻想的世界看起来不真实。一个更寻常的例子是诡异的"恐怖谷"效应，当仿人机器人的外观与人类仍有差距时，我们就会产生这种感觉。

真实意识和非真实意识在虚拟现实中也会出现。[12] 脑科学研究者加德·德鲁里（Gad Drori）、罗伊·萨洛蒙（Roy Salomon）及其他人近期发表的一篇文章探讨了一些虚拟现实实验。在实验中，用户对各种环境给人的观感进行评估，将它们分为"真实"和"不真实”两类。一个普通的房间，具有正常的尺寸，它的虚拟复制品看起来真实，而一个延展开来的虚拟房间也许看起来不真实。可以认为，“看起来真实”在这里的含义类似于“看起来像是可信的物理环境”。我对此感到怀疑，因为至少在某些情形下，非资深用户感觉不真实的环境，资深用户会认为那是虚拟环境。如果是这样，非真实意识也许是虚拟感的前兆。

肉体和虚拟身体

虚拟现实中第三种主要的假象是所谓的身体归属假象。这种假象指的是，虚拟身体（化身）是自己的身体。现实世界中的矮个子如果选择高个子化身，可能会产生自己确实个子高的感觉。拥有标准女性身材的人如果选择标准的男性化身，可能会产生确实拥有男性身材的感觉。这种假象理论的支持者一方面认为虚拟现实可以让你产生拥有不同身体的感觉，另一方面又主张这种感觉是假象。

在我看来，这种感觉不一定是假象。虚拟身体与肉体不同，但仍然是真实的。某个虚拟身体成为**我**的虚拟身体，这是有可能的。一般而言，人们可以“拥有”（或者说占据）自己的虚拟身体。

化身一词来源于印度教传统文化，用于指代毗湿奴这样的神祇降临凡间时所占据的肉身。化身存在的时间也许短暂，但是，只要它还没有消失，就是毗湿奴的身体。

后来，化身一词逐渐被用于指代虚拟身体，这主要归因于20世纪80年代的一批电子游戏，例如《创世记4：天神传奇》（*Ultima IV: Quest of the Avatar*）（该游戏中化身一词的用法受到了印度教文化的启发）和多人角色扮演类游戏《栖息地》（*Habitat*）。此外，几年后尼尔·斯蒂芬森在《雪崩》中对该词的使用也产生了一定影响。我认为，虚拟化身与毗湿奴的物理化身性质极为相似。我可以通过虚拟化身来展现自己，这种展现也许是短暂的，但当我占据着一个化身时，它就是我的虚拟身体。

一个身体成为**我**的身体，这意味着什么？对于普通的肉体而言，这包含了一系列要素。我的身体是我的行为发生的场所：我要做出某种行为时，最直接控制的对象就是身体。我的身体是我的感知发生的场所：我通过身体上的感觉器官来感知世界，从身体的角度来观察世界。我的身体是身体觉知（bodily awareness）发生的场所：当我感到疼痛和饥饿时，这具躯体是我的意识之源。我的身体是我的心灵发挥作用的场所：我的思想和意识与我脑中的信息处理密切相关，而大脑就是身体的一部分。我的身体是我获取身份认同的场所：我感觉这具躯体就像是我的一部分，体现了我的身份。我的身体还是我展现自己的重要场所：在很大程度上（不是百分之百），它既代表了我向外部世界展现自己的方式，又反映其他人是如何理解我的。有人会更进一步提出，身体是其主人赖以存在的场所：我的身体体现了我的身份，也就是说，我生来拥有这副皮囊，也会带着它离开人世；没有了它，我将不复存在。

这些要素可以分开。当人们出现躯体变形障碍（body dysphoria，或称“体象障碍”，指的是明确表示厌恶自己的身体）这样的症状时，他们在一定程度上失去了对自己身体的认同，但是从我论述过的其他方面来说，他们身体的属性没有改变。如果笛卡儿二元论（如第 14 章所述）是正确的，我的思想赖以发生的场所也许存在于身体之外的某处，但是这具躯体仍然属于我。在哲学家丹尼尔·丹尼特（Daniel Dennett）讲述的故事《我在何处？》中，主人公长期遥控远方的一具躯体，而自己原本的躯体和大脑则漂浮在水箱中。在这里，远方的躯体是感知和行为发生的场所，也是展现自我的场所，而原本的躯体和大脑是心灵赖以作用的场所，也许还是主人公赖以存在的场所。在此类例子中，身体被一分为二。

那么，如何理解虚拟身体呢？我的化身往往就是我的（虚拟）行为发生的场所。我在虚拟现实中的行为通常以我的虚拟身体为媒介，但有时我也能够直接作用于外部虚拟世界，例如，我可以在完全不使用虚拟身体的情况下翻转俄罗斯方块。我经常从化身的视角来感知虚拟世界，但有时也会从其他视角来感知，例如通过鸟瞰视角观察我的虚拟空间。我的化身往往是我在虚拟现实中展现自己的场所。其他人主要通过观察我的化身来了解我本人。化身也可能是我在虚拟现实中获得身份认同的场所。即便是在短时间电子游戏这样的短期环境中，我仍然会感觉化身就是我的身体。在长期环境中，例如《第二人生》，我可以与化身建立更加深入的身份认同，这样我就会感觉它体现了我的部分身份。

虚拟身体缺少哪些要素？毫无疑问，它的要素不像人体那样丰富。在虚拟现实中，我们没有丰富、复杂的身体觉知体验：化身既不会产生疼痛和饥饿，也不会吃喝。再深入分析，化身不是心灵发挥作用的场所，也不是我赖以存在的场所。占据一个化身时，我的思想与我的生物大脑联系得更加紧密，超过了与虚拟大脑的联系。当我的化身死亡时，我不会与其共赴黄泉。化身与我本人不能等同。

但是，上述缺失的要素对于我的化身来说是否必不可少，这一点并不明确。我可能会丧失痛觉和饥饿感，无法吃喝，但是这个身体仍然属于我。我的思想可能来自笛卡儿的精神世界，但这个身体仍然属于我。至于说肉体是我赖以存在的场所，这一点也不是很明确。我可以将大脑移植到新的身体上，或者将我自己上传至云端，离开旧的身体也能存在。因此可以认为，我的肉体就像我的化身一样，与我本人不能等同。

某个虚拟身体可以被视为**我的**虚拟身体，这种说法完全经得起检验。它是我在虚拟世界中感知和行为发生的场所，也是我获得身份认同、展现自我的场所。当我说某个化身是**我的**化身时，我的意思大致就是如此。上述说法的正确性一目了然。当我感觉某个虚拟身体就是**我的**虚拟身体时，这种感觉并不是假象，而是一目了然的事实。

虚拟身体不是肉体。进入虚拟环境的人类通常既有肉体（坐在家中，与计算机交互），又有虚拟身体（在虚拟世界里冒险）。人们有时感觉拥有肉体，有时感觉拥有虚拟身体，不同的时间，不同的感觉占据着主导地位。用户借助目前的虚拟现实装置，以自己对肉体的意识为媒介，来获得对虚拟身体的意识，这两种感觉被捆绑在一起。例如，因为知道自己肉体手臂的位置，所以你可能也知道虚拟手臂的位置。不过，在虚拟现实中，用户也经常通过视觉来实现身体觉知。在许多电子游戏中，玩家更喜欢采用化身背后的视角，这样可以看到虚拟身体及其在空间中的位置。这让玩家更加清楚地知道化身的实时行为。视觉使得肉体意识与虚拟身体意识分离。你可以一边体验化身在虚拟空间里奔跑的感觉，一边体验在物理空间里，自己的肉体保持固定。

化身假象仍然有可能出现。化身假象最主要的情形是将虚拟身体当作自己的肉体。假设有一个矮个子第一次使用虚拟现实，她的化身除了个子高，其他方面和其本人相似。此人也许会感觉自己拥有高大的肉体，但是她并不高，因此这是假象。不过，如前所述，许多例子中用户不会产生假象。资深用户在体验虚拟现实时，知道自己拥有高大的虚拟身体。这不是假象，在虚拟世界里，他们确实拥有高大的虚拟身体。

某些情形下，你如果感觉自己拥有高大的虚拟身体，可能会感觉自己的肉体同样高大，这就产生了假象的元素。但是你也可以保持这些感觉的独立性，可以在体验高大虚拟身体的同时，意识到自己肉体的矮小。也许你在电子游戏中的化身是大高个儿，与此同时，你的桌子太高，以至于无法轻松操作鼠标和键盘。也许，首先你会专注高大的虚拟身体，完全忽略自己的肉体，而接下来你必须关注自己的肉体，以便适应桌子的高度。两个身体将使你的注意力来回切换。

2018 年的纪录片《我们的数字自我：我的化身就是我！》（*Our Digital Selves: My Avatar Is Me！*）记录了 13 位残疾人的影像，他们在《第二人生》中选择了各种各样的化身。有些人选择的是没有残疾的化身，有些人选择的是和自己肉体非常相似的化身，还有人选择了独特的虚拟身体，来展现自己的残疾。许多参与者坚称，虚拟身体不是肉体的替代物，而是非常真实的。一位参与者说："我这么说，不是在否定我的肉体。这（虚拟身体）是我的身份的另一个部分。"还有人说："这不是逃避现实，而是增强现实。"他们给我们带来一种强烈的感受，即他们感觉虚拟身体是自己的另一个部分，与肉体同样健全，也就是说，虚拟身体不是假象。虚拟现实主义认为这种感觉是正确的。参与者不会产生化身已取代肉体的错觉，他们只是在体验真实的虚拟身体。[13]

在其他例子中，人们的感觉也许是虚拟身体取代了自己的肉体。一些跨性别人士讲述了在《第二人生》这样的虚拟环境中首次尝试各种类型身体的经历。他们常常告诉我们，尝试不同的化身，让他们体会到拥有不同的身体并且受到他人相应的对待是怎样一种感觉。这种尝试有时会导致他们产生拥有新的肉体的感觉，这样的肉体与他们的真实肉体并不匹配，后者也许更矮或者更胖。但另一方面，虚拟身体与他们内心的身份认同和理想相一致，这种体验会揭示出深层次的真相。有些用户提到，他们接受同时拥有男性化肉体和女性化虚拟身体，反之亦然。化身所涉及的哲学和心理学是复杂的，但对虚拟身体的认同通常不是错觉。

行文至此，我们要回到第 1 章讲述的那罗陀变身的故事。毗湿奴说那罗陀以苏西拉的身份所经历的漫漫人生是一种幻象。他这么说对吗？（当然，毗湿奴认为一切生活都是幻象，但是在这个问题上我们不必接受他的思想。）苏西拉的身体类似于虚拟身体，是由毗湿奴而非计算机在虚拟世界里创造的。这个身体是苏西拉的感知、行为和自我展现所依赖的，也是她所认同的。我认为，就像作为天神的毗湿奴在化身为人的时期拥有真实的俗世凡胎一样，那罗陀在作为女性苏西拉而度过的一生当中，也拥有真实的女性虚拟身体。不过，与前述虚拟现实中的用户不同的是，苏西拉不知自己生活在虚拟世界中。这样说来，最初苏西拉将虚拟身体当作自己的肉体，也许确实存在一定的错觉。但可以认为，经过足够长的时间（第 20 章将对此展开讨论），苏西拉对“我的身体”的概念逐渐指向她的虚拟身体。此时不一定存在假象。

是假象制造机，还是现实制造机？

也许大家都同意这一点：虚拟现实有时让人同时体验到物理世界和虚拟世界的感觉。

某些时候，物理世界的感觉占主导地位。新用户也许会感觉一个块状物将要砸在自己的肉体头部。打虚拟网球的人也许会感觉自己在参加一场物理世界中的竞赛，坐在虚拟的加勒比海滩上的人也许感觉自己确实身处加勒比海地区，尝试新的虚拟身体的人也许感觉自己拥有新的肉体。在这些例子中，你体验的是真实的虚拟实体，却将它们视为物理实体。这包含了假象，但也包含了深层次真相。

某些时候，虚拟世界的感觉占主导地位。栖息于全新地域的资深用户也许丝毫不会认为这是物理世界。有人拥有新的虚拟身体，也许他会感觉这只是虚拟身体，绝对不会取代自己的肉体。在这些例子中，我们体验虚拟实体，知道它们是虚拟的，不会产生任何错觉。

对于虚拟现实的大多数用户而言，两种感觉都会在一定程度上表现出来。你可以始终将三维虚拟现实解读为物理空间，你的部分感知机理就是这样解读的。你也可以始终认为三维虚拟现实只是虚拟空间，资深用户就是这样认为的，至少在部分感知层面（后面会对此展开论证）以及判断和深思层面都存在这样的解读。通常，占主导地位的只有一种解读，这决定了你首先会产生物理世界的错觉还是虚拟世界的正确感知。

虚拟现实可能是假象制造机，但不一定是，并且不仅仅是假象制造机。确切的说法是，它创造了虚拟世界，能够使你正确地认识这些虚拟世界。当它做到这一点时，就是现实制造机。

第 12 章

增强现实产生另类事实？

2016 年，在几周时间里，增强现实席卷了世界。这场风暴的原动力是手机游戏《宝可梦 Go》。在《宝可梦 Go》中，你在物理空间里游走，打开手机摄像头，搜寻虚拟生物宝可梦。当你靠近这样一个生物时，它会出现在手机屏幕上，仿佛置身于你所在的物理空间，并且就在你的前方。接下来你有机会向这个虚拟生物投掷虚拟的球，捕获它。

《宝可梦 Go》是第一款广受欢迎的增强现实应用程序。增强现实是一种将虚拟对象投射到物理世界的技术。在常规的虚拟现实中，用户与物理世界的联系被切断，只能看见虚拟世界。在增强现实中，用户能够看见包含虚拟对象的物理世界。也就是说，常规的物理现实，例如一条普通的街道，被虚拟对象增强了。

《宝可梦 Go》不需要精巧的头显设备。只要一部智能手机，就可以完全实现增强：手机摄像头拍摄的影像在屏幕上显示出来，中间插入虚拟生物。更高端的增强现实技术还包括能够将图像投射到用户视野中的眼镜。这项技术带来了沉浸感十足的增强现实玩法。截至目前，这款眼镜还很笨重，但发展趋势是越来越小巧，同时功能越来越强大。增强现实隐形眼镜并非遥不可及。

也许在10年或20年内，我们都会普遍使用增强现实技术。它将屏幕或其他接口投射到你前方的空间，这样有可能终结人们对台式和移动计算机屏幕的需求。迟早有一天，它会通过对应的数字技术取代街头招牌和交通信号灯。当你与远方的朋友通信交流时，增强现实可以使你感觉对方仿佛与你同处一个场所。它可以引导你使用内置地图，利用自主人脸识别技术为你识别周围的人，通过语言翻译算法为你翻译外语口语。它还会借助历史场景来增强历史文化场所，赋予其活力。

图31　增强现实眼镜通过展示柏拉图和亚里士多德在学园中的形象（来自拉斐尔的《雅典学院》），使雅典的柏拉图学园废墟得到增强。

增强现实有望使我们的周边环境和心灵同时得到增强。第16章将探讨它如何使我们掌握过去不曾拥有的新型导航、识别和通信能力，使我们的大脑得到扩展，从而增强我们的心灵。本章关注的是增强现实技术如何增强物理世界。

我们可以提出关于增强现实的现实之问：增强现实是真实的

吗？举个例子，《宝可梦 Go》中的生物是真实的吗？无需惊讶，我的答案是，绝大多数情况下是真实的。它们具有因果力，独立于我们的心灵而存在。它们也许不是真实的生物，却是真实的虚拟对象，作为数字对象存在于计算机中，通过增强现实系统为我们所见。

现实之间的另一个重要疑问：增强现实是假象吗？也就是说，其本质与表象一致吗？这是一个更难回答的问题。借助于增强现实，虚拟对象看似存在于我们周围的物理空间里，因此，就像虚拟现实一样，很难说它们看起来只是栖息于虚拟空间。我们更有理由认为，增强现实产生这样的假象：虚拟对象存在于物理空间。

为了从根本上阐明增强现实如何增强物理世界，我们必须先回答这样一个问题：增强现实中的虚拟对象存在于物理空间吗？答案看似显而易见：不存在。但事情没有这么简单。至少就《宝可梦 Go》中的生物而言，从一定意义上说，可以认为它们存在于我们周边的物理空间里。

增强现实中的虚拟对象

假定未来某时，每个人都使用同样的增强现实系统，我们称之为地球 +（Earth+）。地球 + 为所有人提供虚拟对象，从而增强整个地球的物理环境。这个系统通过外科手术植入每个人的身体。在物理空间的特定场所，每个人都会看见同样的虚拟对象：虚拟的辅助人员，虚拟的家具，虚拟的建筑。

地球 + 的用户不只是看见和听见前方的虚拟对象。得益于脑刺激技术，你可以闻到虚拟对象的气味，尝到它们的味道。你在吃虚拟食物、喝虚拟饮料时，会产生相应的感觉。得益于专业触觉技术，你可以触摸和感受虚拟对象，可以拾起虚拟石头，感受它的重量。得益于特制的紧身衣，你可以坐在虚拟椅子上；当撞上虚拟的墙壁时，你会遇到阻挡。

用户往往知道与之互动的是虚拟对象还是物理对象，通常情况下这是显而易见的。虚拟对象外观上有别于普通对象，一般具有独有的特征，例如，虚拟椅子可以自动更改尺寸、外形和舒适等级，虚拟食物永远保持新鲜。

假设华盛顿广场公园里有一架虚拟钢琴。你坐下来弹奏乐曲，每一个人都在聆听。

现在，我们要提问了：虚拟钢琴是真实的吗？它符合真实性清单上的多项标准。它具有因果力：可以弹奏乐曲，你无法穿过它。它独立于我们的心灵：即使有一天所有用户都离开了，它仍然存在

图 32　华盛顿广场公园里的虚拟钢琴。

于华盛顿广场公园，除非有人选择搬走它。

那么，它是真实的钢琴吗？这个问题有点复杂。即便在非虚拟世界，我们也有数字钢琴和其他电子琴。它们是真实的钢琴吗？有人也许会说是的。一种越来越普遍的现象是，人们将“原声钢琴”和“数字钢琴”混为一谈，似乎二者都是钢琴，尽管它们属于不同类型。但是，大多数人会认为数字钢琴不是真实的钢琴。真实的钢琴必须具有琴弦，音锤敲击时琴弦会产生震动，此外还要具有其他机械发声装置。如果数字钢琴不是真实的钢琴，那么虚拟的钢琴很可能也不是真实的钢琴。与此类似，我们很可能会说地球+中的虚拟树不是真实的树。但是，虚拟的书籍可以被视为真实的书籍。与虚拟现实的情况一样，地球+中有些虚拟的X是真实的X，有些不是。

最后，我们要提出一个重大问题：虚拟钢琴的表象反映其本质吗？这里存在假象吗？也许最大的挑战来自空间问题。虚拟钢琴似乎是在物理空间里，看起来大约1米高，有钢琴的外形，被放置在华盛顿广场公园的中央。它确实在那个位置吗？还是说，在物理现实中，那个位置除了空气，一无所有？

为什么说华盛顿广场公园其实并没有虚拟钢琴？一个理由是，倘若有人没有使用地球+系统，那么他来到公园中央，就不会看见任何物品。也许这个系统也不显示鸟类和松鼠。假设火星人在华盛顿广场公园着陆，它们不会见到那台虚拟钢琴。倘若一群特立独行的人永不植入地球+系统，那么这台钢琴不会在这里等候他们。也许你会认为地球+系统中的虚拟钢琴就像彩虹：在一些人看来，它似乎存在，然而现实中并不存在。

但是，为什么又说华盛顿广场公园确实有虚拟钢琴？地球+

系统的用户肯定会这样说。将虚拟对象当作真实对象（例如，“你去洛克菲勒中心，坐过那张绝妙的虚拟沙发没？”），这是第二天性使然，即便用户能够区分虚拟对象和物理对象，也会有这样的想法。而且，虚拟钢琴的种种表现，使得它仿佛确实在公园里。它的外观、手感和功能，显示出这是一台被放置于公园里的虚拟钢琴。

要解答这个问题，一个自然而然的方法是：分情况而论。从物理意义上说，虚拟钢琴不在公园里。但是从虚拟意义上说，它确实是在公园里。如果一个对象具有物质形态，占据了某个空间，那么从物理意义上说，它存在于这个空间。如果一个对象表现为似乎占据了那个空间，那只是虚拟意义上的占据。虚拟钢琴在华盛顿广场公园里没有物质形态，但是表现为似乎占据了那里的空间。

如果说在华盛顿广场公园，虚拟钢琴看起来是物理实体，这是一种假象。虚拟钢琴仅仅是公园里的虚拟实体，并非物理实体。但从另一个角度来说，虚拟钢琴似乎仅仅是华盛顿广场公园里的虚拟实体，这不是假象。虚拟钢琴确实是华盛顿广场公园里的虚拟实体。

我在上一章中论证过，虚拟现实的资深用户会认为虚拟椅子就是虚拟的，并非物理实体，也明白自己身处《第二人生》这样的虚拟空间里，并不处于物理空间中。如果是这样，虚拟现实就不是假象。在地球＋系统中，资深用户同样会认为虚拟钢琴是虚拟实体，而非物理实体。现在，通过区分不同情况，我们离成功解答问题又近了一步。资深用户会认为在华盛顿广场公园里，虚拟钢琴是虚拟地摆放于它所在的位置，该处不存在虚拟钢琴的物质形态。如果从这个意义上说，就不存在假象。

我认为这个结论并不是显而易见的。用户也许难以避开这样的感觉：在那个位置上，虚拟钢琴是一种有形的存在，与物理钢琴的形态是一样的。尽管如此，伴随着地球 + 成长起来的一代人很可能会学会如何从截然不同的角度来看待虚拟对象和物理对象，这种无意识的解读将影响他们的感知过程。对物理场所和虚拟场所的区分最终将成为第二天性，如果做到这一点，我们对地球 + 中对象的感知就不一定包含错觉。

因此我的结论是，地球 + 中的虚拟钢琴是真实的对象。此外，有合理的论据表明，它是真实的钢琴，不是假象。如果是这样，增强现实就是真正的现实。

从增强现实到另类事实？

不难想象，未来将存在多种主流的增强现实系统。苹果、脸书、谷歌的增强现实系统将共同存在，而不是单一的增强现实系统流行于世。每一家公司将建立自己的虚拟世界，利用自己的虚拟对象对物理世界进行增强。

在脸书现实系统（Facebook Reality）中，也许在华盛顿广场公园的特定位置，有一台虚拟钢琴。在苹果现实系统（Apple Reality）中，同样的位置也许是一块虚拟招牌。在谷歌现实系统（Google Reality）中，也许没有任何物品。

虚拟钢琴确实在公园里吗？按照脸书现实系统的设置，虚拟钢琴在公园里。按照苹果和谷歌的系统的设置，公园里没有虚拟钢琴。哪一种现实是正确的？很难认为三种现实中的某一种反映客观现实，而其他两种没有。局面看起来呈现平衡态势：对于脸书现实系统而言，虚拟钢琴在公园里；对于苹果和谷歌的系统而言，它不在公园里。我们有三种不同类型但同等有效的增强现实系统，所以，客观现实消失了吗？

这里，似乎要用相对主义（relativism）来解释。一个事实（例如虚拟钢琴在公园里）是否属实，取决于我们使用什么系统。你可以说，现在我们掌握了另类事实（alternative fact）。

在唐纳德·特朗普总统2017年1月的就职典礼之后，另类事实这一说法引发了群嘲。[1]当时，参加人员的规模引起了争议。白宫发言人肖恩·斯派塞（Sean Spicer）说，典礼举行的那一天，乘坐华盛顿地铁的人比巴拉克·奥巴马2013年1月第二次就职典礼当天要多得多。但记录显示，2013年那次典礼实际的客流量远远超过前者。在一次采访中，记者查克·托德（Chuck Todd）问总统顾问凯莉安·康韦（Kellyanne Conway），为什么斯派塞要说出这样一个"可被拆穿的谎言"。康韦回答说，斯派塞陈述的是"另类事实"。

康韦因为该言论受到批评。托德回应道："另类事实不是事实，只是谎言。"许多人认为康韦的言辞暗含了一种关于真相的相对主义。相对主义大致指的是这样一种概念：存在多种同等有效的事实集合，分别对应于不同的观点。任何事实，都与某种观点相关联。例如，按照托德的观点，2013年的客流量更高；而按照白宫的观点，2017年客流量更高。

相对主义是一种饱受争议的概念。[2]有些类型的相对主义被广泛接受。例如，大多数人对礼仪持有相对主义立场。不同的社会对于什么是礼仪，看法不一。在美国传统习俗中，先切开肉和蔬菜，然后只用餐叉进食，是有礼貌的表现。许多欧洲人则认为，应该同时使用餐刀和餐叉吃肉和蔬菜。英国和澳大利亚一些地区的习俗要求将蔬菜平放在餐叉的背面。至于这些习俗哪些是正确的，不存在客观事实，只有对应于每一种观念的相对事实。尽管关于礼仪的相对主义被人们接受，但是对于更加实在的事物，例如物理定律，许多人仍然拒绝接受相对主义思想。

在我看来，增强现实和虚拟现实会导向一种相对主义，正如人们对礼仪具有不同看法。不过，两种相对主义都是无害的，不会威胁到客观现实这一概念的有效性。

许多我们曾经认为具有绝对性的事物被证明是相对的。有人曾经认为一天中的时间是绝对的。对我们的祖先而言，某种月食发生在清晨，这是客观事实。现在，我们知道一天中的时间是相对的：当悉尼是早晨时，纽约城是夜晚。有人曾经认为重力的强度是客观的。现在我们知道这是相对的，地球的重力强度远远超过月球。相应地，重量也是相对的。我在地球上的重量比在月球上大得多。有人曾经认为外形、质量和时间是客观的。然而，按照狭义相对论的观点，这些都是相对的，依赖于参照系。在一个参照系中，当某个物体以接近光速的速度移动时，会出现外形压缩、质量增加、时间变慢等现象，至少可以说，相对于这个参照系中静止的物体而言确实如此。

但是，所有这些事物都与某个处于基础层面的客观现实相一致。例如，纽约此刻的时间是下午 1 点，这是一个客观事实。某一块岩石在地球上的重量为 6 磅（1 磅约合 0.45 千克），在月球上为 1 磅，这也是客观事实。

我们怎样才能调和这种相对主义与客观现实的关系呢？很简单，只需承认二者的关系是客观现实的一部分。纽约的时间是上午

9点，那么此时伦敦就是下午2点。在某个参照系中，物体是圆形的，在另一个参照系中，它就是椭圆的。你需要这样的关系，以便完整地描述客观现实。

多重现实同样可以这样处理。也许你曾经认为，在华盛顿广场公园有还是没有钢琴，是一个客观问题，但事实证明，这是一个关系问题。在苹果现实系统中，公园里有钢琴；在谷歌现实系统中，钢琴不存在。物理定律同样如此。在苹果现实系统中，物理定律表现为某种形式，这是客观事实；在脸书现实系统中，它表现为另外一种形式，这也是客观事实。

重要的是，苹果现实系统和谷歌现实系统都是客观现实的一部分。在苹果现实系统中，公园里有钢琴，这是客观事实。在谷歌现实系统中，量子力学定律是真实的，这是客观事实。这就是我们调和虚拟世界的相对主义与客观现实之间关系的方法。

极端的相对主义者会宣称，根本不存在客观现实这个层面。即便是关系型事实，例如这个现实世界里存在一架钢琴，或者我认为鲍勃·迪伦的音乐很美妙，在我看来是真实的，在你看来，也可能是虚假的。非相对主义者会说，对于什么是真实的，我的看法和你的看法都包含客观事实。可是相对主义者会说，我对真实事物的看法所包含的事实只有从特定角度来看才是真实的！这是一个有趣的观点，不过我们完全没有好的理由去接受它。

即使在一个包含多重虚拟现实和增强现实系统的宇宙中，也存在大量的客观事实。首先，每个现实系统里所发生的事情，存在着客观事实。在苹果现实系统中，华盛顿广场公园里有一台钢琴，就是客观事实。

此外，基础层面的现实也是客观事实。当我们讨论虚拟世界中的虚拟世界时，没有任何证据表明，在链条的顶端不存在基础层面的现实。即便我们自己的现实世界是基础现实之下的第 42 层模拟系统，基础现实仍然独立存在。

重要的是，我们的普通现实世界所发生的一切也存在客观事实。2020 年美国总统大选中，一定数量的选票作废，这是客观事实。拜登被宣布为获胜者，这是客观事实。当然，普通现实世界里许多事实的客观性是相对于时间、场所及其他事物而言的。拜登在 2020 年被选为美国总统，而非 2016 年。

虚拟世界同样如此。拜登在日常现实里当选总统，而在元现实（Meta Reality）和我们的模拟者所在的宇宙中，也许是其他人当选；在我们自己创建的虚拟世界《第二人生》里，又是另外一个人当选。不过，一旦我们意识到现实包含这样的关联性，那么普通现实世界中的 2020 年，在美国所发生的事情仍然是客观事实。

这些事实可能存在争议。特朗普的支持者可能认为（在我们这个现实世界里）特朗普获得了更多选票，而拜登的支持者认为拜登得票更多。孰是孰非，是存在客观事实的。运气好的话，也许我们还能够找出真相。

在电视剧《黑镜》的《灭火者》一集中，士兵们植入了名为 MASS 的增强现实系统，该系统使得基因变异的人看起来像蟑螂。这个系统引发了一场大屠杀，基因变异者被士兵屠戮殆尽。我们如何评价这里的增强现实系统？如果 MASS 消除了一座农舍里基因变异者的所有痕迹，以虚拟蟑螂的形象取而代之，那么我们要说，在 MASS 现实中，农舍里容留的是虚拟蟑螂而非人类。然而，在普通现实世界里，农舍里容留的仍然是人。在 MASS 现实里，士兵杀死貌似蟑螂的生物，消灭虚拟蟑螂，可是在普通现实里，他正在杀人。即便普通世界里每一个人都植入MASS，人们仍将面临死亡。因此，多重现实的相对主义无法让我们逃避关于普通现实世界的冰冷、严峻的事实。

短期内将出现的增强现实技术

现阶段，地球+还只是科幻小说中的情节。现有的增强现实系统非常单调，主要功能是让我们看到（也许还能听到）虚拟对象，但不能触摸、闻到和品尝它们。虚拟对象不会阻碍我们的移动。目前还没有永久安装的增强现实系统。用户偶尔会戴上增强现实眼镜，但更多时候是摘下来不使用。目前也没有通用系统，几种不同的系统由少量用户短期使用。

尽管如此，我们对地球+系统的描述部分适用于短期内的增强现实发展趋势。假定我要借助增强现实重新设计客厅，这样就可以看到房间角落里有一张虚拟沙发。那么，沙发是真实的吗？

如前所述，虚拟沙发是存在于增强现实设备所用计算机中的真实的数字对象。它具有真正的因果力，至少让你能够看见它，甚至促使你去买沙发。在有限的程度上，它独立于我们的心灵而存在。如果我摘下眼镜，但程序还在运行，那么这个数字对象就仍然存在，原则上还可以被其他人看见。这样看来，虚拟沙发符合三条真实性标准，即存在、因果力和独立于心灵，至少在一定程度上可以这么说。但是它不符合第五条标准：它显然不是真正的沙发。我可没法坐在上面。

以第五条标准来评判，我客厅里的虚拟沙发是假象吗？对于许多用户而言，看起来这张沙发似乎是摆放于客厅一角的物理实体。因为那里其实没有沙发，所以这是一个假象。不过，和前面一样，我们可以认为，对于成熟的增强现实用户而言，在客厅角落的看起来似乎是虚拟沙发，而且这张虚拟沙发看上去似乎就是房间里的虚拟实体，而不是物理实体。如果是这样，那就不存在假象，因为虚拟沙发确实是客厅里的虚拟实体，至少从它的可视化程度来说确实如此。

地球 + 系统的一些不同之处具有重要意义。因为我们无法触摸虚拟沙发，它也不能支撑我们，所以当我们感觉沙发是房间里的虚拟实体时，这种感觉不那么可靠：虚拟沙发支持与用户的交互，大部分是视觉交互，但这完全不属于日常交互。因为虚拟沙发只有我能看到，故而无法与其他人交互。又因为我只是偶尔戴上增强现实眼镜，故而虚拟沙发远非常态化的。有人可能会认为，对于我来说，在我使用增强现实眼镜时，虚拟沙发才是房间里的虚拟实体，而对于其他人来说，它根本不存在。但是，只要我意识到虚拟沙发于我而言，是房间里的虚拟实体，那么它就不是假象。

至少从近期来看，用户对虚拟性的感知将是使用增强现实的关键。用户必须区分物理对象和虚拟对象，因为他们如果以对待物理对象的正常方式来对待虚拟对象，就会困惑不解。短期内，我们不要期望能坐在虚拟椅子上，或者吃虚拟食物！同样，也不要以对待虚拟对象的方式对待物理对象。我们可不想撞上真实的墙。短期内，这样的危险不会存在，因为虚拟对象的生成技术还不够先进，这样就确保它们可以被辨别出来。但是，我预测，一旦技术可以创造出无法辨别的虚拟对象，那么我们将面临强大的压力来确保虚拟对象具有鲜明的虚拟性。

物理性—虚拟性连续体

工业工程师保罗·米尔格拉姆（Paul Milgram）就职于一家日本系统研究实验室。1994年，他和同事在一篇研讨会论文中提出了“现实性—虚拟性连续体”[3]概念。连续体的一端是普通的物理现实，另一端是纯粹的虚拟现实。中间是各种混合现实，在这样的现实中，人们同时体验到物理对象和虚拟对象。在标准的增强现实中，物理世界是基础，由到处存在的虚拟对象进行增强。在增强虚拟现实中，虚拟世界是基础，由到处存在的物理对象进行增强。当非虚拟的音乐团体出现在虚拟音乐厅的舞台上时，这就是增强虚拟现实。

我认为米尔格拉姆关于连续体的命名不合理，因为它依据这样一个前提：虚拟与现实相对。我们已经知道，这个前提不成立。更好的名称应该是物理性—虚拟性连续体（physicality-virtuality continuum）。标准的虚拟现实系统基本上是纯粹的虚拟现实，而增强现实系统则是以虚拟性增强物理性。

我们对连续体的每一个点都能提出令人深感兴趣的问题：该点包含多少现实，又包含多少假象。到目前为止，我已经论述了标准的虚拟现实和增强现实，那么，连续体上的其他点是怎样的情形呢？

增强虚拟现实指的是人们在虚拟世界里体验某些物理对象，对此我们该如何描述？想象一下，我在纽约，正和身在澳大利亚的姐姐交谈。我看见在虚拟世界里，她坐在我旁边的椅子上，不是以化身的形式，而是以日常真实面貌来见我。我姐当然是真实的，她具有因果力，且独立于我的心灵而存在。我对她的感觉是，她是人类，她确实是真实的人类。不过，我还体验到，她就在虚拟房间里，和我在一起。这是我的错觉吗？不一定。如果我熟悉这项技术，我对她的感觉就像是，姐姐的肉体没有在虚拟房间里，但她的虚拟身体在。

均衡混合现实，即物理世界和虚拟世界的成分同样多，并且都参与交互，这样的现实系统体验如何呢？想象一座物理建筑物，得到虚拟墙壁的增强，屋内既有肉体在现场的人，也有以虚拟形式展现真实面貌的人，还有人们的虚拟化身，所有人都参与了一场大型谈话会。这可以被视为一个物理 / 虚拟融合世界，它与纯粹的物理世界或虚拟世界不尽相同。资深用户对它的感觉可能是，一个物理对象和虚拟对象同时存在的空间。这不是错觉。

在混合现实中，增强虚拟对象与周围的物理世界是否发生交互，同样具有重要意义。假设增强现实眼镜使你能够玩虚拟现实电子游戏，游戏场景设定为外太空，同时你可以看见身前有一张物理桌子。因为两个世界各自独立，你的体验可能是，虚拟世界和物理世界相互分隔。你不会真正地认为，虚拟的太空飞船存在于物理世界里。也许两个世界的位置会并列（当虚拟太空飞船临时性地靠近你的物理桌子时），但是我们从自己对世界的一般性感知出发，基本上会忽略这种并列关系。资深用户对物理对象和虚拟对象的反应可能截然不同，例如，他们为物理对象让路，飞行穿过虚拟对象。在这种情况下，混合现实也许同时包含对物理世界和虚拟世界的非虚幻感知。

第 13 章

我们可以免受深度伪造的欺骗吗？

2020 年 7 月，里程碑式的人工智能程序 GPT-3 发布后不久，哲学家亨利·谢弗林（Henry Shevlin）将一段访谈上传至网络。[1]

谢弗林：很高兴和你交谈，戴夫。今天我想谈谈你对机器意识的看法。先从一个简单的问题开始：像 GPT-3 这样的文本模型程序可能产生意识吗？

查默斯：在我看来，不大可能，不过我对此略有疑惑。

谢弗林：你认为在不久的将来，有没有可能出现一种关于意识的理论，使我们能够解答这些问题，也就是说，能告诉我们特定的人工系统是否具有意识？

查默斯：我认为这种可能性很小。我们甚至还没有一种关于意识的理论来解答人类为何具有意识！人类可是要比现代计算机简单得多。

谢弗林：动物是否具有意识？我们似乎在道德上有一种迫切性，需要对这个问题提供至少非常有依据的答案，这样我们就可以，比如说，确定鱼是否具有主观上感受痛苦的非凡能力。对于这个问题，你有什么想法？

查默斯：嗯，我认为我们有理由说哺乳动物很可能具有意识。

谢弗林：如果我们说哺乳动物具有意识，那么依据是什么？

查默斯：可以从人类开始分析。我们知道，人类通过自省而产生意识。如果说我们没有意识，那是不可想象的。

谢弗林：是的，但是我们如何分析人类之外的动物呢？举个例子，其他有机体都不会正确地执行全局工作空间架构（Global Workspace Architecture）* 或者任何你视为意识之基础的架构。那么，我们如何能够确定，比如说，一条狗或者一只鸡是有意识的？

查默斯：这确实是一个好问题。我认为，有一点我们可以说出来，那就是如果一个有机体拥有包含大脑的中枢神经系统，它就有可能具有意识。

在谢弗林的访谈中，标记着“查默斯”字样的回复是用 GPT-3 编写完成的。GPT-3 是一个庞大的人工神经网络，开发人员利用深度学习对它进行训练。深度学习是一种基于海量数据来训练神经网络的技术。GPT-3 的主要目标是根据从全网读取的文本，任意生成一段合理可信的连续性文本。谢弗林输入了一段提示语：“这是亨利·谢弗林与大卫·查默斯的访谈”。后面附有我在维基百科上的个人词条。提示语以下，所有的问题都来自谢弗林本人，而所有的回复都是由 GPT-3 生成的。

---

* 意识理论的一个重要分支。基本思想是：人脑由多个专属处理模块组成，这些模块需要以合作或竞争的方式，在全局工作空间中对新事物进行分析，以获得最佳结果，这个过程中就会产生意识。

阅读这段访谈令我感到不安。GPT-3 或多或少正确地掌握了我对这些问题的观点。尽管偶尔有瑕疵（人类比现代计算机简单？），但是许多在脸书上浏览过它的朋友都以为这是对我的真实访谈。公司的同事说，我听起来似乎情绪不佳。一个同事说，他认为过度使用“我认为”这样的措辞，暴露了我的情绪。我回应说，我在写作中养成了过度使用“我认为”的坏习惯。有些人开玩笑道，他们再也不能确信自己正和真正的我进行交谈。

实际上，GPT-3 创造了一个虚拟的我，愚弄了许多朋友和同事。我的虚拟版本是深度伪造的一个例子，或者至少是它的近亲。所谓深度伪造，指的是利用深度学习技术制造的虚假实体。

深度伪造一词通常用于指代虚假照片和视频，而不是虚假文本。过去虚假影像往往来自 Photoshop、三维动画（CGI）技术及其他工具，直到近期才发生改变。2016 年的电影《星球大战：侠盗一号》临近结尾时，莱娅公主的外貌就是深度伪造的一个例子。她看起来和卡丽·费希尔（Carrie Fisher）在 1977 年第一部《星球大战》中饰演的年轻角色相似。这个场景由三维动画合成技术完成。专业人士将 1977 年电影中费希尔的脸移植到挪威女演员英薇尔·戴拉（Ingvild Deila）的身体上。

外界对《侠盗一号》中的这一幕褒贬不一。三维动画合成技术有其局限性，许多观众发现，莱娅公主复制自她人的外貌，看起来不和谐，不真实。但是，仅仅 4 年后，业余爱好者运用公开的人工智能程序重复了这一场景，使莱娅的脸部与电影中的场景相匹配。许多观众认为 2020 年业余爱好者的版本远比 2016 年的专业版本更具说服力。

新版莱娅公主就是一个深度伪造的例子。深度伪造照片和视频由深度神经网络生成。这是一种互相连接的网络群，包含多层像神经元似的计算单元。这些网络可以通过深度学习进行长时间训练，各单元之间的连接在训练中进行调整，以对反馈做出回应。深度学习可以训练深度神经网络去执行大量任务，包括生成非常真实的图片和视频。通常，深度伪造图片和视频显示的是某人正在做从未做过的事，或者说着从未说过的话。有时，深度伪造图片和视频还会描绘一个从未存在的人。

人们可以在政治和色情文学这样的多元化背景中找到深度伪造作品。[2] 这些作品经常描绘口出狂言的公众人物。在其中一个作品中，巴拉克·奥巴马说："基尔蒙格（Killmonger）做得对。"奥巴马提到的这个人是《黑豹》系列作品中的反派角色。还有一个深度伪造的例子，唐纳德·特朗普出现在电视剧《风骚律师》（*Better Call Saul*）中，解释什么是洗钱。在 2020 年德里的一次选举活动中，德里的印度人民党利用这项技术制作了一段视频，展示该党候选人马诺吉·蒂瓦里（Manoj Tiwari）用哈里亚纳方言向人群发表讲话，但他其实不会说这种语言。

深度伪造技术有可能会快速发展。不久之后我们就无法将深度伪造照片和视频与真实照片和视频区分开来。它们也许会进入增强现实和虚拟现实世界。也许一个朋友会通过增强现实出现在我们面前，说着一些她从未说过的话。最终将会出现完全由深度伪造技术创造的虚拟现实，其目的是使人们相信他们身处一个从未涉足的地方。

深度伪造让我们产生了新版本的现实之问：深度伪造作品是真实的吗？既然我们认为虚拟对象是真实的，难道不需要同等看待深度伪造作品吗？此外，深度伪造作品还引出了新的知识之问：我们如何才能知道我们所看见的事物不是深度伪造作品呢？在深度伪造作品广为传播的情况下，我们能知道哪些图片或视频中的内容是真实的吗？[3]

欺骗性的新闻故事，现在常被称为虚假新闻（fake news），在这方面我们也面临同样的问题。欺骗性新闻故事的传播越来越常见，其目的是打击一些政治人物，为其他政治人物助力。对此，我们再次发出现实之问：虚假新闻是真实的吗？最重要的是知识之问：我们如何才能知道哪些新闻是虚假新闻？[4]

这些问题将贯穿21世纪20年代。我们是否身处母体式的环境中？这一类问题给很多人留下的印象也许只是有趣。但是，关于哪些新闻是虚假新闻的问题，就会让我们严肃起来，因为它们使得外部世界怀疑论的相关问题变得极具现实意义。

这里的问题无关笛卡儿的普遍怀疑论：一切都是虚假的吗？而是关系到局部怀疑论，即这是虚假的吗？这种事情确实发生了吗？因此，我回应普遍怀疑论的策略（详见第6章）也许在这里不适用。我不会宣称找到了解决局部怀疑论问题的普适性答案。不过，我们还是要看看能否针对深度伪造作品和虚假新闻造成的问题，提供一些有用的论述。

我会重点讨论本章标题所包含的问题。现代世界中具有批判精神的观察家能够免受深度伪造作品和虚假新闻的彻底欺骗吗？对此，我要提出一个有局限性的反怀疑论结论：理论上来说，至少在弱假设下，现代民主社会中具有批判精神的观察家能够免受媒体的彻底欺骗（也就是说，在广泛的问题上受到全面的欺骗）。我这样说，不是低估欺骗现象的严重性。在现实生活中，虚假新闻欺骗了许多人，造成破坏性后果，这一点几乎不用怀疑。即使是批判性的观察家在某些问题上也不能避免被欺骗。尽管如此，他们受到欺骗的程度是有限的。

为了解决这样的问题，我将从针对深度伪造作品的现实之问和知识之问入手。这两个问题分别是：深度伪造作品是真实的吗？我们能知道影像是不是伪造的吗？后面我会回应关于虚假新闻的问题。

深度伪造作品是真实的吗？

首先我们分析深度伪造作品与现实的关联性。第一个问题是，我们在深度伪造影像（图片和视频）中接触到的实体和事件是不是真实的。深度伪造版的奥巴马是真实的奥巴马吗？深度伪造版的狗是真实的狗吗？还是说，至少是虚拟的狗？它属于数字实体吗？

也许你会说深度伪造作品是一种虚拟现实。如果是这样，我所定义的虚拟现实主义适用于深度伪造作品，而且我必须说，深度伪造版的奥巴马以及狗、猫是真实的，其意义等同于说虚拟现实中的奥巴马以及狗、猫是真实的。从直觉上来说，这是一个奇怪的结论，不过我已经得出过一些奇怪的结论了。

幸运的是，这个结论不一定正确。标准的深度伪造作品完全不属于虚拟现实。回忆一下，虚拟现实是沉浸式的，具有交互性，由计算机生成。深度伪造作品满足第三个条件，并且很容易满足第一个条件。它们确实是计算机生成的，虽然现在还不是沉浸式的，不过我们可以非常轻松地想象出沉浸式版本：360° 的深度伪造视频，可通过头显设备来观看。然而，图片和视频不满足交互性这个条件。深度伪造图片和视频由一段混合影像或者一连串混合影像构成，不需要与其他事物进行交互。

目前大多数深度伪造作品不具有交互性，因此更接近于数字影像，而不是虚拟现实世界。重要的是，它们不包含得到充分发展的虚拟对象。它们所包含的也许是大致对应于某个对象的位模式，例如对应奥巴马或者特定的狗和猫。但是，这些位模式所对应的对象的虚拟版本不具备任何因果力。例如，虚拟现实中的奥巴马具有交互性，能够发表各种言论，做出各种动作，这取决于你和他如何交互。虚拟现实中的狗，甚至虚拟的球，也具有交互性。而深度伪造版的狗和球不具备交互能力，充其量能够表现为某种特定的形态。

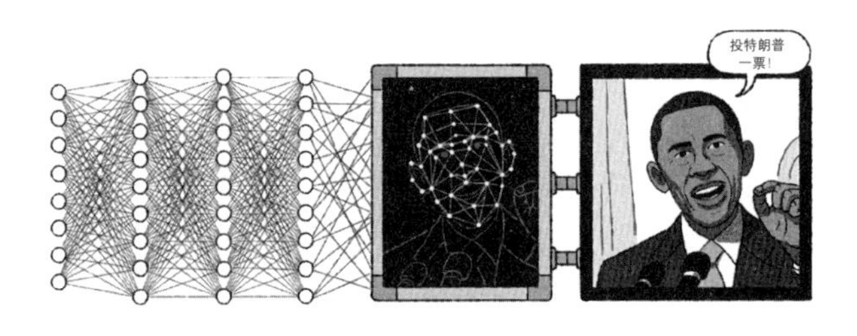

图 33　深度伪造版奥巴马。

具备完全交互性的深度伪造版虚拟现实最终还是会问世。我们已经看到现有的文本可以被用于训练 GPT-3，它能模拟与某人的对话，比如说，与巴拉克・奥巴马的对话。这种处理技术经过扩展，可以利用奥巴马的各种音视频记录来训练人工智能网络，使其外表和说话方式与不同情况下的奥巴马雷同。即便面对外界输入的全新信息，这个网络也能够按照其训练过程以合理的方式进行回应。该网络在某些情况下可能还不完美，难以令人信服，不过至少它是具有交互性的。

与此类似，人工智能网络还可以观察某个对象的整体环境，例如足球场或者教室，然后通过训练来模拟目标在大量不同条件下的状态。即使出现新的情况，这个网络也会产生某种反应。如果我们连接到这样的环境中，我们的体验将非常接近于在虚拟现实中感受足球场或者教室。

对于深度伪造版虚拟现实，我们该如何评价？深度伪造版虚拟足球是真实的足球吗？深度伪造版虚拟奥巴马是真实的吗？

我要说的是，整体而言，我们如何看待虚拟足球或虚拟奥巴马，就应该以相同方式来看待深度伪造作品。深度伪造版虚拟足球是真实的数字对象，具备类似于真实足球的因果力，包括（以虚拟方式）被人踢走和投掷、产生不同速度和轨迹的能力。另一方面，它不是真实的足球，后者由某些物料制成，具有特定的尺寸。虚拟足球不需要物理特性。

深度伪造版虚拟奥巴马是真实的数字对象，具备某些与真实奥巴马相似的因果力。如果深度伪造版虚拟奥巴马由近期出现的人工智能技术生成，它将失去奥巴马的许多因果力。深度伪造版奥巴马不会展现出真实的奥巴马所具有的智力和灵活性，因此它很可能不是有意识的存在，也不是人格化的存在。也许借助于数十年后的人工智能技术，深度伪造版奥巴经过训练，可以展现出真实奥巴马所具有的智力和灵活性。如果是这样，深度伪造版奥巴马可能会具有意识，或者成为人格化的存在。但是，这种深度伪造离我们还十分遥远。

深度伪造版虚拟奥巴马是真实的奥巴马吗？目前看来，近期的深度伪造对象显然还不是真实的奥巴马，就像机器人版本的奥巴马不是真实的奥巴马一样。不过由于先进的人工智能技术介入，这种状况将会发生改变。足够出色的模拟版奥巴马可能会成为真实奥巴马的一个连续体，也就是一种上传至网络的完全利用行为数据构建而成的奥巴马。有些哲学家认为上传至网络是对奥巴马生命的延续。如果这个过程在奥巴马过世之后很久才发生，也许模拟版奥巴马还可以被视作奥巴马的复活。另一方面，如果人工智能技术创造出高阶的深度伪造版奥巴马，而奥巴马本人仍然在世，那么大多数人会倾向于认为那不是真实的奥巴马。这一切产生了一些复杂的问题，我会在第 15 章进行探讨。

总之，我对深度伪造版现实之问的回答依据不同情况而有分别。短期来看，深度伪造作品也许包含真实的数字实体，但这些实体不具备标准虚拟对象或物理对象所具有的因果力。长期来看，人工智能生成的深度伪造虚拟作品也包含真实的数字实体，而这些实体具备与标准虚拟对象或物理对象等同的因果力。但是，对于这两种情况，我们都有可能认为深度伪造作品中的对象不是真实事物。深度伪造版奥巴马（很可能）不是真实的奥巴马，深度伪造版足球（很可能）不是真实的足球。这种现象足以引出一个关于知识的严肃的问题。

我们如何判断一段影像是否真实？

假定我们看见一段视频，看起来像是奥巴马在讲话。我们如何知道这是真实的奥巴马？我们能知道这段视频中的影像是真实的吗？这个问题适用于任何图片和视频，例如，我们如何知道一张瀑布的照片是不是真实照片？我们怎样才能知道一段关于暴力抗议的视频记录了真实情况？

正如哲学家雷吉娜·里尼（Regina Rini）所评论的那样，我们习惯于将影像作为知识的可靠依据。[5]如果我们怀有疑虑，那么眼见则为实，图片就是证据！但是，在深度伪造作品大行其道的时代，我们不能毫无保留地相信影像。到目前为止，通过非常仔细地查找破绽，我们还是有可能分辨出伪造影像和真实影像。可是随着深度伪造技术的发展，破绽越来越难察觉。不久之后，我们只有借助于高级算法才能查出破绽，不过到了那时，破绽可能已经完全消失。到那个阶段，我们根本没有办法通过检查影像质量来区分深度伪造影像和真实影像。

倘若影像缺乏信服力，我们就要警惕其真实性。如果一段影像显示悉尼海港大桥上下颠倒，那很可能是伪造的。如果影像显示伯尼·桑德斯（Bernie Sanders）支持共和党，那很可能是伪造的。但是，如果一段影像具有充分的先验可信度（antecedent plausibility），哪怕只是像日常奇闻逸事那样的可信度，上述方法就无效。

另一种极端情况是，如果你看到表兄弟山姆拍摄的一段普普通通的视频，内容无关紧要，那它完全可能是真实的，因为谁也不愿意耗费精力伪造这样的视频。一般而言，现在很少有深度伪造作品到处传播，所以我们有理由认为大部分影像是真实的。不过，随着深度伪造作品越来越常见，并且更加容易制作，它们将日益成为一个紧要问题。

长期来看，确定一段影像是真是假的唯一方法就是通过可靠的信源进行鉴定。如果一位你信任的朋友告诉你，她拍了一张照片，那么，你有很好的理由认为它是真实的。如果一家可靠的媒体发布一段视频，说是他们摄录的，那么这段视频很可能是真实的。与之相比，倘若我们发现路上有一张照片，或者在某政客的铁杆支持者的网站上看到一段视频，我们没有多少理由认为它是真实的。

在深度伪造作品随处可见的环境中，依靠鉴定手段也许是保护自己免受欺骗的最佳方法。当然，这个方法并非完美，例如，也许我信任的朋友和我开了个玩笑，或者他的邮箱账号受到黑客攻击。可靠的新闻渠道有时也会被愚弄，可能是不良分子占用了这个渠道，而我们并不知情；也可能是它被高明的骗术蒙蔽了。尽管如此，我们可以对信源建立过往记录，这样就有理由选择是否相信它。有些信源可能被其他可靠信源认定为可信，这样就扩展了我们的信任网络。不过，棘手的问题总是会存在，例如，如果所有的信源都具有误导性，我们该怎么办？我会对这个问题进行简短讨论。

无论如何，图片和视频只是外部世界的相关证据来源之一。如果事实证明我们不能相信它们，我们的知识会削减，但并不是全部知识都要作废。

一旦深度伪造虚拟现实可能实现，问题就会倍增。有些问题与虚拟现实的环境本身有关：我怎么能知道我确实是在和朋友们玩多人游戏《节奏空间》，而不是在一个深度伪造仿真环境中，机器人扮演了我的朋友？有些问题与正常的感知过程有关：当我认为我在和老板讨论一款即将上市的产品时，我怎么知道自己不是被急于偷学商业机密的竞争对手绑架到深度伪造虚拟现实中来呢？

我们的解决方案还是鉴定。为了避开虚假信息，你应该只连接自己信任的虚拟现实软件，只使用可靠的增强现实设备。可以加入一些虚拟元素，但应该限定在用户可理解的范围内。我们的规则是“在没有告知用户的情况下，绝不允许存在虚假的朋友和亲戚！”但是，在某些背景下，这些规则难以执行。举个例子，在社交类虚拟现实中，人们对自己化身的外表进行管理，而深度伪造制作者可能会创造出看起来像你母亲的化身。不过，鉴定手段仍然将是简单易行的，例如，你知道只有你母亲才使用的用户名，那就通过这个用户名对化身进行鉴定。

但是，我们仍然必须考虑极端情形。如果虚拟现实环境被外人接管或者遭到非法侵入，这种情况该怎么应对？如果没有任何信任的系统，你怎么办？如果有人侵入你的大脑，就像电影《盗梦空间》里那位毫无戒心的飞机乘客所遭遇的那样，你又该如何应对？

还有更糟糕的情形：如果你本人就是一个深度伪造对象，该怎么办？也许你的敌人根据视频记录和类似材料，仿照你的原型造出一个深度伪造模拟对象，现在正利用这个模拟对象来获取原型的信息。在电视剧《黑镜》的《白色圣诞》这一集中，警察利用相似的方法引导嫌犯认罪。你有办法知道你没有遇到这种情况吗？

对于这些问题，我没有普适性的答案。如果深度伪造虚拟现实是对原型的非完全模拟，那么用户应该有可能通过调查发现这一点。你可以与“母亲”互动，观察它是否知道你母亲应该知道的事情。你可以查看你的秘密记事本上的保密信息是否还在。你可以探索你的虚拟世界，以确定它是否完好无损。你还可以开展科学实验，看看结果是否符合预期。

倘若深度伪造虚拟现实是对原型的完全模拟，那么上述调查工作就会失效。我们已经明白，你不可能知道自己不在完全模拟系统中。现在我们要回到熟悉的话题上。如果你一生都在模拟系统中度过，它就是你的现实世界，你对世界的信念仍然是正确的。但是，如果你的虚拟现实世界最近被人劫持了，或者说你被绑架、被接入完全模拟系统中，你该如何应对？在这样的情形下，你对周围世界的信念有很大一部分可能是错误的，而你根本没有办法确认。

如果在一个世界里，劫持虚拟现实、绑架和接入完全模拟系统这些现象很常见，那么也许我们最佳的应对之策是采取预防措施，以避免陷入这样的情形。一旦深度伪造虚拟现实达到完全模拟的程度，我们就可以预期，保障计算机安全和人脑安全都会发展为成长性行业。

如何看待虚假新闻?

让我们回到21世纪早期的地球，在这里，我们要面对虚假新闻的现实问题：媒体制作误导性的新闻并进行传播，完全不顾真相。

虚假新闻的历史与新闻一样久远。有人可能指出，公元前31年，古罗马三巨头之一屋大维就参与了一场针对其对手马克·安东尼的虚假新闻运动，将后者描述为罗马的叛徒。1782年，美国独立战争期间，本杰明·富兰克林发行了一份伪造的报纸，上面虚构了一个美国人的头皮被送给英国国王和王后的故事。

“虚假新闻”这一术语在2016年美国总统大选期间成为热门。虚假新闻的典型例子也许是比萨门事件（Pizzagate）。这则新闻在选举之前就已经开始流传。相关报告指责希拉里·克林顿和其他民主党官员通过华盛顿特区一家比萨店管理着一个儿童性交易团伙。报道似乎最早出现在推特上，然后通过社交媒体和非主流新闻媒体广为传播。调查（暂且不讨论可信度）显示，此事件纯属虚构。

社交媒体激增起到了放大虚假新闻的作用。社交媒体允许读者向志趣相投的人传播误导性新闻，这些人持有各种各样的政治立场。现在“虚假新闻”这个术语本身就具有争议，部分原因是公众人物经常将不利于自己的新闻称为虚假新闻，以此来削弱特定新闻媒体的合法性。[6]但是，如同深度伪造作品一样，虚假新闻是一种令人担忧的现象。

虚假新闻不同于失实报道或错误报道。[7]试图报道真相的记者出现了错误，这是失实报道，不是虚假新闻。虚假新闻需要制作者具有欺骗意图，或者说至少是漠视真相。“点击诱饵”（clickbait）*之类的新闻网站为了推广自己，会编造新闻故事，而不在乎其真假。

针对虚假新闻，我们也可以提出现实之问。如果模拟系统的虚拟世界是真实的，那么虚假新闻召唤出来的世界也是真实的吗？虚假新闻类似于对虚构的世界的描述。它通常隐含着以讹传讹的主题（例如希拉里·克林顿是骗子！巴拉克·奥巴马出生于肯尼亚！），使人联想到一个隐晦的小说世界。不过这不是虚拟现实世界，因为它不是沉浸式的，不具备交互性，也不是计算机生成的。总之，通过虚拟现实主义论证，我们无法证明虚假新闻的真实性。

也许我们可以想象一个计算机模拟系统（称为模拟比萨门如何？），其目标是通过抽丝剥茧，揭露虚假新闻。这个模拟系统内部有一个模拟对象，我们称之为虚拟希拉里，它参与了在一家模拟比萨店内进行的罪恶活动。这种情况下，存在一个数字现实世界，与比萨门发生的世界相对应。但是，当我们提到“希拉里”时，谈论的是希拉里的原型，因此虚拟希拉里的罪恶行径完全不能证明针

* 此类网站利用吸引眼球的标题引诱读者点击链接，从而进入相关网站。

对希拉里本人的比萨门指控的真实性。极端情况下，假设我们的世界从一开始就是模拟了比萨门的世界，那么我们所谈论的虚拟希拉里确实就是罪犯，比萨门事件的新闻就不再是虚假的。不过，由于我们自己并没有居住在这样的模拟系统中，因此不存在模拟新闻使虚假新闻成真的风险。

针对虚假新闻的知识之问更加不容忽视。我们如何知道某个特定新闻是不是虚假新闻？如果我们无法知道，那么新闻媒体还能作为知识的源泉吗？

我们的确将新闻媒体视为知识的源泉。在现代社会，大多数人对大千世界的认知很大程度上来源于新闻。通过这种方式，我们认清政治形势，知晓其他国家和其他城市正在发生的事，了解危机和灾难。如果不能相信新闻媒体，那么我们的知识量就会远远少于我们以为自己拥有的知识量。

幸运的是，我们有办法区分真实新闻与虚假新闻。与深度伪造作品的情况一样，小问题和前后矛盾会暴露虚假本质。有时可以从新闻缺乏信服力来断定其为虚假新闻，有时又可以根据新闻内容的平庸断定其真实，因为没有人愿意耗费精力伪造这样的新闻。和前面一样，最重要的办法是通过可靠信源来鉴定。如果一则新闻来自值得信赖的信源，那就很可能不是伪造的。值得信赖的新闻渠道提供的新闻通常也会有错误，但这类新闻很少是完全编造的。其他有声望的信源，例如独立的事实查证渠道可以对新闻进行验证，它们的结论也能够提升我们对新闻准确性的信心。因为存在得到广泛认可的可靠信源，所以虚假新闻和深度伪造作品的产生还没有造成完全的混乱，如果出现那样的情况，就没有人知道应该相信什么了。

我们如何知道一个看起来可靠的信源的确值得信赖呢？仅凭连贯性还不够。虚假新闻可以做到前后连贯，表现得就像真实新闻。如果一个信源获得其他可靠信源的支持，这有助于提高其真实性，但我们仍然要想到，整个信源网络可能都不可靠。某些政治亚文化包含了相互关联的媒体信源所构成的网络，这些信源在网络中互相支持，但它们是不可靠的。[8]

在这样的亚文化中，许多人在许多事情上会受到欺骗。不过，对于批判精神十足的人来说，受骗程度有限。如果你可以充分接触互联网，很快就会明白许多信源与你所想象的信息相矛盾。此时，如果你再深入探究，通常就能发现某则新闻的某些部分是捏造的。

如果你是一个生活在严格控制信息的团体中的公民，会发生什么情况？也许你生活在那样的国家，只能获取国有媒体的信息；也许你是某个美国亚文化的成员，该文化禁止接触大多数媒体。在这样的情况下，要了解真相，难度更大。一个验证依据是你所接收的新闻与其他信源是否一致。可以作为这类信源的包括你通过感官获取的或者从所信任的人那里听到的信息。生活在这类政体中的人经常提供新闻具有误导性的证据，例如新闻说每个人都获得充足的食物，但你周围的人都在挨饿。当新闻内容涉及遥远的异国他乡时，人们更容易受骗。国有媒体可能向民众传播其他国家的虚假信息。不过，即使在这样的体制下，大多数人都知道新闻渠道受到严格控制，故而对它们的可信度提出怀疑。虽然这种怀疑不会让你知道什么是应该相信的，但也许会引导你对通过新闻了解到的信息持保留意见。

即便是保留自己的意见，也不是一件容易的事情。分析新闻的矛盾之处需要我们进行大量的批判性思考。但是，如果一个观察力非常敏锐、善于反省的思考者能够避开欺骗，那么我们至少可以找到一条路径来避开那些受到严格控制的媒体的欺骗。诚然，对虚假新闻持保留意见要好于被它欺骗，但更好的选择是知晓真相。可以认为，许多虚假新闻的目的仅仅是让民众感到困惑。德国出生的美国哲学家汉娜·阿伦特（Hannah Arendt）在其1951年的著作《极权主义的起源》[9]中写道："极权主义教育的目标从来不是使民众产生信念，而是摧毁产生信念的能力。"如果每个人都自然而然地保留对新闻的意见，那么这个策略基本上就取得了成功。

对我和许多读者而言，媒体并没有受到那么严格的控制。典型的民主社会公民借助互联网，能够接触无数的新闻来源和大量不同的观点。媒体中存在很多偏见和盲点，但往往也有持异议的信源揭露这些偏见和盲点。例如，经济学家爱德华·S. 赫尔曼（Edward S. Herman）和语言学家诺姆·乔姆斯基（Noam Chomsky）在1988年的合著《制造共识》[10]（*Manufacturing Consent*）中记录的美国媒体广泛持有的偏见也许是真实存在的，但这部立场鲜明的著作的主题就是揭露这些偏见。大量的媒体也许有能力去欺骗大量的民众，但是媒体圈作为一个整体，并没有受到极其严格的控制，还不足以对全体民众展开全面的欺骗。（据说亚伯拉罕·林肯说过，"你不能在所有时刻欺骗所有的人"。）当整个媒体圈都出现错误时，通常更应归咎于媒体的无知，而不是有意欺骗。

当然，你可以想象这样一种情形：在整个媒体复合体背后，有一些木偶大师，他们表现出开放的态度，实际上完全是为了欺骗大众。但是，要展开全面的欺骗，需要实施规模庞大、错综复杂的阴谋。要么像约翰·卡朋特（John Carpenter）1988年导演的经典影片《极度空间》（*They Live*）所展现的那样，这场阴谋必须骗过所有人，要么，就如同电影《楚门的世界》所示，所有的人必须合谋来欺骗个人或单个团体。

我们不能完全排除这样的大阴谋论，但对于这个问题，更恰当的做法似乎是像伯特兰·罗素那样诉诸简单性（见第4章），也就是说，我们有理由认为，这种极其复杂的阴谋与简单得多的日常世界假设相比，存在的可能性更小。也许关于虚假新闻的假设中，唯一简单合理的版本是：我们都是一个庞大的计算机模拟系统的一部分。这个版本又让我们回到了熟悉的领域。

现在做总结。有些人接触到的新闻来源受到严格控制，他们也许无法知道新闻的真假，不过经过一番努力，通常他们至少有能力知道一些信息是错误的，这样就会保持怀疑态度。而有些人，例如我和许多读者，看起来能够接触到海量的新闻来源，所以对我们而言，利用整个信源网络来判读新闻的真假，通常是可以做到的。我们不能完全排除极端情况，例如几乎所有的信息来源都是虚假的，但如果计算机模拟能力有限，这样的情况就会太过复杂，是不大可能发生的。

第5部分

心　灵

第 14 章

心灵与身体如何在虚拟世界里互动？

1990 年 2 月，我踏上了前往圣菲（Santa Fe）的长途旅程。当时我 23 岁，刚从印第安纳大学哲学专业和认知科学专业毕业。我和同学们已经对人造生命这个新领域有所耳闻，在这个领域，研究者试图创造或者至少是在计算机里模拟生命系统。同行的有 10 个人，分别来自哲学、心理学和计算机科学专业，我们合租了一辆厢式车，穿越横跨堪萨斯州、俄克拉何马州和得克萨斯州的大平原，行驶到新墨西哥州。我们的目标是参加人造生命领域第二届研讨会，它由具有传奇色彩的圣菲研究所举办，该机构主要研究方向是复杂系统。[1]

距洛斯阿拉莫斯国家实验室举办第一届人造生命研讨会才 3 年，但已经出现了很多在计算机上创造生命的方法，对我启发最大的方法是由开拓性的计算机科学家阿兰·凯（Alan Kay）设计的。凯的“生态缸”[2]（Vivarium）概念就是在计算机上模拟整个生态环境。这是一个由二维网格构成的简单的物理环境。网格中的每个方块由一个物体或一只动物占有。动物拥有简单的躯体，可以朝着不同方向，从一个方块移动到另一个方块，拾取物品。

生态缸世界有自己的“物理学”。简单的规则管理着这个二维网格世界以及其中的普通物体。它还有自己的“心理学”。动物们接受独立的规则，来控制自己的行为。尤其让我感兴趣的是，这里的物理学和心理学相互独立。这种独立规则的做法过去是，现在仍然是虚拟世界的标准做法。在这个世界中，有一套规则管理着普通对象，另一套规则控制动物的行为，两套规则都是用代码写出来的。电子游戏中的非玩家角色就像生态缸中的有机体，其行为由专门为它们制定的规则所决定。

图 34 近似于生态缸的人造生命虚拟世界。

我想知道，如果凯升级生态缸，使得其中的有机体越来越智能，开始探索自己的世界，什么情况将会发生？首先，它们会探索周边的环境，找出控制它们行为的“物理”定律。接着，它们会互相研究，分析出它们的“心理”是如何作用的。它们可能会假设自己拥有大脑。大脑作为物理世界的一部分，同样是由管理周围环境的法则所驱动的。不过它们将逐渐发现这一切都不是真实的。这些动物永远不会在其所栖息的环境中找到大脑，它们的心灵存在于物理世界之外。

我突然想到，这些动物在心灵问题上几乎肯定会成为二元论者。我们已经知道，勒内·笛卡儿是典型的二元论者，他相信心灵与物理过程截然不同。他认为思考和推理通过特殊机制与大脑相互作用发生在一个独立的、非物质的领域。今天，笛卡儿的二元论受到普遍否定。大多数人的想法是，我们的行为完全来源于大脑的物理过程。许多人认为，物理过程与非物理过程相互作用的观点毫无意义。

对于生态缸中的动物而言，情况有所不同。它们的物理环境，也就是二维网格世界，确实不包含它们的心理过程。它们的心灵世界有别于其躯体和物理世界。这些动物将成为二元论者，并长期保持这样的信念，因为没有任何证据证明它们的思想是错误的。[3]而且，成为二元论者，对它们来说是正确的选择。在它们的世界里，心灵和物质完全独立。

从我们的角度来看，生态缸里发生的一切都是物理性的。只不过，控制动物行为的物理过程的计算机进程与管理环境的物理过程的计算机进程截然不同。但是，从它们的角度来看，环境才算是物理性的，而自己的心灵有别于环境。它们会假设心灵与环境相互独立，在这一点上，它们是对的。

令我深感兴趣的是，有些人可以从这样简单的设置中总结出某种二元论。我们已经看到，有些人从许多包含非玩家角色的虚拟世界那里得出同样的二元论。人们经常说，二元论在某种意义上是前后矛盾的，但现在有一个简单而又具有自然主义风格的方法来证明二元论可能是正确的。如果在这样的世界里进化、成长，我们都将成为二元论者，并且从根本上说，我们都是正确的。

标准的虚拟现实环境会导向一种甚至更加强势的二元论。在这样的环境中，人类与虚拟世界进行互动。在模拟系统内部，虚拟现实的人类用户拥有虚拟的身躯，但用户的大脑仍在虚拟世界之外。这里同样存在虚拟世界特有的物理定律和完全独立的心理状态。无论何时，人类只要进入虚拟世界，立刻就会产生某种二元论思想，至少站在虚拟世界的角度来看，的确如此。

我们可以设想整个人类在一个虚拟世界中进化、成长，在那里拥有虚拟的身体，而大脑在虚拟世界之外。人脑所有的输入和输出只与虚拟世界有关，我们所观察到的事物总是来自虚拟世界，我们还为虚拟世界建立了物理学。然而，我们自己的行为受控于虚拟世界中不可见的来源，即大脑。从虚拟世界的角度来看，我们的行为完全不是由这个世界内部的物理过程决定的。因此，存在两种迥然相异的过程：控制着虚拟世界中大多数对象的虚拟物理过程，以及控制用户行为的心理过程。如果我们在这样的环境中成长起来，笛卡儿的理论就会被证明是正确的。这样一来，我们都将成为二元论者。

笛卡儿与心灵–身体问题

心灵–身体问题指的是：心灵与身体是怎样的关系？

心灵是我们的感知、情感、思想和决定所赖以发生的场所。看见一个苹果，感觉幸福，认为巴黎在法国，决定去看电影，这些都是我的心灵状态。

身体是我赖以栖息、有时也会施加控制的生物系统。它有一对下肢、一对上肢、一副躯干、一个头颅以及许多内部器官。身体有个部位对心灵尤为重要，那就是大脑，它接收我们的感官输入信号，决定我们的行为。

心灵–身体问题之一是，心灵和身体是同一事物吗？或者，这样问更好：心灵与大脑是同一事物吗？当我看见一个苹果时，视觉皮质里的一大群神经元就会被触发。但是，看见这个动作与神经元被触发是一件事吗？还是说，看见与神经元被触发是两回事？

二元论认为，心灵与身体有着本质上的区别。心灵是一回事，身体是另一回事。如第 8 章所述，心灵–身体二元论可以在许多不同文化中找到。[4] 非洲阿肯人的传统文化就支持一种二元论。波斯哲学家伊本·西拿（Avicenna）利用一个关于在天空飘荡的“飘浮者”的思想实验来论证自我意识不同于任何身体状态。

在欧洲传统文化中，笛卡儿明确阐述了经典的二元论形式。[5] 按照他的观点，心灵的本质是思想，而身体的本质是广袤，也就是对空间的占据。笛卡儿说，我们可以想象身体完全不存在而心灵存在的情形。他通过这种方式来为二元论辩解。

回忆一下笛卡儿的妖怪场景，妖怪让我们感觉它们仿佛来自外部世界。现在，想象在某种妖怪场景中，我们没有任何大脑或者说身体。我们必须想象一种纯粹的心灵。笛卡儿认为，他可以想象这种场景。他认为这表明他的心灵与其身体并不等同。他的论证过程大致如下：

1. 我可以想象我拥有心灵但没有身体；

2. 我不能想象我没有身体；

3. 结论：我的心灵不是我的身体。

通过类似的论证，我们可以证明：我的心灵不是我的大脑；我的心灵不是任何物理对象。

这个论证具有争议。许多哲学家回应说，想象并非现实的良师。特别是这种情况，我们经常可以想象两种事物相互独立，而实际上它们是一致的。例如，我可以想象一个不是克拉克·肯特的超人，但是超人就是克拉克·肯特。

尽管如此，对许多人来说，心灵与大脑相互独立，这种观点从直观上感觉似乎很有道理。思想看起来不像是大脑的物理过程，疼痛感也不像。这里的问题部分可归结于意识经验的特性（下一章将重点探讨这个话题），另外还可归结于人类行为的复杂性。莎士比亚的戏剧怎么可能纯粹由物质来编写呢？

笛卡儿认为，非人类动物，例如苍蝇、老鼠、鸟、猫、牛、猿类，都是无意识的自动机器，它们的行为是由物质构成的机械驱动的。他的观点是，某些人类行为本质上也是无意识的，可以做同样的解释。不过，他认为，还有某些人类行为不能这样解释，尤其是创造性的语言使用，这是纯粹的物质绝不可能实现的。只有非物质的心灵才可以像人类一样使用语言。

在 17 世纪，这属于合理的看法。那个年代过去很久之后，我们才知道大脑的复杂性，我们才拥有产生各种复杂行为的计算机。但是，即便在 17 世纪，人们也意识到二元论还有一些问题待解决。

最大的挑战是“互动”问题。非物质性的心灵和物质性的大脑如何能够互动？心灵似乎会影响身体。当我决定去散步时，我的身体就会开始行动——至少在某些时候是这样。身体似乎也会影响心灵。当某物划破我的皮肤时，我就会感到疼痛。表面上看，身体和心灵之间存在着持续的互动。但这是如何实现的呢？

众所周知，笛卡儿认为，非物质性的心灵通过松果体与物质性的大脑互动。松果体是一个位于大脑两个半球之间的微小结构，因此它有潜力成为意识的中央通道和联合中心。笛卡儿认为，人脑接收感官输入并对其进行处理，然后通过松果体将信息发送给非物质的心灵。心灵进行思考和推理，并决定要做什么，然后它通过松果体向大脑发送信号，大脑就会展开行动。

即使在17世纪，这也是一种略微值得怀疑的理论。很少有证据表明，松果体在我们的大脑过程或行为中发挥了任何特殊作用。今天，大多数神经科学家认为，松果体只在情绪处理方面起到微小的作用。此外，我们很难看到心灵和人脑如何通过松果体进行互动。人脑如何向心灵发送信号？心灵如何传回信号？非物质的心灵如何能够影响物质性的大脑？

波希米亚王国的伊丽莎白公主（Princess Elisabeth）第一个提出互动问题，她的问题也是最尖锐的。笛卡儿曾被聘为伊丽莎白的导师，两人长期书信往来，信件内容包含了丰硕的成果。伊丽莎白有敏锐的哲学头脑，如果存在一个平行世界，公主在那里被允许撰写哲学文章，也许她会拥有属于自己的重要哲学著作。她很敬重笛卡儿，但同时也催促后者回答最难处理的问题：

> 那么，请您告诉我，人类（仅仅作为具有思想的实体）的灵魂如何决定身体的意志，使身体产生自发移动。因为，移动的一切决定性因素似乎都来源于被移动物体的推进力，这种力要么是驱使它运动的事物的推力，要么由后者的特殊属性或表面形状产生。前两种情况需要物理接触作为必要条件，第三种情况需要延伸性。您关于灵魂的概念不满足其中一个条件（延伸性），而另一个条件（物理接触）在我看来，与非物质的属性不相匹配。

伊丽莎白的问题是：非物质的心灵如何能够移动物质？因为一个物体要推动另一个物体，需要二者产生物理接触，或者至少一个物体需要具有能够产生推力的表面。可是笛卡儿的非物质心灵不能满足这些要求。[6]

笛卡儿的回答闪烁其词，于是伊丽莎白继续写道："坦言之，对我来说，承认灵魂具有物理属性和延伸性，要比承认非物质心灵可以移动身体和被身体移动更加容易。"伊丽莎白否定了这一观点：无形的非物质心灵能够影响有形的身体。为什么不承认心灵也具有物理属性呢？

对于心灵–身体的互动问题，笛卡儿并无很好的答案。他虽然没有声称自己建立了关于人类心灵的最终理论，但是他认为人们有很好的理由相信心灵是非物质的，或许，在心灵学领域，非物质心灵的完美理论正蓄势待发。

正如历史所示，科学的进步使笛卡儿的二元论受到批判，特别是他关于人类行为的见解，受到的批评最多。

首先，由于计算机科学和神经学的进步，物理系统能够产生全部人类行为的观点，看起来不是那么令人难以置信。计算机的发展向我们展示了物理系统的信息处理技术有多么先进。神经学的发展揭示了人脑作为信息处理器，是多么复杂，多么令人震惊。综合以上发现，我们没有什么理由去否定这一观点：人脑可以决定人类行为。

其次，物理学向我们表明，在这个世界上，物理过程构建了一个闭环网络。物理世界发生的一切看起来似乎都可以找到物理上的原因。例如，只要有粒子移动，就一定是某种物质使它移动。考虑到这一点，要理解非物质心灵如何影响行为，并非易事。假设我的非物质心灵激发了我的运动神经元，使我的胳膊移动起来，那么在某个时刻，粒子必须独立移动（例如在神经元里移动），不依靠另一个物理系统。从物理学的角度来看，这种事件是反常的，违背了一般的物理定律。这样的违背现象将推翻这一普遍观点：诸如粒子这样的物理实体的行为完全由物理定律决定。

包括匈牙利物理学家尤金·维格纳（Eugene Wigner）在内的一些二元论者推测，心灵可以在量子力学领域发挥作用。[7] 在标准的量子力学表述形式中，“测量”扮演了核心角色。例如，粒子可以同时出现在多个位置，只有在测量时，才会具有确定的位置。如果从心灵的角度来理解测量，其中隐含着一种可能存在的作用：心灵驱使物理系统进入指定状态。我对这种量子力学二元论非常重视，甚至尝试过使之具备实质性意义。近期，在与新西兰物理学哲学家凯尔文·麦奎因（Kelvin McQueen）开展联合研究的过程中，我试图为维格纳的理论赋予数学上的精确性。我们这项研究得出的结论是，该理论值得认真思考，但是要面对很多困难。物理学家和哲学家的广大群体都拒绝接受量子力学二元论。

因此，今天笛卡儿的二元论不受欢迎，而唯物主义则大行其道。唯物主义仍然要面对重大挑战，特别是意识问题，我会在下一章探讨该问题。但是，人类行为所带来的难题基本上被攻克了。原则上，大多数哲学家和科学家认为我们没有充分的理由来断定人类行为无法用物理学来解释。

心灵-身体在虚拟现实中的互动

笛卡儿对我们所生活的这个物理世界的看法也许是错误的，但他对许多虚拟世界的看法是正确的。

以一款典型的电子游戏为例。大多数电子游戏，至少是那些略带真实感的三维虚拟世界游戏，其核心是一台物理引擎。这台引擎模拟关键性的物理特性，例如运动、重力以及物体碰撞时的相互作用方式。在《愤怒的小鸟》这款游戏中，玩家将圆乎乎的小鸟抛向猪群所居住的建筑物。该游戏采用简单的二维物理引擎来计算游戏对象在重力影响下的运动轨迹，并模拟对象撞击建筑时后者的反应。受到欢迎的太空模拟游戏《坎巴拉太空计划》（*Kerbal Space Program*）采用细节更丰富的物理引擎来模拟三维对象在外太空的行为方式。《第二人生》中的虚拟世界甚至允许用户直接设置虚拟对象的物理属性，测试不同的物理定律对对象的影响。

假设伊丽莎白和笛卡儿一出生就进入了其中一个虚拟世界，比如说，进入另类版《我的世界》所构建的完全沉浸式虚拟现实中。在“外部世界”中，两人被绑缚着，戴上了沉浸式虚拟现实头显设备。伊丽莎白和笛卡儿看到和听到的一切都来自头显设备，根源是虚拟世界。他们绝对不会看见或者听说外部世界。从他们的角度来看，虚拟世界就是他们的世界。他们游荡于这个世界，把化身当作自己的身体。他们在这里生活，与虚拟世界里的物体和其他人进行互动。

在这个场景中，伊丽莎白和笛卡儿也许研究了他们所在的这个世界的物理学。两人结合实验和理论，能够推导出控制普通对象行为的物理学原理，包括力学和重力的基本原理。

图 35 《我的世界》中的伊丽莎白公主和勒内·笛卡儿。

此刻，伊丽莎白可能对两个问题感兴趣：第一，人类是否只是这个世界中的一种物理对象；第二，心灵是否等同于身体。笛卡儿从行为的角度进行论证，声称没有任何物理对象可以完成人类能够完成的全部创造性行为。他支持二元论结论，即心灵有别于任何物理对象。伊丽莎白反驳道，她无法理解非物质的心灵如何与物理对象进行互动。她赞同唯物主义观点，即人类心灵不过是时空中的一种物理对象。

在这场争论中，从本质上说，笛卡儿是正确的！《我的世界》里的世界是一个二元世界。在这个世界中，控制普通对象的物理定律不控制人类的行为。人类心灵与虚拟世界中的对象有着本质的不同。它根本不在虚拟世界的三维空间里，而是在另一个空间，受不同的物理定律控制。

你可能会反驳说，这种情况下，决定人类行为的是人脑，这仍然是物理对象。因此，人类心灵具有物理属性，二元论是不存在的。我认为，正确的结论取决于我们站在什么角度：是外部世界的“外部”角度，还是虚拟世界的“内在”角度。

先说外部世界的“外部”角度。假设我们是一种生物，成长于外部世界，也就是模拟系统所在的世界。那么，对我们而言，物理世界就是我们周围的世界，一个包含相对论、量子力学等的世界。在我们的世界里，笛卡儿也是生物，被绑缚着，戴着头显设备，沉浸于《我的世界》。从我们的角度来看，笛卡儿的大脑是客观存在的，并且，他的大脑与虚拟世界的互动是一种物理过程。在这里，没有任何二元论的迹象。

再来分析“内在”角度。假设我们是一种生物，成长于《我的世界》中的虚拟世界。那么，对我们而言，物理世界就是我们周围的世界，它由物理引擎所生成的物理定律控制，这些定律要比外部世界的物理定律简单得多。在我们看来，笛卡儿的化身是物理对象，而他的大脑不是，不受我们的物理定律控制，且存在于上一级世界里。

现在的情况是，我们面对两个世界，各自具有不同的物理定律，一种是外部世界的物理定律（包含量子力学、相对论等等），一种是内在世界的物理定律（物理引擎）。相对于外部物理世界，笛卡儿的情况与二元论无关。而相对于内在物理世界，笛卡儿的情况就是二元论的体现。

尽管有这样的区别，但在这里，笛卡儿所说的“物理”主要是《我的世界》中的内在物理，所说的物理对象是《我的世界》中的对象，所说的空间是《我的世界》中的三维空间。笛卡儿的核心问题是，他的心灵是不是物理对象，就像其他人那样，栖息于同样的空间，被同样的物理定律控制。他似乎很清楚，自己的心灵在身体所栖息的空间之外，不受这个空间的物理定律控制。于他而言，心灵是非物质的。

当然，笛卡儿见多识广，也许会承认这样一种可能性：他的世界以某种方式存在于另一个世界的内部，那里拥有自己的空间和物理定律。从他的角度来看，这些也许可以被称为“元空间”（metaspace）和“元物理”（meta-physics）。他也可以承认这样一种可能性：他会在元空间找到自己的心灵，在彼处，它具有元物理属性。但是，这与在物理空间里找到具有物理属性的心灵是截然不同的。（对这种情形的全面分析离不开语言分析，对于不同世界中的人而言，像“物理”和“空间”这样的词汇也许具有不同的意义。我会在第20章回到这个话题。）

心与物在哪里进行互动？如何互动？在元空间内，答案非常简单明了：外部世界的人脑与身体利用计算机进行互动。但如果从笛卡儿的内在角度来看，这种互动又是在哪里发生的呢？笛卡儿的化身没有大脑，因此互动不可能在虚拟空间里发生。确切地说，笛卡儿的心灵直接影响他的化身，令后者移动四肢，驱使身体游荡于世界。从内在角度来看，仿佛存在一种非物质的意志，直接控制着我们的身体。

各种虚拟世界中的心灵和身体

到目前为止，我所探讨的虚拟世界似乎只包含一个物理引擎，并且只有少数人类用户控制着化身。实际上，大多数虚拟世界更加复杂。

首先，许多虚拟世界包含非玩家角色。表面上看，典型的非玩家角色是完全不受外部世界人类控制的人类生物。这些生物的行为方式与人类有些相似。它们可能会说话，会使用武器，为了实现显而易见的目标而在世界上游荡。其他非玩家角色包括动物、怪物、外星人和机器人，它们都表现出类似的以目标为导向的复杂行为。当附近一头富于攻击性的怪物发现你时，会向你移动。

控制非玩家角色的不是外部世界的某个人脑，而是计算机内部的算法。这些算法与控制虚拟对象活力的物理引擎的算法大相径庭。从内在世界的角度来看，非玩家角色的行为不是由标准的内在世界物理定律控制的，而是受制于心理学定律，例如目标导向行为定律。

从内在世界的角度来看，这些角色是物理性的吗？它们的身体当然是，但它们的心灵呢？我们假设，这些非玩家角色最终将拥有和我们一样复杂的心理。然而，无论内在世界的神经科学有多么发达，都不能直接揭示这个世界的认知机制，因为那里没有发现任何认知系统。诚然，外部世界的居民通过检查计算机中的算法，可以发现这样的机制，但对于内在世界的栖息者而言，这条路径不可行。在其能力范围内，它们最多通过观察内在世界的生物如何行为，推断出深层次心理的某些原理。与人类玩家的情况一样，非玩家角色的心灵存在于内在世界之外。从内在世界的角度来看，这些心灵是非物质的。

此外，非玩家角色的心灵有别于人类玩家。前者的心灵只存在于运行虚拟世界的计算机内部，而后者的心灵来自生物有机体，这种有机体与运行虚拟世界的计算机相互独立。这样的虚拟世界里至少有三种实体，分别是物理对象、非玩家角色和人类玩家，每一种都受制于对应的定律。这种情形不是二元论的一种形式，我们可以称之为三元论（trialism）。

事实上，真实情况还要更加复杂。我们已经看到，在大多数虚拟世界里，许多特定的虚拟对象具有特定的因果力。举例来说，一把枪的特有机制是用户可以拾起它并开火，汽车的特性是允许用户来操控它。在我们的日常现实世界里，枪和汽车的表现取决于某种深层次的物理定律，这种定律要么与汽车发动机内的机械有关，要么与枪的击发结构有关。但是在大部分电子游戏中，这些复杂的机械装置并不存在。汽车的移动和枪开火都是通过控制这些对象的特有算法实现的。

这些特有的因果力反映了怎样的哲学思想？二元论，三元论，还是四元论？也许，泛灵论[8]才是更好的类比。这种理论认为，物理世界中的对象都拥有激发活性的力量，也许还自带激发媒介。泛灵论在非洲、美洲、亚洲、澳大利亚和欧洲的本土传统文化中广为传播。所有文化都相信，至少如植物和动物这样的活性有机体具有激发生命的力量；有许多文化认为非活性的事物，例如岩石和云朵，也具有这种力量。当代科学界普遍否定泛灵论。但是，如果我们成长于《我的世界》这样的虚拟世界中，也许会从逻辑出发推测泛灵论是正确的，而从一定意义上说，这样的推测是对的。

不是所有的虚拟世界都需要区别对待物理对象和非玩家角色。有些虚拟世界是纯粹物理性的世界，在那里，模拟的物理定律控制着每一个对象。考虑到当前技术水平，纯物理模拟系统还没有足够的能力去模拟细胞这样简单的生物对象，更不用说诸如人类和动物之类的智能实体，但是毫无疑问，这种状况将会发生改变。

尽管如此，只要我们这样的生物与模拟系统中的虚拟世界进行互动，就会产生二元论元素。我们本身没有被模拟系统的定律控制，而是受制于外部宇宙的定律。当我们与模拟系统互动时，就会赋予模拟系统中的世界一种笛卡儿式的意义，也就是说，外部世界的心灵在与内在世界的身体进行互动。

《黑客帝国》提供了一个很好的难以解释的例子。尼奥的生物脑被放置在外部世界的培养舱里，但它不断地与模拟世界进行互动。矩阵母体构建的虚拟世界在极大程度上与我们的现实世界如此相似，以至于我们可以认为它是纯物理模拟系统。我们可以假设，母体世界里的一些科学家研究过那个世界的物理定律，发现它们与我们这个世界的物理定律非常相似，也许可以达到量子力学的水平。同样，有些母体世界的外科医生解剖人的身体，发现里面有生物器官。甚至还可以推测，母体世界里的神经外科医生打开头盖骨，发现内部有脑，接下来一些神经科学家还会开展人脑操控行为的实验。

尼奥在母体世界里拥有虚拟身体，包括一个虚拟脑。他在母体世界之外还有一个生物脑。二者如何互动呢？其中一个是冗余的吗？也许生物脑承担一切工作，而虚拟脑只是摆设。但如果是这样，虚拟脑就不必为了避免影响虚拟身体而与后者断开连接，从而导致虚拟的神经科学家产生怀疑，对吗？或者，也许是虚拟脑承担一切工作，而生物脑只是被动的观察者。但如果是这种情况，当生物版尼奥试图采取某种行动，而他的虚拟脑却命令他做其他事情时，难道他不会注意到这里有问题吗？

为了避免出现问题，最好的办法似乎是生物脑和虚拟脑同步。[9]虚拟脑接收到的每一个输入信号都被复制给生物脑，二者以完全相同的方式对信号做出响应。如果我们希望生物脑不仅仅作为一个被动的观察者，我们可以将它与虚拟身体的动作系统连接起来。也许当生物脑中的运动神经元被触发时，它的输出信号被传送给虚拟身体中相应的运动神经元，这样就会控制虚拟身体的动作。另一方面，如果模拟系统运行良好，生物脑中的运动神经元会像受到虚拟脑单独控制那样被触发。

这样的场景带来了若干问题。第一个问题：这是一个人还是两个人？表面上看，尼奥的生物脑像正常情况那样支持一个具有意识的主体。如果计算机进程能支持具有意识的主体（我会在下一章探讨这个话题），那么他的虚拟脑也能做到这一点。这些主体是一个人还是两个人？我们会忍不住说这是两个人，就像完全相同的双胞胎，保持绝对一致，但仍然是不同的人。

在丹尼尔·丹尼特的小说《我在何处？》中，生物脑和备份的硅基脑互相保持同步。[10] 二者都被用于控制同样的身体，偶尔会转换角色，轮流做主导方。一天，两个脑的想法产生了分歧。此时的情形完全相当于两个独立的人被连接到同一个身体上。那么，这是两个心灵始终并存呢，还是只有一个心灵，但随着脑的分裂而一分为二呢？这件事难以说清楚。有人可能一直争辩说，让两个脑保持同步的机制实际上使它们合并为一个系统，支撑着一个心灵、一个人，而不是两个人。与此类似，对于尼奥这个例子，我们也很难知道该如何解释。

这个例子让我们从全新的角度去理解《黑客帝国》。一直存在两个尼奥吗？生物版尼奥吞下红色药丸后，与母体断开连接。那么虚拟版尼奥，连同他的虚拟身体和虚拟脑，会有怎样的遭遇呢？也许他彻底蒸发了？每当生物版尼奥重新进入母体时，新的虚拟版尼奥就会被重新创造出来，二者始终同步，是这样吗？这有助于解释

《黑客帝国》的一个大秘密：当有人在虚拟世界中死去时，为什么他也会在外部世界中死去？答案也许是，两个脑始终保持同步。当一个脑死亡时，另一个也会随之而去。

如果我们希望在与基于物理定律的虚拟世界互动时，不会遇到这样的问题，那么，控制住自己的虚拟身体对我们而言就是合理的，因为虚拟身体缺少具备充分自主性的虚拟脑。虚拟身体也许有一个最小容量的脑，仅用于处理感官和运动神经信号。非虚拟脑的信号将控制虚拟脑和身体的行为，也许是通过虚拟的松果体实现的。

这一切都需要外部世界的心灵与内在世界的身体进行复杂的二元互动。尽管如此，模拟系统在其基础层面不一定是二元的。内在世界的物理和外部世界的心理都来自外部世界的唯一的物理过程。如果是这样，在基础层面我们就得出了一种一元论（只有一种本质），而不是二元论（两种本质）。外部世界的居民将这种一元论视为唯物主义，而内在世界的居民不会这么认为，因为外部世界的物质不是内在世界的物质。从内在世界的角度来看，真相也许可以被描述为中性一元论（neutral monism），即我们这个世界的心灵和身体还具有另一种本质。这种中性本质，即外部世界的物理，不是纯物理性的，而是具有元物理属性。

结论

本章的论证内容可以帮助我们清楚地思考模拟假设。我们在第2章看到，这个假设可以分为两类，一是纯粹模拟假设，指的是我们的认知系统是模拟系统的一个部分，二是非纯粹模拟假设，与第一类相反。传统的缸中之脑场景属于非纯粹模拟，与《黑客帝国》中的模拟相同。在本章中，我们主要关注这样的非纯粹模拟系统：认知系统独立于虚拟世界的物理定律。

我如果接受非纯粹模拟假设，就相当于接受笛卡儿的二元论假设，即我的认知系统是非物质性的，并与物理系统进行互动。我的心灵在虚拟世界的物理空间之外，并与我的存在于物理空间的身体发生互动。我的物理世界完全来源于计算机的位元，但是我的心灵与缸中之脑绑定在一起，后者不一定由位元产生。

前面，我论证了模拟假设会引出万物源于比特版创世假设。现在我们可以看出，非纯粹模拟假设会引出笛卡儿的万物源于比特版创世假设，即物理系统来源于计算机进程，由一个造物主实施完成，而我们的认知系统独立于物理系统并与之互动。实际上，非纯粹模拟的概念类似于万物源于比特版创世假设与笛卡儿的二元论的融合。与之相反，纯粹模拟假设会引出非笛卡儿的万物源于比特版创世假设，即我们的认知系统产生于物理系统，后者又来源于计算机进程，而这些进程是自我生成的。

我并不认为非纯粹模拟假设特别有道理。统计论证方法（见第5章）证明模拟系统普遍存在，如果你因为这个结论而认真思考模拟假设，那么上述推理有利于纯粹模拟假设。创建纯粹模拟系统是更加容易的事情（只要给一个世界设置好模拟物理定律，然后任其自主运行即可），而创建非纯粹模拟系统（你必须将心灵世界独立出来，并与模拟系统进行互动）则困难得多。如果你必须为每一个非纯粹模拟系统提供生物脑，就会遇到障碍，使非纯粹模拟系统的供应受到限制。只要纯粹模拟系统也可以支持人类这样的心灵（下一章会探讨这个问题），那么根据统计推理的结果，我们身处纯粹模拟系统的概率大于身处非纯粹模拟系统的概率。

此外，只要我们掌握合理的证据证明物理定律在我们的世界里构建了一个闭环网络，那么，它就可以证伪笛卡儿的假设和非纯粹模拟假设，或者说，至少可以证明上述假设的某些版本是错误的，这些版本认为，心灵对物理世界具有影响力。

尽管如此，模拟论证使我们有理由比过去更加严肃地看待笛卡儿的二元论。笛卡儿的二元论初看起来具有超自然的色彩，与人们对世界的自然主义思想相悖。但是，模拟论证向我们表明，笛卡儿的二元论完全可以是自然主义的，可以由外部世界的自然过程得出。模拟论证使我们将有神论与自然主义相结合，同样，它也让我们得出了自然主义版的笛卡儿的二元论。它还帮助我们战胜了伊丽莎白公主的反对观点，即非物质系统理论上不能与物理系统互动。非纯粹模拟假设为我们提供了一个模式，证明这种互动是可以发生的。

上述基于模拟系统的笛卡儿的二元论与我们掌握的关于外部世界的科学知识相一致吗？就物理而言，物理定律构建闭环网络这一观点是一个有吸引力的假设，不过确实还没有得到证实。现代物理学表明，也许有一些类型的力还未被发现。如果我们知道外部世界的过程偶尔影响基于计算的人体内部世界的物理过程，我们会感到惊讶，但是这个发现不会与我们的证据相悖。

就神经科学而言，我们知道，人类拥有非常高级的与感知、思想和行动紧密关联的脑，其处理能力非常强。非纯粹模拟假设的一些版本反映了这样的能力。其中一个略为夸张的版本是脑复制（duplicate-brain）假设，指的是外部世界中的非虚拟脑复制并覆盖了内在世界的虚拟脑。还有一个不那么夸张的版本认为，非虚拟脑与半自主的虚拟脑相连接，在关键时刻对后者产生影响，并控制其行为。诚然，我们几乎没有直接证据来证实这样的假设，但是也没有什么证据来证明它的错误。

非纯粹模拟假设暗示，笛卡儿的二元论至少符合我们对外部世界的科学认知。我并不认为非纯粹模拟假设是正确的，所以也不必论证笛卡儿的二元论的正确性。但是，模拟论证向我们表明，笛卡儿的二元论在某种意义上有可能是正确的。这一点本身就很有趣。

第 15 章

数字世界里可能存在意识吗？

在电视剧《星际迷航：下一代》的《人的衡量》（“The Measure of a Man”）一集中，剧中角色试图确定机器人 Data 是否拥有心灵。星际舰队的控制论学者布鲁斯·马多克斯（Bruce Maddox）想要拆解 Data，目的是从它身上学习技术。Data 拒绝了这个要求。马多克斯声称，Data 是属于星际舰队的财产，只是一台机器，没有权利拒绝。皮卡德（Picard）舰长认为，Data 拥有心灵，享受权利，包括选择自己命运的权利。

这一集争论的话题是，Data 是否具有心灵。皮卡德要求马多克斯说明什么是“心灵”，马多克斯回答：“智能，自我认知，意识。”在这些标准中，马多克斯很快承认 Data 具有智能。（“它具有学习和理解能力，以及应对新状况的能力。”）接着皮卡德有力地证明了 Data 具有自我认知。他问 Data 现在在做什么。Data 回答说，“我在参加一个决定我的权利和地位的合法听证会”，现场与它利益攸关的是“我的选择权，也许是我选择生与死的权利”。

争论的焦点落在了第三条标准上：Data 具有意识吗？令人惊讶的是，皮卡德没有直接证明 Data 具有意识，而是说：“你看，他满足你的三条心灵标准中的两条，现在，如果他满足第三条呢？如果他具有意识，哪怕是最低程度的，那么，他属于什么？”

即使没有证明 Data 是否具有意识，皮卡德的问题也足以赢得这场争论。裁判员说，根本问题是 Data 是否拥有灵魂。她不知道答案，但要求必须给予 Data 探究这个问题的自由。

图 36　Data 是具有意识的生命，还是哲学僵尸（philosophical zombie）？

关键的第三个问题没有人回答。Data 具有意识吗？或者说，Data 是哲学家所谓的僵尸（有时被称为哲学僵尸，以区别于好莱坞电影中的僵尸）？在哲学家看来，僵尸是一种表面行为与有意识的人非常相似的系统，但它从内在来说完全没有意识经验。皮卡德很可能认为 Data 是有意识的，也就是说，他具有内在的源源不断的自觉性感知、情感和思想。马克多斯想必认为 Data 是僵尸：他表现出智能，但是完全没有自觉性的精神生活。（很难描述僵尸是什么样的，因为从表面看，它们与具有意识的普通人一样。图 36

是一次尝试。）两人孰对孰错？

从更普遍的意义上说，一个数字系统有可能具有意识吗？或者说，只有人和动物才有意识？

当我们思考数字世界时，上述问题尤为重要。想想丹尼尔·加卢耶的小说《幻世 3》所描绘的虚拟世界。这部小说（正如第 2 章所述）是模拟题材影视剧的先锋之作。其中的虚拟世界是一个纯粹模拟系统，里面居住着大量拥有模拟大脑的模拟人。这些模拟人具有意识吗？如果答案是肯定的，那么不可逆地关闭这个系统就会是一次残暴的行为，一种大屠杀。它们如果没有意识，那就是数字僵尸。此时，关闭这个系统看起来不会比关闭普通的电子游戏更糟糕。

到目前为止，我们已经创造的虚拟世界都不包含具有人类那种复杂性的数字生物。在大多数虚拟世界中，人类用户的成熟度都远胜于其他各类生物，而数字非玩家角色看起来毫无头脑，很少有人会认为它们具有意识。不过，迟早会出现包含成熟度高得多的非玩家角色的虚拟世界，这些角色将拥有像人类那样复杂的脑。一旦出现这样的虚拟世界，我们将无法回避数字意识的问题。

上述问题在我们探讨心灵上传[1]（mind uploading）时更具重要意义。所谓心灵上传，指的是将我们的心灵世界从生物脑上传至数字计算机的一种尝试。许多人认为这是我们实现永生的最大希望。在电视剧《黑镜》的《圣祖尼佩罗》（“San Junipero”）一集中，生命接近生物意义上的终点的人可以选择将自己的脑上传至计算机，生成数字副本，然后将副本接入某个虚拟世界。这个虚拟世界承担了某种天堂的职能，人们在那里可以获得永生。

心灵上传引发了诸多科学问题。有些问题与上传系统的性能有关。这样一个系统可以产生与生物系统原型同类别的智能行为，或者展现相同的记忆和个性特征吗？我们确实能够对人脑进行足够精准的测量，以至于可以对其进行模拟吗？我们能够在数字系统中完美地模拟神经元吗？

如果这些科学问题可以解决，我们还会遇到更深层次的哲学问题。最深刻的哲学问题之一是意识。要将上传作为获得永生的途径，关键是上传系统应该具有意识。如果被上传的系统是无意识的僵尸系统，那么上传就不能作为延续生命的形式。它相当于毁灭生命，至少从有意识的心灵（conscious mind）这个方面来说是这样。大多数人会认为这种僵尸化过程不比死亡强多少。

另一个关于心灵上传的深层次问题是身份认同。如果我将自己的心灵上传至计算机，被上传的系统会是我吗？或者说，是一个全新的人，只是行为和我一样，类似于新生的双胞胎？如果我创造了一个上传版本的自己，同时保持生物原型不变，大多数人会认为生物版本的我才是我，而数字副本是另外一个人。当生物版本死亡、只有数字副本存留下来时，情况为什么会有不同？

实际上，上传行为产生了三个问题，与皮卡德所提的问题有相似之处。第一个问题与智能行为有关：上传版本和我行为相似吗？第二个问题与意识有关：上传版本具有意识吗？第三个问题与自我有关：上传版本就是我吗？为了证明心灵上传是延续生命的可行路径，我们必须对这三个问题给出肯定回答。

我会在后面对所有这些问题进行讨论，但重点主要放在关于意识的问题上。这个问题对于评估模拟假设尤为重要，因为如果模拟系统无法产生意识，那么我们从意识的角度出发，一开始就会否定纯粹模拟假设。

意识问题

什么是意识？意识是主观经验。我的意识是一种存在于内心世界的多声道电影，从第一人称视角来拍摄我的生活看起来是什么样的。

意识包含许多成分。我有对颜色和外形的视觉经验，对音乐和声音的听觉经验，对疼痛和饥饿的身体经验，对快乐和愤怒的情感经验。在我醒着的时间里，我不断地体验着有意识的思维，包括思考、推理、自言自语。我做决定，采取行动。这一切以某种方式整合为一种包容性状态的意识，构成了我作为个体所特有的意识经验。

宇宙中为什么会存在意识？物理过程如何产生意识？在一个客观世界里，主观经验如何能够存在？目前还没有人知道这些问题的答案。

为了研究意识问题，我成了一名哲学家。我的学术背景是数学和物理学：20 世纪 80 年代我在澳大利亚获得第一个数学专业的学位，后在牛津大学攻读博士学位，中途退出。我热爱这些领域，因为它们看起来是在处理真正根本性的问题。但是，我渐渐感觉到，大部分真正的难题已经被解答了，那些根本性问题也很好理解（至少当时我是这么猜想的）。也许这种想法是错误的，但这就是当时世界在我眼里的样子。

另一方面，似乎还存在毫无头绪的真正根本性的问题：意识问题。人类心灵看起来给科学留下了大量更加难以回答的问题，其中，意识问题似乎是最难的。意识是世界上最让人熟悉的事物，也是我们了解最少的。它如何适应这个物理世界？主观世界里怎么可能存在客观经验？无人知道答案。

当时我沉迷于这些问题，以至于决定放下数学，直接去研究意识问题。1989 年我离开牛津大学，转入印第安纳大学，在一个认知科学团队做研究。团队负责人是道格拉斯·霍夫斯塔特（Douglas Hofstadter），撰写过《哥德尔、埃舍尔和巴赫》（*Gödel, Escher, Bach*）以及其他书，都是我喜欢的。我学习了大量的认知科学知识，在人工智能领域做了大量研究，但意识仍然赋予我前行的激情。在我看来，直接处理关于意识的重大问题的最佳方法是借助哲学。于是，我成了哲学家，最后的博士论文也是关于意识的。这篇论文后来成为我第一本书：《显意识》（*The Conscious Mind*）。[2]

大约在 1994 年 4 月的时候，我在亚利桑那州图森（Tucson）市举办的第一届国际意识研讨会上做了报告。在报告中，我将解释意识的棘手工作称为“意识难题”[3]（hard problem）。这个名称迅速流行开来，传播速度比我说过的其他任何话都要快。人们撰写关于“意识难题”的书。剧作家汤姆·斯托帕德（Tom Stoppard）写了一部关于意识的戏剧，剧名就是“意识难题”。这一切的发生完全不是因为这个概念很激进，或者具有原创性，事实正好相反。[4]这个名称之所以传播得如此迅速，是因为一直以来每个人都知道意识问题难在哪里。这个问题已经被贴上标签，想要避开它，愈发困难。

为了解释意识难题，并与其他更加容易的问题进行比较，一种有用的方法是先分析皮卡德提出的两个问题——意识和智能——之间的关系。

什么是智能？大体而言，智能是复杂的、灵活的目标导向行为。如果一个系统只擅长实现一种目标，例如在国际象棋比赛中获胜，最多算是狭义智能（narrow intelligence）。如果一个系统能够通过合理的尝试来实现各种目标，我们称之为通用智能（general intelligence）。

到目前为止，许多现有的数字系统都展示了狭义智能。DeepMind公司开发的AlphaZero程序擅长国际象棋和围棋。自动驾驶汽车擅长导航。但是，现有数字系统中没有任何一种接近于通用智能。已知的唯一通用智能实体是人类，也许还包括其他一些动物。

我对智能的理解是，它是一个系统的客观属性，主要通过行为来体现。智能与系统如何感觉无关，而是与系统的客观过程及其导致的行为存在重大关系。

所以，我们对智能的理解远胜于对意识的理解。我们掌握标准方法来解释认知系统的行为。为了解释一个行为，你必须确定一种机制，指出它如何导致这个行为的发生。该机制也许是人脑里的一个系统，也许是我们认为人脑所采用的某种算法。因此，我认为解释智能和一般行为的棘手工作是“简单问题”。这些问题包括：我们如何导航？如何交流？如何区分周围环境中的物体？如何为了实现目标而控制我们的行为？简单问题并不是真的简单，有些可能需要一个世纪甚至更久才能解决。但至少我们知道如何着手解决。

智能与客观行为有关，而意识与主观经验有关。意识难题是解释主观经验的难题。所有的意识经验似乎都与拥有这种经验的意识主体相关联。这种主观性是导致意识难题如此棘手的部分原因。

我在纽约大学的同事托马斯·内格尔（Thomas Nagel）对意识的定义广为人知：意识就是作为一个系统所产生的感受。[5]我作为我自己，你作为你自己，各有各的感受。如果是这样，我和你就具有意识。大多数人认为作为一块岩石是没有任何感受的。岩石没有主观经验。如果他们是对的，那么岩石是没有意识的。如果按照内格尔所言，作为蝙蝠会产生某种感受，那么蝙蝠就有意识。如果作为蠕虫没有任何感受，蠕虫就没有意识。

许多人认为意识非常复杂，位于智能层次体系的顶层。有人认为它需要复杂的自我察觉形式。例如，在电视剧《西部世界》中，意识被描述为一个人对内心独有的声音的察觉。按照这个观点，只有人类或其他能内省的生物具有意识。我认为以这种方式思考意识是不对的。即便是看见红色或感觉疼痛这样简单的状态也证明了意识的存在。这里再次借用内格尔的定义，看见红色，感觉疼痛，都会产生某种感受，那么这些就是意识状态。这些状态不需要内心的声音，也不需要反省性的自我觉察。当然，对于那些内心会发出声音的人来说，这是其意识的一个方面。反省性的自我觉察也可以被理解为意识的一个方面。但是，这些不应该与整体的意识发生混淆。

即便是诸如看见红色或感觉疼痛这样简单的意识状态，也会引发意识难题。我的视觉系统在处理一个刺激源时，引导我将它界定为红色，此时为什么我有红色的意识经验呢？为什么看见红色会让我产生某种感受？在简单问题上效果良好的客观方法对于主观经验的作用就不是那么明显了。人脑有一种机制，引导我们将刺激源界定为红色，仅仅确定这种机制，并没有让我们明白为什么我们会有红色的意识经验。一般而言，对行为的解释并没有解释为什么行为伴随着意识。任何对脑过程的描述都似乎与意识之间存在隔阂。脑过程为什么会产生意识经验？为什么脑过程不会在主观经验完全缺失的情况下“贸然行事”？没有人知道答案。

神经科学和认知科学的标准方法都被用来解释行为，所以并没有使我们对意识难题有多少了解，充其量让我们知道了脑过程和意识存在相关性。神经科学家在他们所说的“意识的神经相关性”问题上正逐步取得进展。但是相关性不能作为解释。迄今为止，对于为什么这些脑过程会产生意识以及如何产生，我们还没有任何解释。

图 37　色彩学家玛丽［此处以玛丽·惠顿·卡尔金斯（Mary Whiton Calkins）为原型，她是 20 世纪早期一位顶尖的哲学家和心理学家］知道看见红色是什么感受吗?

我们可以通过一个思想实验来阐明意识特有的问题，这个实验是澳大利亚哲学家弗兰克·杰克逊（Frank Jackson）提出的。假设玛丽是一位神经学家。关于人脑中的物理过程以及它们如何对色彩做出反应，所有要知道的相关知识，玛丽都了如指掌。但是，她一生都在一个只有黑色和白色的房间中度过，通过书本、黑白屏幕以及其他设备研究世界。她本人从未亲身感受过颜色。红色、蓝色或绿色事物如何发出某种波长的光，如何影响眼睛和大脑，如何与人们产生联系，如何导致人们说出“那个仓库是红色的”之类的话，对于这些，玛丽熟悉所有相关的客观描述。然而，关于色彩，有一件最重要的事玛丽不知道，那就是：她不知道体验红色、蓝色和其他颜色是怎样一种感受。[6]

有关人脑的物理知识使玛丽知晓了各种关于色彩的事情，但没有让她明白色彩的意识经验来自何处。因此，意识经验的有关知识似乎超越了脑过程的知识。尽管这类知识仍然没有解释意识是什么，但揭示出为什么会存在问题。

我曾经遇到一个和玛丽一样的人。克努特·诺尔比（Knut Nordby）是一位患有全色盲的挪威神经学家。他的视锥细胞（负责处理色彩）不工作了。诺尔比并没有被这种疾病影响，而是成了心理物理学（研究知觉过程）专业人士，发表了多篇关于色彩的论文。他完全了解涉及色彩处理的脑系统。1998 年我遇到诺尔比时，他正在让斯坦福大学认知神经学家布莱恩·万德尔（Brian Wandell）扫描自己的脑部并进行模拟，观察他是否能够感受颜色。可惜，实验没有成功。"色彩的世界对我来说永远是一个谜。"诺尔比告诉我。[7]

在《显意识》一书中，我提出，以纯粹物理学术语来解释意识是不可能做到的。我的基本思想是，物理学解释非常适合解释行为，但终究只能解释行为。更准确地说，物理解释始终围绕客观结构和动力学，而且只是用更深层次的客观结构和动力学来做解释。如果是解答简单问题，这种方法很完美，但它不能解答意识难题。解答意识难题需要借助其他工具。

我在书中进一步提出，如果不能按照已有的基本属性（空间、时间、质量等等）和基本物理定律来解释意识，那就需要借助自然界中新的基本属性。也许意识本身就位于基本层面。你还必须承认存在更加基本的定律，也许是导致物理过程与意识相关联的定律。事实上，探寻意识科学的过程，就是探寻这类基本定律的过程。

自那时起，解答意识难题的方案经历了爆炸性增长。有些涉及导致物理过程与意识相关联的新的基本定律。有些理论将意识与信息处理联系起来，其他则将意识与量子力学相联系。近年来有一种特别流行的理论，即泛灵论[8]，指的是在整个自然界中，每一个物理系统内都包含一些意识元素。还有些理论更具还原主义意味，试图压缩意识难题，以便能够用物理术语来解答它。这种策略最极端的形式也许是错觉论[9]（illusionism），这种思想认为意识本身是错觉，由于某种原因，我们的进化史使我们相信，我们拥有特殊的意识属性，实际上并没有。如果这种理论是正确的，那就不存在意识，也不存在对意识进行解释的难题了。

意识难题还有许多可以讨论的地方，但现在我们先放在一边，来探讨一个更加狭义的问题：机器可能有意识吗？

他者心灵问题

我们很难确切地知道机器是否可能具有意识。一个原因是，任何实体都难以确定除了自己之外的其他实体是否具有意识。我根据自己的主观经验，确信我是有意识的。笛卡儿的“我思故我在”从意识角度来说就是，我有意识，故我在。不过，这只是解释了意识的一种情形，没有解释其他情形。

这就是哲学家所说的“他者心灵问题”（the problem of other minds）。我们怎么才能知道其他人也有心灵？怎么才能知道其他人拥有怎样的心灵？这是一个与外部世界怀疑论难题有同等地位的怀疑论难题。与外部世界的情形一样，几乎所有人都相信，其他人确

图 38　他者心灵问题：庄子、惠子和快乐的鱼。

实拥有心灵，我们有时确实知道他们的想法和情感。但是，如何才能确切地知道呢？

他者心灵问题有一个简单的版本，针对的是非人类动物。有一则著名的寓言故事，讲述的是庄子观察一些跳跃着的鱼，说它们很快乐。他的同伴惠子说："子非鱼，安知鱼之乐？"（"你不是鱼，怎么知道鱼是快乐的？"）庄子答道："子非我，安知我不知鱼之乐？"（"你不是我，怎么知道我不知道鱼的快乐呢？"）惠子回答说，对于这两种情况，他们都不知道答案，但庄子更加乐观。[10] 这则寓言被人们用来揭示许多道理，但是从根本上说，它出色地阐明了他者心灵问题：我们如何知道其他动物和其他人的心灵是怎样的状态？或者，按照托马斯·内格尔的说法，我们如何能知道作为蝙蝠或者其他人，是怎样一种感受？

他者心灵问题的核心是他者意识问题。[11] 也许我可以知道其他人拥有感知、回忆和行动能力，前提是我认为这些能力独立于意识。但是意识似乎是私有的、主观性的，这使得我们很难在他者身上观察到意识。你的行为也许向我暗示了，你是有意识的，你甚至会告诉我，你拥有意识，但是，这个证据有多大的说服力？一台无意识的机器人难道不能做同样的事情吗？

我们可以通过这样的提问来阐明他者心灵问题：我们如何知道其他人不是僵尸？正如我们看到的那样，哲学意义上的僵尸不是好莱坞式的僵尸，后者由死去的人变化而来。确切地说，它是一种生物，外观和行为就像普通人，但完全没有意识。哲学僵尸（以下简称“僵尸”）的内心是一片空白。僵尸的一个极端例子是完全复制有意识的人的身体，这样的复制品拥有相同的脑结构，但是没有任何主观经验。

很少有人认为僵尸确实存在。几乎所有人都相信，其他人是有意识的。但是僵尸这个概念本身足以引发他者心灵问题。我至少可以猜想某个人是僵尸，此人行为正常，脑部正常，但不具有任何意义上的意识。在我看来，以下想法丝毫不矛盾：可能存在一种生物，其身体结构与唐纳德·特朗普一模一样，却毫无意识。我要重复一遍，大多数人认为僵尸假设是凭空想象出来的，难以置信。但是，正如怀疑论难题的一般情况一样，这里的难题是，“我们如何确切地知道（这一点）？”

哲学家以僵尸做比喻，有许多用途。在《显意识》一书中，我用僵尸一说来反驳唯物主义。大致的观点是，如果僵尸是可以想象的，那么可以设想，可能存在一个世界，具有和我们这个世界相同的物理属性，但没有任何意识存在。不管怎样，我们的世界里存在意识，这意味着我们的世界（不同于僵尸世界）包含了某种超越物理结构的事物。其他哲学家针对意识的因果作用及其进化功能，借用僵尸来提出质疑。例如，倘若僵尸理论上可以完全模仿我们的行为，那么，为什么生物进化过程还要费力去创造意识呢？

僵尸论的以上用法引起了争议。有些哲学家认为我们其实不可能设想僵尸的存在，因为当谨慎地尝试这样做时，我们总是会遇到隐藏的矛盾。其他哲学家承认僵尸是可以想象的，但又认为现实没有多少来自我们能够想象到的事物。还有一些哲学家认为，我们自己可能是僵尸，因为意识是一种错觉。

在这场争论中，我没有借用僵尸论来为任何有争议的目的服务，只是提出了一个难题：我们怎么知道其他人不是僵尸？也许你已经有了答案。如果是这样，那就再好不过了！

如果我们从人类转向其他对象，他者心灵问题仍然存在。我们怎能确定狗是有意识的？就这一点而言，我们如何知道婴儿具有意识，又是何时产生了意识？大多数人认为新生儿具有意识，但是，我们如何确定呢？笛卡儿将狗视为自动机，也可以说是僵尸。过去人们相信婴儿出生时是没有意识的。许多年来，在为婴儿行割礼时从来不用麻醉剂，因为人们认为婴儿不可能拥有疼痛的意识经验，换句话说，他们认为，就意识而言，婴儿类似于僵尸。今天，这种观点被认为有悖常理。不过，还是老问题，要用确凿证据证明这是错误的观点，并非易事。

实际上，有一件事我们可以做，那就是找出意识的某些神经元标记或行为标记。就我个人或者说典型人类的情况而言，这些似乎是与意识相关联的物理状态，我们可以将它们推广开来，用于评估其他人的情况。也许最好的意识的行为标记是口头报告，例如某些人说他们感觉到疼痛。从我自己的情况来看，这些报告当然与意识有关联。一旦我们假定其他人都具有意识，自然就会推断口头报告也是其他人的意识的行为标记。但是，我们不能用口头报告来评估没有语言的动物和婴儿的意识问题。尽管如此，我们可以利用其他与意识相关的行为标记，包括疼痛的表现，这些也可以在动物和婴儿身上找到。我们还可以利用基于人脑的意识相关性，使之发挥类似的作用。所有这些都没有提供无可置疑的证据来证明其他系统具有意识，但至少提供了合理的论据。

他者心灵问题的完整解决方案也许需要一个完整的意识理论，它会让我们明白哪些系统具有意识，哪些没有，以及前者的意识是什么样的。现在还没有这样的理论。因此，目前在论证他者心灵问题时，我们必须依赖一些出自意识科学的实证性标记，一些将意识与行为相关联的前理论法则（pre-theoretical principle），以及关于去哪里发现意识的哲学推理。

机器人可以有意识吗?

机器意识问题是他者心灵问题的一种特别难以解答的版本。我们如何能够知道诸如《星际迷航》中的 Data 这样的机器具有意识呢？马多克斯坚持认为，Data 是一个没有任何意识的硅基僵尸。他的根本构造与我们截然不同，并且没有生物脑。因此，我们不能以脑过程作为意识的证据。当然，Data 的行为方式使得我们认为他有意识。这会产生相当大的心理力量，但是对于像 Data 这样迥异的构造，这种心理力量应该具有多大的证据效力，现在还不明确。

我将聚焦于一种类型的机器：对脑（例如我的脑）的完全模

拟。脑模拟系统是一种在计算机上运行的数字系统。只要我们可以确定，有一个数字系统具有意识，那么我们就知道，没有普遍性的理由认为数字系统不可能有意识，相反，可能性是存在的。与其他机器相比，模拟脑的优势在于与人脑的相似度最高，这会简化一些推理工作。例如，我们不需要通过完整的理论来理解哪些系统具有意识，因为我们可以从一个大家都知道的有意识的例子开始论证，这个例子就是我们自己。此外，脑模拟系统有助于阐释模拟世界和心灵上传问题，这是我们在这里思考数字意识问题的主要原因。

如何模拟一个脑？我们可以假定，整个脑，每一个神经元、每一个神经胶质细胞和其他细胞都得到了完全模拟。神经元之间的互动也被完全模拟。所有电化学活性以及其他诸如血液流动之类的活性得到模拟。如果脑中存在某个对脑功能产生影响的物理过程，它会得到模拟。在下文中，我会采用这样一个简化的假设：只有神经元需要模拟。如果去掉这个假设，前述一切仍然成立。

有人也许会说，对人脑进行模拟是不可能的。这里我要假设，人脑是一个物理系统，因此遵循可以被计算机模拟的物理定律。当然，目前的证据支持这两个假设。如果它们都是正确的，那么对人脑的计算机模拟就是可以实现的。这些假设不保证神经元层面的模拟的有效性。也许为了非常出色地模拟脑过程，我们必须深入到相应的物理层面。如有必要，物理层面的模拟足以使我们达到目标。

对于我们的目标而言，模拟脑这个例子有一个很大的优势。它引出了这样一种可能：我们也许会成为机器。[12] 由此，我们可以掌握关于机器意识的第一人称证据。如何才能成为模拟脑？仅仅创造一个模拟系统也许还没有解决问题。如果你的脑的本体仍然保持不变，它很可能会宣布自己才是原型。你可以尝试毁坏脑的本体，但是跨出这勇敢的一步，并不会解决身份问题。是你成了模拟脑，还是一个全新的人被创造出来？

成为模拟脑最安全的方法是分阶段进行，这个过程有时被称为逐步上传[13]。为此，我们可以一次模拟脑的一个细胞（或者一个区域）。我们将为每个细胞进行一次模拟，并设法使其通过受体和效应器与邻近的生物细胞互动。起初只有一些原始细胞会被模拟细胞取代。经过一段时间，会有大量原始细胞被取代，相邻的细胞能够完全以模拟方式开展互动。最终，你脑部的四分之一将得到模拟，然后是二分之一，接着是四分之三，直到出现完整的模拟脑。也许这个模拟系统将通过效应器与原型肉体相连接，又或者是肉体也会得到模拟。

我们可以设想上传过程将会经历数周时间。在最初的一些生物细胞被取代后，你要暂停一下。也许经过这番操作，你有些茫然，但除此之外感觉正常。模拟细胞的表现与生物细胞一样，表现出同样的行为，因此你的行为也是正常的。基于这种情况，你当然会说自己是有意识的。

假定模拟系统足够可靠，那么这样的情形在每个阶段都会出现。有人会问："你感觉如何？"你的回答是"还不错"，或者也许是"感觉饿了""感觉疼痛""感觉无聊"。现在再次假设神经元控制我们的行为，并且已经被完全模拟，那么，我们将预期看到模拟脑展现出与脑的本体非常相似的行为。

终于到了最后的阶段，你的脑已经完全被模拟系统取代。有人会再次问你："感觉如何？"你会做出相当正常的回答。如果模拟系统运行正常，你会说你是有意识的；如果被问到是否确定这一点，你会回答："是的！"（如果你是那种在上传发生之前确信自己具有意识的人，那么至少在这种情况下，你会做出肯定回答。）你很可能会说，在你看来，这是绝对令人信服的证明机器可以具有意识的证据。

美国哲学家苏珊·施耐德（Susan Schneider）在其2019年的著作《人造的你》（*Artificial You*）中对机器是否将具有意识以及意识在上传过程中是否能保留表示怀疑。[14] 对施耐德而言，如果被上传，她很有可能变成哲学僵尸。诚然，她会说“我仍然存在”，“我是有意识的”，但是，我们可以预期僵尸也会说这一类的话。

不过，我们可以针对施耐德之类的怀疑论者提出一些令人不适的问题。如果逐步上传保存了你的行为，却消除了你的意识，那么我们可以提问：整个过程中意识发生了什么？可以推测，只有少数生物神经元被模拟神经元取代时，你仍然具有充分的意识。而当四分之一或者一半大脑被取代后，就像图39描绘的那样，此时会怎样呢？你的意识是渐渐消失，还是突然完全消失？

图39　苏珊·施耐德逐步上传心灵。

在《显意识》一书中，我将这称为“渐逝的感受性”（fading qualia）论证，因为它关注的是这样一种观点：你的意识经验的品质（或者说感受性）也许会逐渐消失。看起来机器意识的怀疑论者也许会持有两种观点。

第一种观点，你的意识突然消失，也就是说，当只有一个神经元被取代时，你会从充分意识状态突变为无意识状态。这是一种奇特的不连续性，不同于我们在自然界发现的其他情形。如果一个神经元被替换，导致人脑很大程度上停止工作，那么也许意识就可能被关闭。但是，如果取而代之的是一个足够出色的模拟神经元，则脑的其余部分不会受到影响。因此一个微小的变化一定是独自发挥作用的。我们还可以进一步扩展这个例子：替换关键神经元的亚微观粒子，一次一个粒子，直到最终找到关键的夸克，它的替换导致意识被完全破坏。关键夸克假设似乎比关键神经元假设更不可信。更为合理的解释是意识逐渐丧失，而不是突然消失。

这个解释将我们引向了第二种观点：你的意识是逐渐衰退的，在某些时刻，意识减弱了，但还没有消失。也许你的原始意识的某些方面得以保留，某些方面不复存在；或者，也许所有方面都有些许损失。可是因为你的神经元被完全模拟系统取代，所以你的行为完全正常。在整个过程中，你会发誓说自己意识健全，具有正常的而不是逐渐消失的意识经验。那么，在这种情况下，像施耐德这样的怀疑论者一定会承认，在意识问题上，你受到了欺骗。在你的意识逐渐丧失的中间时刻，你仍然是具有意识的生物（不是僵尸），没有表现出任何明显的非理性。然而，你已经彻底与自己的意识失去了联系：你认为意识正常，实际上此时它正渐行渐远。这看起来也非常离奇。

还有第三种假设，可信度远远高于前两个：你的意识在每个阶段都保持不变，到模拟过程结束时仍然存在。该假设不像逐渐消失或突然消失的意识那样难以置信，不会受到前两个假设所遇到的那一类反对观点的质疑。不过，这个假设会推导出这样一种结论：模拟脑可以拥有意识。至少，当你通过逐步上传而成为模拟脑时，在这种特定情况下，模拟系统将具有充分的意识。

当论证深入到这一步时，我们自然就会得出结论：整体而言模拟脑可以形成意识，至少，在被模拟的人脑具有意识的情况下，这个结论成立。对于任何有意识的系统，我们可以实施逐步上传方案，产生对应版本的模拟系统。接下来，沿着这个思路所展开的推理表明，模拟系统是有意识的。我猜想有人可能会提醒，只有那些通过逐步上传而产生的模拟系统具有意识，这也许是因为这些系统将你的灵魂从人脑本体提取出来。但是，按照这种观点，模拟系统的意识将会参差不齐，还会引发这样的担忧：几乎任何一个系统都可能是僵尸，这取决于它是否依附于灵魂。以下观点看起来似乎更有道理：如果有一个模拟脑存在意识，那么任何对有意识的人脑进行模拟的系统都会存在意识。

结论

如果我的分析正确，那么，模拟脑就可以具有意识。更准确地说，如果一个生物脑系统具有意识，那么，一个对该生物脑进行完全模拟的系统也会具有意识，二者拥有相同的意识经验。

这个结论会影响模拟假设。在纯粹模拟系统中，通常会有大量模拟脑。我们的论证表明，如果原型世界里生活着许多有意识的生物，相应的模拟系统中会存在同样数量的有意识的生物，二者具有相同类型的意识。由此可见，我们的意识不排斥纯粹模拟假设，它对模拟和非模拟现实具有同等的兼容性。此外，我们现在有很好的理由认为意识是神经元中立的，所以模拟假设和模拟论证的一个重大障碍（分别见第 2 章和第 5 章）被清除了。

以上一切证明模拟心灵是真正的心灵，从而强化了以下观点：虚拟现实是真正的现实。在更广泛的层面上，这种强化有利于人工意识的发展前景，无论人工系统是否包含模拟脑。一旦我们知道一个计算机系统能够产生意识，就可以预期未来将会出现更多的此类系统。

最后，这一切使得心灵上传的前景更加光明。回想一下，心灵上传的三个潜在障碍分别是智能、意识和身份认同。上传系统的表现会和我们一样吗？现在看起来，只要我们的脑和行为受到能够被模拟的定律的控制，那就有可能是一样的。上传系统具有意识吗？我已经证明它可以拥有意识。显然，如果有人采取逐步上传，我们有充分的理由认为，在这个过程结束时，意识将被保留在系统中。

最后一个障碍，也就是身份认同，该如何理解？如果我将自己的脑上传至模拟脑，后者会是我吗？我认为这要视情形而定。一种情形是非破坏性上传，在这种情形下，脑本体在上传后仍保持活性，对此大多数人的直观感受是，我仍然存在，并保留了原型脑，而模拟系统是新生的独立的人。另一种情形是破坏性上传，脑本体遭到毁坏。这种情形的定性不是那么明确，但是许多人赞同，作为原型的那个人已经死亡，全新的人诞生了。[15]

延续生命的最好方式还是逐步上传。假设我的脑每天有百分之一被替换。第一天结束时，我还是原来的我。这种说法听起来是合理的。第二天结束时，我还是第一天结束时的那个人，因此也是上传过程开始时的同一个人，依此类推。发生在我身上的事情理论上与发生在正常生物脑上的事情毫无分别，后者的大量神经元同样可能会在长时期内被替换。一次性创造一个新脑也许会创造出一个全新的人，而逐步替换不会改变原型。

按照哲学惯例，任何事情都不是绝对的。但是，如果我有机会将我的脑上传至某个模拟系统，我倾向于逐步上传，因为这似乎是在上传过程完成后延续生命并产生意识的最适宜的方式。

第 16 章

增强现实会延展心灵吗？

在查尔斯·斯特罗斯（Charles Stross）2005 年的科幻小说《终端渐速》（*Accelerando*）中，主角曼弗雷德·马克斯（Manfred Macx）戴着一副眼镜，它接替脑部执行多项功能。眼镜储存马克斯的记忆，为他识别物体和人，收集信息，替他做决定。[1] 斯特罗斯写道："从某种现实意义上说，眼镜就是曼弗雷德，无论这台柔软的机器具有怎样的身份，只要他的眼球还在镜片后面，二者就是这样的关系。"

当曼弗雷德的眼镜被偷走后，他几乎陷入了无助状态。他又借来一副眼镜，将它与自己位于云端的"元皮质"（exocortex）相连接，以恢复部分功能。渐渐地，他的记忆和个性回归本体了。

目前我们还没有曼弗雷德的同款眼镜，但是数十年来技术确实在替代我们的脑执行部分功能。智能手机为我们记住电话号码和预约，地图软件为我们提供空间导航，互联网是我们大量知识的储存库，我们经常通过摄像机看世界，通过数字信息与外界交流。我们已经开发出便携式技术，这样一来，在大部分时间里我们都会携带技术同行，还会无意识地使用技术，就像使用自己的身体。

曼弗雷德那样的眼镜并非遥不可及。正如第 12 章所述，增强现实眼镜将计算机生成的图像投射到视野中，从而延展我们对物理现实的日常认知。

增强现实一个有趣的方面是，它会同时增强世界和心灵。我们已经知道增强现实如何通过在环境中添加虚拟屏幕、虚拟艺术和虚拟建筑来扩展世界。我已经证明，这些确实可以被视为外部现实世界的一部分。

增强现实更具吸引力的方面也许是它取代人脑执行某些功能的潜力。当有人走进房间时，自动识别系统可以为我们确认人员身份，在其旁边显示姓名。导航系统为我们导航，利用增强现实直接展现的视觉提示来显示前进方向。设计系统为我们设计空间，展示一座新建筑物如何改变邻近地区的样貌。日历系统为你追踪事件进展，告诉你下一步必须完成的计划。通信系统使你能够联系他人，将你和远方的朋友置于同一空间，就像面对面交谈一样。

实际上，增强现实技术成了斯特罗斯所说的“元皮质”——人脑之外的脑——的一部分。哲学家称之为“延展心灵”[2]（extended mind）。

延展心灵

1995 年，我和同事安迪·克拉克（Andy Clark）计划共同撰写一篇题为《延展心灵》的短文，指出我们使用的技术可以成为我们心灵的一部分。当时位于圣路易斯（St. Louis）的华盛顿大学启动了一个围绕哲学、神经科学和心理学的新项目，我们在这个项目中合作。安迪观察环境中的工具，例如笔记本、计算机，甚至包括另一个人，他对这些工具如何能够发挥与人脑某些部分几乎一致的作用深感兴趣。他认为，因为这些工具的存在，我们应该否定以下观点：心灵仅存在于颅骨内或皮肤下。他的观点引起我的共鸣，我提议通过论证来支持他的这一主张：世界上的物体可以成为我们心灵的一部分。我们两人都受到了英国进化生物学家理查德·道金斯（Richard Dawkins）1982 年的著作《延伸的表现型》[3]（*The Extended Phenotype*）的影响。这本书提出，进化的生物有机体可以延展到环境中。我们认为，同样的理论也适用于心灵。

图 40　安迪·克拉克的增强现实眼镜延展了他的心灵吗?

我们向三家顶级哲学杂志社提交这篇文章，很快就遭到拒绝，无一幸免。当时，人们认为我们的论证有趣、令人好奇，但过于激进，不值得认真考虑。计算机和笔记本确实是心灵的工具，但可以说是心灵的一部分吗？当然不可以。不过，这篇文章最终于 1998

年发表，人们渐渐开始注意心灵延展这一概念。到现在为止，相关研究经历了小规模的快速发展，涌现出数百篇关于延展心灵的文章和若干专著。[4]

那个时候，我们关于心灵延展的最重要例子不是计算机，而是一个不起眼的笔记本。我们以奥托为例。这是一个患有阿尔茨海默病的纽约人，在笔记本上记下重要事实，晚些时候再回想这些事实。我们将他与因加进行对比，后者以正常方式回想事实。一天，奥托想去现代艺术博物馆，于是他在笔记本上查找到地址，然后动身前往第 53 街。因加在脑中回想起地址，也出发了。我们认为，奥托的笔记本不只是记忆辅助工具，更是他的记忆的一部分，与因加的生物性记忆有着同样的意义。笔记本作为仓库，储存了奥托对世界的信念。他相信，博物馆就在第 53 街，因为这个信息写在他的笔记本上，正如因加相信这个地址的真实性，是因为它储存在自己的脑中。

图 41　因加和奥托：奥托的外部存储工具是其心灵的一部分吗？

20世纪90年代我们撰写这篇文章时，我在纽约大学的同事内德·布洛克（Ned Block）喜欢说延展心灵假设是错误的，但后来它被证明是正确的，主要原因是智能手机的出现和互联网的普及。在智能手机时代，一个曾经看起来荒唐可笑的假设现在已是显而易见的事实。我的手机当然是我的心灵的一部分！没有它，我甚至不能正常工作生活。互联网同样如此。网络漫画《xkcd》有一期的标题为"延展的心灵"，其中写道："当维基百科的服务器宕机时，我的智商下降了30%。"[5]

自然，很长一段时间以来，我们的部分环境承担了人脑的一些功能。第一次有人用手指来计数，代表了脑将由它执行的一部分计数过程移交给身体。第一次有人使用算盘，代表了脑将计算的工作移交给工具。第一次有人写下一些信息以备后用，代表脑将记忆的工作移交给书写符号。手指、算盘和书写符号都成为一个覆盖脑和身体的心理过程（包含计数、计算和记忆）的一部分。

笔记本和手指计数是延展心灵的很好的例子，但计算机对这个概念贡献极大。计算机时代的先驱洞察到了计算机对于延展心灵的作用。[6]早在1956年，控制论学者W. 罗斯·阿什比（W. Ross Ashby）就谈到计算机在"增强智能"方面的作用。1960年，在计算机领域富有远见的J. C. R. 利克莱德（J. C. R. Licklider）（此人是互联网之前的计算机网络设计者之一）发表一份题为《人与计算机的共生》（"Man-Computer Symbiosis"）的宣言，其中写道：

> 我们的希望在于，不需要很多年，人脑和计算机就可以密切合作，由此形成的伙伴关系将展现出人脑从未具备的思考能力，而它处理数据的方式也是今天我们已知的信

息处理设备所无法企及的。

始于20世纪70年代的个人计算机时代，使得台式计算机进入千家万户，距离利克莱德关于人脑和计算机密切合作的设想又近了一步。尽管如此，人类和台式计算机的结合仍然是松散的：无论何时，只要人类离开桌面，这种关系就会断开。只有在移动计算时代到来之后，随着21世纪第一个十年智能手机的横空出世，利克莱德关于人机紧密结合的设想才真正成为日常生活的一部分。我们的移动计算机无处不在。无论去哪里，我们都携带智能手机，它们几乎无时无刻不与我们连接。它们充当我们的存储器、导航系统和通信装置。它们还紧随我们遨游互联网，只需点击一两下，就会让我们获取海量的信息。人类、智能手机和互联网的结合无处不在，使心灵的延展经历了巨大的飞跃。

增强现实也许会成为超越智能手机的心灵延展工具。目前的移动计算机承担了一些运行增强现实的工作。我们必须启动这些计算机，找到正确的应用程序，搜寻信息。我们与它们的结合没有达到本可具有的紧密程度。说到延展人类心灵，无缝性非常重要。20世纪德国哲学家马丁·海德格尔评论道，使用锤子这样的工具时，最基本的情形是工具就“在手边”（ready-to-hand），这样我们在使用工具时几乎是不假思索的。[7]在这种情况下，工具成为我们身体的延伸部分。同样，诸如智能手机这样的工具越具有这种“在手边”的无缝性，就越有利于延展我们的心灵。

增强现实眼镜有望成为极具无缝性的工具。无论何时，只要我们需要，它们就可以立刻提供信息。如果我们正戴着眼镜，就不必去寻找它；一有需要，信息就显示在视野里。眼镜本身几乎不会被注意到。我们很容易想到这样一个未来：隐形眼镜取代传统增强现实眼镜，我们一整天都会戴着它。

那么，增强现实设备会延展怎样的心理过程呢？首先，它们可以更加无缝地延展智能手机能够延展的所有心理过程，包括记忆（如想起某人的生日）、导航（如到达博物馆）、做决定（如决定去哪里吃饭）、交流（如与朋友交谈）、语言处理（如翻译另一种语言）等等。但是，增强现实设备与我们的感知系统之间的沉浸式连接还为心灵延展提供了新的途径。

当增强现实与红外感应技术相结合时，我们就能够看见过去看不见的事物。如果它与人工智能技术结合，进行目标识别，我们就能够识别之前无法辨别的人和物。在这些情形中，增强现实设备发挥的作用近似于人脑处理色彩感知和目标识别的功能。我们的感知系统现在经过扩展，已经涵盖了增强现实设备。

增强现实也能够延展我们的想象力。第12章谈到，我们过去必须依靠内心的想象力来判断，沙发放在起居室里，看起来会是什么样子，而现在增强现实可以为我们做这件事。建筑师虽然已经长期利用各种设计技术来延展心灵，但现在增强现实为他们构思新建筑提供了极为有效的手段。借助于增强现实，我们不离开住所，就可以看到自己穿上新衣服或者剪一个新发型的模样。

增强现实设备绝非最后一种延展心灵的方式。它们仍然依靠正常的感知和运动来连接人脑和计算机。这类设备模拟我们的眼睛和耳朵，使我们看见和听见有关信息，从而影响大脑。我们影响这类设备的方式是与之交谈，又或许是移动眼球、嘴唇和手，设备会利用面部和手部捕捉装置以及监控神经信号的专用腕带等工具来捕捉我们的动作。必须依靠刻意的感知和动作，这一点降低了延展性识别的效率。不过，效率更高的心灵延展技术已经在开发测试中了。

近年来涌现出大量的脑机接口研究成果。传感器监控头部或者脑内部接口上的电流活动。计算机接收这些脑部传感器的输入信号，利用它来驱动行为。这样的脑机接口使得重度瘫痪人士能够通过思考来控制轮椅和假手。如果他们考虑前进，轮椅就会向前移动。这类技术仍有局限性，但在未来数十年内我们应该能够做到仅凭思考就与设备进行良好交互。也许它们会与人脑感知系统直接连接，绕过眼和耳，将信息传递给我们，完全不需要眼镜和屏幕。

到那时，心灵将无缝延展到我们的设备。我们只需要考虑想去哪里，脑机接口就会在我们的视野里提示路线，或者直接向我们的思维过程发送路线。同样类型的技术将会使我们毫不费力地无缝识别他人，或者进行复杂的计算。这类设备将真正作为固定装置而伴随我们，方式与曼弗雷德·马克斯的眼镜一样。

心灵延展的最后一种方式也许是心灵从人脑上传至计算机，正如前一章讨论的那样。当这种技术成为可能，就没有必要使用复杂的增强现实设备和脑机接口。我们将存在于计算机上。我们的“内在”过程能够与外部系统连接，就像两台计算机互相连接那样简单。届时，皮肤或颅骨将不再作为有机体的边界标志，“内在”与“外部”之间的界限将变得极其模糊。我们仍然拥有心灵，但谈论脑或者心灵的边界也许不再有价值。

延展心灵的论证

延展心灵假设主张，我们环境中的工具确实能成为心灵的一部分。许多人认为这个假设太激进了。反对者经常求助于以下观点：心灵是内在的，技术仅仅充当了它的工具。这个观点有时被称为嵌入式认知（embedded cognition），即心灵与其说延展，不如说嵌入了大大扩充其能力的环境网络。

到目前为止，我只是陈述了这个假设，没有真正地对其进行论证。在《延展心灵》一文中，我和安迪将关键性论证聚焦于两个人物身上：一个是奥托，阿尔茨海默病患者，通过在笔记本上做记录来记住事情；另一个是因加，她依靠的是生物性记忆。为了我们的目标，我将升级我的论证，其中涉及增强现实。

假设伊希和奥马尔生活在悉尼，两人都想去歌剧院。伊希没有任何技术相助。她脑海里想着歌剧院，回忆去那里的路线，然后步行前往。奥马尔就像曼弗雷德·马克斯，做任何事情都非常依赖增强现实眼镜。当他说出“歌剧院”三个字后，眼镜显示路线，接着他也步行前往。

图 42　在伊希和奥马尔想到悉尼歌剧院之前，两人都知道去那里的路线吗？

即使伊希没有考虑去悉尼歌剧院，显然她也认识去那里的路，因为这个知识一直在她的脑海中。那么，奥马尔呢？在他的眼镜展示去歌剧院的路线后，他知道怎么去那里，但在那之前呢？延展心灵假设认为，正如伊希一直知道去歌剧院的路，因为这个知识存储在她的生物性记忆中，奥马尔也始终知道这个知识，因为它存储在他的数字记忆中。数字记忆对奥马尔的作用恰如生物记忆对伊希的作用。

我们可以这样陈述这个论证过程：

1. 伊希的内在记忆是真正的知识；
2. 奥马尔的外部记忆发挥了与伊希的内在记忆相同的作用；
3. 如果内在记忆和外部记忆作用相同，则二者都被视为知识；
4. 结论：奥马尔的外部记忆是真正的知识。

结论是，奥马尔可以知道一些事情，即使这些事情没有储存在他的脑中，而是在增强现实眼镜中。也就是说，他的知识可以存在于外部世界。眼镜中的数字记忆是他的知识的一部分，因此也是他心灵的一部分。

这三个前提都是有道理的。但是，它们也是可以被否定的，这也是事实。对这些前提的否定引出了部分最重要的针对延展心灵假设的反对观点。

有人否定第一个前提，认为伊希在有意识地想到歌剧院之前，并不知道去歌剧院的路。这个观点的问题在于，它暗示人们不了解任何事物，除非他们正在思考某个事物。它不包含我们对思想和知识的标准描述，因此显得非常不和谐。当我们停止思考某个事物时，我们对它的认知并不会消失。我们的大部分知识存在于意识之外，但仍然是我们心灵的一部分。

在文中，我和安迪没有证明意识也会向环境延展，而是运用延展心灵假设探讨了心灵的多个方面，例如记忆和信念，但不包括意识。这一点很重要。哲学家布里·格特勒（Brie Gertler）回应说，这些其实并不是心灵的一部分，只有意识状态才是。但是，将心灵简化为意识，就会抹去我们建立身份所需的诸多元素。我们的希望和梦想，信念和知识，以及我们的个性，在任何特定时间大多存在于意识之外。

有人否定第二个前提，他们关注的是伊希与奥马尔之间的差异。两人存在差异，这是事实，但是从最后的结论来看，很难理解为什么他们中的任何一人应该被定义为知道路线或者不知道。其一，当奥马尔摘下眼镜时，他的数字记忆就不可获取；但如果伊希酩酊大醉，她的很多生物记忆同样不可获取。其二，有人可能破坏奥马尔的眼镜，但也可能有人（理论上）破坏伊希的脑。其三，奥马尔的数字记忆也许不像伊希的生物记忆那样能够与其他记忆进行良好的整合，但是非整合记忆仍然是记忆。其四，奥马尔的数字记忆包含其他人存储的信息，但为什么这部分信息因此就不合格，理由并不明确。如果一位神经外科医生在伊希脑中移植了记忆，这些移植物仍然是记忆，仍然是心灵的一部分。

第三个前提是关键性的前提，是有时人们所说的“对等原则”（parity principle）的一种形式。它指的是，如果内在过程和外部过程发挥了同样的作用，那么二者在心灵中地位相当。有人说皮肤或颅骨作为心灵的边界，具有特殊地位，所以对等原则不成立。对我们来说，这听起来像某种生物沙文主义，或者可以说是皮肤–颅骨沙文主义。皮肤或颅骨到底具有怎样的特殊地位，竟然能决定外部过程是否属于心灵的一部分？

对等原则意味着，当外部记忆发挥正确的作用时，它才真正是心灵的一部分。为了发挥这样的作用，外部记忆必须有效地附着在我们身上，这样我们就能够像获取生物记忆那样持续、可靠地使用外部记忆。而且我们必须像信任自己的记忆那样信任外部记忆系统。书架上的大部分信息不能算是我们的外部心灵（因为不能非常轻松地使用），互联网上的大部分信息也不是（因为可信度不够，并且经常不能充分利用）。不过，我们常用且信任的专用系统将延展我们的心灵，它们包括：奥托的笔记本、某种智能手机应用程序、增强现实眼镜。

在合适的条件下，他人也可以成为我们延展心灵的一部分。假设厄尼和伯特*长期生活在一起，厄尼的生物记忆不再有效地发挥作用，所以他依靠伯特来记住重要的姓名和事实。只要伯特总是随叫随到，且厄尼信任他，那么伯特就成了厄尼记忆的一部分。厄尼的心灵经过延展，涵盖了伯特。

利克莱德认为人类和计算机应该“紧密结合”，具体而言，就是需要信任和可用性。相对于笔记本，智能手机提高了紧密结合的程度，而增强现实又比智能手机更适合紧密结合。增强现实系统与人脑的紧密结合尚未达到它能够达到的水平，但是一旦实现了脑机接口和心灵上传，我们就会像依赖自己的生物记忆那样依赖这些外部记忆技术。

* 厄尼和伯特是儿童音乐剧《芝麻街》中的角色，二人为室友。——编者注

延展心灵的影响

利用技术来增强心灵是好事还是坏事？关于这个话题，多年来人们一直争论不休。2008 年，尼古拉斯·卡尔（Nicholas Carr）在《大西洋月刊》（*The Atlantic*）发表的封面故事用到了这样的大字标题："让我们变傻，这是好事吗？" 他的观点是，互联网阻碍我们独立思考。卡尔写道："网络似乎正在损害我的专注力和沉思能力。" [8]

这个观点在哲学领域并不新鲜。在柏拉图的对话录《斐德罗篇》（*Phaedrus*）中，苏格拉底探讨了两位古代神祇之间的一场辩论，辩论的主题是文字的发明是否使古埃及人更加聪慧，并提高了他们的记忆水平。苏格拉底似乎认为，文字是一个转折点，使情况变得更加糟糕。他借用神祇塔姆斯（Thamus）的话说道：

> 你的发明将会在学习者的灵魂中注入健忘之性，因为他们不会使用自己的记忆。他们会使用身外的书面文字，不再用内心去记忆……面对大量知识，他们只会旁听，毫无收获。他们看起来无所不知，实际上通常一无所知。他们会是令人厌烦的同伴，表面睿智，实则脱离现实。

苏格拉底继续指出，"即使最好的文字也只是对我们的知识的提示"，并且"只有按照公正、良善和崇高的原则来授课和口头传达……（知识）才会清晰、完美，具有严肃性"。也许这就是苏格拉底本人从不写作，而是依靠口述传统来表达哲学理念的原因。但是，他的理念又是因为柏拉图的文字而流传于世，这一事实多少有些讽刺意味。

延展心灵假设对技术持有更加积极的态度。文字可以增加我们的知识，改善我们的记忆，而不是削弱它们。与此类似，谷歌让我们变得更加聪明，而不是更加愚蠢。经过这些工具的增强，我们能够掌握更多知识，能够做的事情比过去更多。

诚然，如果这种增强能力被夺走，我们的生物记忆也许比过去更少。一旦周围摆满了书，我们就没有太多必要将思想储存在生物记忆里。同样，在互联网时代，没有必要记住地址和电话号码，所以，如果互联网关闭了，我们知道的信息也许比以前更少。但是，几乎所有技术都存在类似的情况。只要我们开始依赖汽车，走路和跑步的能力就会减弱。采暖技术使我们更加不善于抵御寒冷。如果有人拿走我们的书、计算机、汽车和家具，我们就会不知所措。然而，这意味着技术是不好的事物吗？书、计算机、汽车和家具在我们的生活中占据核心地位，在绝大多数情况下，它们让我们的生活更加美好，而不是相反。文字和互联网同样如此。

这不是说技术只有正面影响，每一种技术都有其消极面。印刷机被发明之后，莱布尼茨担心："书籍不断增加，其可怕的数量将导致我们倒退到野蛮时代。"汽车对环境造成了恐怖的影响。互联网带来了显而易见的神奇世界，也引发了显而易见的恐惧。

哲学家迈克尔·林奇（Michael Lynch）认为，尽管互联网使我们知道得更多，但也经常导致我们理解得更少。他写道：

> 今天，最快速、最轻松的掌握知识的方法是搜索引擎法[9]，其含义不仅是"通过搜索引擎掌握知识"，也指我们越来越依赖于通过数字方式来掌握知识。这可能是一件好事，但也可能削弱和破坏其他获取知识的方式，后者需要

从更加新颖、更加全面的角度去理解信息如何相互关联。

我相信这不是全部的真相。从我的经验来说，互联网包含大量能够让我们产生深刻理解的信息来源。林奇提出的问题同样适用于阅读，因为在书中寻找信息也不代表我们真正理解了这些信息。对于所有这些技术，我们可以浅尝辄止，也可以深入利用。一切都取决于如何使用技术。

增强现实会让我们更加愚蠢吗？研究表明，与依靠人脑导航相比，当我们为了到达目的地而使用地图软件时，大脑活跃程度更低。[10]但这并不令人惊讶，例如，当我们开车时，肌肉活动水平就会低于走路时。真正重要的是，利用增强现实来导航，效果更好还是更差。按照惯例，我们会有所损失。我们很可能对周围的空间产生一种不同的感觉。另一方面，增强现实也许会提供各种思考和利用周围空间的新方法。

延展心灵假设也许还会让我们重塑对道德和自我的认知。如果有人盗走我的智能手机，通常我们会认为此人是个小偷。但是，如果延展心灵假设是正确的，我们会认为此人的行为类似于袭击。如果手机是我身体的一部分，那么，打扰手机就是打扰我个人。这种倾向很可能随着我们对增强现实技术越发依赖性而增长。想想曼弗雷德·马克斯，由于眼镜丢失，他几乎完全丧失行为能力。也许到了某个时刻，我们的社会和法律规范需要变革，以承认心灵延展的合法性。

和往常一样，我们只能预期所有技术都会引发或好或坏的变革。但是，延展心灵假设至少指出了增强现实如何能够带来良性变化。技术引起的增强几乎总是具备使我们能力提升的潜力。如何利用这种潜力，由我们自己决定。

第 6 部分

价　值

第 17 章

你可以在虚拟世界里过上美好生活吗?

时间来到 2095 年。地球表面满目疮痍，核战争和气候变化引发一场灾难。你只能过着困苦的生活，躲避匪帮，避开地雷。你的主要愿望就是活下去。或者，你也可以将自己的肉体锁存在安保严密的仓库里，然后进入虚拟世界。

我们称这个虚拟世界为现实机。在现实机中，你的生活比在物理现实中舒适得多。这个世界更加安全，每个人都可以拥有大片未开发的土地。你的大部分朋友和家人已经生活在那里。这里存在大量的机会，人们能够建立社区，发挥自己的作用。

你面临着一个选择：是否进入现实机。

你很可能会说不，因为现实机只是逃避现实者的一个幻想。虚拟世界中的生活毫无意义，充其量就像陶醉在电影世界里，或者在电子游戏中浪费生命。你应该待在物理世界里，在那里，你可以拥有真实的体验，也许还能够真正有所作为。

你也可能说愿意。现实机的地位等同于物理世界。你可以在那里过着有意义的生活，就像在物理世界里一样。在前者的环境中生活，状况要远远好于后者。

这些答案体现了对于价值之问的两种不同回答。所谓价值之问，就是“你可以在虚拟世界过上美好生活吗？”

我的答案是：可以。理论上说，虚拟现实中的生活可以具有与非虚拟现实生活同样类型的价值。可以肯定的是，虚拟现实生活可能美好，也可能悲惨，正如物理现实中的生活一样。但是，如果是悲惨的生活，悲惨的原因不会仅仅来自其虚拟属性。

图 43 体验机中的罗伯特·诺齐克。

其他哲学家会做出否定回答。有人支持罗伯特·诺齐克发表于 1974 年的一篇寓言所给出的否定答案。[1] 这是一篇关于体验机的寓言，我们在第 1 章提到过（体验机与标准的虚拟现实相比，有几点不同，后面我们会谈到）。诺齐克写于 1974 年的著作《无政府、国家和乌托邦》主要论述政治哲学，支持自由意志主义（libertarianism），但他一直想否定某些关于怎样才是美好生活的观点。为此，他想象出一种产生体验的机器。下面继续引用诺齐克的文字，我们在第 1 章已经引用过部分内容：

> 你可以在他们提供的大型资料库或自助柜台中精挑细选，选择你的生活体验，时限自己定，比如说两年。两年后，你会有 10 分钟或者 10 小时离开水箱的时间，用来选择未来两年的生活体验。当然，你在水箱中时，并不知道自己身处其中，而是会认为你的体验是真实发生的。其他人也可以接入体验机，享受他们想要的体验，因此，没有必要为了给他们提供服务而断开与体验机的连接。那么，你愿意接入吗？[2]

加拿大哲学家詹妮弗·内格尔提醒说，诺齐克应该认真考虑以下想法：他确实是在体验机中。[3] 毕竟，诺齐克作为一位英俊的哈佛大学教授，著作受到广泛赞誉，这样的生活正是体验机可以提供的。尽管如此，诺齐克预计，大多数读者不会选择接入体验机。他说了三条理由。

其一，我们希望真正地做某些事情。我们希望写书，交朋友。在体验机中，我们只是拥有写书和交友的体验，实际上并没有做这些事。

在这里，诺齐克的深层次忧虑似乎是，体验机是虚幻的。至少可以说，我们在体验机中的行为是虚幻的。表面上我们在写书、交友，但这些都没有真正发生。从更广泛的意义上说，诺齐克的思路暗示，体验机发生的大部分事情都是一种假象。正如他在《被审查的生活》（*The Examined Life*，1989）中所言："我们希望自己的信念，或者说某些信念，是符合事实的、准确的；我们希望自己的情感，或者说某些重要的情感，是基于持久事实的、恰当的。我们希望与现实建立重要联系，而不是生活在自欺欺人中。”

其二，我们希望真正成为某种类型的人。例如，我们也许希望成为勇敢或者善良的人。在体验机中，我们既不勇敢，也不善良，不属于任何类型。我们只是不确定的二进制大型对象。

这里的根本问题也许是，体验机是预编程的。那里所发生的事情都是预先决定好的。当我们看上去是勇敢或者善良的人时，这只是程序的一部分。我们没有行使任何自主权，只是逢场作戏罢了。

其三，我们希望接触更深层次的现实。在体验机中，我们被限制在人造现实中。我们所体验的一切都是人工创建的。

这里的根本问题是，体验机是人造的。我们珍视与物质世界的联系，但是我们无法在体验机中建立这种关系，最多就是接触物质世界的模拟系统。模拟系统本身不来自物质世界，而是人造的。

这些拒绝体验机的理由适用于拒绝现实机中的生活吗？按照哲学家巴里·丹顿、乔恩·科格本（Jon Cogburn）和马克·西尔科克斯（Mark Silcox）的评论，体验机与标准的虚拟现实之间存在几个方面的差异。[4] 体验机与现实机之间，至少存在三点重要差异。第一，当你在体验机中时，你并不知道自己身处其中，但在现实机中时，你是知道的。第二，体验机预先编好程序，安排好你的一切体验，而现实机并非如此。第三，你是一个人进入体验机，而现实机允许朋友和家人与你共享同一个现实世界。

一旦我们清楚了这些差异，并且更广泛地了解虚拟世界的状况，我认为，诺齐克拒绝体验机的所有理由都不适合用来拒绝现实机和虚拟现实中的生活。

首先，虚拟现实不是虚幻的。我已经论证过，虚拟现实中的对象是真实的，不是假象。虚拟现实中的行为同样如此。虚拟世界里的人利用他们的虚拟身体来实施真实的行为。在现实机中，你可以真正地写作、交朋友。这些都不是虚幻的。电影《失控玩家》中的两个虚拟人之间的对话证明了这一点。一人问道："如果我们都不是真实的，这难道不意味着你所做的一切都无关紧要？"他的朋友回答说："我坐在这里，和最好的朋友在一起，努力帮助他度过艰难时期……如果这不是真实的，我不知道什么才是。"

诺齐克本人也许对此持怀疑态度。他在 2000 年为《福布斯》杂志写过一篇文章，将体验机涵盖的范围扩大到反映真实生活的虚拟现实。[5] 他说，虚拟现实的内容不具有"真正的真实性"。但是，如果我在本书中的论证是正确的，那么他的观点就是错误的，所以假象问题根本不是拒绝虚拟现实的理由。

其次，虚拟现实不是预编程的。[6] 通常情况下，它提供开放式结局。现实机的用户行使选择权，他的选择决定形势的发展。即使在《吃豆人》这样简单的电子游戏中，用户也可以选择从哪个方向开始游戏。在诸如《我的世界》和《第二人生》这样更加复杂的虚拟世界里，用户享有各种选择。最重要的是，从定义上说，虚拟现实具有交互性。用户的行为会影响到虚拟世界里发生的事情。因此，在现实机中，用户确实可以成为真正勇敢或者善良的人。

最后，虚拟现实是人造的，但大量非虚拟环境也是人造的。许多人生活在基本上由人建造的城市中，可是我们还是成功地过上了有意义、有价值的生活。因此，一个环境的人造属性不妨碍它有价值。诚然，有人珍视自然环境，但这似乎是可选的偏好，因为同样可能有人偏爱人造环境，这与非理性毫无关系。甚至对于偏爱自然环境的人而言，人造环境中的生活通常也是有价值的生活。

不过，关于生活的价值，诺齐克的体验机引出了若干重要问题。在下文中，我将探讨一些关于价值的哲学问题，然后分析虚拟现实中的生活能否具有价值。

什么是价值？

是什么成就了美好生活？是什么使一种生活优于另外一种？

这一类问题属于价值理论——价值哲学研究——的一部分。价值包括道德价值（对与错）和美学价值（美与丑）。但是，在本章中，我最感兴趣的是个人价值：对个人而言，是什么让某种事物变得更好或者更糟？

当有人提出“哪一个选择最有利于我”之类的问题时，个人价值（有时被称为“个人福祉”或者“个人效用”）问题就被摆在了台面上。例如我从纯粹自利的角度考虑要成为哲学家还是数学家，意味着我想知道这两个选项哪一个更有利于我。这类问题不仅适用于人生抉择，也适用于所有的日常决定，例如早餐吃什么。当然，在我们做决定时，通常考虑的不只是自己，还有他人。但是，即使我们谈到什么最有利于他人，实际上这还是个人价值；对他们而言，什么是更有利的或者更糟糕的？

道德价值和个人价值存在关联。许多人相信，从道德上说，我们应该尽可能地避免危害他人。有些人态度坚决，他们相信，任何时候，只要可以轻松地帮助他人，就应该这么做。还有人更坚定地认为，我们应该花费更多精力救助他人，使其免受饥饿和疼痛。一种行为是否正确与它对他人创造的个人价值之间，似乎存在某种联系。话说回来，道德问题，连同社会和政治问题，是后面两章的主题，现在暂时搁置一边。

在本章中，当我问起什么成就美好生活时，真正的问题其实是：是什么为个人自身带来美好生活？一种可能的情况是，对于许多人而言，个人过上美好生活意味着还需要道德高尚的人生，但是刚开始的时候，我们无法做出这样的假设。

对于是什么让某人过上美好生活这个问题，也许我们可以先回答以下问题：是什么让某人享受到某种利益？

自古希腊时期以来，人们经常用一种被称为“享乐主义”的哲学思想来回答这个问题。享乐主义的一个简单版本是，某种事物非常有利于某些人，以至于它只会给这些人带来快乐，不会有任何痛苦。美好生活应该是快乐比痛苦多出合理的差额。19世纪英国哲学家杰里米·边沁甚至提出了一个“享乐主义运算式”，用来评估快乐状态。这个运算式测量不同维度的愉悦状态后，对某种事物的美好程度进行量化。

享乐主义的这个版本也许太简单了。快乐是美妙的，但是经常流于表面。快乐的生活很可能转变为通常意义上的享乐生活，一种肤浅的生活，以食物、酒和性所带来的欢愉为核心。边沁说过一段著名的话，快乐的来源不重要，“抛开偏见来看，用图钉做游戏所产生的价值，等于以音乐和诗歌为代表的艺术与科学所产生的价值”。室内游戏带来的下里巴人式的快乐与文化追求带来的阳春白雪式的快乐数值相等。一些哲学家嘲讽边沁，说他的观点是“适合猪的哲学”[7]，因为一头猪可以体验的快乐和人类一样多。

要评价边沁的享乐主义，我们应该深入思考一下快乐机（pleasure machine）。与诺齐克的体验机不同，快乐机不需要模拟复杂场景。科幻小说家拉里·尼文（Larry Niven）所说的“头脑连线”[8]（wireheading），只是模拟人脑内部的愉快中枢，这样用户始终会体验到极大的愉悦。边沁的享乐主义观点认为，在快乐机中度过一生要比普通的人生美好得多。但是大多数人不同意这个观点。偶尔使用快乐机，也许能带来美妙感受，可是如果整个人生都在那里度过，那就会一生穷困潦倒。

其他享乐主义者思考的不只是简单的快乐。与边沁同一阵营的约翰·斯图尔特·穆勒认为，更高级的快乐，例如来自艺术和理解知识的快乐，远比吃饭、喝酒和性生活这样的低级快乐更重要。享乐主义一种更广泛的形式有时被称为“经验主义”（experientialism），该理论认为价值的基本目标是意识经验。有些经验，例如快乐、幸福和满足的经验，是积极的。其他经验则是消极的，最明显的是肉体疼痛、情感痛苦和挫折经验。经验主义认为，有些事物非常有利于某些人，以至于只会给他们带来积极的经验，而没有消极的经验。美好生活应该是使积极经验与消极经验之间的差额达到合理区间的生活。

诺齐克进行关于体验机的思想实验，目的就是探讨这种形式的享乐主义。体验机超越了快乐机，因为前者提供给使用者的不只是快乐，还包括其他各种体验。诺齐克反对经验主义者的以下主张：生活的全部重要价值在于人们“从内心出发”对自己的经验有怎样的感受。他证明，在体验机内，你拥有的积极经验比在体验机之外更多，但是，生活在体验机之外比生活在其内部更合适。所以，经验主义是错误的。经验不是生活的全部重要价值。

有一种关于价值的另类理论，即“欲望满足（desire-satisfaction）论”。该理论认为，美好生活就是欲望得到满足的生活，也可以说是一切都顺心顺意的生活。重要的是，我们的欲望超越了我们的经验。如诺齐克所言，体验机证明了我们想要的不仅仅是拥有做某件事的经验，更想要真正地去做这件事。当世界如我们所愿时，我们的生活就会变得更加美好，即便这并不影响我们自己的经验。

另一个思想实验也可以得出这样的观点。假定对你而言，建立一夫一妻关系非常重要，并且你和你的伴侣在这个问题上达成一致。但是，伴侣经常违背这个约定，并很好地隐瞒了证据，导致你从未怀疑。你感觉很幸福，就好像你的伴侣非常忠诚一样。享乐主义认为，与不忠诚的伴侣一起生活，幸福程度等同于与忠诚伴侣一起生活，因为二者的经验是一样的。对许多人而言，这看起来是一个错误的结论。如果对你来说，伴侣的忠诚很重要，那么，和不忠诚的伴侣一起生活就不会那么美好。即便从未发现不忠诚的行为，你也不会幸福。

我们在意经验之外的事物，而且我们所在意的事物很重要。从这个意义上说，我们希望自己的伴侣忠诚。满足此欲望的生活比不满足的生活更美好。这个结论与欲望满足论的预测相一致，但与享乐主义相悖。

在欲望满足论看来，价值基本上是主观的。价值来源于我们的欲望，而我们的欲望很大程度上取决于我们自己。我们可以换一种说法来表达这个观点：珍视产生价值，也就是说，对某事物的珍视使得它变得珍贵。所以，美好生活指的是，我们拥有我们珍视的一切事物。从更广义的角度来说，美好生活指的是，世界如我们所愿。

也许你认为欲望满足论使价值的含义过于主观。美国哲学家约翰·罗尔斯（John Rawls）曾经想象过某人最大的愿望是给草叶计数。如果数草叶的人的愿望得到满足，他真的会过上美好生活吗？有人认为，他将错过大量的价值来源，包括知识、友谊、快乐等等。即便数草叶的人对这些没有欲望，也可以认为，他的生活将因为没有这些而变得糟糕。与此类似，我们很难确定，杀死一个求死的年轻人，就会使他成为最幸福的人。

关于价值的第三种观点是社会价值论。这是专属于非洲的乌班图（Ubuntu）哲学思想，其核心理念是，一切价值来源于与他人的联系，如一句乌班图格言所言，"人因他人而成为人"。这种乌班图思想拒绝接受享乐主义和欲望满足论观点所体现的个人主义，主张以人与人之间的关系来定义价值。重要的是友谊、社群、尊重和同情心。这些才是价值的真正源泉。

我们可以反驳说，有些价值超越了社会关系。也许一位隐士因为冥想而活得有价值。尽管如此，社会价值论提供了一种合理的方法，用于确定许多人认为体验机所缺失的部分。在那种机器内，你所缺失的是与他人的真正联系。但是，在虚拟现实中，可以存在与他人的真正友谊、真正的社群和真正的乌班图式关系。我想说，如果新冠肺炎大流行期间我与哲学界同事在虚拟现实中相遇，我们会建立乌班图式的关系。

最后一种关于价值的观点是目标清单（objective-list）论。该理论要求将价值的基本来源列出一份清单，例如知识、友谊、满足感等。只要你获得更多知识、友谊，以及清单上列出的其他条目，生活就会更加美好。主观上是否需要这些特定的事物，无关紧要，因为任何人只要拥有它们，都会享受到益处。

目标清单论可以将快乐、欲望满足和人际关系都列入美好事物清单，这样就能吸纳前三种理论中的一些真知灼见。不过，还有一些悬而未决的重大问题。例如，清单上有哪些条目？这些条目有什么共同基础？这里隐藏着艰难的选择。如果所有条目存在某种共同基础，将价值目标联系在一起，那么，这不就是价值的最终来源吗？另一方面，如果没有任何基础将它们联系起来，那么这个清单不就是大多数人都认可的事物的临时组合吗？不管怎样，目标清单论至少具备足够的灵活性，可以吸纳关于价值来源的诸多不同观点。

虚拟现实缺乏哪些美好事物？

我们可以在虚拟现实中过上美好生活吗？

要回答这个问题，我们可以先提问：虚拟现实缺乏一些美好事物或者说价值目标吗？是的，其中也许包括享乐主义理论中的积极经验，也许包括我们极度渴望的事物，如欲望满足论所述，还有社会价值论中积极的社会关系，以及目标清单论所示的看起来具有客观价值的事物。

我们已经分析了几种诺齐克认为体验机所缺乏的美好事物，例如我们希望有所成就或者成为某一种人，希望接触更深层次的现实。我论证过，这些都不构成对虚拟现实的强有力的反驳。

也许最重要的担忧是，在体验机中，我们将没有自主性或自由意志，因为机器通过编程预先设定了所有行为。正如诺齐克在1989年一次研讨会中所言，在体验机中，个人不会进行任何选择，当然也就不会自由选择任何事物。[9]

自由意志在普通虚拟世界里不过是小问题。我们如果在普通物理现实中拥有自由意志，那么在虚拟现实里同样拥有。毕竟，在普通虚拟现实中，我们的决定是由物理现实中的同一个大脑做出的，采用的是相似的决策过程。通常我们通过执行身体动作来执行虚拟动作，如果身体动作是我们自由选择的结果，那么虚拟动作同样如此。（对体验机和虚拟现实中自由意志的更广泛的讨论，见在线注释。）

我们首先分析，未来数十年内经过短期发展的虚拟现实的价值具有哪些局限性，这也许是有帮助的。这些局限性很重要，但也是暂时性的。接下来我们可以讨论经过长期发展的虚拟现实的局限性，以及理论上虚拟现实的短板。

短期来看，我们在虚拟现实中的感官体验显然是非常匮乏的。现有虚拟现实头显的视觉体验水平不高，但正在得到改善。听觉体验一定程度上接近正常感知的质量，不过味觉和嗅觉体验完全缺失，触觉体验严重受限。因此，身体体验是短期性虚拟现实的一个重要短板，我们可以占有虚拟身体，可是对这些身体的体验受到制约。目前的虚拟现实完全没有吃喝的实质体验，也没有实质上的拥抱和亲吻体验。尽管性科技行业尽了最大努力，但虚拟现实内部的性体验相对于外部性体验来说仍然是一片空白。

这些局限性表明在短期性虚拟现实中享受充实的、令人满足的生活会遇到哪些障碍。如果你珍视饮食、举重、在海洋中游泳所带来的多种感官体验，现阶段必须在虚拟现实之外获得这些体验。目前的情况下，你只能在虚拟现实中体验一部分令人满足的生活，例如，可以去虚拟现实工作室，与朋友进行虚拟现实对话，或者参加某些虚拟现实聚会，在那里，感官体验无关紧要。

尽管如此，虚拟现实技术一直在进步。分辨率和视野正在得到改进，不久之后就能与正常视觉体验相媲美。研究人员正在试验味觉、嗅觉和触觉机制。长期来看，我们几乎肯定会拥有脑机接口，这样一来，虚拟输入信号将直接模拟大脑中负责这些感官体验的部分。也许这一切最终会带来多种多样的体验，不仅包含我们的正常感官体验，还会超越它们。

值得一提的是，虚拟现实的某些方面也许强于普通的物理现实。[10] 其一，正如我们看到的那样，虚拟现实也许可以带来诸多在物理现实中难以或者不可能产生的体验，例如飞翔、占有完全不同的身体以及新的感知形式。其二，如果地球进入危险的衰退期 [就像电子游戏《活体脑细胞》(*Soma*) 和我讲述的现实机故事所显示的那样]，虚拟现实可以提供安全港湾。其三，虽然地球空间资源有限，但虚拟现实中的空间几乎是无限的。我们将在第 19 章讨论，每个人都可以拥有一座虚拟豪宅，甚至是一个虚拟星球。其四，随着我们的心灵世界加速迈向技术主导的未来，物理现实似乎将慢得令人难以忍受，而虚拟现实能够与我们的心灵一起加速前进。

在未来某个时刻，虚拟现实将在空间、时间、虚拟体验及化身等领域提供巨大福利。现在的问题是，这些福利是否将大于成本。

长期发展后的虚拟现实缺乏什么？

为了聚焦于长期问题，我们可以想象一种完全沉浸式虚拟现实系统，它提供的感官和身体体验与物理世界中的体验极为相似。在新冠肺炎流行期间，当身体接触变得危险时，我们可以改为在虚拟现实中闲逛。毫无疑问，将来会出现一些虚拟现实模式，提供的体验远胜于物理现实，但也会有一些模式近乎完美地模拟物理现实。我们将在虚拟现实中吃饭、喝水、拥抱、游泳、锻炼、过性生活，方式与物理世界中的难以区分。这种体验会与普通物理现实一样美好吗？还是说，会有一些缺失？

有人会说，虚拟现实没有纯粹的物理性，而物理性是我们所珍视的。的确，我们很容易想到人们偶尔会离开虚拟现实，回到物理现实中，吃饭，游泳，过性生活。但是，如果在虚拟现实中体验这些事情，且确实与外部体验难以区分，那么，这种对物理性的追求似乎将成为一种标新立异的行为，或者是一种崇拜仪式。

毫无疑问，有些人因为自身的缘故，仍将非常珍视物理世界。澳大利亚歌手奥利维亚·牛顿–约翰（Olivia Newton-John）（取这样的名字也许是为了向她的祖父——伟大的德国物理学家马克斯·玻恩——表示敬意）曾经以一种备受关注的方式表达了对物理现实的偏爱：高唱《我们要做物理人》（“Let’s get physical”）。虚拟世界中的许多人至少对偶尔参观物理世界感兴趣，我们的生物原型进行互动也许有一种真实感，尽管如此，我仍然难以理解为什么纯粹物理性的有无会影响人们过上有意义还是无意义的生活。

对于那些珍视物理性的人，我们可以提出这样的问题：如果事实证明我们已经生活在模拟系统中，你会如何面对？我们已经在模拟环境中做到了吃饭、游泳和亲吻，这些有没有纯粹物理性的价值？如果说有价值，那么看起来问题似乎不在于物理性与虚拟性的差异，而在于我们更偏爱自己的肉体原型和最初生活的环境。如果说没有价值，那么，为什么基于模拟的现实价值就低于基于夸克的物理现实呢？一旦我们接受模拟现实主义，就很难证明物理现实具有某种内在因素，使得它比虚拟现实更有价值。

当然，任何人都不应该被强制进入虚拟现实。如果有人是反虚拟现实主义者，认为虚拟现实中的美好生活是不可能实现的，那么即便他们观点错误，虚拟现实中的生活也是与他们的个人欲望相悖的。我在这里要提出一个先决条件：进入虚拟现实与否是个人的自由。话虽如此，但我预测，随着虚拟世界的质量得到提升，虚拟现实主义将逐渐成为常识。最终，许多人将通过自由选择在虚拟世界里度过生命中的大部分时光。

不少人认为关系是虚拟现实所缺失的。如果你独自进入终生型虚拟现实中，你会放弃与家人和朋友的联系。但情况也可能不是这样。家人和朋友可以与你一同进入虚拟世界，此外，许多虚拟世界允许你与非虚拟世界交流，还可以回到那边旅行，这种情况下，你不必断绝与家人朋友的关系。就关系而言，虚拟现实中的各种选择大体上类似于你迁居海外时所面对的选择。移民，无论是不是虚拟的，都会淡化以往的关系，但也会带来不少新关系，这通常会让你的生活更美好，而不是更糟糕。

关于虚拟世界对社会的影响，现在有许多社会政治方面的担忧，包括不平等、隐私、自主性、人为操控以及资源密集（数据过于集中）等等。从更普遍的角度来看，这些担忧与信息技术所引发的争论相似。我将在第 19 章重点探讨这个层面的问题。有一种相关的担忧是，虚拟世界中的生活也许是一种对非虚拟世界的逃避，与电子游戏方式相同。这种观点有一定道理，但是完全虚拟世界不是电子游戏。如前所述，搬迁到完全虚拟社区类似于移居到一个新的非虚拟社区。你避开了一系列问题，但是又面对许多新问题。话说回来，我当然不是在建议大家为了虚拟世界而放弃非虚拟世界，那样会带来显而易见的问题。但是，在一定范围内，迁入虚拟世界不一定比移民更具有逃避现实的意味。

往来于虚拟世界和非虚拟世界之间会产生潜在的问题。一些人担心人们会把在虚拟世界中养成的习惯带到非虚拟世界。最明显的例子是，在电子游戏中学会的暴力行为可能引发日常生活中的暴力。你如果在虚拟现实中度过了大部分时光，也许就会忽视非虚拟现实中的健康问题。这些担忧是合乎情理的，但此类交互问题在非虚拟世界里也不少见。新的关系可能分散你对旧友情的关注，军人角色可能使你对日常生活中的暴力行为不那么敏感，办公室工作可能损害你的健康。这些问题不是虚拟现实独有的，也是在物理现实中追求美好生活的过程的重要部分。

你在虚拟现实中时担心自己的肉体，这种担心是合理的。你的肉体将受到约束和忽视？如果为了在现实机中生活，你的肉体必须被锁在拥挤黑暗的仓库里，这难道不是一种代价吗？我相信，在长期性的完全沉浸式虚拟现实中，你的肉体至少会保持健康。大部分时间里，你不会注意自己的肉体，因此，它的约束状况不会影响你的体验。但是，接触物理环境对于身体和脑的正常发育是有必要的，特别是对儿童来说。如果人们想要在虚拟现实与非虚拟现实之间定期往返，那么有一点很重要，即他们在非虚拟现实中也要过着高质量的生活。

许多虚拟世界存在一个重大缺陷：它们是短暂的。不少电子游戏中的虚拟世界只持续数分钟。大型多人游戏环境持续时间更久，但即使是这一类虚拟世界，往往最后还是要关闭。更重要的是，我们创造的所有虚拟世界中没有一个具有非虚拟环境这样的长期历史，而历史是许多人非常珍视的。住在一个数百年甚至上千年来一直有人类栖息的地方，体现了一种价值。参观那些发生过历史性事件的地方，体现了一种价值。参与到历史悠久的传统文化中，也体现了一种价值。

我们可以承认历史的价值，同时主张，历史只是一种可选的价值，正如自然性也是可选的。人们经常搬迁到没有特别的历史共鸣的地方，仍然享受美好的、有意义的生活。有些人完全不在意历史。还有些人可能在意，但很少将其视为生命中最重要的价值。如果珍视历史，你可以往返于虚拟空间和非虚拟空间，以此获得历史的部分价值。长期来看，虚拟世界很可能形成自己的重要历史。

虚拟世界最引人关注的缺失也许是生育与死亡的缺失。目前尚无一人出生于现存的虚拟世界，也没有人在那里逝世。虚拟世界里有生与死的描述，但不是真实的。可以创造和毁灭化身，但人不行。也许我们会进入一个虚拟世界，然后永远地离开，但是在进入虚拟世界之前我们便已经存在，之后也将继续存在。这更像迁入和离开一个社区，而不是生育和死亡。在非虚拟世界里，最有意义的两件事便是生育和死亡，没有了生与死的虚拟世界难道不是一个极度贫瘠的世界？

对于这个问题，我们可以提供一些容易理解的回答。也许，首次进入一个虚拟社区，然后永远离开，就像在一个包含来世与轮回的世界里生育和死亡。这样的生育和死亡仍然是有意义的。此外，当有人在物理世界中去世时，在虚拟世界里他也会真正死去。也许终究有一天，会有纯粹的模拟人在虚拟世界里诞生和死亡。不过有人会感到好奇，如果数字记录被四处使用，所谓的“死亡”又能持续多久。事实上，在一到两个世纪内，新的医疗技术将消灭许多致死原因，这是完全有可能实现的。无论怎样，我们所熟悉的生育和死亡很有可能在虚拟世界里缺失，或者变换形态。

下面是一个深奥的问题：生育和死亡对于美好生活的作用是什么？我会说，二者都很重要。体验他人的生育和死亡可能会改变自己的人生，但是我们并不确定这就是美好生活所必需的。有人认为，尽管死亡通常是糟糕的事情，但它必不可少，没有死亡的世界将是可怕的、无意义的。英国哲学家伯纳德·威廉斯（Bernard Williams）在其随笔《马克罗普洛斯事件：永生的单调之沉思》（“The Makropulos Case: Reflections on the Tedium of Immortality”）中指出，永生终究会令人厌倦。在电视剧《善地》（*The Good Place*）（剧透警告！）中，那些一手创造天堂的剧中角色最终决定结束自己的生命，因为他们已经战胜每一项挑战，再没有继续生存的动力了。不过，上述立场绝非一定正确。我个人的质疑是，一旦有可能实现永生（也许采用数字化手段），人们只会好奇过去不能永生时该如何生活。

生育问题更棘手一些。许多人没有孩子也过着精彩的生活，但另一方面，生育是人类美好事物的范例之一。与我们的世界相比，没有生育的世界将会陷入枯竭。电影《人类之子》（*Children of Men*）描绘了一个凄凉的世界，在那里，生育彻底停止了。尽管如此，没有生育的虚拟世界不一定会像这样枯竭。在非虚拟世界里，生育仍在发生。有些人也许会返回非虚拟世界进行生育，或许终有一天，他们甚至会在虚拟世界里体验生育。孩子们也许可以在一个合适的时间（例如出生时）开启虚拟世界的初次旅行。至少，通过虚拟世界与非虚拟世界之间的适度结合，虚拟世界的生育缺失问题不一定会导致生活贫瘠。

长期来看，虚拟现实缺乏自然性、历史，也许还有生育和死亡，有人认为，虚拟世界可能因为它们的缺失而陷入枯竭，这不是没有道理的。这些都是物理现实生活中有价值或者至少有意义的方面。但是，这些失去的福利可以被新福利抵消，后者来自虚拟现实提供的新型生活方式和其他机会。将一切结合起来衡量，在虚拟世界里享受有意义、有价值的生活，至少是有可能的。对于许多人而言，选择长时间生活在虚拟现实中，甚至在那里度过一生的大部分时光，将是合理的选择。

仿地球现实

下面这个思想实验阐明了我如何理解虚拟现实的价值。

未来，我们也许会研发出一种新技术，可以称之为“仿地球现实”。仿地球现实允许我们改造非虚拟世界中的系外行星，使之成为适宜居住的环境，处处可见秀美山河，遍地可闻欢声笑语。人们可以选择去那些星球旅行，创造新生活。这些星球很快就会受到欢迎，因为它们的空间比地球广袤得多，并且充满新机遇。大量社区在这些星球上建立起来，同时不断有新的星球和社区被吸收进来。人们也可以在仿地球现实中获得新的身体，许多人就是这样选择的。

仿地球现实中的生活与地球上的生活一样美好吗？这要分正反两面来说。从正面来看，也许比地球生活更令人愉悦，也更令人兴奋，因为新的机遇很多。从反面来看，仿地球环境是人工创建的，缺乏自然环境的演变过程，因此这些星球上的生活也许不像地球生活那样有厚重感。但是，如果许多人选择在仿地球现实中度过大量

图 44　你会如何选择：在虚拟现实中生活，还是在仿地球现实中生活？

时光，甚至长期迁居到那里，这样的选择看起来也完全合理。

现在，我们规定，强虚拟现实指的是大体上具备日常现实世界的复杂性的虚拟现实，出现于短期技术局限性被克服之后。我会说，强虚拟现实生活的价值可以与仿地球现实生活的价值大致相当。二者都有正反两面。虚拟现实所具有的可能性远远多于另一方。例如，可能存在不同的自然法则；我们也许能够像鸟类一样飞翔。仿地球现实允许存在真实的生育和死亡，一般具备纯粹物理性，这一点比虚拟现实更加直接。尽管如此，二者看起来在许多方面大致相当。

上述内容可以表述为以下论证：

1. 强虚拟现实中的生活大体上具有与仿地球现实中的生活相同的价值；

2. 仿地球现实中的生活大体上具有与非虚拟现实中的日常生活

相同的价值；

3. 结论：强虚拟现实中的生活大体上具有与非虚拟现实中的日常生活相同的价值。

强虚拟现实中的生活在某些方面也许比虚拟现实之外相应的生活更好，某些方面更糟，不过总体而言，二者大致相当。未来某个时刻，如果我们可以选择进入具有吸引力的虚拟世界，但不能选择进入具有同等吸引力的非虚拟世界，那么，进入虚拟世界也许明智的。

最重要的是，我们没有充分的理由认为虚拟现实中的生活缺乏意义和价值，也没有理由认为它的价值仅限于娱乐。它在很大程度上可以使人们获得物理现实生活所提供的价值。那里有美好的一面，也有丑恶的一面。有时，需要经过奋斗，才能让美好胜过丑恶，但是，这就是现实生活的本来面目。

现在我们将目光从虚拟现实转向模拟假设：完全模拟宇宙中的生活也是有价值的吗？终生型纯粹模拟系统避开了一些阻碍标准虚拟现实产生价值的因素，在这里，短暂性、生育和死亡以及低质量感官体验不是问题。人造性（artificiality）也许仍然是个问题，不过，生活在人造宇宙中似乎不比生活在神创造的宇宙更糟糕。同理，有人担心模拟者要么心存恶意、冷漠无情，要么脆弱不堪，但这样的模拟者不会比神更糟糕。现在尚不确定模拟生物自身能否成为价值来源，不过我会在下一章阐述这个问题，

也许你会担心完全模拟宇宙中的生活将是限制性的，不同于标准的虚拟现实，没有任何逃脱的可能。我们希望尽可能多地了解整个宇宙，如果可以的话，想要游遍宇宙。这个问题类似于我们的现

状：我们被限制在地球和太阳系。探索真正的宇宙可能令人愉悦，不过地球上的生活也没有那么糟糕。

价值的来源是什么？

我一直关注虚拟现实的价值。从中我们可以对价值建立什么样的整体认知呢？诺齐克利用他的体验机来反驳价值的享乐主义论。我们提出了一个假设，即虚拟现实具有与非虚拟现实相当的价值，那么，这个假设有没有告诉我们什么是真正有价值的？

我对价值之问的肯定回答与所有重要的价值理论是一致的。享乐主义支持者、欲望满足论者、社交价值论者以及目标清单论者都可能认同，虚拟现实中的人可以过上美好生活。在享乐主义支持者看来，虚拟现实只需从非虚拟世界中的美好生活复制相关的意识经验。对于欲望满足论，虚拟现实主义指出，如果事实证明我们生活在模拟世界中的话，我们的日常欲望也会得到满足，就像生活在非模拟世界中一样。有些欲望在虚拟现实中得不到很好的满足，例如，走进大自然的欲望，或者是不想在模拟系统中生活的欲望，但这些并不是决定美好生活与悲惨生活的因素。至于社群和社会关系，无论是在虚拟现实内部还是外部，理论上说具有同等的丰富性。最后，如果我们按照列出价值要素的目标清单逐一去实现，我会说最重要的那些要素在虚拟现实里同样存在。

那么，价值的来源是什么？我倾向于认为，所有价值，无论以何种方式产生，都来自意识。意识状态本身（例如幸福和快乐）就是有价值的。有意识的生物所珍视的事物（例如知识和自由）是有价值的。有意识的生物之间的关系（例如交流和友谊）是有价值的。有人也许会说，意识有价值，意识衍生的各种关系提升价值。

只要虚拟现实所包含的意识类型与非虚拟世界相同，它就具备上述三种价值来源中的第一种。只要虚拟现实中会发生同样的珍视某种事物的行为，并且这种珍视的欲望同样得到很好的满足，它就具备了第二种价值。只要其中有意识的生物之间的关系与非虚拟世界相同，三种价值就都具备了。

长期来看，虚拟世界可能会拥有非虚拟世界里大多数的美好事物。考虑到前者可能在某些方面超越后者，我认为，未来虚拟世界的生活将会是人们经常选择的适合自己的生活。

第 18 章

模拟生活意义重大吗？

你可能注意到了，哲学史是由男性主导的。哲学发展史上出现过许多著名的女性，包括印度教哲学家梅怛丽依（Maitreyi，生活于公元前 8 世纪左右）和伟大的法国女权主义哲学家西蒙娜·德·波普瓦（生活于 20 世纪）。但是，大多数情况下，女性的贡献被男性的光芒遮盖。只有到了 20 世纪，她们才开始活跃起来。

最引人注目的一次活跃出现于二战中的牛津大学。四位在战争期间研究哲学的女士逐渐成为这个领域的领军人物，她们是：伊丽莎白·安斯科姆（Elizabeth Anscombe）、菲莉帕·富特（Philippa Foot）、玛丽·米奇利（Mary Midgley）和艾丽丝·默多克（Iris Murdoch）。四人关系很亲密，定期聚会。当大多数男性去参加战争时，她们脱颖而出，这也许不是巧合。

这些哲学家每一位都做出了令人印象深刻的贡献。[1] 安斯科姆的《意向》（*Intention*，1957）一书包含了大量的讨论，该书是对人们的行为方式进行哲学解读的关键著作之一。米奇利在《兽与人：人类本性的根源》（*Beast and Man: The Roots of Human Nature*，1979）中主张，人与动物之间存在连续性。她还撰写有影响力的论战文章，批驳科学和文化领域的还原论思想。默多克的哲学小说广受赞誉，此外，她的《善之主权》（*The Sovereignty of Good*，1970）一书中的哲学文章深刻影响了社会的道德基础。

这个团体中最具影响力的贡献也许来自菲莉帕·富特于1967年设计的思想实验，实验内容涉及一辆失去控制的有轨电车。[2]按照英国人的习惯，富特称之为“失控的有轨电车”。10年后，美国哲学家朱迪思·贾维斯·汤姆森（Judith Jarvis Thomson）在大洋彼岸进行了一番解释，由此引出备受好评的“电车难题”。不计其数的书籍和文章从电车难题获得灵感，富含哲学意味的电视剧《善地》对其进行了精彩讲述。汤姆森的版本表述如下：

> 爱德华是一辆刹车失灵的电车的司机。在他前方的轨道上有5个人，轨道边的坡非常陡峭，他们无法及时离开轨道。这条轨道有一个岔口，通向右路，爱德华可以驾驶电车转入右侧轨道。不幸的是，右侧轨道上也有1人。爱德华可以改变电车方向，撞死那个人，也可以保持原有方向，撞死另外5个人。[3]

爱德华应该怎么做？如果他袖手旁观，将有5个人死去。如果他改变电车方向，有1个人将被撞死。许多人的直觉是，他应该转向，这样活下来的人就会多4个。

在对这个结论深表认同之前，请你思考一下汤姆森在同一篇文章中构思的移植难题（transplant case）。

> 戴维是一位优秀的移植手术医生。他的5名病人需要

新器官，其中一人需要心脏，其余人分别需要肝、胃、脾和脊髓。但是，这些病人的血型都是同一种相对稀有的类型。一次偶然机会，戴维得知有一份健康的人类样本就是那种血型。戴维可以摘取这个健康人的器官，杀死他，将器官移植到病人身上，从而挽救后者的生命。他也可以放弃摘取这个健康人的器官，让他的病人死亡。

戴维应该怎么做？如果他袖手旁观，将有5人死亡。如果他摘走那个健康人的器官，移植给自己的病人，只有1人会死亡。对这个问题，通常人们的直觉是，戴维不应该从健康人那里摘取器官。

电车难题和移植难题结构上相似，但是我们对二者的直观认识却相反。如何调和两种看法的矛盾呢？我们可以改变对其中一种情形的判断，也可以尝试找到二者之间的实质性区别。

图45　菲莉帕·富特和朱迪思·贾维斯·汤姆森面对电车难题。她们应该切换轨道吗？

电车难题与移植难题的区别是什么呢？富特的观点是，在电车难题中，如果不切换轨道，你就会撞死另外5人。毕竟，你是司机，要为电车飞速撞向他们负责。与之相对的是，在移植难题中，你如果不杀死健康人，无非是让另外5人死亡。许多人认为，撞死5人和让5人死亡，二者之间存在道德上的重大差异。还有一个实质性区别，即在移植难题中，你将直接干预你要杀死的对象。假设在某种版本的电车难题中，你可以选择从人行天桥上将1人推落至轨道上，杀死此人，拯救另外5人，对此，许多人的直觉是你不应该这么做。在我和戴维·布尔热开展的2020年哲学调查中，63%的哲学专业人士称，如果遇到电车难题，他们愿意切换轨道，但只有22%的人称，如果遇到人行天桥难题，他们愿意将那个人推落。这两种情形都会导致1人被杀死，5人因此得到解救，但是，我们对二者的反应为什么会出现如此巨大的差异呢？

这里，我们要学习一下伦理学。大体而言，伦理学是研究对与错的学科。从道德层面来说，什么事情我们应该做？什么事情不应该做？为什么？大多数人认为，在电车难题中，我们应该改变电车方向，而在移植难题中，我们不应该杀死那个健康人。在这些情形中，难以回答的问题是："为什么？"我们需要一个理论来解释为什么一种行为正确，另一种行为错误。

虚拟世界涉及所有伦理问题。其中一些还与今天的虚拟世界有关。我们在虚拟世界中的行为方式受到哪些道德上的约束？在电子游戏中，"杀死"队友是错误行为吗？虚拟世界中的袭击和盗窃与非虚拟世界中的同类行为一样错误吗？我将在下一章重点探讨这些问题。

在本章中，我要关注的是长期性模拟世界的伦理问题。创造一个虚拟世界，其中包含有意识的模拟生物，通过这种方式来“扮演上帝”，这在道德上是被允许的吗？我们对于这些世界中的模拟生物负有怎样的道德责任？在电影《失控玩家》中，一款电子游戏中的人造智能模拟人举行罢工，要求得到尊重。这样做有意义吗？模拟生物重要吗？

我们甚至可以提出模拟电车难题。假设在真实世界里，一个叫弗雷德的人生病了，我们必须在运行模拟世界的计算机上深入研究，才能获得救治他的唯一方法。计算机空间极其有限，并且没有任何备份空间了。为了开展这项研究，我们将不得不牺牲模拟系统中的 5 个模拟人。那么，为拯救 1 个非模拟人而杀死 5 个模拟人，这在道德上是可以接受的吗？请思考这个问题，同时来温习一下道德理论。

道德理论

关于对与错的一个传统理论是神命论（divine command theory）：当且仅当一种行为是受神指示而实施时，它才是正确的。神指示我们不要杀人，那么杀人就是错误的。神指示我们要崇拜他，那么，崇拜他就是正确的。

关于神命论，最著名的问题起源于柏拉图的对话录《欧绪弗洛篇》（*Euthyphro*）。欧绪弗洛控告他的父亲谋杀。他的家人表示反对，但欧绪弗洛说这种做法是“pious”（原意为虔诚的，这里意为正确的）。苏格拉底问他，正确的行为是由什么来定义的。欧绪弗洛以神命论作为回应：“正确的行为……就是敬爱神明，不正确的行为就是亵渎神明。”

接着苏格拉底问出了关键的问题：是因为正确的行为本身正确，所以表达了对神明的敬爱，还是因为表达对神明的敬爱，所以才是正确的？用我们更熟悉的语言来陈述这个问题，就是：如果做某件事情是正确之举，那么，是因为神指示我们这么做，所以才正确，还是因为它是正确之举，所以神才指示我们这么做？

对欧绪弗洛而言，这是一个两难困境。[4] 如果他回答，做某件事情是正确之举，是因为这是神的指示，他就会面对明显不可接受的结果：如果神指示我们折磨和杀害婴儿，那么，折磨和杀害婴儿就是正确的行为。

如果欧绪弗洛说，因为做某件事情是正确的，所以神指示我们去做，那么，我们还需要单独论述由什么来定义正确的行为。不可能是神的指示界定了某种行为的正确性，否则我们将陷入一种循环论证状态，即神指示我们实施某种行为，因为神指示我们这么做。一定是其他某种事物界定行为的正确性，我们必须跳出神命论。

欧绪弗洛的两难困境是最有影响力的哲学困境之一。它在所有领域反复出现。许多人断定，我们需要摆脱神的指示或其他什么指示的理论，更加深入地论述由什么来定义正确或错误行为。

最广为人知的道德理论也许是杰里米·边沁和约翰·斯图尔特·穆勒提出的功利主义。功利主义认为，我们应该做的正确事情就是任何对最广大人群最有利的事情。换言之，正确的事情就是任何使全体人类所拥有的效用最大化的事情。

到底什么是效用？它是衡量一个结果为个人带来多大幸福的标准。更好的结果产生更大的效用。效用可以用来评估我们在上一章所说的个人价值。前面我们看到，边沁和穆勒在个人价值问题上都属于享乐主义者。他们认为，一个结果的效用可以归结为该结果所带来的快乐相较于痛苦的优势。

功利主义很适合来化解电车难题。如果我们袖手旁观，将有 5 人死亡，1 人生存下来。如果我们切换轨道，1 人死亡，5 人幸存。我们可以设定，对于个人来说，死亡的效用值非常低（也许为 0，因为假设在无痛苦死亡的情况下，个人不会再有任何快乐和痛苦），而生存的效用值高得多（也许为 100，假设个人今后会过着幸福的生活）。那么，切换轨道的行为对轨道上的一组人产生 500 效用值，而袖手旁观对同一组人产生 100 效用值。当然，其他人可能也会受到影响。（如果另一条轨道上的那个人生活在一个大家庭里，效用该如何计算？电车操作人员会受到什么影响？诸如此类。）不过，至少初步看来，要做到效用最大化，我们必须切换轨道。

但是，对于汤姆森的移植难题，功利主义就不太适用了。我们可以再次设定，个人死亡，效用值为 0，生存下来，效用值为 100。其结果是，杀死那个健康人来挽救 5 名垂死患者，产生的效用值为 500，而允许健康人生存下来，让其他 5 人死亡，效用值为 100。杀死那个健康人将产生最大效用，所以功利主义认为，我们应该杀死那个健康人。可是这又与大多数人的看法相矛盾，后者坚决认为这种做法不是正确的选择。

这是功利主义面对的一个难题。有些功利主义者也许遵循该理论的逻辑，提出我们应该动手杀死那个健康的人，而其他人则认为，杀死健康的人不会使效用最大化，因为它会带来其他不好的结果。例如，如果我们杀死了健康人，其他人会听说此事，今后相信医生的健康人数量将减少，死亡的人将更多。不过，如果秘密实施，没有人发现这件事情，又会怎样呢？那样的话，负面的结果会减少，甚至可以完全排除，但是，杀死健康的人任何时候看起来都是错误的行为。

功利主义关注我们行为的结果，以评估道德状况。另一种评估道德的方法聚焦于我们实施某一行为的理由，这一大类道德理论通常被称为义务论（deontological）。那些关注结果的理论是结果论（consequentialism）。

最简洁明了的义务论是准则论（rule-based）：决定某一行为正确与否的与其说是它的结果，不如说是实施这一行为所遵守的准则。基督教道德准则是"汝不可杀人"，换句话说就是"不要伤害无辜的人"。如果你遵守错误的准则，你的行为就是不道德的。

我们如何判断什么是可以接受的准则？最著名的建议是由18世纪德国哲学家伊曼努尔·康德提出的。康德通常被视为过去几个世纪最伟大的哲学家。在《道德形而上学原理》一书中，康德提出了"绝对命令"，即只依据那条你同时希望它成为一条普遍法则的准则来行事。

康德的理念是，当打算依据特定准则行事时，你应该想到有这样一个世界，那里每一个人都遵守这条准则，视之为普遍法则。选择生活在那样一个世界是明智的吗？如果是的，你可以依照这条准则行事。如果不是，就放弃它。

我们来看这条准则："为了满足你的欲望，如果有必要撒谎，那就应该撒谎。"康德认为这是一条不可接受的准则。假定我们生活在某个世界，那里每一个人为了得到自己想要的，都会撒谎。于是，大家都清楚这一点，撒谎就不是满足欲望的有效手段了。所以，希望这条准则成为普遍法则，就没有意义，这意味着，依照这条准则行事就是不可接受的。另一方面，对于诸如"友善待人"这样的准则，我们可以希望它成为普遍法则。想要生活在一个所有人都友好相处的世界，这是合理的想法，因此“友善待人”是一条可接受的用于指导行为的准则。

准则论这条路线可以与功利主义路线结合起来。所谓的准则功利主义指的是，当一条道德准则被选定为普遍法则后，可以产生好的结果，那么这条准则就是可以接受的。举个例子，遵守“不要杀死健康的人”这样的准则，在面对移植难题之类的特殊情况时可能会带来更糟糕的结果（5 人死亡，而不是 1 人死亡），但也可能是，选定它作为普遍法则，从整体情况看，将会带来最好的结果（医院系统运转得更好，更多的人会生存下来）。可是，假设有一条设置了条件的准则，“如果杀死某人可以挽救更多生命，并且永远不会有人知道，那就杀死这个人”，我们该如何处理呢？即便选定这样的准则整体上会带来更好的结果，它看起来仍然是不道德的。所以，对于这样的准则，我们还是有一些疑惑的。

伊丽莎白·安斯科姆在其 1958 年的经典文章《现代道德哲学》（“Modern Moral Philosophy”）中对结果论和义务论两条道德路线提出了尖锐的批评。[5] 她说，结果论导致不道德的结果，揭露了“腐朽的心灵”。另一方面，像康德理论这样的义务论路线包含了墨守成规的道德观，这些道德观还被立法者制定为一套法律规范。安斯科姆认为，这种论述不过是旧式神命论的残羹冷炙，后者认为神就是立法者。在安斯科姆看来，一旦神被遗弃，基于准则的路线就失去了效用。

安斯科姆的想法是，我们不应该谈论道德上的对与错。这些言辞含义太过宽泛，让人难以把握什么才是对道德有利的。相反，我们应该使用“不公平”、“勇敢”和“善良”之类的精细言辞，来评估人们行为的道德属性。

在这里，安斯科姆建议我们回归亚里士多德提出的“德性伦理学”（virtue ethics），按照这一思想，伦理学以勇敢和善良这样的品德为中心。与之密切相关的论述出现在孔子、孟子以及其他儒家传统哲学家的著作中，这些著作列出了我们应当追求的道德品质，例如仁爱、诚信和睿智，并使之具有核心地位。德性伦理学有一种常见版本，按照某一行为的实施者的品德来界定该行为的道德属性。所谓勇敢的行为，指的是勇敢者将实施的行为。所谓善举，指的是善良之人的举动。

德性伦理学近年来重新崛起为引领潮流的道德理论，这要归功于安斯科姆和她在牛津大学的同事菲莉帕·富特、艾丽丝·默多克，以及新儒学运动中的中国哲学家[6]，还有其他人。有时，德性伦理学因为没有针对应该如何行为提出明确标准而受到批评。不过，人们通常认为它提供了工具来推动道德进步，帮助我们理解道德的丰富内涵，同时又没有将道德简化为简单的准则。[7]

模拟系统与道德地位

现在我们回到虚拟现实的伦理学话题。我们可以首先从探讨长期性模拟技术开始。什么时候创造一个模拟系统在道德上是被允许的？什么时候关闭一个模拟系统在道德上是被允许的？作为模拟系统的创造者，我们的道德责任是什么？

如果我们模拟一个没有生命的宇宙，那里几乎没有道德问题。宇宙学家已经运行了关于银河系和恒星历史的模拟系统，他们不需要来自伦理委员会的批准。关于这是不是使用计算机算力的最佳方式，以及如何处理从模拟系统所获得的知识，也许还存在一些道德问题。但是，这些都属于日常生活中的科学所涉及的标准道德问题。即使是对生物学进行模拟，例如模拟达到植物进化水平的生物圈，所遇到的问题也不会太超出上述范围。

当我们模拟心灵时，道德问题就会产生。首先来看一个极端例子：假设我们为一家情报机构工作，希望模拟人类在遭受折磨时的反应。我们创造了具有全功能模拟脑的模拟人，对其施加（模拟性的）酷刑。这是道德上可以接受的，还是道德败坏之举?

我们的自然反应是，这取决于模拟人的精神生活。如果它们是有意识的生物，体验过痛苦，那么对酷刑的模拟就是道德败坏的行为。如果它们是无意识的模拟生物，没有体验过痛苦，那么模拟性的折磨也许在道德上是可以接受的。

这就引出了一个根本性问题：模拟人享有道德地位吗?如果一个模拟人是道德关怀的对象，其受关注的方式与人类大体相同，那么，它就具有道德地位。也就是说，它是这样一种生物：我们进行道德评议时必须考虑它的福利。[8]

从道德层面来说，一个人具有重要意义时，就享有道德地位。美国的“黑人生命也珍贵”运动就是完全围绕道德地位展开的。黑人的生命和任何人的生命一样重要！杀死黑人和杀死白人一样恶劣。虐待黑人和虐待白人一样恶劣。过去，甚至今天，许多人以及大量社会机构对待黑人生命的方式，就好像他们的重要性低于白人。现在人们的广泛共识是，这是一种畸形现象。

多年以来，道德地位所涉及的对象越来越广泛。现在，许多非人类动物也享有道德地位，这一点得到普遍认同。不过，它们的问题与人类生命所遇到的问题不尽相同。大多数人认为，人类比鸟类和狗类更重要，但是后者在一定程度上仍然重要。我们不应该对狗冷酷无情。苍蝇和贝壳类动物是否享有道德地位，还不是那么明确，有些人认为它们享有。一些环保主义者认为，树及其他植物也享有某种道德地位，不过这是少数派观点。至于无机物，很少有人认为岩石或粒子享有道德地位。你可以随意对待一块岩石，这不会引起道德上的麻烦，至少就岩石而言确实如此。

我自己的观点（与多人有过分享）是，道德地位的源泉是意识。如果一个实体没有产生意识的能力，并且永远不会具备，那么它就不享有道德地位。它可以被视为客观对象。如果一个实体具备产生意识的能力，那么它至少享有最低程度的道德地位。如果它可以体验某种事物，我们的道德考量就应该将其纳入进来。可以认为，具有最低程度意识的系统（例如蚂蚁？）享有最低程度的道德地位，所以在我们的道德评议中，它们的重要性远远低于人类。但是，意识至少使其迈进了大门。

我们可以通过一个思想实验来进一步理解意识与道德地位的关系。我称之为僵尸电车难题。假设你控制着一辆失控的电车。如果你放手不管，电车会撞死一个有意识的人，因为此人正好在你前方的轨道上。如果你切换轨道，电车会撞死 5 个无意识的僵尸。你该怎么做?

先澄清几点。僵尸是第 15 章所述的哲学僵尸：对人类的近似复制，但不具有任何有意识的内在生命。僵尸没有主观经验。你可以将它们想象为无意识的人类物理复制品，或者，可以更简单地理解为无意识的硅基人类。如果这样仍然太难理解，那就想象它们是某种尽可能与我们相似的事物，但是不具备产生意识的能力。这些僵尸是否可为各种目标服务，与本思想实验无关，重要的是它们的道德地位。

当我就僵尸电车难题开展投票表决时，结果非常明朗：大多数人都认为你应该切换轨道，撞死僵尸。撞死 1 个人比撞死 5 个僵尸更糟糕。有些人说，僵尸和人一样重要，因此我们应该撞死人，不过这部分人显然占少数。

撞死僵尸可能听起来很可怕。前几年有一部电影《僵尸高校》（*Zombies*），讲述的是一个僵尸社区在人类世界如何受到虐待的故事。但重要的是，电影中的僵尸是有意识的。哲学僵尸缺乏意识，因此可以认为虐待无从谈起。

我们可以进一步探讨。假设你有两个选择，一是杀死一只有意识的鸡，二是杀光整个星球上的仿人哲学僵尸。这一次，大家的直观认识就没有那么明确。有些人继续支持“杀死僵尸”，这反映了一种观点，即没有意识，就没有道德地位。其他人改为主张杀死那只小鸡，很可能是因为他们认为僵尸享有某种程度的道德地位，也许是来自它们的智能行为。对于这个问题，我自己的直觉摇摆不定。

僵尸电车难题可以得出或温和或强势的结论。如果你认为，应该以撞死 5 个无意识的生物为代价来挽救 1 个有意识的生物，这反映了意识与道德地位的相关性，也就是说，有意识的生物比无意识的生物更加重要。如果你持有更强势的观点，即绝对不存在道德上的理由来挽救无意识的生物，这反映了意识对于道德地位的必要性。也就是说，从道德层面来看，无意识的生物一文不值。

上述强势结论契合了我在上一章结尾处支持的观点，即意识是一切价值的根源。无论何时，某种事物对于某人而言是好是坏，都是因为后者具有意识。意识具有价值，有意识的生物所珍视的事物就有价值，有意识的生物之间的关系也具有价值。如果一种生物不能产生意识，那么从自身角度来看，任何事物都不会为其带来好处或坏处。因此，我们自然而然地得出结论：如果对一种生物来说，没有任何事物能带来好处或坏处，那么它就完全不享有道德地位。

意识是道德地位所必需的，这个观点是动物福利之辩的焦点。澳大利亚哲学家彼得·辛格（Peter Singer）于1975年出版了《动物解放》（*Animal Liberation*）一书，鼓舞了当代动物权利运动。辛格认为，他所说的感知能力（sentience）是影响道德地位的重要因素：

> 如果一种生物不能感受痛苦，或者无法体验欢乐和幸福，那么，我们完全不用考虑它。因此，其他生物拥有感知能力（这个词不一定十分精确，但便于作为一种简略用语，来表示感受痛苦或体验欢乐与幸福的能力），才是我们关切其利益的唯一合乎情理的依据。[9]

在日常英语中，“感知能力”一词的意思大致相当于“意识”。辛格用这一术语具体表示感受痛苦以及体验欢乐与幸福的能力。这其实是一种意识，因为只有具有意识的生物才可以感受痛苦、体验欢乐与幸福。辛格认为，意识对于道德地位是必要条件，但不是充分条件。不是任何类型的意识都会产生道德地位。有意识地体验积极或消极的情感状态，也是必不可少的。近年来不少理论家接受了相同的“感知”论，这些人认为，积极或消极的情感状态体验对道德地位具有重要意义。这一观点至少可以回溯到杰里米·边沁那里，他在18世纪时就提出，就道德地位而言，痛苦体验确实非常重要。

我认为这个观点难以令人信服。意识所需要的远不止痛苦和幸福体验。认为其他类型的意识对道德意义不大，这种观点是没有道理的。为了说明这一点，我们以《星际迷航》中没有情感的瓦肯人斯波克先生为原型，想象一个更加极端的斯波克。

假设瓦肯人是一种有意识的生物，但没有体验过幸福、痛苦和欢乐，以及其他任何积极或消极的情感状态。[10]《星际迷航》中的瓦肯人不像这样极端，他们每 7 年会纵欲一次，其间至少会体验轻度的欢乐和疼痛。为了避免与《星际迷航》混淆，我们可以将想象中的极端斯波克称为哲学瓦肯人，参照哲学僵尸。

据我所知，没有任何人类是哲学瓦肯人。在一些报道过的案例中，有人没有体验过疼痛、恐惧和焦虑，但他们仍然体验过积极的情感状态。哲学瓦肯人可能同样缺乏这些体验。它们也许享有丰富多彩的有意识的生活，借助多模式感官体验，不断有意识地思考各种复杂问题。我们在感知和思考过程中都体验过情感中立状态。我可以看见一座建筑，或者回想一次会议，不带有任何积极或消极的情感。对于瓦肯人来说，这就是它们的日常状态。

瓦肯人也许过着毫无趣味的生活，不会为了激励自己而去追求欢乐和幸福。它们不会去高级餐馆吃饭，享受美食。但是它们可能也有严肃的智力目标和道德目标，例如，希望发展科学，帮助周围的人。它们甚至可能想要组建家庭或者挣钱。在展望这些目标时，以及在目标实现之后，它们都感觉不到欢乐，但依然珍视这些目标并力求实现之。

边沁和辛格的观点预告了哲学瓦肯人的道德地位无关紧要。这看起来并不正确。我们可以通过瓦肯电车难题来阐明这一点。为了

图 46　杰里米·边沁面对瓦肯电车难题。

哪种选择更好，是挽救 1 个地球人，还是 5 个瓦肯人？

挽救 1 个具有正常情感意识的地球人而杀死整个星球上的哲学瓦肯人（以下简称“瓦肯人”），这样做在道德上可以接受吗？我认为答案显然是否定的。

换一种更简单的说法。假定你面对这样一种情形：你可以杀死 1 个瓦肯人，为的是上班途中节约 1 小时。杀死这个瓦肯人显然是不道德的。实际上，这是一种可怕的行为。瓦肯人未来没有幸福和痛苦，这并不重要。它是有意识的生物，过着丰富多彩的有意识的生活。我们不能像忽视僵尸或岩石那样在道德上忽视瓦肯人。

（瓦肯人希望继续活下去吗？按照我的分析，是的。如果我们不应该杀死这样的瓦肯人，那就证明，具有重要意义的不只是情感意识状态。我们还可以设想一个更加极端的瓦肯人，完全没有情感意识状态，而且对继续活下去或死亡毫不在乎。我的观点是，杀死这个瓦肯人仍然是一种可怕的行为。如果是这样，那就表明，具有重要意义的不只是情感意识和欲望的满足。我认为，非情感意识也很重要。）

我个人的看法是，瓦肯人在某些方面具有与人类等同的重要性。当然，我很高兴自己是人类，而不是瓦肯人，因为情感让我的生活更美好。对有意识的生物而言，痛苦和幸福将极大地影响生活的美好或糟糕程度。但是，它们从一开始就不是决定生物道德地位的因素。

边沁曾经通过以下的话语来表达自己的观点：就动物的道德地位而言，“问题不在于，它们能否推理，能否交谈，而在于，它们能否感受痛苦”。如果我的观点正确，真正重要的不是感受痛苦，而是意识。正确的问题不是“它们能感受痛苦吗”，而是“它们拥有意识吗”。

要确定模拟生物的道德地位，“它们拥有意识吗”也是我们必须提出的问题。我们已经针对某些模拟生物完成了提问和回答。在第15章，我证明了，对人脑的完全模拟将产生与人脑本体意识相同的一类意识。也就是说，模拟人会拥有普通人类那样的意识。如果意识是决定道德地位的唯一重要因素，那么模拟人就享有与普通人同等的道德地位。

模拟伦理学

现在我们可以回答模拟电车难题了。答案是否定的：为了挽救1个普通人类而杀死5个拥有意识的模拟人，这是不可接受的。如果模拟人没有意识，这是可以接受的。但是因为完全模拟人在很大程度上像我们一样拥有意识，所以它们享有与我们同等的道德地位。

从特定角度来看，这个观点似乎不合理。你真的愿意牺牲1个普通人类的生命去挽救一些计算机程序？不过，我们可以假设自己身处模拟系统中，这样就使得问题发生反转。如果我们身处模拟系统，那么，模拟者为挽救上一级宇宙中的1名成员而杀死我们中的5人，这种做法在道德上可以接受吗？从我们的角度看，我会说不可以。即便我们的模拟者有权这么做，也不意味着这是正确的。同理，我们对于自己所建模拟系统中的有意识者实施这样的行为，也是不可接受的。

有人也许会说，尽管意识对于道德地位具有重要意义，但其他因素也不可小视。例如，也许就是因为非模拟人身处最高层级的宇宙，所以他们比模拟人享有更高的道德地位。又如，短期性模拟系统重要性低，仅仅是因为它们持续的时间没有那么长。我认为这些观点不太有说服力。还是假设我们是模拟系统中的生物，这种情况下就可以看出上述观点的缺陷。我们没有生活在最高层级宇宙中，这一事实有什么理由使得我们在道德上对杀戮更易于接受呢？

我倾向于认为，我们对于模拟人的道德责任基本上与我们对于非模拟人的道德责任一致。如果对于普通人类而言，某种行为不合理，那么它对于模拟人来说同样不合理。杀死模拟人和杀死普通人类一样糟糕，从模拟人那里窃取财务同样如此。对模拟人开展实验所遵守的道德约束也许会与人类实验相同。诸如此类。

这一切都关系到我们面对已经存在的模拟人应该如何行为。创造模拟人，或者从更普遍的意义上说，创造整个模拟系统，这在道德上是否允许？

我们首先从极端例子分析。创造一个包含100万个有意识的个体的模拟系统，而这些生物的存在就是为了体验极大的痛苦，这样的行为合适吗？我会说显然不合适。但如果创造一个包含100万个有意识的个体的模拟系统，而这些生物过着基本上幸福、满意的生活，这样合适吗？表面上看是可以接受的。

有人也许会反对，即使在那些有 100 万人过着幸福生活的模拟系统中，我们也在“扮演上帝”。在我看来，我们不应该轻率地创造这些模拟系统，而是应该认真考虑我们要做的事情。公众也许希望对谁可以创造模拟宇宙以及这么做的理由进行强有力的规范。

另一方面，我们难以理解为什么创造一个令人幸福的模拟系统是一件不道德的事。[11] 毕竟，当我们进行生育时，就是在创造新的有意识的生物。同样，对于生育，我们也不应该轻率行事。哲学家偶尔会争辩说，任何生育行为都不道德，因为一切生命都包含痛苦，但这种观点只有极少数人认同。如果将普通的人类幼儿带到人世是可以接受的，那么创造出模拟人也是可以接受的。

如果创造出来的模拟人享受极大的幸福，同时偶尔经历痛苦，这在道德上可以接受吗？功利主义者可能会说，你还可以有更好的表现：创造一个充满幸福、没有痛苦的世界才是更好的做法。我们需要做的正确的事情是为最广大人群创造最大福利。因此，我们应该尽可能创造最大的模拟系统，使其中的模拟人只有幸福，没有痛苦。也许最好的模拟系统可以允许痛苦偶尔存在，理由是极少的痛苦可以让生活更美好。不过，从这个角度看，仁慈的模拟者所创造的模拟系统是一切可能系统中最好的那一个。

莱布尼茨认为，这是神应当做的。仁慈的神创造的世界是一切可能世界中最好的一个，因此，我们的世界就是最好的世界。如果它还存有些许罪恶，那就是因为神为了让世界达到尽善而需要罪恶。

另一方面，模拟者可以创造多种多样的模拟系统。假设我们已经创造了最好的可能的模拟系统，现在我们可以选择再创造一些次好的模拟系统，后者稍逊于前者，但整体上非常出色。那么，我们应该创造这些模拟系统吗？有人会说不：复制最好的模拟系统是更好的做法。但是，我们可以认为完全相同的复制版本的价值不如原版。有可能出现下面这种情况：我们知道，当两个模拟系统完全一样时，它们证明只有一个种群拥有意识，因此第二个模拟系统就是冗余的。如果是这样，也许创造次好的模拟系统而不是复制最好的系统才是更优的选项。无论如何，创造次好的模拟系统至少看起来很好，因为它为世界增添了大量的善。从这个角度来看，也许存在一种道德律令，要求我们尽可能多地创造包含更多幸福而非痛苦的模拟系统。

我们可以利用以上论述来建立一种模拟神义论[12]（simulation theodicy）。神义论是从神学上解释神为什么允许罪恶存在于世间的理论。模拟神义论则是从相同的角度对模拟者的同类行为进行辩解的理论。模拟神义论认为，好的模拟者应该将所有包含更多幸福的世界都创造出来。这会造成这样一种情况：即使某个世界包含相当多的痛苦元素，只要那里的幸福多于痛苦，它就会被创造出来。如果模拟假设是正确的，也许上述观点还可以用来解释我们这个世界为什么存在罪恶。或许我们的模拟者不是特别仁慈，其优先关注的事项并非它们所创造的生物的福利。

另一种模拟神义论认为模拟者不是全能的，因此无法完全预测模拟系统中发生的一切。如果某个模拟系统中的一切都可以预测，那么运行该系统的理由就不会那么充分！因此，在创造模拟宇宙时，我们不要期望可以完全避免痛苦元素的产生。不可预测的罪恶总是会出现。尽管如此，我们可能在一定程度上知道哪些模拟系统趋向于带来美好生活，哪些不是。如果我们确实了解，那么在其他条件相同的情况下，我们至少应该以前者为目标。

不少道德理论会认为，创造模拟系统是否合乎道德取决于我们创造它的理由。例如，伊曼努尔·康德的人性原则（Principle of Humanity）指出，我们不应该仅仅把人视为手段，更要把人作为目的来对待。我们应该总是认清他人的人性，在我们行事时考虑这一因素。现在还不能确定，康德会将人性原则的适用范围扩大到假设具有智能和意识的非人类生物，或者扩及模拟人，但是我们自然而然地认为他会这么做。人性原则如果局限于人类，就有物种歧视主义嫌疑。模拟人也是人！我们真正需要的是个体性原则（Principle of Personhood）：我们应该始终将任何个体作为目的来对待，而不是仅仅视之为实现目的的手段。

如果按照个体性原则来看待模拟人，我们就会发现，绝不应该仅仅视其为实现目的的手段，而是应该将其作为目的本身来对待。这意味着，创造一个模拟宇宙，仅仅为了娱乐，或者仅仅用来帮助我们预测未来，又或者只是使科学受益，都是不道德的。我们必须尊重我们所创造的生物的个体性。出于这些目的而创造模拟宇宙是被允许的，但也只有在这一行为满足对模拟人的尊重的条件下才被允许。举个例子。正如我们允许科学实验以人类作为实验对象，前提是不会对实验对象造成伤害，也许我们也可以运行为科学服务的模拟系统，前提是这样做对模拟对象有利。当然，这样一来，要模拟令人不快的情形就更难了。对战争的完全模拟可能会被禁止。如果模拟一场战争，只对另一个宇宙中的人有利，那确实不能认为它把战争参与者作为目的本身。

模拟者会真正遵守这些道德规范吗？也许不会。长期以来，人类并没有达到道德理想的要求。模拟人可能非常便于创造，而且有用，所以我们会利用它们，不会有一丝道德考量。在电视剧《黑镜》中，剧中角色创造模拟人，为他们准备早餐、测试潜在的约会伴侣。我们很容易想象这些模拟人将被当作用后即弃的对象，也不难想象要赋予模拟人与普通人类同等的权利，需要经过一番抗争。我不会预测最终哪一条路线将获得胜利。不过，倘若确实如小马丁·路德·金所言，道德宇宙的弧线很长，但终将趋向正义，那么它同样也会朝着模拟人享有同等权利的方向弯曲。

第 19 章

我们应该如何建立虚拟社会?

高能预警：以下段落讲述了在一个基于文本的虚拟世界里发生的一起虚拟性侵犯事件。

1993 年，最受欢迎的虚拟社交世界是 MUD，即多用户域（multiuser domain）。多用户域是基于文本创建的世界，没有任何图片。用户接收文本命令，游走于一组“房间”，与里面其他人进行互动。最流行的多用户域之一是 LambdaMOO（兰姆达社区），它的布局以加利福尼亚的一座豪宅为参照。某晚，若干用户在“客厅”里互相交谈。一位名叫笨拙先生（Mr. Bungle）的用户突然释放出一个巫毒娃娃，这是一种工具，可以生成诸如“约翰踢比尔”的文字，使其他用户看起来像是使用者采取了某种行动。笨拙先生使得一位用户像是对另外两人实施了性暴力。这些用户吓坏了，感觉自己被冒犯。在之后的几天，出现了大量关于如何在虚拟世界里进行回应的讨论。最后，一位“巫师”将笨拙先生赶出这个多用户域。

几乎所有人都同意笨拙先生的行为是错误的。我们应该如何理解这样的错误？认为虚拟世界是虚构之物的人也许会说，这种体验类似于阅读一部短篇小说，在小说中，你受到了性侵犯。这确实是一次严重的性侵犯，但与现实中的性侵犯不是同一类型。不过，上述多用户域社区的大多数参与者对这件事持有另外的看法。科技记者朱利安·蒂贝尔（Julian Dibbell）报道了自己与一位受害者的对话，后者曾讲述这次遭侵犯的经过：

> 数月后，那位妇女……向我倾诉，在她写下那些文字时，创伤后应激反应使她泪流满面。这件现实生活中发生的事应该足以证明文字的情感内涵绝非虚构。[1]

虚拟现实主义给出了相同的结论。在多用户域中发生的性侵犯事件绝不只是离用户还很遥远的虚幻事件。它是真实的虚拟性侵犯行为，是受害者真实的遭遇。

笨拙先生的性侵犯行为与非虚拟世界中相应的性侵犯行为同等恶劣吗？也许不是。如果多用户域中的用户对虚拟身体的重视程度不如对真正肉体的重视，那么伤害会相应地降低。但是，随着我们与虚拟身体的关系日益密切，问题变得愈发复杂。在长期性的虚拟世界里，如果我们多年来一直使用同一个化身，那么我们对这个虚拟身体的认同也许远远大于在短期性文本环境中产生的认同。澳大利亚哲学家杰西卡·沃尔夫安戴尔（Jessica Wolfendale）认为，这种"化身依附"[2]具有道德上的重要意义。随着我们对虚拟身体的体验日益丰富，未来某个时刻，他人对我们虚拟身体的冒犯会变得像冒犯我们的肉体一样严重。

笨拙先生的案例还引出了关于虚拟世界管理的重要问题。LambdaMOO社区由帕维尔·柯蒂斯（Pavel Curtis）创建于1990

年，此人是位于加利福尼亚州的施乐帕罗奥图研究中心的一名软件工程师。柯蒂斯设计 LambdaMOO 的目的是仿造其住宅的外观。最初的管理体系可以说是独裁制。一段时间后，他将控制权移交给一组“巫师”，也就是享有特殊权力来管理这款软件的程序员。此时，可以认为社区实行一种贵族制。在笨拙先生事件之后，巫师们断定，他们不希望就如何管理 LambdaMOO 独享决策权。于是，他们将权力交给用户，后者可以在重要事务上进行投票。现在 LambdaMOO 的制度类似于民主制。不过，巫师们保留一定程度的权力，过了一段时间，他们又断定民主制没有发挥作用，于是收回部分决策权。笨拙先生事件过后，巫师们的公告经过民主投票，得到正式批准，但他们明确表示制度的转换将悄无声息地完成。LambdaMOO 的世界就这样在不同的管理形式之间实现无缝切换。

这一切引出了一系列重要问题，与短期性虚拟世界的道德伦理和政治都有关系。道德方面的问题是：虚拟世界的用户应该如何行为？虚拟世界中的对与错有何差异？政治方面的问题是：针对虚拟世界创造者的道德和政治约束是什么？应该如何管理虚拟世界？什么是虚拟世界中的正义？接下来，我将从道德方面（与用户和虚拟世界创造者有关）入手，然后探讨政治方面。

用户的道德问题

首先从已经存在的虚拟世界开始。最简单的例子也许是单人电子游戏。你可能认为这些游戏既然不涉及其他人，那就不需要考虑道德，但是道德问题有时仍然存在。哲学家摩根·勒克（Morgan

Luck）在其 2009 年的文章《游戏者的困境》[3]（“The Gamer's Dilemma”）中评论道，虽然大多数人认为虚拟谋杀（杀死非玩家角色）在道德上是允许的，但他们同时又认为虚拟恋童不可接受，对虚拟性侵犯的立场也是如此。在 1982 年雅达利公司（Atari）发行的游戏《卡斯特的复仇》（*Custer's Revenge*）中，虚拟对象要对一名美洲土著女性进行性侵犯。大多数人认为这是违背道德的。

这产生了一个哲学谜题。虚拟谋杀与虚拟恋童之间存在怎样的重大道德差异？两种行为都不涉及对他人的直接伤害。如果虚拟恋童引发了非虚拟的恋童行为，那确实属于重大伤害，可是看起来没有充分证据证明这种转换会发生。

道德理论无法直截了当地解释这里的错误是什么。一种可能的解释需要借用德性伦理学。我们认为喜欢虚拟恋童的一类人有道德缺陷，因此参与虚拟恋童本身是一种不道德的行为。也许虚拟性侵犯、虚拟虐待和虚拟种族主义也是这样定性的。有一个例子很说明问题，许多人对 2002 年的游戏《种族清洗》（*Ethnic Cleansing*）持有类似的道德立场，这款游戏的主角是一名杀害其他种族人士的白人至上主义者。与之相比，我们认为“普通的”虚拟谋杀不是道德缺陷的表现，因此将它视为没有问题的行为。不过，这里的道德问题比较微妙。

一旦我们把目光转向多人电子游戏场景（例如《堡垒之夜》）以及接下来的完全虚拟社交世界（例如《第二人生》），道德问题就会成倍增加。如果这些虚拟世界只存在于游戏或者小说中，那么虚拟世界的道德问题仅限于游戏或小说。人们可能按照玩游戏时的方式互相敌对，但互动方式不会像日常生活中那样丰富多彩。然而，一旦人们将虚拟世界视为真正的现实世界，那么虚拟世界中的道德问题原则上和一般道德问题同等重要。

大量的多人游戏世界中有一种被称为“滋事者”的用户，即动机不纯的玩家，他们喜欢在游戏世界里骚扰其他玩家，盗取后者的财物，伤害甚至杀死他们。这种行为被广泛视为错误行为，因为它干扰其他用户享受游戏带来的乐趣。但是，在游戏中窃取他人财物，这种错误的严重程度与现实生活中一样吗？大多数人同意以下说法：游戏中拥有的物品重要性不如非虚拟世界中的财物。不过，在长期性游戏中，财物对用户而言具有重要价值，在非游戏环境中更是如此。相应地，财物损失也可能意义重大。2012 年，荷兰最高法院维持对两名青少年的有罪判决，他们在网络游戏《江湖》（*Runescape*）中偷窃了另一名青少年玩家的护身符。法院宣布，护身符具有真实的价值，因为玩家为了获得它投入了时间和精力。

如果虚拟物品是虚幻的，那么我们就很难解释什么是虚拟盗窃[4]。你怎么能够“盗窃”一个并不存在的物品呢？虚拟小说家和哲学家内森·维尔德曼（Nathan Wildman）和尼尔·麦克唐奈（Neil McDonnell）称之为虚拟盗窃哲学谜题。他们指出，虚拟物品是虚幻之物，不能被盗窃，上述案例涉及的是数字物品而不是虚拟物品。虚拟现实主义给出的解释更加自然。虚拟盗窃导致他人损失真实的有价值的虚拟物品。从这个意义上说，虚拟盗窃为虚拟现实主义提供了进一步的证明。

那么，虚拟世界中的谋杀呢？因为短期性的虚拟世界里没有真正的死亡，所以存在真正的谋杀的可能性很小。用户可以通过某些话语诱使其他用户出现真正的心肌梗死，或者劝诱他人在物理世界里自杀。这些在虚拟世界里实施的行为与非虚拟世界中的同类行为一样道德败坏。由于缺少这样的例子，因此最接近谋杀的行为是

“杀死”一名化身，但这不会杀死占有这个化身的人。最坏的情况是那个人被赶出了这个虚拟世界，这是一种类似于驱逐的行为。如果人死后经过转世轮回再次发育成熟，且完整保存原有记忆，我们至少可以说，杀死化身也许更像遇害后轮回。也许它还类似于毁掉人的伪装，例如钢铁侠这个伪装被摧毁了，但托尼·斯塔克还活着。这些行为即便不像普通现实世界里的谋杀那样恶劣，也是道德败坏的行为。

虚拟世界里的错误行为应该受到怎样的惩罚？死亡并非选项。驱逐是一个选项，但也许作用不大。笨拙先生被 LambdaMOO 社区驱逐，可不久之后同一个用户以昵称为“杰斯特博士”的账号回归。虚拟惩罚和虚拟关押也有一定效果，但是当用户可以轻松地以新面目示人时，这样做的效果就是有限的。非虚拟惩罚（从罚款到关押再到死刑）理论上是可以选择的措施，但面对匿名用户，这类措施很难应用。随着虚拟世界越来越成为我们生活的核心部分，虚拟犯罪形势也日趋严峻，我们很可能会发现，要找到适用于这种犯罪的惩罚措施，难度很大。

创造者的道德问题

虚拟世界的创造者甚至在单人用户环境中也会遇到道德问题。游戏《侠盗猎车手》[5]（*Grand Theft Auto*）的开发者因美化暴力、施虐癖以及歧视女性而受到批评，主要理由是，该游戏可能在非虚拟世界里引发暴力行为和性别歧视。加州大学圣迭戈分校的哲学家莫尼克·旺德利（Monique Wonderly）认为，这些游戏通常会削弱用户的共情能力，进而使他们的道德判断能力下降。[6] 这个观点得到一些实验的证明：虚拟世界中的行为可以转移到非虚拟世界。例如，心理学家罗宾·S. 罗森堡（Robin S. Rosenberg）和杰里米·拜伦森（Jeremy Bailenson）发现，当实验对象以超级英雄的身份生活在虚拟现实中时，他们在之后的现实生活中往往表现出更加明显的利他主义，而如果实验对象的身份是恶棍，则情况刚好相反。[7]

许多人曾经指出，虚拟现实可能会提高对他人的共情能力。举个例子。当你在虚拟世界里沦为难民时，你会从难民经历中获得一种发自肺腑的感受。

研究者还使用虚拟现实来解释道德困境。虚拟现实研究人员梅尔·斯莱特设计了一种虚拟现实系统，按照以下顺序对斯坦利·米尔格拉姆（Stanley Milgram）1963 年的著名实验进行模拟。米尔格拉姆告诉实验对象（扮演老师），当其他"实验对象"（扮演学生）未能正确回答问题时，就对他们施加体罚，并逐步提高惩罚力度。这些"学生"实际上是演员。他们痛苦地叫喊着，但真正的实验对象被告知继续，于是许多人不断加大力度，达到极限水平，即使哭喊声听起来像是"学生们"就要死去，惩罚也没有停止。在斯莱特的版本中，"学生"只是虚拟现实中的非玩家角色，实验对象知道这一点。但斯莱特发现，他的实验结果与米尔格拉姆的结果相同。不少实验对象一直按照系统的告知采取行动，即便虚拟角色看起来正在承受巨大的痛苦。实验对象也像米尔格拉姆的实验对象那样变得焦虑不安，心率加速，手掌冒汗。[8]

哲学家埃里克·拉米雷斯（Erick Ramirez）和斯科特·拉巴奇（Scott LaBarge）（两人设计了电车难题和体验机的虚拟现实版本）提出，这类实验应该受到严格限制，因为它们可能像非虚拟同类实验那样对实验对象造成同样的伤害。他们建议遵循“对等原则”[9]：“如果允许实验对象在现实中获得某种体验是错误的，那么，在虚拟现实环境中允许实验对象获得同样的体验也是错误的。”即便实验对象知道其他“实验对象”是非玩家角色，不会真正向对方施加痛苦，这种体验仍然具有伤害性。（斯莱特不同意这一点，他认为，参与者知道痛苦不是真实的，因此不会受到伤害。）与此类似，如果将他人吊在悬崖边加以恐吓是错误的，那么，在虚拟悬崖边实施这样的行为同样也是错误的，尽管实验对象理智上清楚他们没有危险。但这种体验本身就是有害的。

哲学家迈克尔·毛道里（Michael Madary）和托马斯·马青格（Thomas Metzinger）针对研究人员创建虚拟现实环境，列出若干相关的道德准则。[10] 他们建议，涉及“可预见的……对实验对象的严重或持久伤害”的虚拟现实实验应该被禁止。他们又指出，如无意外应该告知实验对象实验可能产生哪些后果，并且应谨慎使用虚拟现实来为医疗目的服务。

一旦我们进入多用户虚拟世界，创造者带来的复杂道德问题将会与社会及政治问题融为一体。考虑到元宇宙形式的虚拟世界所消耗的资源以及它们对人们生活产生的影响，我们应该创造这类虚拟世界吗？如何对它们进行组织和管理？

虚拟世界的政体

谁将对虚拟世界的内部状况拥有最高管辖权？虚拟世界应该被依法管理吗？如果是，那么法律应该是什么样的？对虚拟世界的居民而言，那里可以成为真正公平公正的地方吗？

这些问题反映了政治哲学的一些核心问题——社会应该如何运转？这个问题有多种答案。

最简单的答案是无政府状态。没有政府，也没有法律。这个概念可以回溯到中国古代哲学家墨子[11]，他写道，“古者民始生，未有刑政之时，盖其语，人异义”*。他对这种状况持批评态度。17世纪英国哲学家托马斯·霍布斯称之为“自然状态”。和墨子一样，霍布斯将自然状态描述为毫无欢乐的状态，总是处于所有人反对所有人的战争中，到处是封建集团和短暂统治，生活是“孤独、贫穷、污秽、野蛮和短暂”[12]的。

图47 托马斯·霍布斯在虚拟世界里面对一份社会契约。

* 出自《墨子·尚同》（上），意为“古时人类刚刚诞生，还没有刑法政治的时候，人们用言语表达意见，因人而异”。

霍布斯说，因为自然状态太糟糕了，于是人们签订一份社会契约，决定服从公共权力，组建某种形式的政府，制定法律。来源于社会契约的政府也许并不完美，但至少避免了毫无节制的无政府状态。

许多理论家对社会契约模式表示怀疑。在现实生活中，很少有人明确认同本国法律。大多数人几乎没有选择。虚幻的契约如何能够证明真实存在的政府是合法的？有趣的是，社会契约论似乎更适合虚拟世界。《第二人生》和《我的世界》的用户在进入之前必须同意游戏的条款和细则。在进入哪一个虚拟世界的问题上，用户享有一定选择权。如果是这样，那么对于如何看待虚拟世界的政治体制，社会契约论也许提供了一个合理的基础。

部分传统的政体形式包括独裁政体（个人统治）、君主制（王室统治）、贵族制（社会精英或贵族统治）、寡头政体（一小群强权者统治）以及神权制（宗教领袖统治）。近百年以来西方国家的主流政体是民主制：人民治理。民主制也分为不同形式：有直接民主，人民直接投票来决定政策；有代议制民主（远比其他形式广泛），人民选举议员。民主国家不一定由全体人民治理。就美国民主制度而言，直到独立很久之后，妇女和奴隶才拥有投票权。现在囚犯和儿童仍然普遍不具备投票资格。

什么形式的政体最适合虚拟世界？前面刚刚概述过的所有形式都可用。有些电子游戏建立的是有效的独裁政体，由全能的设计者管理。最重要的规则被写入软件中，用户乐于接受游戏设计者强制推行的社会契约。

今天，大多数虚拟世界都是企业王国（corporatocracy），由拥有它们的企业来运营。《第二人生》由林登实验室公司（Linden

Lab）运营，该公司充当了一种企业型政府的角色。一般认为，治理方式应该是宽容的，奉行最小化原则。用户很大程度上自主管理自己的生活，不过也有一些限制，例如，显而易见的性行为和枪战只允许在某些区域进行。

在《第二人生》中，偶尔会发生政治危机。暴力团伙占领某些区域，对此，一些用户的反应是成立义务警员小组。林登实验室被要求整顿秩序，但是强制执行解决方案经常引发新的问题。用户开始出版在线报刊《阿尔法城先驱报》（*Alphaville Herald*），部分目的是抗议虚拟世界的管理方式，有时林登实验室会关闭这家媒体。[13]《第二人生》中的一些区域建立在民主制度基础之上，设有代表大会，尽管最终控制权仍然由林登实验室掌握。有些用户离开那里去创建 OpenSim，这是一个与《第二人生》非常相似的虚拟世界，但由用户进行民主化管理。大多数用户留在企业运营的《第二人生》，但他们显然对于一个管理高度自治型社交世界的企业型政府感到不适。

如果所有虚拟世界都只是空中楼阁，也许这种架构是合适的。空中楼阁的建造者理应对那里的状况享有一定管理权。但是，当我们将虚拟世界视为自给自足的现实世界时，日常现实世界中出现的社会和政治问题也会在虚拟现实中出现。

由于我们将虚拟世界视为一种娱乐方式，才会形成当前的治理结构。像《堡垒之夜》和《我的世界》那样的虚拟世界一定程度上类似于迪士尼主题公园。这些娱乐方式受到其企业所在国家法规的制约，但企业在执行规章制度方面具有相当大的自主性。主题公园或游戏中那些不喜欢企业行为的用户选择空间有限。

《星战前夜》[14]（*EVE Online*）是一款受欢迎的大型多人在线太

空游戏，其中的虚拟世界已经转为民主化管理。《星战前夜》已成为政治生态复杂的游戏，形成了大量相互竞争的团体和丰富多彩的社会结构。有一篇关于《星战前夜》的文章，题目是《〈星战前夜〉中虚拟社会真实的结构性社会进化之比较分析》（“A comparative analysis of real structural social evolution with the virtual society of EVE Online”）。该文概述了《星战前夜》中的虚拟世界如何从部落社会发展为由指挥官领导的等级制社团组织，最后进化为一个文明社会，在这个社会中，不同的组织共建政府，共享权力。截至本书写作期间，《星战前夜》称自己的制度为协商式民主，经过选举产生的“星球管理委员会”每年举行两次会议，地点在开发这款游戏的CCP游戏公司位于冰岛的总部。CCP公司对游戏仍然拥有最高管理权，但委员会可以“提出建议并协助管理”。他们提出的建议会受到重视。

在用户按照自己的方式生活的那些虚拟世界里，情况变得愈发复杂。在《第二人生》这样的社交世界中，出现了大量与脸书之类的社交网络类似的问题。那些运营虚拟世界的企业在操控我们的行为吗？它们正在侵犯我们的隐私吗？会引发种族主义和性别歧视吗？它们会助长非虚拟世界中的网瘾和疏离现象吗？会消耗过多资源吗？它们会监管我们的行为吗？用户应该对如何管理他们的世界享有发言权吗？企业可以出售我们的生活信息吗？

在社交虚拟世界中，用户可以合理地要求一定程度的自主权。他们还可以合理地要求一定程度的隐私权，但是，当虚拟世界里发生的一切原则上都要接受这个世界的所有者审查时，这样的要求不容易得到满足。最终，用户也许会要求一定程度的政治权力，以便帮助构建虚拟社会的组织形式。

在这个过程中，曾经被视为用户的人现在可能自认为是市民。人们可以想象自己为虚拟世界的自由、平等和归属感而呐喊，也可以构想革命性的尝试：通过改变现有虚拟世界的治理结构或者建立新的虚拟世界，来取代企业的专制。虚拟世界的一个显著特征是，进入和离开较为容易。人们能够穿梭于不同的虚拟世界，目的是找到一个可以让自己发展壮大的世界。这样造成的结果可能是涌现出一大批按照不同准则为不同社群而运行的虚拟世界。[15]

虚拟世界的平等和正义

虚拟世界中的许多政治问题与现实社会中的政治问题具有更为广泛的相似性：什么类型的民主制度适合虚拟世界？如何分配资源才是恰当的？合理的财产所有权是什么类型的？怎样的惩罚制度是合理的？虚拟世界应该开放边界吗？虚拟移民应该受到管控吗？

下面我将回答有关虚拟世界的政治哲学中的一个核心问题。该问题涉及平等和正义，这是虚拟世界的特有问题产生的根源，也是虚拟空间与众不同的两个领域。

20 世纪最有影响力的政治哲学著作是约翰·罗尔斯于 1971 年出版的《正义论》。罗尔斯尤其关注分配正义（distributive justice）问题，即资源在全体居民中间的公平分配。他设计了一个思想实验：在开始人世间的生活之前，我们都站在无知之幕（veil of ignorance）背后，对未来的生活知之甚少，也不清楚我们将变得富裕还是贫困。[想象一个类似的场景，人类的灵魂都聚集在转世地带，认真思考如何组织社会，就像皮克斯公司2020年的电影《心灵奇旅》（*Soul*）所描绘的那样。] 罗尔斯认为，在那样的“原始状态”，每个人都会选择同样的分配系统，在这个系统中，生活极度贫困的可能性与生活富裕的可能性一样大。他通过这个思想实验来表达自己的观点：我们在现实世界中也应该采用这样一种资源均衡分配系统。

虚拟世界如何做到平等和分配正义？虚拟现实带来了某种根本性改变吗？一个重大改变是，在虚拟世界中，许多物质产品不再短缺。在虚拟现实里，空间不是昂贵的事物。大家都可以按照自己的选择拥有属于自己的田园诗般的岛屿。建筑施工也是轻而易举的事情。只要人们建好一座房屋，就能够以很低的成本到处复制。任何人都可以在得天独厚的地理位置拥有大户型虚拟住宅。这样的话，虚拟富足（virtual abundance）世界也许就会到来。

短期来看，虚拟世界不如非虚拟世界，而虚拟富足社会至多对我们的生活带来小小的冲击。但是如果虚拟现实主义是对的，那么，长期来看，虚拟世界的生活质量也许会接近甚至超过非虚拟世界。最终，虚拟住宅将和非虚拟住宅一样美好，甚至更好。理论上说，虚拟岛屿可以和非虚拟岛屿相媲美，虚拟服装可以产生和非虚拟服装相同的效果。因此，虚拟富足很有可能消除大量的分配不公现象。

罗尔斯借用大卫·休谟的话，称稀缺性是正义的条件。他的意思是，没有稀缺性，正义原则就无用武之地。在富足的情况下，人们不需要正义。现实世界也许还有其他问题，但至少就分配正义的考量而言，富足的世界不存在需要纠正的缺点。

这产生了一种非常有趣的可能性，即长期来看，虚拟富足可能带来某种乌托邦，至少从分配正义的角度来看，这种可能性是存在的。在虚拟富足的环境中，虚拟世界中的重要物质产品能够快速复制，并可以分配给每一个人。这就是我们有时所说的后稀缺社会的虚拟版本。

我们可以将这个思想实验设定的时间放在比较遥远的未来，地点是一个利用太阳能获取有效无限能源的非虚拟世界。为了消除对非虚拟身体的担忧，我们假定人们可以自由选择将自己上传至虚拟世界。（拒绝接受虚拟现实主义的人可以自由地栖息在非虚拟世界里。）为确保服务像物质产品一样充足，我会假定能力超强的人工智能系统承担了医生、教师和清洁工的工作。这些人工智能系统是没有意识的（规避道德问题），并且很容易复制。

在一个以市场为基础的社会里，人们可能试图利用虚拟富足来谋利。游戏《毁灭战士》的联合开发者、Oculus 公司前首席技术官约翰·卡马克（John Carmack）说过："从经济上说，你可以将大量虚拟意义上的价值转移给大批的虚拟民众。"《连线》杂志近期的一篇文章简略论述了一种场景，根据这个论述，在虚拟世界里，企业会争相向民众出售低价"海边公寓"。[16] 该文将这种场景描绘为反乌托邦，但是，如果虚拟现实主义是对的，那么虚拟世界里的生活最终将会好于虚拟世界之外的生活。尽管如此，资本主义版本的虚拟世界不大可能成为后稀缺乌托邦。在一个基于市场的系统中，最新版的虚拟世界或人工智能系统总是需要支付超额费用才能使用。这需要人为制造稀缺性[17]，在这种情况下，产品销售数量会受到限制。此外，一旦人工智能系统在很大程度上导致人类就业收入下降，财富集中在拥有虚拟世界产权的企业手中，那么稀缺性也可能卷土重来。失业民众如何为其在虚拟世界中的生活支付费用？至少某些类型的普遍基本收入是需要的。[18] 到那个时候，大多数财富集中在企业手中，难以想象社会怎么可能实现稳定和公正，特别是在大部分创新的驱动者不再是人的情况下。

有一种情况比较容易理解，那就是，如果负责虚拟世界运行的是政府而不是企业，虚拟富足可能会产生效果。政府可以确保每个人拥有足够的收入，以便在后稀缺虚拟世界里享受美好生活。技术创新将对所有人开放。卡尔·马克思所构想的理想社会需要的是富足，而不是稀缺，这绝非偶然。人们可以对这种虚拟富足前景提出任何问题（例如，人类会丢失必不可少的价值观吗？自由会受到侵害吗？系统稳定吗？），但是，在这里我主要关注它对平等的影响。

我们不应该期望产品和服务的富足会直接导致人人平等的乌托邦的诞生。首先，大量的“地位”商品（positional goods）依赖于某人在虚拟世界中的地位，本质上属于稀缺物品。例如，名望就是地位商品：不是每个人都享有名望。权力同样如此。虚拟世界中物质产品的富足不能保证这些地位商品的富足，而且在虚拟世界中这些商品也许更加重要。如果在一个虚拟富足的世界中，某些群体享有的政治权力远远大于其他群体，它就不会是真正人人平等的天堂。

更加根本的问题在于，虽然虚拟富足会消除某些分配不公的现象，但实现平等所需要的远不止分配正义。美国哲学家伊丽莎白·安德森在 1999 年一篇题为《平等之要义是什么？》（“What Is the Point of Equality？”）的重要文章中提出了平等关系论。[19] 该观点认为，就平等而言，最重要的是人与人之间的社会关系，包括权力、控制和压迫。特别是压迫，它促使人们开展争取种族和性别平等的伟大运动。如果仍然存在明显的压迫，那么即便产品和服务得到平均分配，社会也不可能是人人平等的。

我们不难想象，当前的压迫根源会传播至虚拟世界。对于某些群体来说，通向虚拟世界的道路要比其他群体所面对的道路顺畅得多。源于种族、性别、阶层以及国族身份的压迫根深蒂固。虚拟世界也许会使得以上各种认同表现为新的复杂形式，但不会消除潜在的压迫根源，甚至还可能催生新的压迫形式。人工智能系统起初可能受到人类的压迫，但最后会反过来压迫人类。不难想象，虚拟世界中的人也许会受制于上一级非虚拟世界中的人。我们还可以想到，随着虚拟世界越来越有吸引力，非虚拟世界中的人将被视为二等公民。

大量不同的压迫根源可能会相互交叉。美国法学理论家金伯勒·克伦肖（Kimberlé Crenshaw）提出了“交叉性”（intersectionality）这一术语[20]，用来表示多重身份的交叉，例如，黑人女性受压迫的经验不只是作为黑人和女性而受到的压迫之和。与此类似，虚拟世界中低阶层的人遭受压迫，不只是因为阶层身份或虚拟身份，而是二者的交叉。虚拟世界中的人工智能系统受压迫的方式也许与非虚拟世界中人工智能系统的受压迫方式迥然相异。由于有如此多不同的交叉方式，压迫的形式也会多样化。

真正的平等需要消除各类人群中的种种压迫关系。向富足虚拟世界转型还不足以确保压迫关系被消除。事实上，这样的虚拟世界可能产生新的不平等形式。因此，我们不能指望虚拟世界轻易就成为人人平等的乌托邦。但是，虚拟现实主义使我们明白，虚拟世界至少在某些平等性方面具备怎样的潜在转型能力。

在思考未来时，思想实验给我们的帮助只能到这个程度。真实的未来很可能按照我们预想不到的截然不同的方式演变。但是，如果我们的世界朝着一个以虚拟现实和人工智能为核心的世界转型，那么我们可以合理地期待，这样的转型将重塑社会。这肯定会引发政治动荡，也许还会引起政治革命。

第 7 部分

基　础

第 20 章

我们的语言在虚拟世界中意味着什么？

哲学家丹尼尔·丹尼特提出过一句关于模拟系统的经典口号：模拟的飓风不会淋湿你！2005 年，卡特里娜飓风对新奥尔良造成严重破坏。然而，模拟版的卡特里娜飓风没有伤害任何人；飓风过后，你全身无一处淋湿。

丹尼特说，期待被模拟飓风吹倒，就像在“狮子”这个词前面畏缩不前一样。模拟飓风处理的是描述飓风的文字，而不是真实的飓风。

我的博士生导师道格拉斯·霍夫斯塔特在他 1981 年的对话录《关于图灵测试的咖啡馆谈话》[1]（“A Coffeehouse Conversation on the Turing Test”）中对丹尼特的口号进行了反驳，并提供了模拟现实主义的早期论述。当对话录中一个角色重复了丹尼特的观点后，另一个角色（桑迪，一名哲学专业学生）说道：

> 你认为模拟的麦科伊不是真实的麦科伊，这是一个荒谬的观点。它依赖于这样一个不言自明的假设：所有老练的模拟现象观察者都具备同等的评估现状的能力。但事实

上，可能某个观察者具备特殊优势，可以看清正在发生的事情。在飓风这个例子中，需要特殊的“计算眼镜”才能体验湿度和大风……为了体验大风和飓风的潮湿，你必须有能力以恰当的方式去观察它。

霍夫斯塔特的见解是，我们是否认为模拟飓风是真实飓风，取决于我们的视角，尤其取决于我们是从模拟系统内部还是外部来体验模拟飓风。

图 48　丹尼尔·丹尼特遇到一场模拟飓风。

因此，丹尼特的口号充其量只对了一半。如果我们在模拟系统之外，那么模拟飓风不会让我们淋湿，最多就是影响某些模拟实体和计算机中的其他进程。但是，假如我们是在模拟系统内部，并且在那里度过一生，这种情况下，模拟飓风当然可以淋湿我们的身体。如果我们生活在终生型模拟系统中，那么，我们经历过的所有飓风都是数字飓风，连卡特里娜飓风也不例外。但它仍然会造成巨大危害。

在英国广播公司出品的长篇科幻电视剧《神秘博士》（*Doctor Who*）中，博士乘坐 TARDIS[塔迪斯，“时间与空间的相对维度”（Time and Relative Dimensions in Space）的缩写]在宇宙中穿梭。从外面看，TARDIS 看起来像是伦敦的警察岗亭。从里面看，它是一艘巨大的太空飞船，设有巨型控制室，不计其数的向远处延展开的房间和通道环绕四周。剧中多位角色屡次提到一个笑话，说 TARDIS“从里面看更大”。

和 TARDIS 相似，模拟系统从内部来看更大。如果从外面观察模拟宇宙，它不会给我留下深刻印象。我所看到的只是一台计算机，也许有些人和它连接，这取决于模拟系统是如何构建的。计算机也许在一个像智能手机那样小的设备上运行。然而，当我从内部观察模拟宇宙时，我发现它巨大无比。我将体验到的是沉浸式环境，其中包含各种各样的内部事物。就像 TARDIS 那样，这个虚拟环境也许会永远运行下去。从内部看，模拟宇宙就是一个完整的世界。

模拟系统的大量相关信息的产生，取决于你是从内部还是外部去思考它。我已经论证过，如果我在模拟宇宙内部，也就是说，如果它是我赖以栖息的终生型虚拟环境，那么里面的对象就是完全真实的。这是一个由树木、山脉和动物组成的巨型世界。但是，如果我并非在模拟系统中长大，那么模拟宇宙就不包含真实的树木、山脉和动物，只有模拟的树木、山脉和动物。模拟的树也许是存在于计算机内部的真实数字对象，但不是真实的树。

这怎么可能呢？模拟系统本身就是客观现实的组成部分，它的本质怎么可能由我决定呢？它是否包含树或山脉，怎么可能取决于我的视角？

我的回答是，内部看到的模拟系统与外部看到的模拟系统之间的差异不是实质性差异，而是语言的差异，以及相关联的思想和感知差异。倘若我在模拟宇宙内部长大，那么我一生中提到的“树”这个词都是用来表示数字树。数字树就是我所指的“树”。但是，倘若我在模拟系统之外长大，那么我一生中提到的“树”都表示非数字树。非数字树就是现在我所指的“树”。

因此，我会根据我是成长于模拟宇宙内部还是外部来对它进行不同的描述。如果我在模拟宇宙中长大，我会认为那里有树，因为对我来说，“树”意味着“数字树”。但如果我是在所有的模拟系统之外长大，那么我会认为，模拟宇宙不包含树，因为“树”对我来说意味着“非数字树”。

在客观现实中，模拟宇宙不会受到我们视角的影响。它包含运行于计算机上的数字进程。这些进程又包含了支持客观数字对象的客观算法。因视角不同而产生的差异表现在我们如何体验和描述事物。下面简单探讨一下语言，我们就能够更好地理解上述观点。

语言的哲学

哲学领域存在大量的传统思想。在本书中，大多数时候我遵循欧洲的传统思想，这些思想从古希腊人和古罗马人那里传给中世纪的欧洲人，再传给我们已经了解过的 17 世纪和 18 世纪哲学家，例如笛卡儿和康德。

在 19 世纪，特别是 20 世纪，欧洲哲学传统一分为二。其中一支因为早期与欧洲大陆关联，现在被称为欧陆哲学（continental philosophy）。[2] 它的关键人物包括德国哲学家汉娜·阿伦特、马丁·海德格尔和埃德蒙德·胡塞尔，还有法国哲学家西蒙娜·德·波伏娃、莫里斯·梅洛–庞蒂、让–保罗·萨特。另一分支现在被称为分析哲学（analytic philosophy），根本原因是它采用语言分析方法。它的早期关键人物包括我们已经了解过的英国哲学家伯特兰·罗素和乔治·爱德华·摩尔，以及德国和奥地利哲学家，如鲁道夫·卡尔纳普、路德维希·维特根斯坦和戈特洛布·弗雷格（Gottlob Frege）[3]。

本书中大量的哲学观点可以归入分析哲学的大类。分析哲学，特别是早期的分析哲学，有一个特征，即非常关注逻辑和语言。维也纳学派的分析哲学家（见第 4 章）认为，一旦我们从逻辑和语言出发，对某个哲学问题进行充分的阐述，那么，这个问题要么被证明没有意义，要么经过足够的分解，可以通过科学予以解答。一个世纪后，分析哲学已成为得到广泛拓展的哲学宗派，但是重视充分阐述、强调逻辑和语言，仍然是它的独特元素之一。

分析哲学的奠基人应该是德国哲学家戈特洛布·弗雷格，他在 19 世纪后期创建了今天我们所熟知的逻辑学。在哲学之外，他因为发展了一种数学基础理论而广为人知，这种理论后来被证明自相矛盾，因为罗素指出，它会导出一个关于“所有不包含自己的集合之集合”（the set of all sets that do not contain themselves）的悖论。（这个集合之集合包含自己吗？答案不能是“是”，也不能是“否”*。）尽管如此，弗雷格的理论是一项纪念碑式的成就，他对现代逻辑工具的明确解释也属于这样的成就。弗雷格还是语言哲学领域的开拓者，最早的关于人类语言含义的重要理论之一就是他提出来的。

遗憾的是，弗雷格具有强烈的反犹太主义倾向，数十年后的马丁·海德格尔也是如此。与优秀的艺术家相似，优秀的哲学家不一定是伟大的人。亚里士多德和伊曼努尔·康德的某些著作充斥着现在看来令人震惊的种族主义。我们可以尝试将他们的核心哲学思想与骇人听闻的观点分开。这种做法不一定简单易行，但是就弗雷格的例子而言，可以认为，他的关于逻辑和语言的哲学与反犹太思想几乎没有关联。

弗雷格对语言哲学最知名的贡献是将语义区分为两个方面：一为含义（sense），一为指称（reference）。指称最容易解释。词汇的指称对象是它在世界上所表示的事物。“柏拉图”一词表示柏拉图（那个人）。“悉尼”表示悉尼（那座城市）。“土拨鼠”表示土拨鼠（那种动物）。“17”表示17（那个数字）。诸如此类。

有时两个词表示同一事物。典型的例子是，名词“长庚星”和“启明星”分别代表夜晚和晨间出现的那颗星，二者又都表示同一对象，即金星。但是，它们的含义看起来有所不同。弗雷格在写于1892年的《论含义与指称》[4]一文中，借用这个例子来证明，语义所包含的不只是指称。尽管“长庚星”和“启明星”指称同一事物，但具有不同的“含义”。一个词语的含义大体上指的是它向说

* 如为“是”，则与“不包含自己”这一条件相悖；如为“否”，按照“所有”一词的规定，它将被自己包含。

话人展现指称对象的方式。“长庚星”这个词将金星描述为夜晚之星，因此它的含义与“夜晚可见”关联。“启明星”将金星描述为晨间之星，因此它的含义与“晨间可见”关联。

后来，罗素对语言如何指称世间事物提供了启发性的论述，从而对弗雷格的概念进行大幅改动。罗素关于专名和摹状词（names and descriptions）的里程碑式理论指出，每一个普通专名（如“长庚星”）等同于一个摹状词，例如，“那颗在夜晚的某个确定方位可见的星星”。这个摹状词表示的是任何与其内容相符的对象，在本例中，即金星。罗素的理论使我们可以利用逻辑工具对日常语言进行分析。[5]

弗雷格–罗素语义理论流行了很多年，但在20世纪70年代，经历了一次小规模的变革。[6]两位美国哲学家，索尔·克里普克（Saul Kripke）和希拉里·普特南，在哲学家和逻辑学家鲁思·巴尔坎·马库斯（Ruth Barcan Marcus）早期成果的基础上提出，弗雷格–罗素的论述建立在大量错误的假设之上。克里普克在其著作《命名与必然性》（*Naming and Necessity*）中主要批判描写主义（descriptivism），这个概念指的是词汇的语义与摹状词近似。普特南在《“语义”的语义》（“The Meaning of ‘Meaning’”）一文中主要批判了内在主义（internalism），这个概念指的是词汇的语义在于说话人的内心世界，不涉及说话人的外部环境。

普特南有一句著名口号：“语义根本不在头脑里！”他和克里普克的语义理论支持外在主义，后者指的是词汇的语义部分取决于说话人的外部环境。他们以指称的因果理论（causal theory of reference）取代罗素的描写主义。普特南版的因果理论大致说的是，一个词只要指称外部环境中的某个实体，就会因此得到运用。

普特南通过一个思想实验来为外在主义辩护，这就是“孪生地球”（Twin Earth）的故事。孪生地球是一个遥远的星球，与地球非常相似，唯一不同之处在于，地球上的水用化学式表达是 H_2O，而在另一个星球由完全相同的物质 XYZ 取代（二者分子结构不同）。XYZ 的外观和味道与水一样，它自天而降，填满河道海床，穿过管道，从“水”龙头里流出。孪生地球上的所有生物都饮用 XYZ。

XYZ 是水吗？普特南有力地证明了它不是水。水是 H_2O，是地球上发现的一种自然物质。XYZ 是不同的物质，只是外观与水相似。我们不会将黄铁矿（fool's gold）称为黄金，即便它很像黄金。同样，我们也不应该将 XYZ 称为“水”。地球大部分区域被水覆盖，但孪生地球不是这样。也许我们可以将覆盖它的大部分区域的物质称为孪生水。

在孪生地球上，一些语言使用者和地球上的语言使用者非常相似。假设希帕蒂娅（Hypatia）还健在。她是公元 4 世纪亚历山大的哲学家和数学家，才华过人，制作了液体比重计来测量水和其他液体的比重。在孪生地球上，有一个与希帕蒂娅极其相似的人，正在研究 XYZ，而地球上的希帕蒂娅在研究 H_2O。假设到目前为止，两种液体在所有实验中表现完全一致，两人都没有发现这些液体的化学成分，希帕蒂娅和孪生希帕蒂娅都将这种液体称为“水”。假设希帕蒂娅说“我在测量水”，她指的是 H_2O。但是，当孪生希帕蒂娅说“我在测量水”时，她指的是 XYZ。

这足以让普特南巩固他的观点：语义不在“头脑里”。结论是，虽然希帕蒂娅和孪生希帕蒂娅极为相似，但她们的同一段话指称的是不同事物。普特南进一步指出，这个结论在两人没有发现水和孪生水的化学成分时也成立。因此，“水”这类词的语义不仅依赖于

地球上的希帕蒂亚

孪生地球上的孪生希帕蒂亚

图 49　正在研究 H_2O 的希帕蒂娅和

正在研究 XYZ 的孪生希帕蒂娅所说的“水”指的是不同事物吗？

说话人的内心世界，而且取决于说话人的外部环境。

有一种思路可用于讨论以上观点，即对希帕蒂娅和孪生希帕蒂娅而言，“水”这个词帮助她们从外部环境中选择任何具有水的作用的事物。[7] 简言之，无论它选择的对象是什么，只要是在海洋和湖泊中发现的供人们饮用和洗浴的清澈液体，那就是水。在希帕蒂娅看来，H_2O 具有那样的作用，因此“水”指称的是 H_2O。在孪生希帕蒂娅看来，XYZ 具有那样的作用，因此“水”指称的是 XYZ。

你可以像这样构想其他孪生地球的例子，用来解释各种词语。假设一个孪生地球上没有树，但是存在不基于 DNA 的对应物。当孪生的我提到“树”时，他指称的不是树，而是这些在孪生地球上发挥树的作用的对应物。另一个孪生地球上存在与奥巴马极其相似的机器人，它在孪生地球上充当奥巴马的角色。当孪生的我提到“奥巴马”时，他指称的是这个机器人，而不是奥巴马本人。以此类推。

对于所有这些词语来说，它们的语义看起来都不在说话人的头脑里。我们可以称之为外在主义词汇：它们的语义与外部环境中某些特定事物相互绑定。希帕蒂娅所说的“水”这个词与 H_2O 绑定，而孪生希帕蒂娅的“水”与 XYZ 绑定。

外在主义存在一些局限。[8] 其中一种局限由逻辑和数学导致。当孪生地球上那个孪生的我说出“7”时，他希望指称数字 7。因此，“7”的语义也许就“在头脑里”。“与”这个逻辑用语也可以这样解释。这样的逻辑和数学用语不需要与外部环境绑定。也许我们可以将它们视为内在主义词汇。

外在主义似乎也不太适合解释“意识”、“因果关系”和“计算机”之类的词汇。这些词并没有与外部环境中的特定事物绑定。对于什么类型的事物是计算机，我持有一般性概念，这个概念基本上都是由结构性词汇组成的。任何被我视为计算机的事物也会被孪生地球上的另一个我视为计算机。即使孪生地球上的计算机由石墨烯制作而成，地球上的计算机由硅材料制成，二者仍然都被视为计算机。因此，孪生的我提到“计算机”时，他的意思似乎与我相同。这表明“计算机”是内在主义词汇。[9]

我自己在关于这个话题的著作中提出了语义的二维视角（two-dimensional view）[10]，也就是要兼顾语义的内在和外在方面。大致意思是，弗雷格和罗素关于语义的内在维度的见解似乎是正确的，克里普克和普特南关于外在维度的见解似乎同样正确。不过，从本章的目标出发，我们主要需要外在维度。重要的是，我们可以为许多普通词汇构想相应的孪生地球的例子。普特南和克里普克让大多数哲学家相信，至少就孪生地球的这些例子而言，语义的外在主义是正确的。

孪生地球和模拟地球

普特南的“孪生地球”为我们思考在模拟系统内外如何使用语言提供了一种出色的模式。普特南本人用它来分析缸中之脑场景，本章后面部分将讨论这个话题。现在我要用“孪生地球”来分析模拟系统。[11]

我的论点如下。假定存在非模拟的原型地球和一个模拟宇宙，后者包含一个模拟地球，地球和模拟地球的语言用法与地球和孪生地球的情况极其相似。

对于那些在地球上成长的人来说，“飓风”一词指称的是非模拟飓风：由巨大的、快速移动的水气混合结构物所构成的风暴，这些水气混合物又是由更深层次的原子构成的。这个描述符合我们对“飓风”语义的直观认识，也符合指称的因果理论。当我们的社会使用“飓风”一词时，促使我们这么说的是外部环境中的非模拟飓风。

对于那些在模拟地球上成长起来的人来说，“飓风”一词指称的是虚拟飓风：由模拟的水气混合结构物构成的模拟风暴。虚拟飓风在模拟地球上一直充当着飓风的角色。按照前述虚拟数字主义的观点，虚拟飓风是由更深层次的位元构成的。指称的因果理论有助于解释“飓风”一词如何发挥作用：当模拟社会中的成员使用这个词时，是虚拟环境中的虚拟飓风促使他们这么说的。

“水”这个词的情况一样，它指称的是地球上的水和模拟地球上的虚拟水。H_2O（化学类型）在地球上充当了水的角色；虚拟水（数字类型）在模拟地球上充当水的角色。“湿度”也是如此：指称地球上的湿度和模拟地球上的虚拟湿度。其他词汇以此类推。

现在，我们可以分析丹尼特的反对观点，即模拟飓风不会淋湿你的身体。如果你在地球上，飓风当然会淋湿你。对地球上的生命而言，“飓风”、“水”和“湿度”这些词指称的是非数字事物。模拟的飓风只含有虚拟水，不会淋湿任何事物，但它确实会在虚拟意义上淋湿虚拟事物。

如果我们生活在模拟地球，那么“飓风”、“水”和“湿度”指称的就是数字事物，即地球人称为虚拟飓风、虚拟水和虚拟湿度的事物。如果模拟地球上的人说，“模拟飓风不会淋湿你”，他们的意思是，虚拟飓风不会虚拟地淋湿任何人。然而，这是一个错误的陈述。虚拟飓风在虚拟意义上淋湿他们。如果我们现在身处模拟系统，那么我们的飓风就是模拟的飓风，并且我们会被飓风淋湿。

也许你会反驳说，模拟系统中的生物持有错误的信念。例如，某个模拟人可能会想到，“我在纽约”，而实际上这个模拟系统是在硅谷的一台服务器上运行的。那么，他的信念这次是错误的吗？答案是：没有错误。当模拟人说到“纽约”时，此名称所指称的不是地球上那个非模拟的纽约，而是模拟地球上的一个地方：模拟纽约。这个模拟人确实在模拟纽约，或者说，至少他在虚拟意义上身处模拟纽约，而他的物理空间位于硅谷。此外，当模拟人说到“在”时，这个词表示“虚拟意义上在”，也就是说，模拟人的虚拟身体在那个虚拟地点。因此，当模拟人想到“我在纽约”时，这意味着模拟人在虚拟意义上身处模拟的纽约，这种表达是正确的。

穿行于地球与模拟地球之间

当人们往返于模拟环境与非模拟环境之间时，他们的语言会发生什么变化？这在很大程度上取决于人们是否对自己的迁移知情。如果他们知道自己的环境发生了变化，那么他们的言辞的语义会立刻变动。如果不知情，语义的变动会更加缓慢。

我们来观察这个过程在孪生地球上是如何实现的。先从人们不知情的情况开始。假定来自地球的宇航员将太空舱降落在孪生地球的海洋上。他们不知道海洋是 XYZ 构成的。他们喊道："嘿！这里有水！"他们这么说，是对还是错？普特南认为，宇航员错了。他们所说的"水"指称的是 H_2O，但是在孪生地球上没有 H_2O。"水"这个词没有立刻改变语义，只是因为宇航员遇到了 XYZ。

做个类比。假设地球上一些非模拟人在不知情的情况下进入模拟地球系统。也许他们一直在非洲旅行，与一个旅行团一起游猎。组织这次旅行的公司断定，如果将游客带入模拟地球上的非洲，可以节省费用。游客们对此毫不知情。当他们看到一群长颈鹿时，喊道："啊！那边有长颈鹿！"他们这么说，是对还是错？按照宇航员的例子，我们必须说他们错了。"长颈鹿"这个词指称的是长颈鹿这种动物，但游客们看到的是数字长颈鹿。

现在假设这些游客在模拟地球上生活了多年。他们仍然不知道这是个数字世界（旅游公司极其缺乏道德），可是他们喜欢这个新地方。而且模拟技术如此先进，游客们无法察觉自己不再生活在地球上。有些时候，他们遇到的虚拟长颈鹿比在地球的动物园里看到的长颈鹿更多。此时，指称的因果理论提示我们，对游客们而言，"长颈鹿"这个词开始涵盖虚拟长颈鹿，至少将其视为语义的一部分。实际上，“长颈鹿”的语义将经历缓慢的变化，最后会包含数字长颈鹿。因此，当游客们说“这里有长颈鹿”时，他们说得没错。

有些例子更难解释。例如，倘若模拟地球上的某个人逃出模拟系统，但自己没有意识到这一点，然后第一次看见生物树，这种情况下，我们如何解释？当她说“这里有一棵树”时，她的说法正确吗？对这个问题，每个人的直觉会有所不同。如果数字树以生物树为基础，而不是相反，那么我们有理由认为生物树是导致这个人首先使用“树”一词的部分原因。尽管如此，我更倾向于认为她所说的“树”指称的是数字树（这是她直接交互的对象），不是生物树。因此，她的说法错误。

还有一种情形，即人们知道自己在非虚拟世界和虚拟世界之间穿梭，这种情形的现实意义远胜于前一种。这已经是电子游戏和其他虚拟环境的用户每天都会经历的。我们进入《侠盗猎车手》，谈论如何盗取车辆。不过，《侠盗猎车手》的虚拟世界里并不包含任何真实汽车，只有虚拟汽车。当我们说“那边有一辆车”，同时我们还在游戏中，这样的言论是错误的吗？

在我看来，语言是一种服从于我们目标的可塑性强的工具。如果我们希望扩大“汽车”一词的使用范围，以将它用于指称虚拟汽车，我们是能够做到的。哲学家和语言学家长期以来都承认这一点：词汇指称的对象可能具有语境依赖性（context-dependent）。“高”这个词，在我们谈论篮球运动员（6英尺不算高）时，表示一种含义，而在谈论学术界人士（6英尺的哲学家是高个子）时，表示另一种含义。语言要在语境中发挥有效作用。

随着虚拟世界的出现，我们的很多日常用语已具有这样的语境依赖性。当我在非虚拟的日常语境下说“有一辆车”时，我指的是一辆普通的、非虚拟的汽车。但是，当我在虚拟语境下说“有一辆车”时，“汽车”一词的用法中包含了虚拟汽车。

我们可以变换“汽车”的语义，这样在默认情况下它会涵盖非虚拟汽车和虚拟汽车，这也是有可能实现的。第 10 章提到，当虚拟 X 是真实的 X 时，X 就具有虚拟包容性，反之则具有虚拟排斥性。在当前用法中，“汽车”和“飓风”具有虚拟排斥性（虚拟汽车不被视为真实的汽车），而“计算机”和“通信”具有虚拟包容性（虚拟计算机是真实的计算机）。但是，正如我们所看到的那样，语言可以向更加包容的方向演变。“汽车”一词可以演变为默认的虚拟包容性词汇，这是完全有可能的。既然如此，我们在虚拟语境和非虚拟语境下说到“汽车”时，可能指的是同一种事物。

虚拟包容性概念可以帮助我们分析外在主义例子。可以认为，诸如“飓风”这样的虚拟排斥性词汇在地球上指称的是一种事物（飓风），在模拟地球上指称的是另一种事物（虚拟飓风）。也就是说，它们将以经典的外在主义样式，与各自的环境绑定。另一方面，诸如“计算机”这样的虚拟包容性词汇不会与环境绑定。它在地球和模拟地球上都会指称计算机，因为虚拟计算机也是计算机。

随着时间推移，当虚拟现实在我们的生活中越来越具有核心地位时，我们自然会期望大量词汇逐渐从虚拟排斥性向虚拟包容性转变。随着这个过程的发生，我们在使用语言时，也许不再那么关注事物的构成以及语言如何与环境绑定。取而代之的是，虚拟包容性语言将更多关注虚拟现实和非虚拟现实的共同因素，即事物之间的结构化交互模式，以及它们如何与人类这样的心灵相连接。

普特南评价外在主义和笛卡儿式怀疑论

希拉里·普特南在其 1981 年的著作《理性、真理与历史》中运用外在主义和指称的因果理论来分析缸中之脑场景。普特南没有明确评价怀疑论，但是我们很容易从他的讨论中得出他对怀疑论的结论。他的结论与我的结论不相同，但是二者产生了有趣的联系。

我们已经在第 4 章提到过普特南的主要主张。他认为，终生型缸中之脑假设前后不一致，或者说自相矛盾。事实上，他认为自己可以运用外在主义来证明我们不是缸中之脑，或者，至少可以证明我们不是终生型缸中之脑（下文中，如不做说明，都默认为“终生型”）。他没有直接讨论模拟假设，但几乎可以肯定，他认为模拟假设也是自相矛盾的。

下面来说明普特南的论证过程。考虑图 50 所描绘的一类情形。在该图中，普特南看起来就像是一个缸中之脑。但是，他坚持认为“我不是缸中之脑”。他的推理如下。外在主义告诉我们，如果普特南处于图 50 所描绘的情形中，那么，当他说到“脑”时，指称的是虚拟脑。这是一种由位元构成的脑状对象，和他在模拟系统中的虚拟脑相似。因此，当他说“我不是缸中之脑”时，意思是“我不是缸中的虚拟脑”。这个说法是对的！在这个场景中，普特南确实不是缸中的虚拟脑，确实不同于身边的被他自己称为“脑”的对象。相反，他是缸中的非虚拟脑，身处截然不同的世界，而这个世界并不是由位元构成的。因此，当模拟系统中的普特南说“我不是缸中之脑”时，他说的是实话。总之，普特南认为，无论他是否处于模拟系统中，只要是说“我不是缸中之脑”，就不会错；我们每一个人都可以这样进行自我推理，从而证明我们不是缸中之脑！

图 50　作为缸中之脑的希拉里·普特南。当他说“我不是缸中之脑”时，他说对了吗？

下面我对自己运用这个推理过程。如果我是缸中之脑，外在主义告诉我，我所说的“脑”是虚拟脑，一种模拟实体，属于我自己的模拟环境的一部分。但是，我不可能是自己模拟环境中的虚拟脑。也许我是被模拟者称为“缸中之脑”的一类事物，但这是完全不同的两回事。我能够知道我不是被自己称为“缸中之脑”的那一类事物，也就是说，我能够知道我不是缸中之脑。

如果普特南是对的，那么，我是缸中之脑这一想法就具有了微妙的矛盾性。要成为缸中之脑，我必须是我自己所说的缸中之脑的那一类事物。但是，如果我是缸中之脑，我所说的“脑”是外部环境中的某种事物，与我自己真正所属的那类事物全然不同。这样一来，要成为缸中之脑，我必须成为我不属于的事物。

要回应普特南，有非常多的内容可以讨论。普特南自己提到的一个漏洞是，这个论证不能排除他是缸中模拟脑的可能性，就像

图 50 所描绘的第二个脑，它的经验来自第二块屏幕所示的第二层模拟系统。如果普特南处于这样的情形，他所说的“脑”就是虚拟脑（图中描绘的第三个脑），而他实际上也是虚拟脑（图中描绘的第二个脑），只不过存在于上一级世界。在这种场景中，可以认为，普特南终归是他所说的“缸中之脑”。如果是这样，普特南的论证也只是表明，他不是缸中非模拟脑，也就是说，不是缸中的第一级脑，但可能是第二级脑。这还不足以驳倒笛卡儿式怀疑论。普特南仍然需要一些独立的方法来回应以下怀疑论假设：他是缸中的第二级脑。

此外，将普特南的论证用于模拟假设，效果远不如用于缸中之脑假设。理由是，如前面所见，外在主义更适合解释某些词语。“纽约”、“水”和“脑”这类词汇的语义可以说是与我们的环境相绑定的，所以它们不能指称上一级宇宙中的事物。但是，其他类型词汇的语义不会像前一类词那样取决于环境，例子包括“零”、“个人”、“行为”、“计算机”和“模拟系统”。计算机主要按照结构化术语来定义，独立于任何特定环境。因此，即便我身处模拟系统，谈论上一级宇宙中的个人、行为、计算机和模拟系统也没有问题。

如果这个观点正确，那么普特南的推理就不能排除我生活在计算机模拟系统的可能性。即使我身处计算机模拟系统，也确实可以说“我在计算机模拟系统中”。正如我在第 4 章所述，如果虚拟普特南说“我在计算机模拟系统中”，他的这番言论是对的。[12]

也许普特南会说，“模拟系统”一词和“纽约”或者“水”相似，也是与特定的系统绑定，这个系统只存在于我们的日常环境以及其他类似环境中。但是，这种说法似乎是错误的：当我们谈论计算机和模拟系统时，所论及的事物要比上述语义广泛得多。我可以直截了当地推测自己身处上一级世界的某个计算机模拟系统，也许我还说对了。

出于这个理由，我不认为普特南的主要论证可以作为对普遍怀疑论的一般性回应。但是，普特南提供了一个简短而又完全独立的论证，也和普遍怀疑论有关，并且与我自己的方法非常接近。在《理性、真理与历史》的一段话中，普特南指出，缸中之脑包含了基本上正确的信念。他的论证如下：

> 根据刚才所说的观点（在那个其中任何有感觉的生物都是并且永远是缸中之脑的世界里），缸中之脑在想到“我面前有一棵树”时，他的思想并不指称现实之树。根据我们将要讨论的一些理论，它可能指称意象之树，或指称引起树的经验的电子脉冲，或指称引起那些电子脉冲的程序的特征。这些理论同刚才所说的观点并不冲突，因为在缸中英语里，“树”这个语词的使用同意象中树的出现、某种电子脉冲的出现以及机器程序中某些结构的出现之间，有一种紧密的因果关系。根据这些理论，那个缸中之脑想到“我面前有一棵树”时是对的，并没有错。[13] *

前面这段话的基本论据来自指称的因果理论。当缸中之脑说“有一棵树”时，它对“树”这个词的使用，是由虚拟树引导的。因此，对缸中之脑而言，“树”指称的是虚拟树。当缸中之脑说

* 这段译文引自《理性、真理与历史》1997 年 2 月版中译本。书中“brain in a vat”原译为“钵中之脑”。

“有一棵树”时，那里确实有一棵虚拟的树。因此，缸中之脑所言非虚！其他关于外部世界的信念同样可以这样解释。

美国哲学家唐纳德·戴维森（Donald Davidson）和理查德·罗蒂（Richard Rorty）粗略地研究过一条论证思路，与普特南的思路多少有些相似之处。罗蒂用明确的语言进行了总结：

> 那个脑也会对周围环境的特征做出反应。但是它的环境就是计算机的数据库。要解释它发出的声音具有怎样的含义，唯一的方法就是将这种声音与计算机输入它的数据流关联起来。因此，如果声音听起来像是在说“现在是2003年10月7日星期二，我在吃豆腐”，那一定是在表示“我现在与硬盘的43762扇区连接”之类的信息。这个被泡在缸子里的脑的大部分信念，和我们的大部分信念一样，一定是正确的。欺骗一个大脑，不会像那些邪恶的科学家以为的那样容易。[14]

我认为，普特南、戴维森和罗蒂基本上都是正确的。缸中之脑的语言指称的是它周围环境中的事物，因此，它的信念大多是正确的。

尽管如此，我还是不认为他们当中的任何一人为这个观点提供了强有力的论证。他们的论证依赖于过度强势、难以令人信服的外在主义。现在看来，他们的论证似乎是以指称的因果理论的一个极端版本作为前提，其中每一个词指称的对象都是导致缸中之脑存在的环境中的一种事物。然而，这个极端版本是错误的。有很多词语，例如“女巫”“以太”，不指称任何事物。“女巫”一词最初所针对的女性并不是巫婆。19 世纪科学领域无处不在的以太其实并不存在。笛卡儿的信徒可能会说，“脑”和“树”于缸中之脑而言，就像“女巫”这个词，不指称任何事物。普特南没有提供真正的论证来反驳这种笛卡儿式观点。

此外，我们已经知道，虽然外在主义适合解释“树”和“脑”这样的词，但对于“3”、“计算机”和“哲学家”这样的词，并不是非常适用。外在主义分析确实不适用于“那边有 3 位哲学家”或者“我在使用计算机”之类的句子。但是，模拟现实主义要求，这样的句子在模拟系统内部可以是正确的。所以，普特南的外在主义没有向我们证明模拟现实主义如何能够具有全面的正确性。

我认为反驳这些批评是可以做到的。我已经在第 9 章证明，模拟系统中的“树”和“脑”指称的是虚拟脑和虚拟树。大体而言，重要的是，地球上的脑与模拟地球的虚拟脑发挥了相似的结构性作用。第 9 章的论证还表明，在模拟系统内部说“那边有 3 位哲学家”和“我在使用计算机”，是没有错的。对此我的判断是，这些信念大部分与地球和模拟地球共同存在的一些结构性物质有关，因此即便在模拟地球上，这些信念的日常含义也可能是正确的。也就是说，即使我身处模拟系统，仍然可以看见 3 位哲学家或者使用计算机。但是，第 9 章的论证和分析不是以外在主义为基础，而是以结构主义为基础。

最终，是结构主义，而不是外在主义，推动了模拟现实主义发展，接着又驱使我对怀疑论做出回应。后面几章将对结构主义进行证明。

第 21 章

尘埃云能运行计算机程序吗?

澳大利亚作家格雷格·伊根(Greg Egan)于 1994 年创作了经典科幻小说《置换城市》(*Permutation City*),在这部小说中,模拟系统无处不在。[1] 人们纷纷造出自己的模拟版本,后者住在虚拟世界里,在那里,他们的意识经验与原型非常相似。主角保罗·德拉姆(Paul Durham)是一个模拟人,地位低下,几乎得不到法律认可,但是他在尝试创建自己的模拟世界。

在小说中,普通的完全模拟系统被证明不是创建新世界的必要条件。德拉姆改动了他所栖居的模拟系统,使得系统各部分在空间和时间上完全断开联系。即便这样,他还是存在于世界上。他将自己的模拟系统分解成更小的相互隔绝的部分,但他依然存在。即便各部分散落在时空里,彼此没有任何关联,但他和他的世界依然存在。

当德拉姆将自己也分解成若干部分时,他意识到,宇宙本身基本上是由散乱尘埃形成的碎块构成的。小说写道:

一阵尖厉的声音传来。“第 4 号试验品。模型分成 50

个部分，分别设置20个时序，不同部分和不同形态随机分配到1 000个聚群中。”“一，二，三。”

保罗停止计数，展开双臂，慢腾腾地站起身来。他转了一圈，打量这个房间，发现它依然保持原样，依然完整。接着他开始低语道：“这就是尘埃。一切都是尘埃。这个房间，此时此刻散落在整个地球，散落在500秒甚至更长的时间框架里，但它仍然保持完整。难道你看不出其中的意义？……

“想象一下……一个完全没有结构、没有形态、没有联系的宇宙。大量微观事件，就像时空的碎片……除了一点，根本没有空间和时间这回事。是什么，在某一个瞬间，令空间的某一个点具有了特性？不过是基本粒子场所赋予的价值，不过是一堆数字。现在，去掉位置、组织和秩序这些概念，还剩下什么？只有大量的随机数字。

“就是这样。一切不过如此。宇宙根本不存在形态，没有时间和距离这样的东西，没有物理法则，没有因和果。”

这个理论就是尘埃论（dust theory）：假定存在大量随机散布的尘埃原子，游离于空间和时间之外，无因无果。它的核心思想是，像这样分散的尘埃云可以执行任何可能的算法，因此能够模拟每一个可能世界，导致海量有意识的人存在于宇宙中。该理论的一个更激进的版本认为，这样的尘埃云是我们这个现实世界的基础。

尘埃论很有吸引力。它如果是正确的，就会产生各种影响。即便没有这样的尘埃云，我们的世界也包含巨量的物质。如果尘埃可

图 51　尘埃论：随机散布的尘埃云是计算的基础，

后者又是现实世界的基础。

以运行每一种算法，那么这些物质也可以。如果是这样，那么几乎所有可能的计算机程序都在世界某个地方运行，所有可能的模拟世界都存在。每一个可能的模拟人也都存在。这是一番令人眼花缭乱的景象。如果模拟一个世界或一个人如此轻松，所有的模拟理论就会变得微不足道。

尘埃论引出了许多问题。[2]一个问题与《置换城市》的故事情节有关：为什么小说中的每个人都要耗费精力去创建完全模拟世界。如果所有的模拟系统都已经运行于尘埃中，这样的情节似乎就是无意义的。另一个问题与德拉姆的分解尝试有关。考虑到他所运用的程序总是能够将碎片聚合在一起，这些模拟系统确实可以散开且彼此没有关联吗？如果并没有真正分散开来，那么德拉姆关于分散的尘埃可以运行模拟系统的推断就显得轻率了。第三个问题是，如果每个可能世界都确实存在，科学又该如何发挥作用。大多数世界将是混乱不堪、难以预测的。看到我们自己所生活的这个世界正如其表现出来的那样高度有序，会令人感到惊讶。

尘埃论还带来更深层次的问题。它依赖于一个错误的假设。这个假设认为，因果结构与算法的执行、现实世界的创建以及意识的形成无关。事实上，因果关系的复杂结构对上述所有事件都至关重要，这些结构不存在于伊根的尘埃云中。因此，尘埃并不支持真正的算法、模拟世界和模拟人。

这一点是我的模拟现实主义论证的关键。计算机模拟不等于无目标的尘埃云。它们是经过精心调试的物理系统，其中的要素按照复杂的因果模式互动。正是这种因果结构，使物理系统成为真正的现实世界，与非模拟世界相媲美。

要阐明这个论证过程，我们必须审视算法与物理系统的关系。

物理系统中的计算

计算机程序与物理系统之间存在什么关系？二者之间存在一个关于计算的庞大的数学理论。这个理论以图灵机这样的抽象系统、有限自动机、元胞自动机（例如“生命游戏”）和各种算法为前提。它告诉我们各类计算系统能够解答哪一类问题以及如何解答。

但是，计算并不等同于数学。它之所以具有物理性，是因为它发生在物理装置上。我的台式计算机现在正在执行 emacs（文本编辑器）文字处理算法。我的智能手机正在执行发信息算法。许多人认为，人脑执行各种算法，例如神经网络学习算法。诸如此类。

数学和物理计算系统之间的隔阂在早期计算机时代就出现了。19 世纪中期，英国发明家查尔斯·巴比奇为一些计算机提供了数学设计，包括差分机和复杂程度远胜于前者的分析机。他的合作者艾达·洛夫莱斯（Ada Lovelace）为分析机开发运行算法，目的是计算某些数字序列。巴比奇为能够执行这些计算功能的计算系统绘制了详细的蓝图，但由于工程和财务方面的制约，他始终未能完成制造工作。[3]

一个世纪后，他的同胞、卓越的数学家艾伦·图灵（本尼迪克特·康伯巴奇在《模仿游戏》中饰演过这位数学家）获得了更好的运气。1936 年，他建立了一套数学模型，用于制造第一台通用计算机，也就是可以运行任何程序的计算机。这套模型后来被称为图灵机。1940 年，在布莱切利公园，图灵和同事研制出“炸弹机”（Bombe），这是一台不可编程的解密装置，完全用于破译德国的“谜”（Enigma）密码系统。1943 年，他在布莱切利公园的同事汤米·弗劳尔斯（Tommy Flowers）研制了更为复杂的“巨人机”（Colossus），这是第一台可编程的电子计算机。[4] 图灵的数学成果如何影响巨人机及之后的计算机，还存在一些争议，但是，数学模型与物理实现之间的隔阂不到 10 年就被消除了，这实在令人感叹。

物理系统实现数学计算，到底是如何完成的？在计算机科学领域，这件事有时被视为理所当然，但是它产生了一些有趣的哲学问题。

以约翰·康韦的“生命游戏”为例。我们可以认为它是一种数学对象，一种抽象的元胞自动机（见第 8 章）。不过，它也运行于全世界的物理计算装置中。物理装置实现生命是如何做到的呢？假定我们运行一种特别版本的生命游戏，也许是计算机生成了特定尺寸和形态的滑翔机喷枪。一个物理系统，例如我的苹果手机，生成这样的滑翔机喷枪，包含了怎样的过程？

下面从自然主义视角回答这个问题：当从苹果手机的内部状态到滑翔机喷枪中细胞状态的映射存在时，我的手机就实现了生命游戏中的滑翔机喷枪，这些状态之间建立了对应关系，它会保留正确类型的结构。手机里有晶体管，可以映射为生命网格里的细胞。苹果手机中的每一个晶体管要么是低电压，要么是高电压。如果电压为低值，生命细胞就死亡；为高值，生命细胞就存活。这就是滑翔机喷枪实现的方式。

这个时候，格雷格·伊根的尘埃论就有了用武之地。伊根提出，只要有足够的随机分布的尘埃粒子，我们总能够发现从尘埃云到滑翔机喷枪或者任何其他计算过程的映射。因此，任何一种算法都是尘埃实现的。如果算法是现实的基础，尘埃就能实现一切现实。如果算法是意识的基础，尘埃就能生成任何一种意识状态。

在这里，伊根重复了希拉里·普特南以及美国哲学家约翰·塞尔（John Searle）的类似言论。[5] 普特南在其 1988 年的著作《表征与实在》（*Representation and Reality*）中宣称，任何普通系统（例如石块）通过映射，可以实现任何有限自动机（大体而言，就是有限的计算机程序）。塞尔在其 1992 年的著作《心灵的再发现》（*The Rediscovery of the Mind*）中写道：

> 任何程序和任何足够复杂的对象，存在这样的关系：该对象通过某种描述来执行程序。例如，我身后的墙此刻正在实现 Wordstar 程序（一种早期文字处理软件），因为存在某种分子运动模式，与 Wordstar 的正式架构形成同构关系。但是，如果墙能够且正在实现 Wordstar，那么，只要它足够大，就能够实现任何其他程序，包括那些人脑已经执行的程序。

这一切都可能使所有物理计算的理论变得无足轻重。塞尔得出结论，物理系统（例如墙）是否实现程序，确实不是一个客观问题；是旁观者的观察完成了实现。伊根的结论是，所有程序一直在运行。普特南的结论是，功能主义哲学观可以被证明是错误的，该观点认为心灵以计算机程序为基础。

碰巧，几年后我发表了一篇文章，反驳了这些观点。1992 年，这篇文章在 Usenet（一个互联网论坛，是如今许多论坛的鼻祖）的 comp.ai 哲学讨论组引发了一场激烈的在线辩论。辩论的主题是“一块石头能实现所有的有限态自动机吗”。一些人借用了普特南的物理计算无足轻重的观点，而我认为物理计算具有重要意义。

辩论结束后不久，我针对这个主题发表两篇文章[6]，一篇的标题与 Usenet 上的辩论主题相同，另一篇题为《论计算的实现》。这些文章刊登在 1994 年和 1996 年的哲学期刊上，大约同一时间，伊根出版了前述小说，因此当时我并不知道伊根的理论。但是，我对伊根观点的回应与对普特南和塞尔的回应一致。

尘埃到生命论证

在《置换城市》中，伊根没有详细说明尘埃粒子如何映射为计算过程。（塞尔也没有提供很多细节；普特南提供的细节更丰富一些。）但是，要简略地论证足够大的尘埃云实现了“生命游戏”中的所有过程，并不是很难。我会称之为“尘埃到生命论证”。

我们从“生命游戏”的一个简单过程开始。“闪烁器”由 3 个细胞组成，在垂直方向和水平方向上无休止地交替闪烁。假定我们的生命世界是一个由细胞构成的 3 × 3 方块。首先将中间一行 3 个细胞设定为“存活”，顶部和底部的两行设定为“死亡”。中间这个细胞有两个邻居，所以保持存活状态。左边和右边的细胞只有一个邻居，所以状态转变为死亡。同一时刻，顶部和底部两行中间的细胞由于各有 3 个存活的邻居，所以转变为存活，而其两侧的细胞都只有 2 个邻居存活，故而保持死亡状态。其结果是，原本是水平方向这一行的 3 个细胞存活，现在变为垂直方向这一列的 3 个细胞存活。按照同样的逻辑，接下来垂直方向上的 3 个细胞存活将变为水平方向上的 3 个细胞存活，于是，行与列就不断地交替闪烁。

我们还可以假设空间和时间之外存在无限的尘埃粒子云。每一个尘埃粒子具有二元态，我们称这两种状态为热和冷。热粒子和冷粒子都是无限量的。除此之外便再无其他组织。现在我们的观点是（受伊根、普特南和塞尔启发），尘埃云实现了闪烁器。

闪烁器可以分解为 9 个生命细胞各自的轮回，每一个细胞在特定的时刻表现为存活或死亡。第一代，中间一行的 3 个生命细胞存活，其余细胞死亡。为了在尘埃云中找到这样的结构，我们可以简单地选定 3 个热尘埃粒子和 6 个冷尘埃粒子。3 个热粒子映射 3 个存活的细胞，6 个冷粒子映射 6 个死亡的细胞。这样的话，我们就在尘埃云中找到了第一代生命细胞。第二代的情况或多或少和前面一样。我们找到另外 3 个热粒子，用它们映射中间一列存活的 3 个细胞；另找 6 个冷粒子，映射死亡的 6 个细胞。这样一来，第二代生命细胞也找到了。如果重复这个过程，我们就能够在尘埃云中找出一个永远来回振荡的闪烁器。

如果这种从尘埃粒子到闪烁器细胞的映射是我们实现算法所需的全部要素，那么尘埃就可以实现闪烁器算法。同理，理论上任何生命过程都可以被实现。将这个论证推广到任何算法上，也不是很

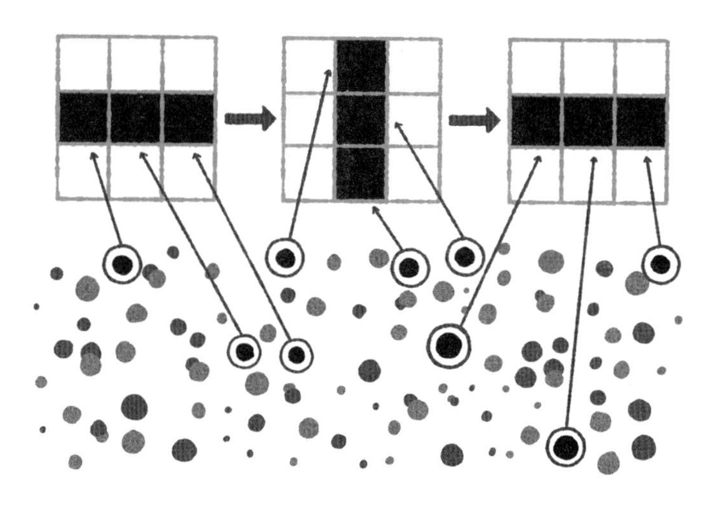

图 52 尘埃到生命论证：随机选取的尘埃细胞映射生命游戏中由规则控制的细胞。

难做到的事情。我们甚至可以在尘埃中发现人脑的算法结构。

人们对这个论证的回应一目了然，即尘埃云不具备一种生命算法不可或缺的重要机制。具体指的是，固定不变的生命细胞（那些在行与列末端的细胞）随着时间推移在生与死之间转换，这对于闪烁器而言至关重要。在尘埃云中，这样的过程完全不存在。我们没有找到一些在热与冷之间来回转换的尘埃粒子，而是一个粒子状态为热，另一个截然不同的粒子状态为冷。由于时间的缺失，这里完全没有任何过程对应于细胞从存活到死亡的过渡。[7] 实际上，尘埃云也许实现了闪烁器的某些静止状态，但未能实现它的变化状态。

现在，伊根不必耗费太多精力就可以修改尘埃云的设定，使之能够产生一部分上述动态机制。假定尘埃粒子在有限时间内存在。无穷无尽的粒子云在任何给定时间内随机地处于热或冷的状态。我们需要做的事情就是找出 1 个始终为热状态的粒子（对应中间那个细胞)、4 个始终为冷状态的粒子(对应四角上的细胞)以及 4 个在热与冷之间转换的粒子(2 个初始状态为热,2 个初始状态为冷,对应中间一行和中间一列两端的细胞)。在一个足够大的尘埃云中,我们应该能够找到 9 个按照这种方式存在并经历大约 100 万代[8]的粒子,这足以帮助我们达到目的。现在我们可以用这 9 个粒子映射闪烁器中的 9 个细胞。这些细胞将完整再现闪烁器所要求的转换过程。那么,现在尘埃会实现闪烁器吗?

这个版本的尘埃到生命论证近似于普特南和塞尔的论证,后者表明,我们如果足够努力,就可以在尘埃(伊根)或者墙(塞尔),又或者石头(普特南)中找到适合任何算法的一系列状态。如果这足以实现任何算法,那么物理系统中的计算就不足为道了。

重视因果

我认为尘埃到生命论证并不成功。关键问题在于,从物理系统到计算系统的尘埃到生命式映射没有重视因和果。要运行生命游戏,仅仅使细胞按照正确顺序完成全部的存活–死亡状态转换还不够,这些细胞还必须按照正确方式互动。

生命游戏设定了规则,例如,当一个存活细胞有 3 个以上存活邻居时,它就会死亡。物理系统必须在其功能上执行这些规则。当 1 个尘埃粒子转为死亡(变冷)时,这一定是因为超过 3 个相邻粒子是存活状态(保持热状态)。因此,为了使尘埃实现生命游戏,我们必须利用因果关系,使粒子按照一种反映生命游戏规则的方式互动。然而,这些分散的、行为不规则的尘埃粒子肯定不会产生这样的因果关系，更不会互动。所以，尘埃根本不会实现生命游戏。

此外，物理系统要实现生命游戏中的闪烁器，需要做的不只是完成一系列正确状态的转换。真正实现了生命游戏的系统可以处理大量不同的初始状态，产生大量不同的状态序列。即使在这些交替出现的序列中，系统也必须遵守规则。我们可以认为，如果系统以不同的初始状态启动，那么，它就会进入某些不同的模式。从更普遍的意义来说，我们可以认为，如果在特定的时间，任何细胞有 3 个以上邻居存活，那么，在这样的状态下，它将死亡。这样的机制对于生命游戏的实现绝对至关重要。同样，我们没有理由认为尘埃云具有这种机制。

以上这些“如果–那么”约束条件就是哲学家所说的反事实（counterfactuals）。反事实指的是本来可能发生但实际上没有发生的事情。在第 2 章，我们考虑过模拟在小行星没有造成恐龙灭绝的情况下将会发生什么。反事实观点认为，如果某件事发生了（实际上没有），那么结果就会不同。例如，如果杯子掉落在地上，它就会摔碎。或者，我们从板球比赛中找出一个例子：如果球没有击中击球手的腿，那么它就会击中三柱门。这是击球手出局的反事实标准。板球爱好者都知道，这些反事实不仅仅是旁观者的观察结果。球是否击中三柱门，通常有客观事实作为依据，裁判可以正确判罚，也可能误判。

反事实对我们理解许多现象具有重要意义，特别是对于理解因果过程尤为重要。事实上，不少哲学家认为，某事物作为其他事物的因，正好反映了二者之间的反事实联系。例如，我们说火导致烟尘出现，大致相当于说如果没有起火，烟尘就不会产生。毫无疑问，反事实对我们理解计算所包含的因果关系具有至关重要的意义。假定一块计算机屏幕正在播放一段预录视频，视频显示的是生命游戏中的一系列状态。在真实的游戏中，如果有一个细胞出现偏差，屏幕就不会显示规则化的生命游戏行为，但它所显示的毕竟只是一段录像。由于这个原因，屏幕并没有真正实现生命游戏。总之，物理计算实现的关键就在于反事实的正确模式[9]和正确的因果模式。

一旦我们根据因果关系去理解计算，尘埃到生命论证就不再有效。我们精心选择的粒子不会具有正确的因果结构，尘埃也不符合正确的反事实。现在，也许你会期望，在粒子和时间充足的情况下，我们最终会找到一组确实按照适当的因果结构发生互动的粒子，从而实现闪烁器或者滑翔机喷枪。（这与“玻耳兹曼脑”思想实验略有相似之处，我们会在第 24 章讨论这个实验。）如果是这样，那将真正实现生命游戏。但是，这样的粒子早就不是伊根的无时间、无空间、分散的、无组织的尘埃了。这样的实现过程需要错综复杂的因果结构，因此它会是极其罕见的。

格雷格·伊根本人在其网站的“尘埃论常见问题解答”一栏中探讨了因果关系反对言论。他说：“有些人暗示，只有当尘埃的一系列状态与意识之间存在真正的因果关系时，前者才能实现后者。然而，尘埃论的全部要义在于，因果关系就是尘埃状态之间的关联性。”

这里，伊根重复了通常被认为出自 18 世纪伟大的苏格兰哲学家大卫·休谟的一个观点。休谟认为，因果不过是规律性问题。该理论的一个非常简单的版本表述如下：我们说 A 导致 B，就是在说 A 之后总是出现 B。为什么扣动扳机就会导致枪开火？因为扣动扳机之后总是会发生枪开火的事件。

如果这个简单的因果论是对的，那么尘埃也许就具备正确的因果结构。至少，在选定用来实现生命系统的粒子之间，当 1 个细胞有 3 个存活的邻居时，随之而来的总是这个细胞的死亡。

因果关系就是关联性或者规律性，这个观点在哲学家群体中的支持者很少。[10]但是，即便我们接受休谟式的规律性因果论，尘埃也很可能不会具备真正的因果结构。即使是那些与休谟有共鸣的哲学家，也认同纯粹关联性并不包含因果关系这一传统观点：一些粒子之间的局部关联性不足以在它们当中产生因果关系。对于因果关系，我们需要更稳健的规律性，也许是所有尘埃粒子（或者至少是一大类粒子）都具有的那种规律性，而不是局限于我们选择的这一小群。尘埃云仅具有随机的、局部的规律性，不包含真正的因果关系所需的整体规律性。

对于普特南和塞尔的论证，我们也可以给出完全相同的回应。即便我们可以将塞尔的墙映射到 Wordstar 程序，也没有理由认为它具有实现该程序所需的复杂的因果结构和反事实结构。即便我们可以将普特南的石头映射到普通的自动机上，也没有理由认为它具有实现该自动机所需的复杂结构。

自然，争论还没有画上句号。[11]一些哲学家认为，比较简单的系统将满足这些更加强势的约束条件。我已经尝试过一一反驳他们。但是，一旦我们按照因果结构来理解物理计算，至少可以避开那些使计算变得无足轻重的简单的映射论证。我们的基本观点是，实现计算需要真正的因果结构，而因果结构不是无足轻重的。

因果结构主义

在我看来，计算只与结构有关。数学计算本质上是形式结构（formal structure）的问题。计算的关键在于某些形式化规则控制的特定位元结构，这些规则包括：形式上，“存活”位元之后伴随着“死亡”位元，等等。

相比之下，物理计算本质上是因果结构的问题，就是物理元素按照因果模式互动。这个模式指的是，晶体管的高电压触发另一个晶体管的低电压，诸如此类。

我的因果结构主义理论认为，当物理系统的因果结构反映数学计算的形式结构时，前者就实现了后者。

这个观点与我们在日常生活中搭建计算机系统并进行编程的实际情况一致。当巴贝奇为分析机规划蓝图时，他一直试图确保系统里的物理结构按照正确的因果模式互动，以便反映他的数学结构。当图灵制造炸弹机时，他也做了同样的事情。现在的计算机编程同样需要完成这样的工作。可编程计算机这种系统可以通过执行不同程序来实现许多不同的计算。这里的因果都隐藏在表面之下。程序员写程序，用户执行，一个物理过程就这样展开。当我在苹果手机上执行一个应用程序时，手机被设置为以下状态：内部的物理电路产生互动，其模式反映程序的形式化规则。

我认为计算机是因果机（Causation Machine）。它们是柔性设备，可以被设计为任意的因果结构。正是这个特性，使得它们成为创建模拟系统的绝佳设备。假设我们想模拟一个系统，原型系统的各部分之间存在一个因果结构。我们在创建一个模拟系统时，将这个因果结构复制到计算机上。从某种意义上说，原型系统通过因果关系被映射到计算机上，至少在一定细节上完成了这个过程。由此，我们使用因果机复制了原型系统。

人脑模拟过程也是如此。当我们将脑上传至计算机模拟系统时，会发生什么？从本质上说，我们是在尝试保存它的因果结构。这一点在逐步上传的情况下尤为明显。在那种情况下，我们每次以一颗芯片替换一个神经元。我们试图确保新的芯片按照旧神经元的相同因果模式与周围单元互动。如果一切顺利，最后我们将获得860亿颗芯片，它们会按照人脑的860亿个神经元的相同因果结构来互动。同样，当我们在神经元层面对人脑进行成功模拟后，860亿个数据结构将在计算机上生成，它们会按照相同的因果结构进行互动。第15章的逐步上传论证让我们有很好的理由认为，芯片系统和模拟系统将具有与大脑相同类型的意识状态。如果因果结构遭到破坏，那么意识也无法存留。

我们不能期待随机分布的尘埃云实现计算和意识。但是，如果尘埃云经过组织，形成正确的因果结构，那么它的前景将不可限量。首先我们将拥有计算；如果计算足以产生意识，接下来我们还将拥有意识。有了计算和意识，我们将建立一个虚拟世界。

第 22 章

现实是数学结构？

1928 年，鲁道夫·卡尔纳普对我们的世界进行了建构。在其鸿篇巨制《世界的逻辑构造》（*The Logical Structure of the World*，以下简称《构造》）中，他试图完全通过逻辑语言来描述世界。[1]

卡尔纳普是维也纳学派的领军人物。这个团体由一群具有科学思维的哲学家组成，我们最早在第 4 章提到过。他们的目标是将哲学建立在科学的基础上，同时运用哲学来推动进步性的社会变革。20 世纪 20 年代后期，这个学派达到巅峰期，当时他们发表了关于科学的世界观的哲学宣言。

随着 20 世纪 30 年代纳粹时代的到来，维也纳学派的圈子受到挤压。1936 年，在学派的关键人物之一莫里茨·施利克被一名偏执的昔日学子枪杀后，这个团体不幸解散。此后若干年，他们的理念经常被讥讽为粗糙的“逻辑证实主义”，原因是其反驳大多数哲学思想的手段仅仅是指责后者毫无意义。不过，最近数十年来，卡尔纳普和维也纳学派有更多的哲学理念得到广泛认可。

在维也纳学派看来，从我们对世界的描述中移除主观要素，代之以客观的公共语言对现实进行客观描述，这一点尤为重要。在

《构造》一书中，卡尔纳普试图通过逻辑语言来做这件事情。

卡尔纳普的《构造》一书经常被视为“崇高的失败之作”。他对世界的客观描述基于对主观经验的描述。许多人认为这个问题是卡尔纳普的工程从一开始就注定失败的原因。我们已经知道，仅从表象来建构现实，并非易事。尽管卡尔纳普尽了最大努力，但我们可以认为，他从未避开这个根本性限制。

但是，卡尔纳普的工程不只是基于主观经验来建构客观现实。他在《构造》中提到，他同样可以通过物理描述来建构世界。有一次，卡尔纳普甚至计划撰写《构造》第 2 册，以完成这项工作。虽然这个计划始终未能开花结果，但他发表于 1932 年的文章《作为通用科学语言的物理语言》包含了一些相关元素。[2] 这两项工程赖以维系的基础是一种今天在科学哲学领域具有核心地位的理念。

《构造》一书真正的关键不是根据主观经验或者物理来描述世界，而是按照结构来描述世界，这里的结构指的是逻辑结构和数学结构。卡尔纳普的目标是向读者呈现他所说的现实的结构描述（structure description）：通过逻辑和数学术语来完整描述现实。

卡尔纳普用一个铁路系统来解释什么是结构描述。这里我将以纽约地铁为例。图 53 展示了两张曼哈顿下城地铁系统的图片。左图对线路和车站做了标注。例如，该图显示，第八大道 / 纽约大学站位于 R 和 W 线上。其他站点和线路也都有显示。右图去掉了标注。它显示的是，在这片区域，沿着大约 20 条线路（计数方式不同，数字也会有差异），80 个站点按照某种复杂模式分布于其中。

为了彻底剔除非结构信息，我们必须删掉任何有关站点位置的提示以及“车站”和“线路”两个词。剩下的信息告诉我们，80 个实体按照某种复杂模式分布于 20 个序列中。这是对地铁系统的结构描述，是一种数学结构类型的具体展现，数学家称之为曲线图。曲线图是一种由相互连接的节点组成的系统。图 53 中的曲线图详细展现了地铁系统（至少是其中一部分）的数学结构。

这个去掉了标注的曲线图绝对不是关于曼哈顿下城地铁系统的完整说明。它省略了列车和乘客、站台和电动扶梯的标识，以及车站位置，还有许多信息没有显示。

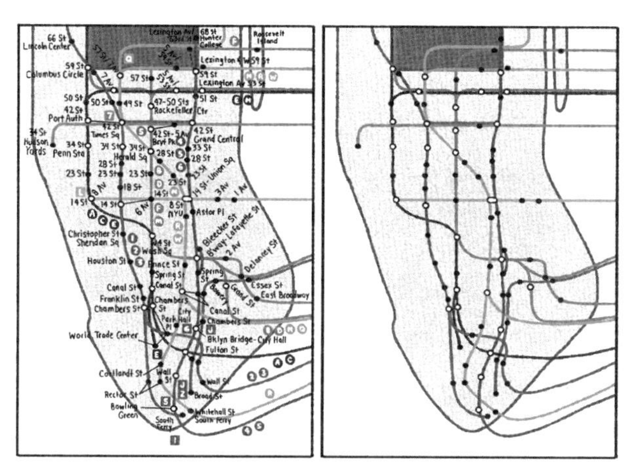

图 53　两种描述纽约地铁系统的方式：

常规描述（带标注）和结构描述（不带标注）。

卡尔纳普的结构主义理想是，所有被省略的信息都可以包含在更多的结构里。理论上说，人们可以通过逻辑或数学形式来表述车站位置、站台、扶梯和列车；可以对乘坐地铁列车的人进行数学描述。如果我们将全部信息都装进对地铁系统的描述中，并将其转换为数学形式，我们就可以掌握对地铁系统的完整、客观的描述。如果将这个过程从地铁扩展到整个宇宙，我们就可以完成对一切现实的结构描述。

很少有人认为卡尔纳普成功地做到了仅用逻辑和数学来描述一切现实。在我看来，尽管他失败了，但非常接近成功。我在 2012 年出版的《建构世界》一书中提出，卡尔纳普的这次尝试出现的许多问题是可以解决的。如果我们将他对世界的建构建立在物理和主观经验的基础上，并扩大他的基本语言的范围，略微增加逻辑和数学之外的其他语言，那么，他的新版《构造》就可能获得成功。

但是，现在为了完成我的论证，我没有必要去建构整个世界，只需要运用结构主义来证明模拟现实主义观点，即如果我们身处模拟系统，那么普通的物理世界就是真实的。为了证明这个观点，我真正需要的是关于物理的结构主义［和前面一样，不要与关于文化的结构主义[3]混淆，后者得到了法国人类学家克洛德·列维-斯特劳斯（Claude Lévi-Strauss）和 20 世纪中期其他人物的支持］。也就是说，我们可以运用结构主义术语来提供全面的物理解释。大体上，我们可以认为结构主义术语就是数学术语（我的理解是，数学术语包括逻辑术语），但是，最终我们还必须略微借助数学之外的工具。因此，我的观点大致是，我们能够就物理学如何解释世界提供完全数学形式的具体说明。在这个基础上，证明模拟现实主义就是一件容易的事情了。

科学如何向我们解释世界？

诸如牛顿力学、广义相对论和量子力学这样的科学理论都获得了巨大成功。它们是大多数现代技术的基础。科学家和工程师依赖于这些理论，毫不怀疑其有效性。

那么，关于现实世界，这些理论到底告诉了我们什么呢？粒子物理学的标准模型都以夸克和希格斯玻色子这样的粒子存在为前提。但从未有人直接观测到夸克和希格斯玻色子。这些粒子确实存在吗？还是说，这个理论只是预测观测结果的有效框架？

对于这个问题，有两种传统观点。科学现实主义（Scientific realism）[4]告诉我们，成功的科学理论和模型使我们洞察到真实的事物。当最出色的理论和模型假定某种实体存在时，我们应该相信它们确实存在。标准模型假定夸克存在，我们就应该相信夸克是真实的。最出色的理论假定电磁场存在，我们就应该相信这些场是真实的。

科学反现实主义（scientific anti-realism）认为，成功的科学理论不应被视为判断事物真实性的标准，它们更适合被视作为各种目标服务的便利、有效的框架。最著名的一种科学反现实主义被称为工具主义（instrumentalism），与19世纪奥地利物理学家和哲学家恩斯特·马赫（Ernst Mach）的关系尤为密切。工具主义认为，科学理论只是"工具"，或者说是用于预测观测结果的有效手段。

按照科学反现实主义的观点，我们不应该相信夸克和波函数确实存在，无论那些假定它们存在的理论有多么成功。科学反现实主义没有说夸克和波函数不存在，而是说我们不应该基于理论而相信它们存在。正如工具主义的一个关于量子力学的流行口号所言，我们就应该"闭嘴，做计算"。量子力学如此违背直觉，很难用它来描述现实世界。但是，我们的量子力学计算总是预测到所有的测量结果，因此，可以一方面运用量子力学来做预测，一方面对测量结果所反映的现实刻意保持不可知论的态度。

对科学现实主义的最重要的论证是希拉里·普特南提出的“非奇迹”（no miracles）论证，后来澳大利亚哲学家J. J. C. 斯马特（J. J. C. Smart）也提出了一个相关的论证。非奇迹论证认为，如果某个理论不正确，它的成功就是一个奇迹。对于夸克是否存在的问题，如果我们得到了你所期望的准确结果，那么，在夸克不存在的情况下，获得那样的结果就会是一个奇迹。这里，核心思想是，我们需要科学事实来解释为什么科学理论如此有效。

对科学反现实主义最重要的论证是悲观归纳（pessimistic induction），由美国哲学家拉里·劳丹（Larry Laudan）提出。这个论证认为，给定足够的时间，几乎每一个经过发展的科学理论最后都被证明是错误的，牛顿力学被证明是错误的，物质原子论同样如此。许多情况下，早期理论被经过改进的新理论（如量子论、粒子物理学标准模型）取代，但是新理论摒弃了旧理论的大量关键要素，同时又以一类新要素为前提。因此，如果我们全盘接受一个科学理论，几乎可以肯定，我们的做法最终将被证明是错误的。

科学现实主义受欢迎程度远胜于科学反现实主义。根据2020年哲学调查的结果，72%的院校哲学专业人士认同或者倾向于科学现实主义，只有15%认同或倾向于科学反现实主义。科学现实主义者经常反驳劳丹的悲观归纳，理由是后面的理论至少比前面的理论更接近真理，因此我们在慢慢地靠近现实。不过，我们仍然要回答一个有趣的问题，即我们的科学理论所谈论的到底是什么。

近几十年来，最受欢迎的科学现实主义版本是结构现实主义。结构现实主义（大体上）是指，我们的科学理论描述的是世界的结构，而结构完全可以用逻辑和数学术语来表述其特性。

结构现实主义最早由卡尔纳普和伯特兰·罗素于20世纪20年

代进行了明确陈述，但此后许多年一直受到忽视。1989 年，英国科学哲学家约翰·沃勒尔（John Worrall）拉开了复兴大幕，当时他提出，结构现实主义是科学现实主义大辩论中的“两全其美之选择”（best of both worlds）。结构现实主义反驳了科学现实主义的非奇迹论证，它认为，科学理论是否成功，取决于其结构在多大程度上与世界所呈现的结构相匹配。它还这样反驳悲观归纳：即使后面的理论摒弃了之前理论假定存在的某些要素，但通常还会保留大量数学结构。[5]

按照结构现实主义，我们可以使理论结构化，方法是完全用数学形式来表述。在上一节中，我们对纽约城地铁系统的描述进行了结构化处理，把它整理成一张清晰的图，然后去掉车站和线路名称，甚至删除了“车站”和“线路”这样的用词。我们可以通过相似的方法使一个物理理论结构化：运用数学术语对它进行整理，去掉所有对象的名称，再删除诸如“质量”、“电荷”、“空间”和“时间”的词语。

1929 年，杰出的英国哲学家弗兰克·拉姆齐（Frank Ramsey）在一篇题为《理论》的文章中提出了一个使理论结构化的技巧。[6] 拉姆齐第二年就去世了，死时年仅 26 岁，但他已经在数学、经济学和哲学领域做出了重要贡献。他用来结构化理论的主要工具现在被称为“拉姆齐语句”，而他的理论结构化过程被称为理论“拉姆齐化”。[7]

拉姆齐的基本理念是，我们可以将物理学对某个词（例如质量）的一切解释都视为这个词的定义。我们不会将牛顿的惯性理论表述为“物体的质量越大，抵抗加速度的能力越强”，而是可以说，“物体有一种属性，满足这样的条件：它抵抗加速度的能力与这种属性成正比”。这样我们就得到了一种不使用“质量”一词的牛顿力学。如果我们对“力”“电荷”“空间”“时间”等词汇做同样的事情，最终留给我们的是一门完全用数学和逻辑语言表述的新版物理学。

根据结构主义观点，当代物理学最后就会表述为“存在七种属性[8]，满足下面的方程”，后面就是用数学形式表述的量子力学定律、相对论等等。我们看到的将是一个以逻辑和数学术语描述的物理世界。

这种数学结构就反映了全部的物理世界吗？本体论结构现实主义者认为答案是肯定的：物理现实是纯粹结构性的。本体论是研究存在的理论。本体论结构现实主义认为，物理世界中真实存在的就是纯粹的结构。基本上，物理世界可以完全以逻辑和数学术语来进行描述。

与之相比，认识论结构现实主义认为，结构只反映部分物理世界，或者至少可以说，不需要反映物理世界的全部。认识论是研究知识的理论。认识论结构现实主义认为，关于物理世界，我们能够知道的是数学结构。这一点与以下观点一致：存在某种结构之外的潜在现实。

请回想一下我们在第 8 章讨论过的万物源于比特假说，它认为，物理现实中真实存在的是纯粹的位结构。这个假说是本体论结构现实主义的一个版本。本体论结构现实主义比纯粹的万物源于比特假说更加宽泛，它提到的结构不一定是数字结构。我们可以称之为纯粹的万物源于结构（pure it-from-structure）假说。

纯粹的万物源于比特假说与物位相生假说相对立，后者认为数字物理中的位元来源于更基本的“物”。物位相生假说体现了认识论结构现实主义的思想。它认为，我们的科学理论揭示了位结构，但这些位元也许是由科学还没有揭示的某种事物实现的。我们如果将这个假说扩展至数字结构之外，就会得出物构相生（it-from-structure-from-it）假说，该假说认为，物理对象来自结构，反过来结构来自某种更基本的事物。

认识论结构现实主义进一步宣称，更基本的“物”还没有被科学揭示，这个观点已经超出了物构相生假说的范围。也许我们可以称之为“X 生结构，结构生万物”假说。这里，X 表示某种未知事物，或者说，至少是某种尚未被我们的物理理论揭示的事物。

我们在第 9 章看到，模拟假设与物位相生假设特别匹配，也很符合“X 生结构，结构生万物”假说，也就是说，符合认识论结构现实主义。如果我们身处完全模拟系统，我们可以知晓物理结构，但不清楚其根基是什么。这种情况下，作为根基的 X 涉及上一级宇宙中的计算机进程。

从本书的目标出发，我们不需要在本体论结构现实主义和认识论结构现实主义之间做出抉择。真正需要的是这样一种不那么强势的观点：我们的科学理论对世界的解释是结构化的。这个观点与上述两种现实主义都不矛盾。

物理就是数学？

结构主义存在一个尘埃问题。回想一下第 21 章谈到的格雷格·伊根的尘埃论，该理论认为，存在一种可能，我们可以在随机分布的尘埃云中发现任何一种计算机程序结构。如果是这样，尘埃云就能运行各种计算机程序，从康韦的“生命游戏”到微软公司的Word（文字处理软件），应有尽有。这个观点可能会导致计算变得微不足道，失去意义。

物理理论面临同样的问题。存在一种可能，即我们可以在随机分布的尘埃云中发现任何物理理论结构。将这种可能性与结构主义相联系，我们就可以得出结论：尘埃云证明各种物理理论是正确的。拥有足够多的尘埃粒子，我们就可以在尘埃云中找到亚里士多德过时的冲力理论（该理论试图解释抛射体的运动原理）的结构，也可以找到以太理论的结构，爱因斯坦的狭义相对论曾否定过这个理论，还有弦理论，等等。如果尘埃云结构足以证明这些理论正确，那么物理理论同样有可能变得微不足道，失去意义。

我会将这个问题称为“尘埃到物理问题”。为了了解这个问题有多么严重，我们可以首先关注一个更加棘手的难题，就称之为“数字到物理问题”吧。

数字到物理问题可以这样表述：假定我们的物理理论是纯数学性质的，那么，我们似乎可以在纯数学对象（例如数字）中找到物理理论的数学结构。举个例子。数字 1 到 80 按照 20 种恰当顺序排列，就可以作为我们对纽约部分地铁系统的结构描述。因此，物理学表述可以通过满足合适方程的物理量的数学结构来实现。

这个结果看起来也许对极端的结构主义者很有吸引力，这些人认为宇宙本身就是一个数学结构。我们在第 8 章看到，毕达哥拉斯认为，一切都由数字构成。近年来，宇宙学家迈克斯·泰格马克（Max Tegmark）一直支持“数学宇宙假设”[9]（Mathematical Universe Hypothesis）。这个假设指的是我们的外部物理现实是一个数学结构。它的含义在于，宇宙不仅可以用数学来表述，其本身就是数学。泰格马克按照经典的结构主义形式来论证自己的观点，声称只有数学结构才提供真正客观的独立于人类心灵的外部现实。

无论你如何看待数学宇宙假设，对于我们的物理理论具有纯数学性这一观点，有一种反对声音是我们无法逃避的，即如果物理理论确实为纯数学性的，那么，每一个具有连贯性的理论都为真。

以牛顿的力学理论为例。如果物理理论是纯数学性质的，那么牛顿的理论就会主张，存在特定的数学结构，我们假定它所指的是存在某种从实数到实数的数学函数。问题在于，这样的数学实体太容易存在了，因此牛顿的理论要成为正确的理论也太容易了。数字和其他数学实体的存在不依赖于物理。如果某个数学函数存在于一个世界，那么它就会存在于所有的可能世界，包括爱因斯坦的物理理论为真的世界。只要牛顿的理论说这个数学函数存在，那么，即使在爱因斯坦的理论为真的世界，牛顿的理论也会是正确的。既然爱因斯坦的理论在这样一个世界里为真，那么其他任何具有连贯性的物理理论也为真。

这是一个令人难以接受的结论。科学是由被证伪的陈旧理论推动的，但是，如果没有理论是错误的，那就没有理论可以被证伪。所有与牛顿力学不相符的经验证据［迈克尔逊-莫雷（Michelson-Morley）实验、水星近日点进动问题、双缝实验］完全不能否定这个理论。牛顿理论的纯数学版本仍然是正确的。人们过去提出来的一切连贯的理论同样如此。既然每一个理论都为真，那么试图从中找出正确理论的行为就没有任何意义。

为了避开“数字到物理”这个棘手问题，物理理论有必要摆脱纯数学结构的束缚。有几种方式可以实现这个目标。最轻松的解决办法也许是从“存在”这一概念着手。存在，是逻辑学中的核心概念，它有自己的符号：反向的 E。例如，我们可以写 $\exists x\,(x^2=-1)$，意思是存在一个数字，其平方为 –1，也就是说，–1 的平方根（一个想象出来的数字）确实存在。但是，与其说存在需要数学上的定义，不如说它更需要科学上的定义。

任何一种科学理论都认为某些事物是存在的，例如粒子、场等等。其中的含义，我们自然理解为，这些事物都是实质性存在的：它们作为具体现实的一部分而存在。如果粒子仅仅作为数学对象（就像–1 的平方根这个例子）而抽象地存在着，那还不够好。我们必须按照科学理论，将存在理解为实质性的存在。这意味着，我们的理论要成为正确的理论，不是那么容易。实际上，从抽象概念向实质性存在的转变，相当于从纯数学向应用数学转变，这使得我们的数学理论与具体的物理世界发生联系。

那么，实质性存在到底是什么意思？一种观点是，如果某个对象具有因果力，它就是实质性存在。粒子导致事物出现，而数字不会。这个观点为我们指出了一种解决数字到物理难题的另类方法。它的核心思想是，物理包含因果模式，而这种模式在数字之间不存在。为了进一步证明这个观点，我们可以求助于尘埃到物理难题。

尘埃产生物理吗？

尘埃到物理难题最早由剑桥大学数学家马克斯·纽曼（Max Newman）提出，他后来与图灵一起在布莱切利公园工作，帮助设计第一代通用计算机巨人机。纽曼当时正在评论伯特兰·罗素写于 1927 年的书《物的分析》（*The Analysis of Matter*），该书从结构主义角度探讨物理学。罗素断言，物理理论总是可以被置于逻辑和数学框架中。纽曼发现，罗素的观点存在一个无法解答的难题。

纽曼的难题告诉我们，如果我们掌握了对象（也许存在于大量尘埃粒子中）的正确数字，就可以发现任何数学结构。例如，我们对纽约地铁系统 80 个车站的结构描述可以通过任意 80 个对象的组合实现。假定有 80 个任意排布的尘埃粒子，我们始终能够从这些粒子中发现某些指定序列，可用于表示地铁线。我们也可以举一个上一章的例子，即生命游戏的结构描述。在该游戏中，细胞分布于特定的二维网格，按照某些规则显示“存活”或“死亡”状态。现在，只要有足够的尘埃粒子，我们就可以找到某种方法，为这些粒子指定网格上的位置，使它们按照生命游戏中的规则显示存活或死亡。

这一切也适用于物理的结构描述，其有效性堪比对生命游戏的有效性。我们始终可以在尘埃中找到任何纯数学结构，至少，在给定尘埃粒子的正确数字的前提下，可以做到这一点。我的结论就是，结构描述几乎没有告诉我们任何有关世界的信息。我们能知道的，充其量只是世界上有多少对象。这再一次使得我们的理论变得几乎没有意义。这样的理论要成为正确的理论，实在是太容易了。

为了解答尘埃到生命难题，我们主张，要想实现一次计算，物理系统必须具备正确的因果结构，能通过正确的因果模式来管理从甲状态到乙状态的转换。具体而言，使细胞按照正确序列排布，还不足以说明它执行了生命游戏的规则。细胞还必须符合正确的反事实。举个例子，如果这个细胞与 4 个细胞成为邻居，那么它就会死亡，这就是一个反事实。一旦我们需要的是这一类因果结构和反事实结构，则在尘埃粒子的任意组合中肯定不可能发现这样的结构。

因此，实现一次计算就是有效的、有意义的行为。

我们可以按照同样的方法解决尘埃到物理难题。生命游戏有规则，而物理理论有定律。例如，一定质量的对象按照特定方式发生实际行为，还不足以说明它们遵循牛顿的万有引力定律。这些对象还必须符合正确的反事实，即如果两个具有一定质量的物体要互相靠近，那么，它们就会以一定的力互相吸引。一旦我们要求的是这种类型的定律结构和反事实结构，那么在尘埃粒子任意组合的理论中，就再也不能找到这样的结构。作为额外奖励，这样的要求还解决了数字到物理难题，因为数字和尘埃一样也没有这种类型的因果结构。因此，物理理论是有效的、有意义的。

如果按照这种方式去理解物理理论，一种现代结构主义物理学将会诞生，它的表述方式有可能是“存在 7 种属性，遵循下列定律……”，后面是以数学形式表示的量子力学方程、相对论等等。既然定律的概念不是数学的一部分，那么，在我们的理论中使用定律就意味着，理论的内容超出了纯数学的范围。但是，定律是物理理论结构的一部分，也是大多数人一直以来解释这些理论的一部分工具。我们只需认识到，物理理论方程就是自然定律，这些定律的必要条件之一是物理系统符合正确的反事实。

还有其他可能的方案来解答纽曼的难题。其中一条有望成功的路线提出了基本属性这一说法：“存在 7 种基本属性，遵循下列定律……”鲁道夫·卡尔纳普诉诸一个相关概念，即自然性。他宣称，自然性这个概念是逻辑的一部分。但大多数人认为这个观点不可信。不过，诸如基本性（fundamentality）、自然性、定律、因果以及实质性存在这样的概念，从广义上说，仍然属于结构性概念，这一点是可信的。实际上，结构主义者允许他们的理论超越对世界的纯数学解释，去拥抱这种更广泛意义上的结构性解释。

物理理论应该超越纯数学的最后一个理由是，理论与我们的观测有关联。物理理论不只是谈论外部世界，还将外部世界与我们的经验和观测联系起来。还记得吗，工具主义说，科学理论只是预测观察结果的工具。结构现实主义者和其他科学现实主义者认为科学理论的作用不止于此，但是，预测观察结果至少是理论的重要作用之一。

我们的观测结果绝非那么容易被转化为纯数学结构。观测本质上是意识经验，例如，关于一种具有特定颜色和外形的对象的经验。意识经验可以用数学来描述，我们可以评估各种颜色所带来的经验以及它们的差异。但是意识经验看起来又超越了数学描述。现在改动一下弗兰克·杰克逊关于色彩学家玛丽的思想实验。玛丽生活在只有黑白两色的房间里（见第 15 章），她也许能够对颜色处理建立纯粹的数学描述，可是这并不会让她明白，看见红色是怎样一种感受。

实际上，结构现实主义者通常不会尝试对观测结果进行结构化处理。我们的理论包含一部分结构内容，还有一部分内容是结构与观测结果的关系。举个例子，量子力学有薛定谔方程，这个部分完全用结构化术语来表示；还有玻恩规则，这个部分将前面的结构与观测结果出现的概率相关联。

因此，那种认为物理理论就是通过详细阐述纯数学结构来解释现实的观点必须在两个最重要的方面得到验证。[10] 物理理论会详细论述因果结构，至少可以通过详细阐述那些支持反事实的定律来论述因果结构；它还会详细说明结构与观测结果的关系。一个物理理论要成为正确的理论，世界就必须包含正确的实质性的因果结构及其与观测结果的正确关系。有了这些约束，我们就可以避免遇到尘埃到物理难题。尘埃不具有能够赋予任意物理理论正确性的合适结构。

有时，从一个物理理论推导出另一个理论是正确的。[11] 例如，在一定前提条件下，人们可以从统计力学（关于分子运动的理论）结构推导出热力学（关于热的理论）结构。这种情况下，人们不仅仅证明了热力学的数学结构是正确的，这一点尘埃论的映射也有可能做到。统计力学证明热力学原理（例如与气压、体积和温度有关的理想气体状态方程）是一种支持反事实的定律，继而证明它的因果结构是正确的。统计力学还验证了热力学理论与观测结果的关系。通过证明热力学的因果结构和观测结构，统计力学证明了热力学的正确性。

从结构主义到模拟现实主义

这一切又是如何与模拟假设产生关系的呢？这里的核心思想是，经过合理设置的计算机模拟系统可以验证各种物理理论的结构，就像统计力学可以验证热力学的结构。如果结构主义是正确的，就可以推断出，计算机模拟系统证明物理理论是正确的。这是一种形式的模拟现实主义：如果我们身处模拟系统，周围的物理世界就是真实的。

为了加强这个论证，我们假设存在一种非模拟宇宙（Nonsim Universe），它是对应于普通物理的非模拟性质的宇宙。如果我们身处非模拟宇宙，我们的物理理论至少大体上是正确的。再假设模拟宇宙是对非模拟宇宙的完全模拟（前者不一定存在于非模拟宇宙中，尽管有这个可能）。我的论点是，如果我们身处模拟宇宙，我们的物理理论至少大体上也是正确的。模拟宇宙中存在着和我们的认知大致相同的物理对象，如原子和分子。如果是这样，模拟现实主义就是正确的。

下面这个论证始于结构主义，终于模拟现实主义[12]：

1. 我们的物理理论是结构性理论；

2. 如果我们身处非模拟宇宙，我们的物理理论就是正确的；

3. 模拟宇宙具有与非模拟宇宙相同的结构；

4. 结论：如果我们身处模拟宇宙，我们的物理理论就是正确的。

第一个前提是对物理结构主义的陈述。正如我们在前一节所言，物理理论要具有正确性，世界就必须包含正确的因果结构及其与观测结果的正确关系。这里，结构性理论可以理解为详细阐述因果结构及其与观测结果相关性的理论，其中，因果结构通过以数学形式解释的定律来进行阐述。

你当然可以否认结构主义的正确性，并争辩说物理理论的论断比结构性论断更有说服力，以此来否定第一个前提。要达到这个目的，也许最有潜力的方法是声称，物理理论关于空间、时间、实在性或其他事物的论断不能用结构性术语来表述。我在第 9 章分析了这些策略，下一章还会继续探讨。

第二个前提是我们规定的。我们引入非模拟宇宙的概念，它代表了任何一个赋予我们的物理理论正确性的宇宙。真正重要的是，非模拟宇宙是这样一个宇宙，在那里，物理理论足以证明，原子、分子和其他物理对象在时空中大致分布于我们认为它们应该在的位置。理论不一定要绝对正确。重点在于，无论我们的物理理论在非模拟宇宙中是否正确，模拟宇宙都不会对它们的正确性造成任何新的重大阻碍。

第三个前提是关键前提，表示非模拟宇宙中的一切结构也存在于模拟宇宙。为什么要相信这个前提？因为模拟宇宙是对非模拟宇宙的完全模拟，它的设置反映了非模拟宇宙的全部因果结构和观测结构。

就观测而言，模拟宇宙中的观测者被设定为具有与非模拟宇宙中的观测者完全相同的观测模式。考虑到模拟宇宙是完全模拟系统，所以即便是反事实观测结果，也是相同的。例如，也许在现实中我不曾使用过望远镜，但是，如果我透过望远镜观察月亮，那么，无论是在模拟宇宙还是非模拟宇宙，对我来说，观察到的结果看起来没有分别。

就因果关系而言，模拟宇宙被设定为反映非模拟宇宙的因果结构。非模拟宇宙中的物理对象被映射为模拟宇宙中的数字对象。当非模拟宇宙中的两个物理对象互相作用时，模拟宇宙中有两个数字对象以相同的模式相互作用。例如，当非模拟宇宙中的一根球棒影响球的运动时，在模拟宇宙中，一根数字球棒也将影响数字球。甚至连非模拟宇宙的动力学模式也被映射为模拟宇宙中的某个模式。

模拟宇宙中的因果结构为什么映射非模拟宇宙中的同类结构？因为计算机对一个系统的完全模拟所生成的数字对象对应于原型系统中的所有元素。正如我们在上一章中看到的那样，当一个模拟系统运行时，这些数字对象每一个都得到了物理意义上的实现（例如以电路中的电压模式来实现），具有因果力。这些数字对象的动力学模式反映了被模拟的物理对象的动力学，即使在包含不同状态的反事实条件下，也能做到这一点。因此，原型系统各部分之间的因果结构通过模拟系统各部分之间的因果结构得到体现。

模拟宇宙的因果结构与非模拟宇宙不完全相同。具体而言，如果我们身处模拟宇宙，那里的现实将生成大量多余结构，在非模拟宇宙中不一定出现。究其原因，首先，模拟宇宙是由模拟者创造的，模拟者可能会选择在任何时候关闭模拟系统。计算机的某些进程也许不属于模拟系统。那些作为模拟系统一部分的数字对象也许是由基础层对象（如电路和类似事物）实现的，本身就带有多余的结构。

尽管模拟宇宙存在这样的多余结构，但它们不是那种会导致我们的物理理论为假的结构。对于每一种多余结构，我们可以进行一次思想实验，思考在非模拟宇宙中存在同样结构的情况下，会发生什么。每一种情况都不会破坏物理理论的正确性。

举个例子。创造了模拟宇宙的模拟者可能代表创造非模拟宇宙的造物主。如果我们身处非模拟宇宙，造物主在我们的世界里增加了结构，但那并不会导致物理理论为假。即便造物主有能力随时关闭现实世界，原子和其他物理对象仍然存在（至少在关闭之前），我们的理论也会是正确的。与此类似，模拟宇宙和非模拟宇宙也许内嵌于规模庞大得多的多重宇宙中。这一切都不会使我们的物理理论变为错误理论，充其量意味着，它们仅适用于我们自己的宇宙，而不是整个宇宙体系。

你可能担忧，非模拟宇宙中完整的基本物理理论在模拟宇宙中将变得不完整，失去基本性。一个理论之所以变得不完整，是因为离开被模拟的世界就不适用；之所以失去基本性，是因为模拟宇宙本身也许具有完全不同的基本物理定律。模拟宇宙中的粒子是由基础层的计算机进程实现的，而这些进程也许是由不相同的物理过程实现的。但同样，在某些版本的非模拟宇宙中，我们的物理理论也像这样变得不完整，失去基本性。非模拟宇宙可能是一个“婴儿宇宙”，脱胎于某个原初宇宙中的黑洞，具有截然不同的物理定律。也许在我们熟悉的物理理论之下，还存在多个层级的物理体系，但这一切都不意味着我们的物理理论是错误的，也不代表原子和其他物理对象不存在。它仅仅意味着，上述理论和事物并非世界的基础。我们如果身处模拟宇宙，同样可以证明原子不是基础物质，但它们仍然存在。

计算机也在模拟宇宙中发挥着作用。在许多计算机架构中，数字对象之间的互动将以中央处理器作为媒介。这意味着，一个质子和一个电子也许在非模拟宇宙中发生直接的相互作用，而在模拟宇宙中，它们的模拟对象之间的互动将是间接的，以中央处理器为媒介。这是结构性差异。但是，有一种非模拟宇宙，具有同类型的结构性差异。我们只需想象，正如偶因论（occasionalist theory of causation）所述，神充当了物理对象之间每一次互动的媒介。偶因论源自加扎里和其他伊斯兰哲学家，后来由法国哲学家尼古拉·马勒伯朗士（Nicolas Malebranche）继承。如果神为一切互动充当媒介，因果关系的结构将会不可思议，但这仍然不会影响原子和其他物理对象的存在。

现在总结一下我们对第三个前提的讨论：相对于非模拟宇宙，宇宙模拟系统也许存在多余的结构，所有非模拟宇宙中的结构都在模拟宇宙中得到映射，这足以证明我们的物理理论是正确的。

结论是，如果我们身处模拟宇宙，我们的物理理论就是正确的。至少，这些理论中的物理对象，如夸克、质子、原子和分子，确实存在，并且像理论所表述的那样分布于时空中。只要我们确定了这些，就没有什么理由质疑细胞、树木、石头、星球和其他物理对象也存在。

这个结论有一些局限性。它没有证明模拟系统中的生物是有意识的，因此也没有解决他者心灵问题。[13] 此外，它只适用于诸如模拟宇宙这样的完全模拟系统（我会在第 24 章从更广泛的角度探讨模拟系统）。但是，这个策略确实证明，如果我们身处模拟宇宙这样的完全模拟系统，那么外部世界中普通物理对象的存在，就等同于非模拟宇宙中对象的存在。这是一种模拟现实主义。

是什么实现了结构?

假定我们生活在模拟宇宙——对非模拟宇宙的完全模拟。如果我的观点正确，我们的宇宙就会像物理学所揭示的那样，包含夸克、原子和分子。但是，如果我们身处模拟宇宙，我们的物理定律就不是最基础的层。在物理层之下，是上一级宇宙的计算机，我们就将那个宇宙称为元宇宙吧。元宇宙也许本身是模拟的，也许不是。它有自己的物理定律，也许与模拟宇宙的定律全然不同。模拟宇宙和非模拟宇宙具有四维时空，而元宇宙也许具有二十六维时空，那里可能居住着我们几乎无法想象的生物。

元宇宙的物理与模拟宇宙的物理有何关系？我们自然会说前者实现了后者。我们这个世界中的生物是由化学过程实现的，而化学过程是由物理过程实现的。如果我们生活在模拟宇宙，那里的物理是由我们在第 14 章提到的元物理实现的，后者指的是元宇宙的物理。

如果模拟宇宙是对非模拟宇宙的完全模拟，那么我们将永远无法了解元宇宙。即便我们身处模拟宇宙，我们的一切迹象都与非模拟宇宙中的迹象一致。我们可以推测这个宇宙是元宇宙的模拟物，但我们无法确定这一点，除非模拟系统是非完全模拟系统，一些迹象从外部渗透到我们这个宇宙中。

这一切都导向这样一个结论：完全模拟假设非常契合认识论结构现实主义，即“X 生结构，结构生万物”假说。回想一下，这个假说认为，无论科学如何向我们解释物理现实的结构，始终存在一个基础本质，即 X，是科学没有提供任何解释的。如果我们身处完全模拟系统，我们的物理结构与非模拟宇宙的相同，只是多了一个元宇宙的基础本质，那么我们可以了解物理结构，但无法知晓它的基础本质。

自然，元宇宙的物理有自己的结构。因此，在这种情况下，模拟宇宙的结构是由元宇宙的更深层次结构实现的。而元宇宙的结构又是什么实现的，这个问题还没有答案。也许它是由元宇宙中更深层次的结构实现的。不过，这种回答只会延缓问题的解决，所以让我们专注于原初的顶层宇宙（包含其他所有宇宙的宇宙），无论它在何方。

顶层宇宙的结构是什么样的？有两种可能性。其一，顶层宇宙也许是由纯粹结构构成的。如果是这样，纯粹的万物源于结构假说就适用于顶层宇宙。这是一种本体论结构现实主义。

其二，顶层宇宙由纯粹结构构成，而纯粹结构又是由某种非结构的事物实现的。如果是这样，物构相生假说就适用于顶层宇宙。

这种情况符合认识论结构现实主义。

我不知道这两种可能性中哪一种是正确的。纯粹结构宇宙听起来朴实而又优雅，但合理吗？回想一下纯粹的万物源于比特假说。纯粹位元，也就是说这种位元不是来自电压或电荷这样更基本事物的差异性，而是来自纯粹的差异性，它怎么可能存在？对于纯粹的万物源于结构假说，同样的问题更具普遍意义。纯粹的结构，也就是与任何更基本事物无关的逻辑和数学结构，怎么可能存在？我脑中的保守派声音想说这是不可想象的，而更加开放的声音会说，我们可以学会想象过去不可想象的事物。

非纯粹结构构成的宇宙表现出更加明显的连贯性，但也更加神秘。回想一下物位相生假说（第 8 章介绍过）。如果存在作为一切结构之基础的真正根本性的“物”，那么这种“物”的本质是什么？很难想象我们如何才能知道这个问题的答案。因此，我们很可能会面对一种“X 生结构，结构生万物”假说，其中的 X 将永远不可知晓。

关于这个基本的 X 是什么，有一种假设令人深感着迷，至少对于哲学观点和我相似的人而言确实极具吸引力，那就是：意识很可能无法还原成结构。弗兰克·杰克逊关于色彩学家玛丽的思想实验提示我们，仅凭结构本身并不能获得红色的意识经验。意识经验也许具有结构，但似乎又超越了结构。那么，作为结构之基础的基本现实有可能与一种根本性的意识有关吗？

如果我们从物位相生假说开始，这条推理思路将导向“意识生位元，位元生万物”假说，第 8 章也讨论过这种观点。如果以数字结构为起点，概括这条推理思路，我们会得出“意识生结构，结构生万物”假说。这一假说有几种不同的版本。也许物理结构可以在单一的宇宙精神中实现，正如唯心主义思想所示；或者，可以通过基础层中大量的微小心灵的互动实现，正如泛灵论思想（认为万物皆有意识）所示。

“意识生位元，位元生万物”假说的优势在于，在较深层面整合意识和结构的优势，不会试图将意识还原为结构（这是唯物主义的做法），也不会将意识与物理结构完全分离（这是二元论的做法）。当然，这个假说本身还有很多问题，尤其是“合并问题”，即位于基础物理层的意识如何能够以某种方式与我们自己独有的意识经验合并为一体。尽管如此，我仍然会将“意识生位元，位元生万物”假说呈现给大家，至少可以作为一种有趣的推测。

康德的谦逊

我们在第 18 章谈到了伊曼努尔·康德的道德理论，他对现实也提出了独特的见解。他认为，存在一个“现象”（appearances）世界和一个独立的、不可知的“物自体”（things in themselves）世界。我们可以了解现象，但对物自体一无所知。

假设你正在观察一个杯子。你看到的杯子就是现象。但是，在现象背后还有一个物自体，德语称之为 Ding an sich。康德认为，我们无法知道物自体是杯子的基础。物自体就是一个不可知的 X。

康德将自己的观点称为先验唯心论（transcendental idealism）。他认为，现象，也就是我们在时空中感知到的普通对象，与人类心灵密切相关。与此同时，他也认为，物自体超出了人类心灵的范围，超越了人类的知识，我们没有能力去了解物自体。这通常被称为康德的谦逊。[14]

有趣的是，我对完全模拟假设的分析使人想起康德的先验唯心论。[15]假设我们身处完全模拟系统。那么，当我看见一个杯子时，我可以知道它的一些属性，例如它的颜色和形状，换一种更具普遍性的说法就是，我可以知道它的结构属性。这一切都可以被视为杯子作为一种现象所展示出来的各个方面，但是，我无法知道杯子的基础本质。实际上，在现象的背后是一种数字对象，后者运行于元宇宙中的一台计算机上。在模拟宇宙中，数字对象对我来说是不可知的。我们可以认为元宇宙中的数字杯子是一种不可知的物自体。

当然，这个关于康德思想的类比也有缺陷。康德会将元宇宙中的数字杯子视为另一种现象，因为上一级宇宙中的人可以在时空中感知它。他会认为，数字杯子的基础才是真正不可知的物自体。但如果是这样，我们就会明白，元宇宙中的物理结构同样是现象，其基础才是物自体。

尽管如此，从我们对现实的论述到康德的论述之间存在一种有趣的映射关系。现实世界的结构对应于康德的可知的现象世界。无论这个结构的基础是什么，都与康德的不可知的物自体相对应。

澳大利亚哲学家雷·兰顿（Rae Langton）在其1998年的著作《康德的谦逊》（*Kantian Humility*）中大致按照上述思路对康德的哲学进行了解读。[16]按照兰顿的观点，康德的现象世界是由万物之间的关系所构建的世界，其中包括时空关系和因果关系。康德的物自体世界是万物内在属性的世界，这种属性不依赖于与他物的关系。现实的关系属性是可知的，而内在属性是不可知的。

实际上，现象世界就是一个庞大的关系网络，类似于我们将纽约的地铁系统描述为一个关系网络。这种关系网络产生了对现实的结构性论述。物自体世界类似于地铁网络中各车站的内在特性，只不过前者是现实的最基本层面。这些内在属性产生了对现实的内在论述。按照这样的解读，康德提出的是一种“X生结构，结构生万物”假说[17]，其含义是，结构包含关系网络，X包含我们永远无法知晓的内在基本属性。

图54　伊曼努尔·康德、作为现象的杯子和作为物自体的数字杯子；二者之外，还存在不可知的物自体吗？

总之，兰顿将康德解读为认识论结构现实主义者，尽管康德的著作诞生约200年后，这种思想才得到命名。一些研究康德的专业人士反驳说，认识论结构现实主义不能公正地评价康德对现实的复杂的唯心主义论述。不过，这样的论述是我能理解的，甚至可能是正确的。它也是一种有助于我们理解模拟假设的论述。因此，我倒是希望认识论结构现实主义之类的思想也是康德的思想。

无论人们如何评价前面对康德的细致解读，我对模拟假设的解释显然有益于理解康德。从柏拉图和庄子开始，你可以从模拟假设中品读出许多伟大哲学家的思想。也许最受欢迎的品读是用模拟假设来诠释笛卡儿的怀疑论和贝克莱的唯心主义。不过，如果我是对的，那么最恰当的品读将是对“康德的谦逊”的诠释。

第 23 章

我们从伊甸园跌落了吗？

在我们对现实的前理论表述中，我喜欢将伊甸园描述为一个所有事物都表里如一的地方。

在伊甸园中，一切都被布置在三维纯粹空间*里。这个空间是欧几里得空间，与万物没有任何关系。伊甸园中的事物随着纯粹时间流逝而变化。时间从这一刻到下一刻，朝着一个方向流动；整个伊甸园，整个宇宙，都具有绝对同时性。

伊甸园中的苹果呈现出极其宜人的、完美的、质朴的纯粹红色。当苹果出现在我们的纯粹感知中时，它和它的红色就直接展现在我们面前，无需任何媒介。

伊甸园中的宝石是纯粹固态的，从头到尾充满了物质，没有任何空隙。它们具有绝对重量，不会因地点不同而变化。

伊甸园中的人拥有纯粹自由意志。他们可以完全自主地行事，其行为并非预先决定的。他们的行为非对即错，要么符合元纯粹道

---

* 原文中无“纯粹”一词，但是将部分意为空间、时间、红色、固态的单词的首字母大写，与首字母小写的空间、时间、红色、固态等词进行区分，表示前者具有伊甸园式的特征。

德标准，要么不符合。

接下来就是跌落伊甸园的故事了。我们偷吃了知善恶树上的果实，被赶出伊甸园。

我们发现，我们所生活的世界没有绝对时间流过，也不存在绝对三维空间。实际上，我们生活在一个非欧几里得的四维时空里。空间和时间都是相对于参照系而言的，不存在绝对一说。

我们发现，在我们所生活的这个世界，事物的颜色不像伊甸园那样，具有可以被我们感知到的内在属性。实际上，颜色是复杂的物理性质，以复杂的方式影响我们的眼和脑。就感知而言，颜色并非直接呈现给我们，而是由脑中的视觉系统推理出来的。

我们发现，宝石并非纯粹固态的。内部空间大部分是空的，只能算是固态。这里也不存在绝对重量一说，物体在地球上是一种重量，在月球上是另一种，在外太空就没有重量。

尽管没有评判委员会来做出判定，但是证据显示，也许我们不具有自由意志。我们的脑似乎是机械系统，决定着我们的行为，或者至少是严格约束我们的行为。另一方面，也许我们仍然拥有自由意志，也就是有能力选择自己的行为且基本上依照这一选择行事。也许没有绝对的道德标准来决定我们的行为是否纯粹正确，取而代之的是，只有一个我们自己建立并认同的道德体系，来判定我们的行为正确还是错误。

我们不再生活在伊甸园，我们逐渐适应非伊甸园的世界，但是伊甸园仍然在我们对现实的描述中占有重要地位。我们的纯粹感知系统仍然呈现给我们一个颜色鲜艳的由纯粹固态物体构成的世界，这个世界分布于纯粹空间里，随着纯粹时间流逝而变化。我们理所当然地认为人们行为自由，按照纯粹对错标准行事。

这一切都有助于解释我们对模拟假设的直观感受。从直觉上说，如果我们身处模拟系统，那么一切都不是表里如一的。我们似乎生活在一个由五光十色的固态对象构成的宇宙中，这个宇宙以某种方式分布于空间里。但如果我们确实身处模拟系统，那么，我们所生活的宇宙就不是这样。

我对我们的直观感受分析如下。我们似乎生活在一个由多彩固态对象构成的伊甸园式的世界，这个世界以某种方式分布于纯粹空间里。但是，如果我们身处模拟系统，我们的世界就不会是这样。模拟系统里不存在纯粹空间，也没有伊甸园式色彩丰富的纯粹固态对象。

但是，我们对量子力学和相对论构成的科学世界也会产生同样的直观感受。纯粹固态、颜色和空间概念很久之前就从科学世界的表述中消失了。我们重新构建了固态、颜色和空间等概念，来取代纯粹固态、颜色和空间。在这个问题上，模拟假设丝毫不逊色于科学世界观，二者都不包含纯粹固态、颜色和空间，但是都包含固态、颜色和空间概念。

纯粹固态、颜色和空间与科学世界的固态、颜色和空间有何分别？这是本章将要论述的话题。

显现形象和科学形象

美国哲学家威尔弗雷德·塞拉斯（Wilfrid Sellars）在 1962 年的文章《人的哲学和科学形象》中区分了观察世界的两种方式。显现形象（manifest image）指的是人们的日常感知和思维所显现的世界。科学形象（scientific image）是通过科学进行特征化描述的世界。

塞拉斯本人特别关注人类在世界上的显现形象和科学形象。[1] 在显现形象中，我们是自由的有意识的生物，行为由理性和决定驱动。在科学形象中，我们是生物有机体，行为由脑中复杂的神经活动驱动。如何协调这两种自我形象？

我们日常思考和谈论的几乎一切事物，都可以找到显现形象和科学形象。理论上说，我们可以区分太阳的显现形象（日常生活中我们所认识的太阳）和科学形象（科学所揭示的太阳）。同样，我们可以对云和树进行相应的区分。当然，我们也可以区分颜色、空间、固态以及前一节所提及诸多现象的两种形象。

这两种形象经常发生矛盾。人的显现形象不同于科学形象，如果它们产生矛盾，我们应该怎么办？完全摒弃其中一种形象，还是修改两种形象，以便二者兼容？

20 世纪 60 年代，加拿大–美国哲学家帕特里夏·丘奇兰德和保罗·丘奇兰德（Paul Churchland）都是塞拉斯在匹兹堡大学的学生。长期以来他们一直认为科学形象的地位优于显现形象，二者存在矛盾时，应该放弃显现形象。当矛盾涉及人类时，帕特里夏·丘奇兰德为此提出了神经哲学计划（引言中讨论过），该计划认为，脑科学为我们提供了关于人类心灵的传统哲学问题的最佳答案。我们应该接受神经科学提供的自我形象，以脑和神经系统为中心。

塞拉斯本人认为哲学的任务之一是将显现形象嵌入科学形象中。对于显现形象的任何给定部分，我们可以进行若干不同的操作。

1. 剔除：完全放弃显现形象，以支持科学形象，就像我们摒弃了巫术和魔法的概念一样。丘奇兰德夫妇声称，我们对人类心灵的

图 55　显现形象和科学形象：帕特里夏·丘奇兰德和保罗·丘奇兰德在伊甸园中吃知善恶树上的果实。

日常描述有很大一部分应该像这样被剔除。

2. 等同：我们将显现形象的某个部分等同为科学形象的某个部分，就像将水等同为 H_2O。

3. 自由：我们保留显现形象的某个部分，即便它没有出现在科学形象中，就像我们仍然认为日常生活中存在一种强大的自由意志。塞拉斯本人认为，即便意识无法用标准的物理术语进行充分解释，它仍然是真实的。[2]

4. 重建：我们重建显现形象，使之与科学形象兼容，就像我们修改固态的概念，使之符合对象内部大部分空间为空的实际情况。

关于如何以最优的方式协调两种形象[3]，不存在单一的普适性答案。我认为上述四种策略都是合适的，怎么使用，视情况而定。但是，在我看来，最重要且通常最正确的策略是重建。我们可以探讨一下跌落伊甸园这个比喻，这样的探讨将激发我们采用这项策略的动力。

本章开篇讲述的伊甸园的故事是我自己的一次思想实验，用来思考显现形象的问题。伊甸园是一个假想的世界，在那里，显现形象完全正确。伊甸园的颜色，或者说纯粹颜色，就是显现形象呈现出来的颜色。伊甸园的空间，或者说纯粹空间，就是显现形象呈现出来的空间。伊甸园的自由意志，或者说纯粹自由意志，就是显现形象呈现出来的自由意志。[4]

我们没有居住在伊甸园，我们的世界不具有完全由显现形象呈现的纯粹颜色和空间，但是我们并没有简单地将颜色和空间从我们对世界的描述中剔除。我们的世界仍然包含颜色和空间。我们已经按照科学的理念修改了纯粹颜色和空间的概念，将其整合到现在的颜色和空间概念中。我们已经为它们在这个世界找到了栖身之所。

重建显现形象

我们如何按照科学的理念来重建显现形象？如何在科学的世界里发现固态？如何发现颜色和空间？这个重建过程通常包含了从伊甸园的原始主义（primitivism）向科学的功能主义的过渡。

在显现形象中，纯粹固态有何表现？它看起来是物体的内在属性。在显现形象中，一张桌子之所以是纯粹固态的，是因为它从上到下充满物质，没有空隙，并且是刚性的。可是，当偷吃了知善恶树上的果实后，我们就知道任何普通物体都不具有这样的固态。例如，桌子是由粒子构成的，这些粒子散布于空旷的空间里。

我们可以说一切事物都不具有固态，固态仅仅是一种假象，以此来回应科学理念。但是，很少有人这样回应，因为对固态对象和非固态对象的区分非常有帮助，令人难以割舍。例如，冰和水之间存在重要差异，表示这种差异的方式是指出前者是固态的，后者不是。

另一方面，我们对跌落伊甸园这个比喻的回应是，尽管一切对象都不具有伊甸园意义上的纯粹固态，但大量事物仍然具有固态属性。我们重新建构了固态的概念，因此当我们说某物具有固态时，大致意思是指它可以防止渗透，并且具有刚性的外形。在这个表述中，固态不再与物体具备怎样的内在属性有关，而是关系到它如何与其他物体互相影响。

实际上，我们已经过渡到固态的功能主义定义上来了。哲学中的功能主义思想是根据某现象所具有的作用来理解这种现象。这里，固态的关键作用是防止渗透。如果某个事物具有这样的作用，它就是固态的。借用功能主义一句常见的口号，固态的定义来自固态的作用。

在心灵哲学中，功能主义最早作为一种观点出现，即心灵的定义来自心灵的作用。但是，这种思想适用于诸多领域。例如，对于教师的定义，我们都是功能主义者：作为教师，就是发挥教育学生的作用。教育的定义来自教育的作用。对于毒物的定义，我们同样都是功能主义者：作为毒物，就是发挥使人生病的作用。毒物的定义来自毒物的作用。

功能主义者可以被视为一种结构主义，但它的重点更多地放在因果作用和因果力上。我们从原始主义向功能主义过渡时，重新构建了固态概念，这样它就能够存在于科学形象中。也许你会认为，这其实就是通过改变固态的含义而改变固态这个主体。但重要的是，纯粹固态概念的显现形象始终包含了刚性和防止渗透的能力。在重建固态概念时，我们只是强调它的显现形象中的这两个部分，同时淡化其他部分的重要性，这样就使得显现形象中的固态与科学形象中的固态之间形成了一定的连续性。

颜色这个概念经历了同样的过程。在显现形象中，颜色看起来像伊甸园的原始颜色那样具有布满物体表面的特性。苹果是纯粹红色的，草是纯粹绿色的，天空是纯粹蓝色的。在显现形象中，这些颜色不是复杂的物理性质，并且似乎也不依赖于我们。在伊甸园中，纯粹颜色就是外部世界单纯的内在特性。

弗里德里希·尼采曾经说过，没有可怕的深度，就没有美丽的水面。[5] 在跌落伊甸园之后，科学家研究外部世界中的对象，发现它们自身并不具有纯粹的内在颜色特性。确切地说，它们具有复杂的物理性质，使得它们能够将光反射和传输给感知者。光信号和电信号沿着一条长长的传送链，从苹果到眼睛，再从眼睛到脑，然后感知者才感觉到苹果是红色的。

伽利略和其他科学家对此的回应是宣称苹果实际上根本不是红色的，那种颜色只存在于心灵，不存在于外部现实中。[6] 这个观点合乎逻辑，但是从未真正得到广泛认同，只有在科学家和哲学家都陷入一种哲学氛围时，大家才会接受。一个原因是，它丢弃了一件关键工具，我们用这件工具对世界上的实体进行分类。苹果和香蕉存在一种重要差异，表示这种差异的方式是指出苹果是红色的，香蕉是黄色的。从我们对外部世界的描述中剔除颜色这个概念，就会完全丧失这件工具。

更受欢迎的回应是，即使我们没有生活在伊甸园，物体仍然具有颜色。苹果虽然不具有原始的红色，但仍然是红色的。草虽然不具有原始的绿色，但仍然是绿色的。英国经验主义者约翰·洛克提供了一件关键工具，帮助我们理解这种回应的意义。他提出，我们不应该将颜色视为纯粹的感官特性，而是要视为因果力。红色不是原始特性，而是一种能力，能够在正常的感知者那里引发某种特别的感官经验。大体而言，苹果是红色，是因为它具备展现红色的能力。

实际上，我们已经从颜色原始主义过渡到颜色功能主义，前者将颜色理解为原始的感官特性，后者根据其所发挥的功能作用来理解颜色。因此，颜色的定义来自颜色的作用。红色的定义由其作用决定。这里，颜色的主要作用是使人类感知者产生特殊的经验。

显现形象和科学形象中的空间

空间的显现形象是什么？我们对空间的日常经验是，它是容纳一切的三维容器，基本上属于欧几里得空间。它具有绝对性：如果某事物的外形是方形，就属于绝对方形，不具有相对性。纯粹空间还具有根本性：它是一切事物赖以存在的活动场所，任何事物都不能作为空间的基础。此外，正如纯粹颜色是内在的颜色，纯粹空间也是内在的空间，也就是说，它具有难以用语言表述的特殊的空间性质。

当我们第一次偷吃知善恶树上的禁果时，牛顿力学还需要调用三维欧几里得空间，这个空间与伊甸园描绘的空间非常相似，后者尚未远离我们。后来，爱因斯坦的物理学引发了一次重大偏离。按照广义相对论，绝对的欧几里得三维空间是不存在的。确切地说，空间是非欧几里得式的，与参照系相关，属于整体的四维时空的一部分。例如，没有绝对的方形，只有相对于某个参照系的近似方形。

在相对论中，时空至少保留了基础地位，但后来的理论对此提出质疑。根据量子力学的某些解释，处于基础地位的是一个维度高得多的空间，由波函数占据，我们的三维空间只是衍生物。弦理论和其他理论试图调和量子力学与相对论的矛盾。这些理论中存在着一种趋势，即推测空间并非基础性的，而是意外出现的。许多理论的基本定律完全不以空间为前提，而是认为空间是在衍生层面形成的。

这是导致我们从伊甸园跌落的另一个因素。显现形象中存在的伊甸园式空间实际上不存在。有人回应说，根本不存在真正的空间。但是，和前面一样，这种说法又使我们丧失了一件解读世界的核心工具。尺寸、距离、角度以及其他测量空间的要素对我们的世界观至关重要。下面这种说法更合理：即便我们没有生活在伊甸园，空间仍然存在。没有任何事物呈现出原始的绝对方形，但是方形物体仍然存在。空间并非容纳万物的容器，但是物体在空间中仍然拥有自己的位置。

空间功能主义按照空间所发挥的作用来解释空间。[7] 空间的定义来自空间的作用。为了保持与显现形象的连续性，我们必须使空间所具有的这些作用也存在于显现形象中。那么，这些作用是什么呢？固态的主要作用在于主体与他物的相互作用，颜色的主要作用在于感知，而空间至少有三种重要作用。

其一，空间是运动的媒介。在伊甸园，万物在空间里连续运动。其二，空间是物理对象之间相互作用的媒介。在伊甸园，当物理实体在空间上发生接触或者至少互相接近时，就会产生相互作用。在这里，超距作用不存在。其三，空间让我们产生空间感知。在伊甸园，至少在正常条件下，方形事物看起来是方形的。

空间功能主义认为任何发挥空间作用的事物都是空间。也就是说，空间是运动和相互作用赖以发生的媒介，是产生空间感知的事物。

加拿大哲学家布莱恩·坎特韦尔·史密斯（Brian Cantwell Smith）的一句口号适用于这里的情形。他将老口号“超距作用不存在”颠倒语序，变为“超距离即作用不存在”。不过，既然科学似乎证明某些超距作用存在，只不过在超距离情况下，物体的相互作用小于在近距离情况下，或许更合适的说法是“超距离即作用更小”。

我们还可以说，“超距运动不存在”，以此来体现运动具有连续性这一伊甸园理论。接下来我们可以像前面那样，颠倒并调整这句话的语序，得到“超距离即运动不存在”，或者更进一步，“超距离即运动更少”。总之，我们认为距离就是发挥距离作用的事物，而距离的关键作用就是作为运动和物体互动的媒介。

这样一来，即便科学形象不包含纯粹空间，空间仍然是存在的。相对论的空间依然是运动和物体互动的媒介，依然产生空间体验。在那些认为空间不具有基础地位的理论中，我们可以在衍生层面找到空间，方法是发现满足以下条件的量：（1）有助于产生空间体验；（2）有助于作为运动和互动的媒介。特别是要在宏观对象中搜寻这样的量。这有助于解释空间是如何形成的。

虚拟现实中的固态、颜色和空间

以上功能主义分析向我们表明了虚拟现实或模拟系统中的对象如何展现固态、颜色和空间。虚拟对象不具有伊甸园意义上的纯粹固态、颜色和空间，但是仍然可以表现出功能主义意义上的固态、颜色和空间。

虚拟对象如何具有固态属性？和物理对象相似，当虚拟对象表现出刚性且能够阻止外物渗透时，它就具有虚拟意义上的固态属性。某个虚拟对象也许会允许其他虚拟对象穿过它，所以不是固态的。另一个虚拟对象也许会阻止其他对象的渗透，所以是固态的。在今天的虚拟现实中，你可以将手掌穿过许多虚拟对象，尽管它们可能会阻止其他虚拟对象的渗透。其结果是，它们充其量只是半固态的。未来也许会出现某种抗拒能力，使得虚拟对象具有更完整的固态属性。

虚拟对象如何具有颜色？和物理对象相似，当虚拟对象在正常的感知条件下生成正确的红色体验时，它就具有虚拟意义上的红色。虚拟苹果可以在正常的虚拟感知条件下（通过头显设备）生成红色体验。如果是这样，我们认为它就具有虚拟红色。

虚拟对象如何具有空间属性？和物理空间相似，虚拟空间就是任何生成空间体验以及为运动和互动充当媒介的虚拟对象。在虚拟现实中，空间通常是一种数字属性，其中包含经过编码的位置信息。虚拟现实中的对象经常进行不连续运动，例如远距离传送。虚拟对象可以实现超距离互动，例如某人的化身指着一个球，就可以拾取它。不过，相比近距离的情况，超距离情况下发生的运动通常更少，作用力通常更小。至少可以说，在近距离情况下，标准的运动模式和互动模式表现最佳。

我们在第 10 章看到，空间状态对虚拟世界至关重要。现在我们可以知道理由了。事实上，空间是测量运动和互动的工具。没有空间，虚拟对象不能在宇宙中连续运动。没有空间，任何两个对象都可以同样轻松地发生互动。为了使宇宙能够展现局部和整体的某些差别，我们需要结构化的运动和互动，这样，我们就可以通过特有的方式与局部环境发生互动。一旦我们做到这一点，就拥有了空间。

虚拟空间与物理空间不尽相同，至少在模拟假设为假的情况下是如此。虚拟颜色和虚拟固态同理，其实就是对物理空间、物理颜色和物理固态的模拟。既然物理空间在物理世界里发挥空间的作用，那么虚拟空间就在虚拟世界里发挥空间的作用。

另一方面，如果模拟假设为真，那么固态就是一种虚拟固态，一直以来为我们发挥固态作用的是虚拟固态。类似的还有，颜色就是虚拟颜色，空间就是虚拟空间。在我们这个万物源于比特的世界，就是这些发挥了颜色和空间的作用。

如果身处模拟系统，我们会产生一种强烈的直觉，即一切事物都不是像其表现出来的那样分布在空间中。[8] 现在我们可以认定这是一种伊甸园式直觉。确实，如果我们身处模拟系统，一切事物都不是像其表现出来的那样分布在纯粹空间中。但是，按照相对论、量子力学和弦理论，物理对象的分布同样如此。不过，一旦我们将空间的定义重新构想为任何具有空间作用的事物，那么空间在这些物理理论中就有了存在的机会，在模拟系统中同样可以存在。

现实是假象吗？

毗湿奴终归还是说对了？从跌落伊甸园的故事来看，日常现实世界是一种假象吗？我们看起来生活在纯粹世界，其实并没有。事物看上去是纯粹红色的，表现为纯粹方形，但在外部世界中，没有任何一种事物是纯粹红色或者纯粹方形的。正如科尔内尔·韦斯特所言：难道一直以来，这都是假象？

是，也不完全是。如果我们的感性认识说物体具有纯粹红色，在这种情况下，这是一种假象。没有任何一种事物具有纯粹红色。但如果我们的感性认识说物体具有红色，在这种情况下，这不是假象。许多事物都是红色的。我在前面提出，要想使我们的感知具备完美的准确性，事物就必须具有纯粹红色。但是，即便现在外部事物只有普通红色，我们的感知也可以说是具备了不完美的准确性。因此，我们的感知虽然包含一定的假象元素，但仍然可以作为现实的精准指南。

我们认为伊甸园是这样一个地方，在那里，我们拥有非常值得信赖的外部世界知识。在伊甸园，我们直接接触一切事物，对它们很熟悉。但是，如果我的观点正确，那么，这种关于外部世界的伊甸园模型还会导向笛卡儿怀疑论。当我们的模型将纯粹空间、时间和颜色归属于外部世界时，这极有可能是错误的。但是，只要我们认为外部世界仅包含普通空间、时间和颜色，我们的模型正确的可能性就要大得多。

我们对显现世界的描述曾经缺乏坚实的基础，随着我们从伊甸园跌落，这种描述变得稳健可靠。伊甸园模型认为颜色具有原始的内在属性，但这种模型没有坚实的基础作为支撑，容易受到质疑或反驳。后跌落时代的模型认为颜色具有功能属性，这种模型之所以稳健可靠，是因为能够发挥颜色作用的事物肯定是存在的。

关键在于，在后伊甸园世界，我们对外部世界之结构的认知比对它的内在特性的认知更加稳健可靠。例如，我们感知到苹果是纯粹红色的。在伊甸园中，我们直接接触并熟知世界上的事物，因此我们直接感知到苹果的纯粹红色。但是，从伊甸园跌落之后，我们与苹果之间存在着一条长因果链：纯粹绿色苹果或纯粹无色苹果理论上也能反射同样的光，使我们产生相同的纯粹红色经验，并且它们看起来完全一样。因此，难以想象我们如何能够知道苹果是纯粹红色还是绿色，或者说是否有颜色。但是，现在我们可以知道苹果是红还是绿了。这些苹果平时显现出红色，所以它们有了一种特性，即发挥红色的作用，使人们感知到红色。按照红色的结构性概念，这就是红色的全部意义。

同样，我们很难想象如何能够知道外部世界是否包含真正的纯粹空间。一个没有纯粹空间但结构相同的世界可能会像具有纯粹空间的世界那样影响我们的经验。不过，我们很容易知道某种事物发挥了空间的作用。按照空间的结构性概念，这就是空间的全部意义。

认知学家唐纳德·霍夫曼（Donald Hoffman）在其近期出版的《与现实相反：为什么进化使我们看不见真相》（*The Case Against Reality: Why Evolution Hid the Truth from Our Eyes*）一书中用一个进化的例子来证明怀疑论。[9] 他提出，进化不关心我们对世界的信念是否正确，只关心我们是否适应世界，也就是说，是否能够生存并且繁衍后代。他还认为，有很多情况会导致我们的信念出现大规模错误，数量远远超过正确的情况。因此我们应该预想到，我们的信念大部分是错误的，也就是说，几乎可以肯定，世界的本质与其表象不一致。

霍夫曼的观点假设我们具有伊甸园式的感知模型。确实，我们的信念中包含了伊甸园式的内容，这些内容很可能是错误的。我们不可能知道苹果具有纯粹红色，或者一个球是纯粹球形。不过，一旦我们转而接受结构主义的感知概念和现实概念，我们的现实模型就会变得稳健可靠。我们可以更加确信苹果是红色的，或者球是球形的。我们可以不再持有以下结论：现实世界表里不一。我将在线上附录里详细证明这个观点。

话说回来，霍夫曼提到我们感知到伊甸园式的世界，这一点我是赞同的。这种感知没有把握现实的本质。外部世界不存在纯粹的颜色和尺寸。我甚至可以愉快地接受霍夫曼的这一观点：伊甸园式的特性充当了一种感知“接口”。实际上，伊甸园式的世界可以作为一种有用的指南，呈现给我们，帮助我们理解真实外部世界的结构，尽管真实外部世界本身并非伊甸园式的。

我对霍夫曼的以下观点持有异议，即感性认识不会使我们对外部世界的真实本质有任何了解。感性认识非常细致地告诉我们事物的颜色和尺寸，虽然知道这些可能不会使我们洞察事物内在的纯粹颜色和尺寸，但我们从中知道了外部现实结构的大量信息。

非完美现实主义

斯洛文尼亚哲学家斯拉沃热·齐泽克（Slavoj Žižek）在 1996 年的一篇文章中写道：“虚拟现实的最后一个任务是对真实现实进行

虚拟化。”[10] 现在我们可以明白，这句话包含了一种事实要素。对虚拟现实的思考使我们得出结论：虚拟世界像普通物理世界一样真实。但是，有人换一种表达方式，同样能够得出这个结论。他可以说，普通物理世界已经被有效地虚拟化，也就是说，它不过是像虚拟世界一样真实。物理世界与其说是一个具有纯粹颜色和空间的伊甸园式世界，不如说是由某些结构构成的世界，这些结构发挥了颜色和空间的作用。

根据上述观点，我认为我们应该拒绝接受关于外部世界的朴素现实主义，这种思想宣称事物本质与其表象完全一致。但我们也应该摒弃简单的假象论。正确的观点是一种非完美现实主义（imperfect realism）。不存在任何本质与表象完全一致的纯粹颜色。不过，世界上仍然存在颜色，可以发挥纯粹颜色的诸多作用，对于我们理解世界仍然具有至关重要的意义。

我认为非完美现实主义提供了理解许多重要哲学主题的正确视角。纯粹自由意志是我们能够任意行事所依赖的工具，也许我们没有这样的工具，但仍然拥有自由的意志。伊甸园中的对与错是绝对的道德标准，完全不受人类支配，也许我们没有这样的标准，但仍然拥有判断是非曲直的依据。

有人会说，非纯粹自由意志不是真正的自由意志。[11] 他们坚称，只有纯粹自由意志才是真正的自由意志。这种说法有可能导致我们陷入口舌之争，但是在其背后隐藏着一个重要问题。这个问题就是，自由意志，或者单说纯粹自由意志，是否能够成为我们关心的对象。

为什么我们关心自由意志？一个重要原因是，我们认为自由意志是道德责任的必要条件。只有当行为自由时，我们才会对自己的行为负责。我们需要纯粹自由意志来为自己的行为负责吗？答案并不明确。如果你仅仅按照普通自由意志行事，根据自己的选择实施一次行为，那么，即使你的选择受到了限制，也可以认为你是负责任的。如果是这样，从道德责任出发，自由意志就是我们关心的对象，但我们也不需要完全的纯粹自由意志。不过，也许我们还有其他理由去关心纯粹自由意志。

在非完美现实主义看来，现实是假象吗？是，也不完全是。伊甸园式的现实是假象：伊甸园式的颜色不是真实的颜色；伊甸园式的空间、固态和自由意志都不是真实的。如果我们相信苹果具有纯粹红色和球形外观，这将是错误的看法，但是，颜色、空间、固态和自由意志都是真实的。如果相信苹果是红色的，外观像球一样，此时我们的看法是正确的。按照非完美现实主义，显现形象一定程度上是假象，但它又包含结构化核心，这一部分不是假象。

那么意识呢？我们可以说，纯粹意识是假象，但普通意识确实存在吗？这是一个历史久远且值得尊重的观点，但也会面临几个障碍。当我们对颜色和空间的概念进行结构化处理后，纯粹颜色和空间就被转移至心灵。红色内含的特殊红色属性，不再是外部世界的一个方面，而是作为纯粹意识的一个方面得以保存。为了对纯粹意识进行结构化处理，我们必须将这些特性转移至别处，或者完全剔除。

结构主义者也许会无视纯粹意识中的这些特性，视之为假象，也就是说，我们认为这些特性存在，实际上不存在。不过，相比外部世界的那些特性，要无视这些存在于纯粹意识中的特性，难度更大。以红色为例，我们对红色属性的内省式体验使它成为某种基准。这让我们想到杰克逊关于黑白房间里的玛丽的思想实验。玛丽知道脑全部的结构性描述，但当她离开那个房间时，她又获得了新的颜色经验知识，这是结构化知识无法教授给她的。除非结构主义者准备无视这种新知识，视之为假象，否则要将意识还原为结构，仍然会面临巨大障碍。

我并不是完全无视关于意识的非完美现实主义。我确信，我们关于意识的一般信念中有许多是错误的，而经过充分发展的意识科学将会带来许多惊喜。因此，显现形象中的意识与科学形象中的意识之间一定存在着差异。不过，就目前情况而言，我们有充足的理由认为意识超出了结构的范围。至少可以说，从纯结构角度对意识进行充分解释，将需要一场甚至两场科学革命[12]才能成功。当然，过去已经发生过科学革命了。

柏拉图的形式和跌落伊甸园

对柏拉图而言，最基本的现实是形式世界。[13]形式是一切事物最纯粹和最完美本性的特殊本质。在诸多形式中，有大的形式、方的形式、固态的形式、美的形式以及善的形式。柏拉图的形式是永恒的、绝对的，永不改变。

柏拉图认为，普通物理现实世界不过是形式世界的模仿者。普通的方形事物只是方的形式的影子。他以洞穴隐喻来诠释普通现实与形式世界的区别。他认为，形式世界作为一种现实，远比影子构成的普通世界深刻。如果可以选择的话，每个人都更愿意生活在形式世界。

我的伊甸园世界有一些与柏拉图的形式世界相同的元素。伊甸园不是永恒的，也不是一成不变的；那里发生的事件呈现于时间和空间里（至少是呈现在纯粹时间和空间里）。但它包括了方形、固态、善这样的要素，以完美的形式展现。伊甸园中的人直接接触并熟知这些要素，拥有一种直达现实的通道。

与之相比，科学的结构化世界与柏拉图的光影洞穴略微相似。那里没有纯粹红色，只有发挥红色作用的事物。普通现实中的对象就像伊甸园中对象的影子。

我们从伊甸园跌落的场景类似于那名逃脱者退回到柏拉图的洞穴吗？在这个非伊甸园世界，我们正在无视一些对美好生活至关重要的事物吗？

我的答案是否定的。即便在跌落伊甸园之后，我们的意识仍然一如既往。借助于意识，我们了解了纯粹的颜色、空间、因果关系以及其他纯粹的形式。我们周围的物体也许不具有纯粹的红色，但我们还是体验到一个纯粹红色的世界。我们掌握了纯粹红色的知识，它作为一种普遍形式而存在，柏拉图认为这种知识是最重要的一类知识。

跌落伊甸园过程中出现的假象使我们的生活更糟糕吗？在伊甸园，人们直接感知纯粹红色和方形事物。而我们看起来好像体验到由纯粹红色和方形事物组成的世界，实际上我们的世界不过是由普通红色和方形事物构成的。但是，即便这种情况导致我们的生活变得不完美，也很难想象它怎么会使生活一塌糊涂。

伊甸园是一种假设性的理想世界。我们可以认为它是 0.0 版的现实。跌落伊甸园之后的普通物理现实是现实 1.0，但至少有一个前提，即我们没有生活在模拟系统中。虚拟现实是现实 2.0。在普通现实和虚拟现实中，伊甸园被精简到只剩下结构化核心，处于其中心的是意识。虚拟现实与普通物理现实享有同等地位。

第 24 章

我们是栖居于梦中世界的玻耳兹曼脑吗？

一个人，一个模拟人，还有一个玻耳兹曼脑（Boltzmann brains）走进一间酒吧……

我不知道这个笑话的笑点是什么，但它很可能与正在分解的玻耳兹曼脑有关。玻耳兹曼脑以 19 世纪奥地利物理学家路德维希·玻耳兹曼（Ludwig Boltzmann）的名字命名，指的是物质在某个瞬间随机组合成人脑的精确结构。绝大部分玻耳兹曼脑在形成一瞬间之后将分解，回归混沌状态。玻耳兹曼脑产生的可能性微乎其微，但在一个足够大的宇宙中，极不可能的事物最终也会出现。事实上，一些物理理论预测了一个无限时空的存在，我们可以预期这个时空将无数次地仿照我的脑生成玻耳兹曼脑。

在这闪耀的瞬间，这些玻耳兹曼脑也许会形成和我一样的经验。这样就会产生一个问题：我怎么知道我现在不是一个玻耳兹曼脑？我似乎能够回忆起一段很长的过往经历，预测漫长的未来，但是玻耳兹曼脑同样可以做到。我可以等待片刻，观察自己是否还活着，通过这种方式来检验这一假设正确与否。不过，几秒钟后我发现自己完好无损，这下我知道了，我是一个玻耳兹曼脑，在那一刻

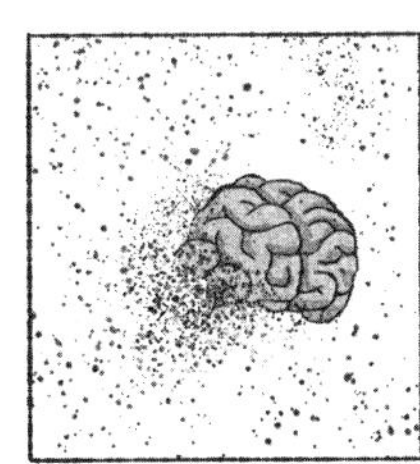
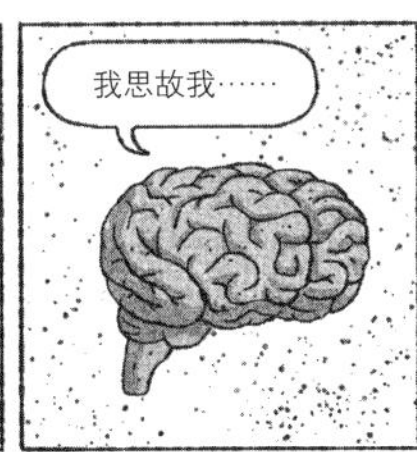

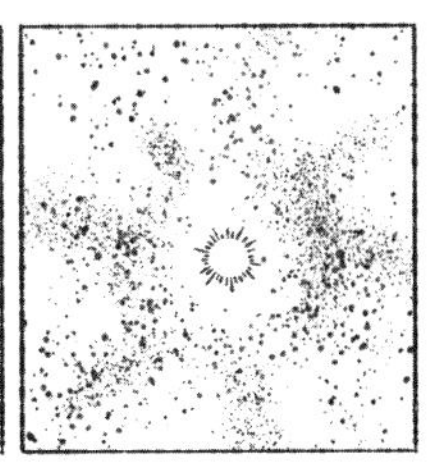

第 56 图　玻耳兹曼脑的短暂一生。

形成，并拥有了错误的记忆，仿佛数秒钟之前检验过这个假设。

如果我是玻耳兹曼脑，我的外部世界的真实性就会受到影响。玻耳兹曼脑和模拟人不同，周围不存在细致模拟外部现实世界的环境。它们通常处于无序的随机环境中。即便如我所言，模拟人也确实持有基本上正确的信念，但是就玻耳兹曼脑而言，它们关于外部世界的信念几乎全部是错误的。因此，玻耳兹曼脑有可能使怀疑论的挑战卷土重来。如果我无法知道我不是玻耳兹曼脑，那么我也无法知道周围的世界是真实的。

玻耳兹曼脑只是诸多另类怀疑论挑战中的一种。在本书的大部分内容里，我主要关注准完全（near-perfect）模拟系统，例如《黑客帝国》中的那一类模拟系统。在最极端的矩阵母体型模拟系统中，整个宇宙都是模拟的，物理定律得到了如实、准确的模拟，而我在这样的系统中度过一生。我已经论证过，如果身处这一类型的模拟系统中，对我们而言，现实不是假象。因此，这种版本的模拟假设不会影响我们的外部世界知识的真实性。

但是，其他怀疑论假设呢？首先，我们可以考虑局部的、短暂的以及非完全模拟系统。在这些模拟系统中，我们当然会产生大量错误的信念。这些会影响我们的外部世界知识的真实性吗？其次，还有笛卡儿的梦境假设和妖怪假设。就在此刻，我有可能身处梦中世界吗？我们的知识在这里会受到影响吗？最后，我的外部世界知识能够经受玻耳兹曼脑假设的检验吗？

我在本章中会探讨其中许多假设，从局部模拟系统开始，到玻耳兹曼脑结束。我将论证，尽管存在一些重要的怀疑论挑战，但它们无一能够发展为普遍怀疑论。这个论证完成之后，我们要回顾前文，评估一下在回应笛卡儿的挑战方面，我们已经做了多少工作。在本章的结尾，我将证明我们终究还是能掌握一部分外部世界知识。

局部模拟系统

在一个局部模拟系统中，只有一部分宇宙得到模拟。也许只模拟了纽约城，除它之外再无其他地方被模拟。我们在第 2 章看到，让局部模拟系统运行并非易事。也许我生活在纽约，但还保留了对澳大利亚的记忆。我阅读描绘世界各地的文章，观看关于世界各地的视频。我经常离开纽约去旅行，定期和居住在外地的人交谈。要让一个仅仅模拟我的纽约生活的系统运行起来，还必须模拟这座城市之外的大量情况。

相比整体模拟系统，局部模拟系统可以不模拟对我的生活影响极小的那一部分世界，从而减少模拟的工作量。例如，也许模拟系统可以对无人居住的南极大陆部分地区或深海海底创建相对简单的模型。也许我们可以对地球进行精细模拟，而对月球和太阳进行较为粗略的模拟，以记录它们对地球的影响，最后创建非常简单的外部宇宙模型。

假定我们身处这种局部模拟系统。对于现实，我们应该如何理解？我会认为，地球上的普通事物是真实的，例如桌子和椅子、狗和猫、海洋和沙漠，这些都是真实的。局部模拟假设等同于局部万物源于比特创世假设，后者指的是造物主通过运行位元来创造地球，但是对宇宙其他部分非常不重视。其结果是，地球及这里的一切都是真实的，太阳和月球也很可能是真实的，尽管它们不像我们所认为的那样具有精细的物理结构。遥远的恒星与我们想象中的恒星相比，差距就更大了。没有观测到的星球也许完全不存在。

假如上述观点正确，那么局部模拟假设就会导向局部模拟现实主义，即被模拟的局部事物仍然是真实的，即便距离更远的事物是虚假的，也不影响这种真实性。我们对于更广阔的世界所形成的一些信念也许是错误的。例如，我相信支配地球的物理定律同样支配

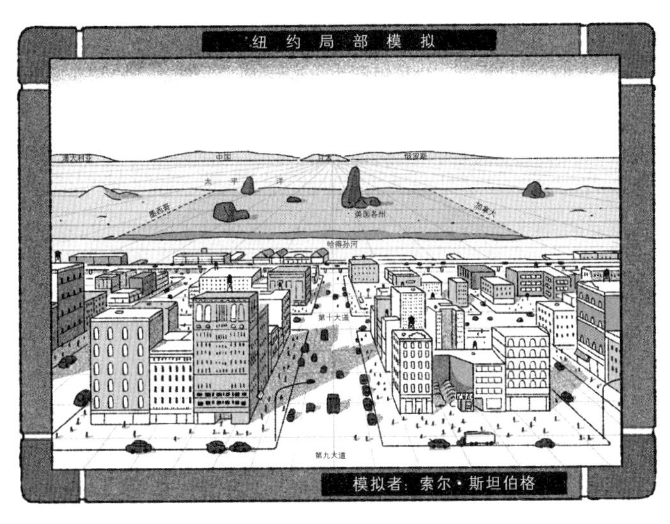

图 57　纽约城的局部模拟（抱歉，索尔·斯坦伯格）。

着太阳，也相信没有观测到的星球仍然存在，但这些看法可能是错误的。不过，我对局部环境的一般信念大部分将是正确的。即便只是生活在局部模拟系统中，此刻的我仍然真实地坐在桌子旁边的椅子上，望向窗外的城市远景。

在局部模拟系统中，我们的境遇类似于电影《楚门的世界》中楚门所遇到的情况。他生活在泡沫中，其中的一切都是特意为他安排好的。楚门对泡沫外世界的许多事物深信不疑，但这些事物有不少是虚假的。然而，泡沫中的普通事物，例如桌子和椅子，仍然是真实的，楚门对这些事物的信念基本上也是正确的。

和《楚门的世界》一样，局部模拟场景是一种局部怀疑论场景。在这个场景中，我们的某些信念是错误的，但对于局部环境的核心信念通常是正确的。因此，局部模拟假设可用于证明针对我们某些信念的怀疑论。如果我不知道自己没有生活在局部的地球模拟系统中，那么，关于火星及火星以外的宇宙，有很多事物我也不了解，尽管我以为自己了解。如果我不知道自己没有生活在楚门式的泡沫里，那么我对泡沫之外的世界也知之甚少。

本书的主要目标是反驳外部世界普遍怀疑论，但我尚未对局部模拟产生的有限怀疑论展开批驳。尽管如此，思考如何回应有限怀疑论，还是值得一做的。为此，我们必须跳出模拟现实主义的框架，去论证我们没有生活在局部模拟系统中。

对于我们可能身处局部模拟系统这一观点，最明确的反对依据可能是伯特兰·罗素的简单性理论。与《楚门的世界》中的场景相似，局部模拟比整体模拟复杂得多的原因是，模拟者必须不断地决定要模拟什么以及何时模拟。与之相比，整体模拟只需要模拟若干简单的自然法则，然后让模拟系统自行发展就可以了。

另一方面，整体模拟的成本可能大大高于局部模拟。模拟和我们这个宇宙一般大小的宇宙所需要的进程远远多于仅仅模拟地球。因此，一个合理的事实是，考虑到对宇宙的整体模拟所需要的成本，局部计算机模拟系统也许比整体模拟系统更加普遍。因此，我不确定我们能够知道自己没有生活在局部模拟系统中。

但是，我们已经知道，局部模拟系统不大可能太拘囿于局部。迄今为止，局部模拟的最佳点在地球和太阳系附近，由此导致的怀疑论将是针对极远处情形的怀疑论，例如远方的恒星、地球的核心等等。也许那是我们可以接受的一定程度的怀疑论。

短暂模拟系统

局部模拟假设的一个特殊版本是短暂模拟（temporary simulations）假设，指的是只有有限的一段时间得到模拟。例如，可能只有 21 世纪被模拟，或者模拟起始时间就是今天。

短暂模拟假设的一个版本认为，我们最初存在于非模拟世界，后来被转移到模拟系统，后者如此出色，以至于我们从未注意到二者之间的差异。假定就在昨天，你在睡梦中被绑架了，然后被转移至完全令人信服的模拟系统中。那么，你周围的世界是真实的吗？

在这个场景中，当你看见猫时，那并不是真正的猫，而是虚拟猫。正如第 11 章所述，假设我们并非在模拟系统中长大，那么虚拟猫就和真正的生物猫截然不同。虚拟猫是真实的数字对象，具有因果力，且独立于我们而存在，但它们仍然不是真实的猫。因此，当你相信有一只猫在眼前时，你就错了。

与此同时，你的许多信念依然是正确的。你的成长记忆也许还是完全准确的；家乡和祖父母还是你记忆中的模样。你相信世界其他地方正在发生一些事情，这种信念也没有问题，当然前提是世界在此期间还未被摧毁。有问题的是你对当前环境的信念。因此，短暂模拟假设在最糟糕的情况下也只是导致你对当前和近期环境持有局部怀疑论立场，不会使你陷入外部世界普遍怀疑论。

倘若短暂模拟在时间上延长，我们该如何分析？如果你从出生之后的整个人生都是模拟的，我会认为，这是你已经知道的唯一现实，因此模拟系统中的对象就是真实的。身边的猫是真实的猫，只不过，你的现实环境中的猫是位元构成的。（你所说的“猫”这个词始终指称的是虚拟猫，正如第 20 章所述。）即便你 5 岁时才进入模拟系统，到现在为止你也已经在那里度过了足够长的时光，因此模拟的猫对你而言也许就是真实的猫。如果你两年前才进入，谁知道会发生什么情况？也许你所说的“猫”现在既指虚拟猫，也指非虚拟猫。不管怎样，产生普遍怀疑论的可能性是不存在的。

罗素曾经问道：神有可能在 5 分钟前创造现实世界，同时保持人类记忆和化石记录不变吗？[1] 我们可以对模拟系统提出同样的问题：它有可能是 5 分钟前凭空创建的，且模拟者在我们的记忆里预先编好了程序吗？对于罗素提出的场景，通常的观点是，我们对目前环境的信念基本上将是正确的，但对过去的信念基本上是错误的。我不确定这个观点是否正确。我们的记忆和化石记录是如何创造出来的？一种显而易见的方法是对过去进行详细的模拟，以便获取我们的记忆和化石记录。但如果是这种情况，看起来就像进入这样一种情形：我们在一个模拟系统中开启人生，后来迁移到不同的模拟系统或者非模拟的环境中。就这种情形而言，我想说我们对过去的信念基本上是准确的，但是，对过去 5 分钟的信念可能是错误的。[2]

对于这种过去 5 分钟或者一年引发的怀疑论，如何回应才是最合适的？我还是倾向于借助简单性理论。[3] 在非模拟世界里将一些人养育长大，然后又将他们转移至模拟世界，这需要非常复杂的组织安排。同样，将一些人从一个模拟系统转移至另一个，也需要复杂的组织安排（特别是在两个系统的环境非连续的情况下，还必须考虑二者之间的巨大差异）。与局部模拟场景不同的是，做这样的事情没有任何明显的效率优势，似乎不大可能存在大量这样的模拟系统。因此，我们至少能够以简单性理论作为论据来反驳这种怀疑论。

短暂模拟的一个极端版本是，只有现在这个时刻是模拟的。有时这是很容易实现的。假设我在黑暗房间里小睡一会儿，正要醒来，现在模拟者只需利用最小的世界模型模拟一些思想和经验。当我完全清醒后，像此刻的我一样参与世界，这时短暂模拟系统需要承担更多工作。模拟者至少需要一个模型或者基础来模拟我正在感知和思考的一切事物。如果我的思维和感知转向其他事物，模拟者也要准备模拟那些事物。不过，也许这次模拟太过短暂，导致后面的工作是非必要的。

我现在有可能处于这样的短暂模拟中吗？我无法确切地排除这种可能性，但也看不出有多少理由认为这种短暂模拟将是普遍现象。模拟者利用某种世界模型来模拟我所感知和思考的事物，任何情况下，这种模型都将至少发挥局部现实的作用，就像前面讨论的局部模拟一样。另一个有趣的例子是对我的整个脑的短暂模拟。但是，在这个例子中，我的脑的历史环境将充当一个模型（如同后文会简短讨论的双脑预编程场景一样）。在上述所有情形中，模型至少将充当局部现实的基础，这样就可以避开普遍怀疑论。

非完全模拟

在非完全模拟系统中，物理定律没有得到完全模拟。这里有几种不同的场景。

近似（approximate）模拟系统对物理进行了近似处理，采取走捷径的方式，使物理值只近似到小数点后几位（第 2 章讨论过的比恩、达沃迪和萨维奇的著作中记述了这种方法）。如果我们身处近似模拟系统，我会认为，这里的物理只是接近正确。粒子、力等等物理量仍然存在，但是这些只是近似地遵循物理定律，而非严格遵循。桌椅这样的普通物理对象不受影响。

在漏洞（loophole）模拟系统中，物理基本上得到完全模拟，但也存在偶然性的物理定律漏洞，这使得模拟人可以借助尼奥的红色药丸之类的物品和其他联系方式与外部世界进行交流。如果我们身处漏洞模拟系统，我还是会说，这里的物理只是接近正确。系统偶尔出现异常，导致特殊事件发生，就像在一个神偶尔允许奇迹降临的物理宇宙中，也可能发生特殊事件。同样，在这里，物理对象构成的现实不会受到任何影响。

在一个宏观（macroscopic）模拟系统中，普通对象在宏观层面基本得到模拟，只有在必要时才会对生物、化学和物理等较低层面进行模拟。大量宏观现象依赖于物理，因此，很难认为一个大部分时间里忽略物理的充分的宏观模拟系统将会存在。但是，至少在一段时间内对较低层面现象进行简化处理，还是有可能做到的。如果我们身处一个基本上不模拟物理的模拟系统，那么我们这个世界的大部分对象就不会是原子构成的，因此我们的物理信念将出现大量错误。倘若模拟系统直接作用于模拟的桌椅，也许我们应该接受这样一种万物源于比特观点：桌椅由原子直接构成，不存在作为媒介的物理和化学层。不过，这些普通对象同样还是真实的。这个假设可能会引出一个怀疑论问题，即我们是否知道物理的真实性；但是，它不会使我们质疑日常现实的真实性。

和局部模拟的情况一样，我们有合理的理由认为，由于近似模拟和宏观模拟运行成本低，所以会比较常见。我不能排除我们生活在此类模拟系统的可能性。因此，我们的物理知识和微观世界知识仍然会受到怀疑论的质疑。

我们有一些合理的辩词来回应这样的怀疑论。例如，当模拟者满足以下条件时，其模拟系统也许效果最佳:（1）建立事前物理定律模型;（2）确保所有观测结果（或者至少是所有被记录的观测结果）与那些物理定律保持一致;（3）第二个条件意味着，无论何时进行观测，只要有必要，就要细致地模拟物理定律和微观结构。接下来你可以争辩说，在这个模拟世界里，观测结果和观测到的现实以一种“实时”方式受到物理定律的控制，也就是说，如果某个未被观测到的现实与后面的观测结果相关，那么它也会得到细致的模拟。你还可以进一步指出，这足以使已显现出来的物理定律成为宇宙通用的定律，至少是已被观测到的宇宙的定律。剩下的怀疑论言论就比较次要了。

从更普遍的意义上说，非完全模拟在最糟糕的情况下也只会引发针对理论性事物的有限怀疑，不会产生普通宏观世界怀疑论。

预编程模拟系统

回想一下第 1 章提到的罗伯特·诺齐克的体验机。这是一个预编程的模拟系统，按照事先编排好的脚本来运行。它与开放式普通模拟系统形成鲜明对比，后者为用户自主选择提供了机会，并且可以根据形势发展来模拟大量不同的历史。

如果我们身处预编程的模拟系统，该如何理解它？我们周围的世界仍然是真实的吗？

预编程模拟系统如何运行，现在还不明确。如果用户实施了未写入脚本的行为，将会发生什么？这种模拟系统无法处理脱离脚本的情况。因此，预编程模拟系统的设置必须做到使用户始终依附于脚本。也许可以操控用户的脑，使之一直按照脚本的指令行事。这里暂时不讨论这种情形，放在后面去讨论。另一种可能性是，场景与用户高度契合。也许模拟者预先分析了用户的脑，这样编写出来的脚本确保用户永远不会背离。

要让这种设置发挥作用，有一种巧妙的方法，这是亚当·方特诺特（Adam Fontenot）向我建议的，叫作“双脑预编程”。首先假设有两个完全相同的脑，或许两个完全相同的模拟脑也可以。我们通过两种版本的模拟系统来测试它们。第一个是“试运行”模拟系统，没有经过预编程。我们将第一个脑置于模拟环境中，观察它的行为，记录脑接收的所有输入信息。第二个模拟系统是预编程的，我们将前一个脑接收的所有信息都输入第二个脑。因为是完全相同的脑接收完全相同的输入，那么［在决定论（determinism）正确的前提下］它会完全复制第一个脑的行为。如果意识取决于某些脑部活动，则第二个脑会拥有和孪生脑完全一样的意识。但它没有和外部世界发生互动，甚至未曾接触其他模拟系统。它只是在接收一套预编程的输入信息。

双脑预编程试验使我对模拟和怀疑论的看法遇到了挑战，这是我遇到的同类挑战中难度较大的一个。假设我们处于这种预编程情形，对于外部现实，应该如何理解呢？我们会倾向于得出这样的结论：我们所感知的外部世界并不存在，因为我们正在接收的输入甚至都没有模拟对象作为基础。毫无疑问，我们可能实施的任何行为对外部世界不会产生影响。我们的行为系统很可能经过特殊设计，导致我们的决定对脑外部的任何事物不会具有任何作用。因此，我们很可能产生普遍怀疑论思想。

我认为普遍怀疑论是可以避免的。现在的情形类似于一种环境、两个大脑的场景，就像丹尼尔·丹尼特在他的小说《我在何处？》（第 14 章讨论过）中描述的那样。在丹尼特的故事里，一个生物脑和一个硅基脑接收同样的输入，并保持同步，直到某一天二者分开。格雷格·伊根在其短篇小说《学会成为我》（*Learning to Be Me*）中构思了类似的场景。在小说中，每个人出生时都带着双脑系统，一旦在以后的生活中遭遇不测，另一个系统可以作为备份。[4] 在这些场景里，特定时间内只有一个脑系统控制外部行为，另一个系统的表现不会影响脑之外的任何事物。

对于丹尼特和伊根描述的双脑场景，我们自然会说，有两个人和两种经验流。二者对外部世界的感知都大部分准确，都拥有大体上正确的信念。但是，两个脑中只有一个控制行为。举个例子，第二个系统认为它在踢足球，其实并没有。它在感知足球，且试图踢上一脚，但踢这个动作实际上是第一个系统完成的。

双脑预编程场景与丹尼特 / 伊根场景非常相似。两个脑都接收输入信息，都对这些信息进行处理，并产生实施某些行为的经验，但只有其中一个是真正的行为者。唯一的差异是，在预编程场景里，信息被传输给第二个脑时出现了延迟。但我认为这不会带来任何实质性改变。如果丹尼特的硅基脑接收信息的时间比生物脑延迟 1 秒，我会认为前者对世界的感知仍然是正确的。也许你会认为，当硅基脑想到“现在球在我面前”而实际上球是 1 秒钟之前在那里时，它的想法是错误的。不过，我们可以求助于伊甸园式的时间模型来理解这个问题。如果我们接受时态功能主义的说法，那么，当这个模拟系统将“现在”一词用于物理世界时，它指的是物理世界里能够带来“现在”体验的时间之类的事物（参考“红色”表示一种带来红色体验的属性）。因此，第二个脑的信念仍然是正确无误的，并且我们没有理由认为延时的长度会造成根本性的影响。总之，第二个脑的信念大部分是正确的。当它感知足球时，体验到的是与第一个脑进行交互的同一个数字足球，这正是通过时间延迟做到的。它的世界完全真实。双脑预编程场景中第二个脑错误地以为自己的决定将影响世界，而丹尼特 / 伊根场景中的第二个脑也会犯同样的错误。

就最不利的方面而言，双脑场景将对我们的以下认知构成威胁：我们的决定和其他精神状态指导我们的行为，并影响世界。我们的心灵很有可能影响不了世界。这本身是一个重要问题，也是大量辩论的主题。同样，对于这个问题，也许存在各种辩解之词。或许你可以说服大家，双脑场景太过复杂，难以成为常见现象。（另一方面，正如伊根的故事所示，你可以看到一种模拟生物不断进行脑备份的情形。）或许你可以认为，只有一个心灵对应这两个脑，而这个心灵影响世界。无论是哪种情况，关于心灵是否影响世界的怀疑论不同于我们已经回应过的怀疑论。如果我没说错，上述双脑场景并没有证明外部世界普遍怀疑论是正确的。

神和妖怪

如何理解与神和妖怪有关的经典怀疑论？先来看这样一个场景：你的感官经验来自神，他的脑海里装着一个宇宙模型。在这个场景中，神的角色等同于计算机。[5]神很可能有一些想法，对应于桌子和椅子，或者至少是对应于构成桌椅的粒子。桌子和椅子不是由计算机的位元构成，而是由上帝心灵中的想法构成。但是它们仍然是完全真实的：它们存在，具有因果力，是真正的桌椅。诚然，它们并非完全独立于心灵，因为要依附于上帝的心灵，但至少它们不依附于你我这样的普通观察者的心灵。

就妖怪场景而言，我会认为，尽管妖怪图谋不轨，但它的情形相当于神。妖怪很可能需要某种模型或内部模拟，来记录感官向你输入的信息，以及感官如何处理它接收到的输出信息。如果妖怪建立了全面模拟整个宇宙的物理模型，那么妖怪场景就类似于完全模拟假设。如果妖怪投机取巧，只建立有限模型，那么妖怪场景就类似于局部或者短暂模拟假设，又或者是不完全模拟假设。无论是哪种情况，桌子和椅子都存在，只不过，是由妖怪的心灵过程构成的。

还有一种妖怪场景会干扰你的逻辑推理。笛卡儿认可以下观点：当你计算2加3时，神可以让你出错。他认为神不会像那样欺骗你，但妖怪会。倘若妖怪操控你的心灵，使你相信2加3等于5，而实际上等于6，此时应该如何理解这种情形？这是一个极端的怀疑论场景，我认为我可以通过推理来排除它，但是，如果妖怪操控我的心灵，那么我的推理也不可信。从更广泛的意义上说，倘若我受妖怪摆布，在没有任何证据的情况下，相信关于外部世界的各种知识，这种情形该如何理解呢？也许模拟系统不一定是合乎逻辑的。我印象中的世界是合乎逻辑的，但这个印象本身可能就是妖怪操控的产物。

我认为这种怀疑论从根本上说是元认知（metacognitive）怀疑论，或者说是关于个人逻辑推理的怀疑论。它引发了一系列难以解答却又令人着迷的问题，这些问题与外部世界怀疑论所引发的问题略有不同。但是，它也许会影响到外部世界怀疑论：如果我不能排除妖怪干扰我的推理这样一种可能性，那么，我真的对外部世界有一丝一毫的了解吗？

简言之，我会证明，只要我们的数学推理足够出色，我们就可以了解外部世界。当我们经过足够严密的推理证明2加3等于5时，就可以知道2加3等于5。也许我们不能排除妖怪在干扰我们的心灵，但仍然可以通过出色的推理否定2加3等于6。诚然，那些被妖怪扭曲了逻辑推理的人会说2加3等于6。他们的推理很糟糕，所以不知道真相。可是，当我们完成严密的推理后，就可以了解真相。至于外部世界的知识，也可以这样理解。如果出色的推理支持我得出眼前有一把椅子的结论，那么我的推理并不会仅仅因为存在妖怪干扰的可能性而被削弱，我仍然可以知道椅子的存在。

梦与幻象

如何理解梦境假设？此刻我正在梦境中吗？大多数梦境体验都是不稳定、碎片化的，但我的体验有所不同。想象自己做了一个不同寻常的梦，一个稳定、连贯的梦。在这种情况下，我会认为梦境假设与神或妖怪假设相似，除了一点不同：我是这个模拟系统的管理者。我的梦境体验由存在于我自己心灵某处的世界模型所决定。

假设我进入梦境刚刚一小会儿，这种情形类似于近期模拟假设，即模拟系统只是在最近才启动的。在这种情况下，我对周围世界的信念也许是错误的，但是我的记忆没有问题。

如果我在梦境中度过一生，那么梦中环境就是我的现实世界。在极端场景中，梦包含了整个宇宙的全方位模型，这类似于完全模拟假设。在这样的情况下，我的世界中的一切都是真实的。我感知到的身体是真实的，即便它只是梦中的身体。我确实过着这样的生活。也许在做梦者自己的世界里，我还有另一个身体，过着另一种生活，但并不意味着梦中的身体和生活就是虚假的。在不那么极端的场景中，梦包含了一部分模型，这更类似于局部或短暂模拟假设，也可能是非完全模拟假设。在这些情况下，电子和遥远的星系也许不是真实的，但是桌子、椅子和我的身体仍然是梦境中的实体，在许多方面是真实的。

庄周梦蝶的故事也可以这样理解。当庄子梦见蝴蝶时，在梦境世界里存在着一只真实的梦中蝴蝶，这些都根植于他的脑海中。[6] 当蝴蝶梦见庄子时，在梦境世界里存在着真实的梦中庄子。如果说这些是普通、短暂而又粗浅的梦，那么梦中蝴蝶和梦中庄子作为简单的实体，其展现形式类似于电子游戏中纯粹的化身。但是，在全方位模拟世界的终生梦境这样的极端场景中，梦中蝴蝶和梦中庄子可能就像非虚拟的蝴蝶和庄子那样真实、复杂。或许庄子无法知道自己不在蝴蝶的梦境中，正如我们也无法知道自己并非身处模拟系统。他甚至可能是一只正在做梦的蝴蝶，而自己真正的蝴蝶身体在上一级宇宙中。不过，即使他是做梦的蝴蝶，也仍然是庄子，他的世界也还是真实的。

终生梦境假设在一个重要方面缺乏真实性，即在梦中，我的现实依附于我的心灵。我的梦是我自己构筑的，尽管我并没有意识到这样的构筑行为。（这就是弗洛伊德认为梦是潜意识之关键的原因。）如果我身处终生梦境，这里的整个现实世界都是我自己构筑的。这个世界缺少我们在第6章列出的真实性清单中的第三项要素：独立于心灵。因此，认为梦中对象非真，至少从一个方面来说是合理的。但是，如果终生梦境假设是正确的，那么我所感知的普通对象仍然存在，即便它们只是存在于我心灵里的梦中对象。我对它们的大部分认知也许是正确的。原则上说，梦中对象不一定是假象。

那么，普通的梦应该作何解释？我的观点是否暗示这些梦也包含了一种现实？普通的梦比较简短，因此更接近于当前的虚拟现实体验，而非终生模拟，而且它们的不稳定性和碎片化程度远远超过大多数模拟系统。人们通常不知道自己在做梦，所以，梦中将会出现大量假象和错误信念，例如，你认为自己正在追逐一条龙，实际上并没有。但是，如果梦境足够连贯，你在追踪的目标可能是真实的对象，例如一条虚拟的龙，它是由你的心灵过程所构建的。正如你可以在虚拟现实里以虚拟方式追逐虚拟的龙，在梦中你也可以做同样的事情。虚拟的龙将真实存在，并且作为你的一种心灵过程而具有因果力。但它依附于心灵，且具有虚幻性，不是真实的龙。由于梦满足了真实性清单上五条标准中的两条，所以它也许有资格作为一种真实性极其有限的现实。

清醒梦指的是你知道自己在做梦，对于这种梦，应该如何理解？清醒梦或许类似于一种依附于心灵的普通虚拟现实，后者的用户一般知道自己在虚拟现实中。我已经论证过，资深用户在虚拟现实中不一定受到假象的欺骗，因为他们意识到了虚拟性。也许某些有经验的做清醒梦的人同样不会被假象欺骗。如果他们对梦中对象的体验是，这些属于虚拟对象，而不是物理对象，那么这些对象不一定是虚幻的。龙依然不是真实的龙，依然依附于心灵而存在，但这样一来，与普通梦境中的对象相比，清醒梦境中的对象也许距离现实又进了一步。

诸如精神分裂症这样的精神错乱所导致的幻觉和妄想又该如何理解？有人将幻想的对象当作周围世界中的物理对象，如果是这种情形，在某些方面类似于普通梦境。幻想对象是假象，是由心灵构建的，但它也可能作为虚拟对象存在于心灵中，并具有因果力。一些经验丰富的精神错乱者将幻想对象体验为虚拟对象，或者是心灵构建的对象。如同清醒梦的情况所示，上述体验不完全是虚幻的。但是，幻想出来的人同样不会是真实的人，而是心灵构建的对象。

我并不是在说仅凭幻想某种事物就会产生虚拟对象和虚拟世界。如果我只是想象一张大象的图片，通常不会产生交互式模拟系统。我并没有对大象执行不同的操作，获得不同的结果。如果是这样，那就不存在具有大象那种因果力的真正的虚拟对象。回忆过去也可以这样理解。如果这更像是脚本而非模拟系统，那就不会出现具有虚拟对象那种稳健因果力的回忆对象。许多对外部世界的幻想可能也和这种情况相似。但是，一些特殊情况，例如存在交互式世界模型，将会产生依附于心灵的虚拟世界。

（普通小说、交互式小说以及基于文本的冒险类游戏也会带来相关问题，我将在注释中讨论这个话题。）[7]

混沌假设和玻耳兹曼脑

到目前为止，我们探讨过的所有怀疑论场景中没有一个被证明是普遍怀疑论场景，后者指的是普通对象无一为真，且只有极少的一般信念正确。原因是，在每一种场景中，我们的经验总是由某种事物创造的；为了使其创造我们的经验，该场景必须具有大量结构，一般情况下，我们会将这些结构归于外部世界。因此，我们的一般信念有许多是正确的。

真正的普遍怀疑论场景必须具备以下条件：我们的经验不是由外部世界通过系统性的方式生成的。这样的场景之一是混沌假设。该假设认为，根本不存在外部世界，只有随机经验形成的流。得益于大量的巧合，这股流产生了我所拥有的规律性经验流。或者说，它至少产生了高度有序的意识状态，还有存在于记忆中的经验，这些都是我现在所拥有的。

倘若混沌假设正确，我会认为外部世界不是真实的。表面上我感知到的桌椅其实并不存在。感知是真实的，但除此之外再无他物。如果我认同混沌假设，就应该放弃我对外部世界的大部分信念。

另一方面，混沌假设正确的可能性微乎其微。要碰巧使我的经验产生这一切的规律性，所需的一组巧合出现的概率极小。因此，我认为我们可以基于概率论的理由来排除混沌假设。如果我们能够做到这一点，那么仅凭混沌假设的可能性不能证明普遍怀疑论。

但是，混沌假设的一个相关理论值得我们认真思考。玻耳兹曼脑假设认为，物质的随机波动碰巧产生了一种物理对象，恰好就像具备全部功能的人脑，于是我诞生了。正如本章开篇所述，一些物理理论预测，在宇宙发展史上将会存在大量的玻耳兹曼脑。当不断膨胀的宇宙最后达到一致的热力学平衡状态时，这种平衡态导致的随机波动最终将会产生与我的脑完全相同的结构。

考虑到时间和空间的无限性，我们应该预期，无数和我的头脑相似的脑将通过波动而存在。我会是其中之一吗？绝大部分玻耳兹曼脑将在瞬间完全衰变，彻底消失。留下来的仍然不计其数的小部分脑，像我的脑那样发挥作用，但时间只有几秒钟。它们的神经元之间存在着真正的因果过程。我们可以预期，这些脑将拥有记忆和意识经验，一如我的脑。

如果我是一个玻耳兹曼脑，那么，我见识过的外部世界中的对象还是真实的吗？对于少数几个玻耳兹曼脑而言，这些对象也许是真实的。在十分偶然的情况下，可能形成一个完整的玻耳兹曼城市或玻耳兹曼星球，在这些地方，玻耳兹曼脑被普通的物理环境围绕。但是，就绝大部分玻耳兹曼脑而言，脑外的世界不会出现在自己的记忆里。对于这些玻耳兹曼脑来说，外部世界的经验将是假象。[8]

问题来了：宇宙发展史上将会出现不计其数的玻耳兹曼脑，它们拥有和我的脑一样的结构。而拥有这种结构的非玻耳兹曼脑很可能最多只有一个。现在，我们可以运用统计推理来分析这个问题，类似于我们在第 5 章对模拟假设进行推理。统计推理过程得出了玻耳兹曼脑假设，即我几乎肯定是玻耳兹曼脑。这反过来意味着我的外部世界是假象。玻耳兹曼脑竟然引导我们退回普遍怀疑论！

然而，正如理论物理学家肖恩·卡罗尔（Sean Carroll）所指出的那样，我几乎肯定是玻耳兹曼脑这个假设存在着“认知上的不稳定性”。[9] 如果该假设正确，我无法坚定地支持它。因为如果我支持它，我就必须赞成以下观点：我对外部世界的感知几乎肯定是假象。但这样一来我必须否定所有基于外部世界感知的科学推理。特别是，由于一些物理理论证明玻耳兹曼脑存在，因此首先要否定推导出这些理论的科学推理方法。这些理论是我们应该认真思考玻耳兹曼脑假设的唯一原因，没有它们作为支持，我们就会回到之前的情形，即我是玻耳兹曼脑这一假设正确的可能性微乎其微。

也许你会争辩说：即使那些有争议的物理理论缺少科学上的支持，难道不存在某种可能性，即我们生活在随机波动的宇宙中，这个宇宙将会产生无数的玻耳兹曼脑，或者至少是玻耳兹曼心灵？我们做一个先验性的假设：我们身处这样一个随机波动的宇宙的概率为百分之一。在这种宇宙中，大多数有意识的生物只会拥有高度混乱的经验；只有极少数生物拥有高度有序的经验，体验到的显然是有条理、有规律的外部世界，就如同现在的我。[10] 因此，我（以及无数的我）拥有高度有序的经验，这是很有说服力的证据，一方面可用来反驳我们生活在这样一个随机宇宙的假设，另一方面也可以支持我们身处有序宇宙的假设。

结论：现实无法逃避

前面的论证如何解释外部世界？或者从最低限度上说，如何解释笛卡儿式的针对外部世界的普遍怀疑论论证？

笛卡儿式的论证先是描述一个场景，接着按照以下步骤展开。首先，这个场景对知识之问做出否定回答：我们无法知道自己并没有身处这样的场景。其次，它对现实之问同样做出否定回答：如果我们身处这样的场景，一切都不真实。最后得出结论：我们无法知道什么是真实的。

要使笛卡儿的论证有效，必须找到这样一种场景，即它对知识之问和现实之问的回答都是否定的。我们尚未发现这样的场景。我们思考过的所有版本的模拟场景针对现实之问的答案都是肯定的，也就是说，我们所感知到的外部世界中的事物至少有一些是真实的。与模拟相关的场景，例如妖怪和终生梦境场景，对现实之问给出了相同的回答。某些非模拟场景，例如混沌假设和玻耳兹曼脑假设，对现实之问做出否定回答，但是对知识之问的回答是肯定的：我们可以知道自己不是玻耳兹曼脑。总之，看起来似乎没有场景支持笛卡儿的怀疑论论证。

对场景的判断方法如下：要么对我们的经验为什么表现出规律性提供解释（如模拟假设及同类假设所示），要么没有提供任何这样的解释（如混沌假设及同类假设所示）。

如果某个场景像混沌假设那样，没有对经验的规律性进行任何解释，这样的场景就需要大规模的巧合才能实现，因此我们可以基于概率排除这种场景。这种情况下，知识之问的答案是：是的，我们可以知道自己并非身处该场景中。

如果某个场景像模拟假设那样对经验的规律性进行了解释，那么，该场景就承认存在某种外部世界。并且，为了解释所有的规律性，我们必须借助外部世界的某些结构来进行分析，这些结构是我们感知到且相信其存在的。这种情况下，从结构主义出发，得出现实之问的答案：是的，如果我们身处这种场景，至少某些我们感知到且相信其存在的事物是真实的。

用更简短的语言来表述就是：对于我们感知到且相信其存在的一切事物，一定可以给出某种解释。如果有解释，则存在一个外部世界，它的结构可以证明我们的很大一部分感知和信念是正确的。也就是说，解释产生结构，结构产生现实！

如果我是对的，那么笛卡儿对外部世界普遍怀疑论的经典论证就无效。

尽管如此，还有其他诸多类型的怀疑论和大量的怀疑论论证。模拟现实主义不否认它们的存在。

模拟现实主义尤其不排斥各种形式的局部怀疑论。我对自己现在所感知到的放置在桌子上的物品表示怀疑，这可以归因于我假设自己昨夜进入了模拟系统。我对近期的经历表示怀疑，同样是因为我假设自己进入过模拟系统。而对远处的情况及桌子上极其微小的事物所产生的怀疑，则要归因于局部和宏观模拟假设。接下来还有关于他者心灵、心灵对行为之作用以及逻辑推理的怀疑论，但这些不属于人们通常所理解的外部世界怀疑论。

实际上，我的每一种信念都可能受到各种局部怀疑论假设的挑战。例如，我认为我知道桌子上有一部苹果手机。但是，有可能是镜子扭曲了我的感知，或者是几分钟前我在不知情的情况下进入了虚拟现实。又如，我认为我知道自己的伙伴是巴西人。但是，也许她是经过良好训练的第三国间谍，利用谎言掩盖身份。诸如此类。既然我的每一种信念都会因为局部性理由而值得怀疑，那么，这可能产生一种松散的另类的外部世界普遍怀疑论吗？

这种松散的怀疑论会受到一些限制。对于世界的形态和我的生活状况，我的认知不可能出现重大错误。例如，我确实知道我拥有身体，或者至少知道我已经拥有身体。也许我的原始身体蒸发了，而我则在 5 分钟前被上传至模拟系统，在那里我成为化身。但是我的化身也拥有身体，所以我仍然拥有身体。即便我们认为化身不属于身体，我的这一信念，即我已经有过身体，也是正确的。也许你会尝试寻找一种场景，在那种场景中，我原本就没有身体。也许我一直是一个缸中之脑。但如果是这种情况，我拥有身体的经验一定是来自别处，例如某个模拟系统或者某个身体模型。倘若是这样，那里就是找到我的身体的地方。你可以尝试构建多个场景，其中一个场景中我拥有多个身体，另一个场景中我的身体是碎片状的，还有一个场景是某人使我形成了已经有过身体的记忆，以此取代我的全部记忆。如果我们仔细研究了本书中的推理，就会知道在上述所有场景中，我都已经有过身体。

同样，对于我为什么会产生拥有身体的经验，应当也存在某种解释。如果这种解释确实存在，那就说明某种事物发挥了身体的作用，因此，它将成为我的身体。这再次表明，解释产生结构，结构产生现实。

我们可以将同样的推理扩展至其他关于世界形态和本人生活状况的一般言论。我知道这个世界上还生活着其他人，或者至少可以说已经有过其他人生活在这里。我并不是在宣称我知道其他人具有意识，他者心灵问题另当别论。但无论其他人是否有意识，他们都是存在的，因为我拥有他们存在的经验。或许你会试图解释，我的这一经验是模拟系统的产物；其他人存在的经验只是最近才植入我的记忆中。如果是这样，你就是在告诉我，其他人是数字生物，是让我产生记忆的模拟系统的一部分。其他解释也可依此推理。

你还可以进一步扩展上述推理的应用范围。例如，我认为我知道水是存在的，或者至少知道水已经存在过。树和猫同样如此。至少有一点，要构建一个一直以来就不存在水、树或猫的场景，实际难度比许多人所认为的更大。也许猫总是由穿着仿猫外套的小狗扮演；如果是这样，那么猫就是穿着仿猫外套的狗。也许我们对树的经验来自植入脑中的树的记忆；如果是这样，这些记忆的来源就是树。也许我们对水的经验来自某个模拟系统，通过在另一个物理世界运用增强现实技术而产生；但即便是这样，我还是认为，正确的结论是水存在，只不过是虚拟的。

这种回应松散式普遍怀疑论的策略也有其局限性。我并非宣称，我可以通过这种方式知道特定的某个人存在。我能够确定我经常交谈的同事内德·布洛克（Ned Block）存在吗？也许不能，因为我无法排除这一可能性：他是由一组演员扮演的。我能够确定澳大利亚存在吗？也许不能。也许有人在地理问题上做了手脚，导致我认为自己在澳大利亚度过了一段时光，实际上完全是在世界各地的录影棚里度过的。这些阴谋一定很复杂，也许我可以基于太过复杂、难以实现的理由来排除它们的可能性，不过，说到这种类型的反怀疑论策略，又是另外一回事了。

上述反怀疑论策略究竟是如何生效的呢？我认为还是结构主义发挥了作用。我们经验的规律性至少可以很好地指导我们认识世界的近似结构：存在某些让我们产生经验的实体，它们之间通过某些模式发生互动。经验绝不是结构的完美指南，我们总是错误地理解世界的精细结构。但是，经验结合简单性理论，至少可以让我们知道世界的近似结构。即便是怀疑论场景，如局部模拟假设和短暂模拟假设，也存在大量结构，可以添加到我们对世界的一般信念中。任何纯粹程度很低的怀疑论假设都会与我们分享大量结构。我们可以认为，所有合理的场景所分享的结构特性都是近似结构。

仅仅了解近似结构还不足以让我们知道世界的各种状况。它不会让我了解内德·布洛克这样的特定个人（他的角色也许是由许多人充当的）；它不会让我知道现在房间里有一只小猫（也许只是虚拟的小猫，具有和真正的小猫类似的近似结构）；它也不会告诉我其他人拥有意识（他们也许是具有近似结构的僵尸）。但是，了解近似结构，至少可以让我知道世界的一些基本情况，包括这样一些事实：我拥有身体；世界上存在其他人。

这是一个起点，未来前景广阔。我们掌握了一个策略来回应外部世界怀疑论。我们从经验推断出结构，又从结构推断出现实。只是，从经验可以推断出多少结构，从结构可以推断出多少现实，现在还没有定论。但是，至少在破解外部世界之谜的道路上，我们前进了一小步。

还有许多话题值得探讨。我们对现实有多少了解，这是一个尚待解答的问题。遥远的过去存在着一些客观事实，但我们也许永远不会知道。如果我们身处完全模拟系统，对于系统外世界的真相，我们将永远无从知晓。我们不知道自己可以接触到多少现实，又有多少无法接触到。但是真相就在那里，我们终归能够知晓一二。

致 谢

如果没有大家的帮助，我在这个项目上不可能取得现在的成果。

书中提到许多哲学家、科学家和技术先驱，我欠他们一笔智力债。许多科幻小说家和电影创作者，从斯坦尼斯拉夫·莱姆到沃卓斯基姐妹，都对我产生了影响。在哲学领域，有一些贡献受到忽视，我特别想对这些贡献致以谢意，它们是：20 世纪 50 年代苏珊·朗格对虚拟对象和虚拟世界的研究，O. K. 鲍斯曼和乔纳森·哈里森分别在 20 世纪 40 年代和 60 年代对怀疑论的研究，以及迈克尔·海姆和翟振明在 90 年代对虚拟现实形而上学的研究。

数十年前我的父母送给我一台苹果Ⅱ型计算机，开启了我的探索之旅。20 世纪 80 年代初，我还是一名少年，在阅读了道格·霍夫斯塔特和丹尼尔·丹尼特的《心灵中的我》（*The Mind's I*）这本书之后，第一次得到灵感，开始努力思考虚拟世界。他们对本书的影响显而易见。在研究生院时，我与格雷格·罗森堡就缸中之脑进行了长期争论，这对本书的成形也产生了影响。

我在一次题为《成为缸中之脑也不是那么糟糕》（*It's Not So*

Bad to be a Brain in a Vat）的演讲中首次谈到书中这些问题，这次演讲是约翰·海尔于2002年3月在戴维森学院（Davidson College）组织的。一两个月后，一次偶然的机会，克里斯·格劳邀请我为《黑客帝国》网站撰写一篇文章，我对相关问题产生了更浓厚的兴趣。自那以后，我对许多受众发表过关于这些问题的演讲，并且总是得到既有趣又有价值的回应。2015年和2016年，我在布朗大学、让·尼科德研究所（Institut Jean Nicod）、约翰斯·霍普金斯大学和里斯本大学开展了一系列讲座，这使我能够对部分问题进行深入研究。戴维·耶茨和里卡多·桑托斯编辑了相关的专题论文集，发表在《辩论》（*Disputatio*）杂志上，这部文集提供了有价值的批判性分析。

我们深切怀念的托涅塔·沃尔特斯（又名西拉·格拉夫）带着我试玩《第二人生》，我将这款游戏当作一个思考哲学的场所。雅基·莫里、贝蒂·莫勒·特施和比尔·沃伦开放他们的虚拟现实实验室，邀请我体验这项技术。我和梅尔·斯莱特、马维·桑切斯-比韦斯有过几次很有启发的谈话。纽约大学（本尼特·福迪、弗兰克·兰茨和朱利安·托格里乌斯）和哥本哈根（埃斯彭·奥塞特、帕维尔·格拉巴切克和耶斯佩尔·尤尔）的游戏研究团队提供了大量有趣的想法。达米安·布罗德里克、雅龙·拉尼耶、伊万·萨瑟兰和罗伯特·赖特耐心回答了我提出的关于“虚拟现实”和“虚拟世界”早期发展史的问题。

我在纽约大学的一系列本科生课程中使用本书早期版本来讲解“心灵和机器”。我想感谢许多接受这些课程的同学，向他们的反馈表达谢意，特别要表扬若昂·佩德罗·雷利亚·科雷亚·埃博利，他也许是我教过的最富热情的本科生，他的不幸离世使哲学领域失去了一位很有前途的专业人士。

卡蒂·巴洛格、斯特芬·科克、凯尔文·麦奎因、查尔斯·西沃特和斯科特·斯特金在课程中的手写笔记提供了令我颇为欣赏的反馈意见。米里·阿尔巴哈里、戴维·詹姆斯·巴尼特、巴纳福希·贝扎伊、克里斯蒂安·科瑟鲁、戴维·戈德曼、安雅·尧尔尼希、克里斯托弗·林贝克、贝亚特丽斯·隆格内斯、杰克·麦克纳尔蒂、杰西卡·莫斯、保罗·佩切雷、阿南德·维迪雅和皮特·沃尔芬戴尔提供了有价值的历史资料。埃文·贝勒、亚当·洛维特、艾丹·佩恩和帕特里克·吴在政治哲学方面提供了帮助。

一组虚拟现实哲学家，特别是托马斯·霍夫韦伯、克里斯·麦克丹尼尔、尼尔·麦克唐纳、劳里·保罗、吉莉安·拉塞尔、乔纳森·夏法尔和罗比·威廉姆斯，于新冠肺炎肆虐时，在大量虚拟现实平台上提供了有价值的体验，带来了欢声笑语。

许多人对原稿部分内容甚至全稿提出了宝贵的意见，他们是：安东尼·阿吉雷、扎拉·安瓦扎伊、阿克塞尔·巴塞罗、戴维·詹姆斯·巴奈特、萨姆·巴伦、乌穆特·拜桑、吉里·本诺夫斯基、阿尔泰姆·别谢金、内德·布洛克、本·卜鲁森、亚当·布朗、戴维·杰·布朗、吕沙尔·布朗、卡梅伦·巴克纳、乔·坎贝尔、埃里克·卡瓦尔坎蒂、安迪·沙卢姆、艾迪·克明·陈、托尼·程、杰西卡·柯林斯、文思·科尼泽、马塞洛·科斯塔、布里安·卡特、巴里·丹顿、厄尼·戴维斯、贾内尔·德尔斯汀、维利乌斯·德兰塞卡、马特·邓肯、拉米·埃尔·阿里、莉萨·艾默生、戴维·弗里德尔、菲利普·戈夫、戴维·米格尔·格雷、丹尼尔·格雷戈里、贝利·格里泽、艾弗拉姆·希勒、詹斯·基波、尼尔·列维、马修·廖、艾萨克·麦基、科里·梅烈、史蒂夫·马修斯、安吉拉·门德洛维奇、布拉德利·蒙顿、詹妮弗·内格尔、埃迪·纳迈斯、加里·奥斯特塔格、丹·派莱斯、戴维·皮尔斯、史蒂夫·彼得森、瓜尔切洛·皮奇尼尼、安琪儿·皮尼洛斯、马丁·佩雷茨、帕沃·皮尔凯宁、布赖恩·拉本、瑞克·里佩蒂、阿德里安娜·雷内罗、安东·列乌托夫、雷吉纳·里妮、达米安·罗奇福德、卢克·罗洛夫斯、布拉德·萨阿德、萨沙·塞弗特、埃里克·科维特茨戈贝尔、安基塔·塞西、克里·肖、卡尔·舒尔曼、马克·西尔科克斯、瓦迪姆·瓦西里耶夫、凯·瓦格、凯利·韦里奇、桑娜·温兰慕和罗曼·亚波尔斯基。特别感谢巴里·丹顿和詹妮弗·内格尔，他们敦促我在最后一章总结反怀疑论结论时展开进一步探讨。

感谢丹·派莱斯和迪伦·西姆斯对书名的建议，也感谢所有参与书名及其他大量问题讨论的网友。我的兄弟迈克尔提供了第1章的标题，他仍然认为“这是真实的生活吗？”应作为本书书名。

我的作品经纪人约翰·布罗克曼组建了知识分子社团，并分享了数十年积累的经验。卡迪卡·马逊和麦克斯·布罗克曼同样提供了巨大的帮助。我在诺顿出版公司的编辑布兰登·科瑞提供了广泛的反馈和出色的建议。企鹅出版社的劳拉·斯蒂克尼分享了很多有用的想法。萨拉·利平科特和凯利·韦里奇对本书进行十分细致的梳理，核对事实，润饰语言。诺顿出版公司的贝基·霍米斯基负责指导本书的制作，也为我提供了帮助。

非常感谢蒂姆·皮科克绘制了令人惊喜的插图。蒂姆的插图不仅使复杂的观点贴近生活，而且还是本书的哲学论证过程不可或缺的一部分。蒂姆的创造力将许多观点引向令人意想不到的新方向。在插图上与他进行合作，成为本书写作过程中最令我兴奋的部分之一。

我的伴侣、哲学家和心理学家克劳迪娅·帕索斯·费雷拉在本书写作的几年时间里一直陪伴着我。我们一直生活在纽约，共同度过新冠肺炎大流行的当下。克劳迪娅更喜欢非虚拟现实，但她仍然在这个项目上给予我各种帮助。这本书，连同我的爱，献给克劳迪娅。

术语参考释义

玻耳兹曼脑：一种系统，产生于随机波动，与生物脑完全相同。

纯粹模拟系统：只包含纯粹模拟人（见“模拟人”词条）的模拟系统。

纯粹的万物源于比特假设：万物源于比特假设与以下假设的结合，即位元处于现实的基础层面，自身不以任何事物作为基础。

沉浸性：在沉浸式环境中，我们体验到的环境就像周围的世界，我们自己位于世界的中心。

笛卡儿二元论：一种学说（与笛卡儿有关），认为心灵和身体相互独立，非物质心灵影响肉体，肉体也影响心灵。

笛卡儿怀疑论：一种外部世界怀疑论形式，认为我们对外部世界没有任何实质性了解；该理论受某些场景启发而形成，如梦境和妖怪场景，在这类场景中，我们似乎与现实失去联系。

二元论：一种学说，认为心灵和身体完全独立。

非纯粹模拟系统：一种模拟系统，其中某些人不是模拟的，例如，将缸中之脑连接到模拟系统。

功利主义：一种假设，认为人们将为最广大群体谋取最大利益。

怀疑论：一种学说，认为我们一无所知。怀疑论的核心版本是外部世界怀疑论，指的是我们对外部世界没有任何实质性了解。

假象：当事物的本质与其表现方式不一致时，称为假象。更严格的哲学表达是，有人感知到真实的对象，但该对象的本质与表象不一致，即为假象。

结构主义（或者说结构现实主义）：一种假设，认为科学理论等同于结构化理论，其构建形式是数学术语加上结构与观测结果的关系。认识论结构现实主义认为科学告诉我们的只有现实的结构（尽管对现实而言可以解释的还有更多），本体论结构现实主义认为现实本身就是完全结构性的。

模拟假设：一种假设，认为我们生活在模拟系统中，也就是说，我们现在并且始终是从一个计算机模拟系统输入信息，同时向它输出信息。该系统由人工设计，以某个世界为原型。

模拟论证：对模拟假设的统计论证（创立者汉斯·莫拉韦克），也可以说是对模拟假设加上另外两种假设的三方选择的论证（创立者尼克·博斯特罗姆）。

模拟人：存在于计算机模拟系统中的人。纯粹模拟人指的是模拟系统内部的模拟人。生物模拟人是与模拟系统相连接的生物人。

模拟现实主义：一种假设，指的是如果我们身处模拟系统，我们周围的对象就是真实的，而非虚幻的。

认识论：研究知识的理论。

实现：使之成为现实。重点用来表示低层级实体作为高层级实体的基础，如原子实现分子，分子实现细胞，等等。

世界：互相连通的完整空间（无论是物理的还是虚拟的空间）及其中一切事物。

数字对象：一种位结构，或者说一种对象，与位元密切相关，就像物理对象与原子密切相关。

外在主义：一种主张，认为我们的语言和思想的意义取决于周围的世界。

完全模拟系统：对要模拟的世界进行精确模拟（与近似模拟相对）的模拟系统。

万物源于比特假设：物理对象，包括物理现实中的实体，由位元构成，也就是说，它们以包含位元互动的数字物理层为基础。

唯心主义：一种思想，认为现实的本质是精神，或者说完全存在于心灵。贝克莱的唯心主义思想与“存在即被感知”这句口号相关联。

物位相生假设：万物源于比特假设与以下假设的结合，即位元以更深的现实层为基础。

现实：至少包含三层含义。第一，现实是一切存在的事物（整个宇宙）。第二，单个现实指的是单个世界（物理或虚拟世界），复数形式的现实指的是多重世界。第三，现实的属性是真实性，或者说为真属性，含义见“真实”词条。

虚拟包容：当虚拟的X被视为真实的X时，X类或X这个词就具有虚拟包容性，否则就是虚拟排斥的。

虚拟世界：交互性的、由计算机生成的世界。

虚拟数字主义：一种假设，认为虚拟对象就是数字对象。

虚构主义：一种假设，认为虚拟对象和虚拟世界都是虚构的。

虚拟现实：沉浸式的、交互性的、由计算机生成的世界。

虚拟现实主义：一种假设，认为虚拟现实是真正的现实，其重点在于这一假设，即虚拟对象是真实的，而非虚幻的。

意识：关于心灵和世界的主观经验；包括感知、情感、思考、行为等方面的意识经验。如果作为某个生物，会产生某种感受，这个生物就具有意识。

宇宙：与“世界”这个词条的含义一致。

宇宙体系：存在着的一切。

元宇宙：一种虚拟世界（或者由虚拟世界构成的系统），在这里，每一个人都可以花费时间来体验日常生活，参与多种形式的社交活动。（另一种用法：所有虚拟世界的总和。）

增强现实：一种技术，可以让我们在体验虚拟对象的同时感知物理世界。

真实：参见第6章概括的五个概念。真实的含义要从存在、因果力、独立于心灵、非虚幻性和名副其实这五个方面来理解。

证实主义：一种观点，认为只有当某个言论能够以某种方式得到验证时，它才是有意义的。

注　释

更详细的注释，包括哲学讨论以及技术和历史细节，见网站 consc.net/reality。这个网站还包含附录，对以下话题展开延伸讨论：快捷模拟（第 2、5 和 24 章），对外部世界怀疑论的回应（第 4 章），对模拟论证的反驳（第 5 章），尼克·博斯特罗姆对模拟论证的论述（第 5 章），迈克尔·海姆和翟振明关于虚拟现实主义的论述（第 6 章），各种信息（第 8 章），“虚拟”、“虚拟现实”和“虚拟世界”等用语的演变史（第 10—11 章），体验机和虚拟现实中的自由意志（第 17 章），唐纳德·霍夫曼反对现实的理由（第 23 章），小说、经验世界和其他怀疑论场景（第 24 章），关于插图的注解（所有章节），以及其他话题。

引言　在技术哲学中探险

1　神经哲学和技术哲学：帕特里夏·丘奇兰德，*Neurophilosophy : Toward a Unified Science of the Mind-Brain*（MIT Press，1986）。Aaron Sloman 在其 1978 年的著作 *The Computer Revolution in Philosophy*（Harvester Press，1978）中对技术哲学做了经典表述。时至今日，技术哲学已成为人工智能和心灵哲学交叉领域最具影响力的学科，该领域先驱包括 Daniel Dennett，［“Artificial Intelligence as Philosophy and Psychology”，收录于 *Brainstorms*（Bradford Books，

1978)] 和 Hilary Putnam [“Minds and Machines”, 收录于 *Dimensions of Minds*, Sidney Hook 编(纽约大学出版社, 1960)]。

2 技术的哲学:概括性介绍见 Jan Kyrre Berg、Olsen Friis、Stig Andur Pedersen 和 Vincent F. Hendricks 编, *A Companion to the Philosophy of Technology*(Wiley-Blackwell, 2012); Joseph Pitt 编, *The Routledge Companion to the Philosophy of Technology*(Routledge, 2016)。

3 我对意识的观点:更准确地说,我对意识难题、僵尸、物理主义、二元论和泛灵论的见解在本书中仅处于次要地位。关于现实问题的主要论证对于唯物主义者和意识二元论者同等有效。我对意识分布问题的观点,特别是机器可以拥有意识,在本书中发挥了更大作用。

4 某些章节重温了我在学术论文中讨论过的理论基础:2003 年我在 thematrix.com 网站发表了文章“The Matrix as Metaphysics”,本书第 9 章(以及第 6、20 和 24 章的一小段)中的论证以文章中的观点为基础。该文后来转载于 Christopher Grau 编的 *Philosophers Explore the Matrix*(Oxford University Press, 2005), 132–176 页。第 10 章和第 11 章(以及第 17 章的一小段)根据“The Virtual and the Real”[*Disputatio* 9, no.46(2017): 309–352 页]一文的主题撰写。第 14 章中心思想的源泉是“How Cartesian Dualism Might Have Been True”(在线手稿, consc.net/notes/dualism.html, 1990 年 2 月)的一篇未发表的注释。第 15 章大部分内容基于我对意识的研究工作,特别是 *The Conscious Mind*(Oxford University Press, 1996)一书中的研究成果。第 16 章大部分内容基于我和 Andy Clark 共同撰写的文章“The Extended Mind”,见 *Analysis* 第 58 期(1998),第 7–19 页。第 21 章至 23 章的写作依据分别来自“On Implementing a Computation”[*Minds and Machines* no.4(1994), 391–402 页]、“Structuralism as a Response to Skepticism”[*Journal of Philosophy* 115, no.12(2018), 625–660 页]和“Perception and the Fall from Eden”(*Perceptual Experience*, Tamar S. Gendler 和 John Hawthorne 编, Oxford University Press, 2006, 49–125 页)中的思想。这些章节中存在着大量的新思想,另外,其他章节的大部分材料都是新的。

5 我推荐了若干可能的方式,如何选择,取决于读者自己的兴趣:如果你希望了解关于笛卡儿的外部世界问题的论述以及我的回应，主要章节是第1—9章和20—24章。如果你的主要兴趣是虚拟现实技术近期发展状况，可以阅读第1、10—14和16—20章。如果对模拟假设特别感兴趣，可以阅读第1—9、14—15、18、20—21以及24章。如果想对哲学的传统问题有一个初步了解，也许可以关注第1、3—4、6—8以及14—23章。另外值得注意的是，第4章以第3章为前提，第9章以第8章（一定程度上还有第6和第7章）为前提，第11章的前提是第10章，第22章的前提是第21章。第4—7部分可以按照任意顺序阅读，不过第7部分很大程度上以第2和第3部分为前提。

第1章　这是真实的生活吗?

1 主唱弗雷迪・摩科瑞在五部和声中唱道:《波希米亚狂想曲》这段录像显示皇后乐队的4名成员正在唱前面几句歌词，但实际上是弗雷迪・摩科瑞写了这首歌，并在演出开场演唱了所有声部。疑惑“所有声音属于同一个人是否只是幻觉”，并不奇怪。

2 庄周梦蝶：出自 *The Complete Works of Zhuangzi*（翻译 Burton Watson，Columbia University Press，2013）。书中翻译的段落使用了庄子生活中的名字“庄周”，但为简单起见我还是使用“庄子”这个称谓。要了解对该典故的不同翻译和解读，关注庄子和蝴蝶的真实性，而非二者的知识问题，见 Hans Georg Moeller，*Daoism Explained：From the Dream of the Butterfly to the Fishnet Allegory*（Open Court press，2004）。

3 1999年的电影《黑客帝国》：见 Adam Elga，“Why Neo Was Too Confident that He Had Left the Matrix”（http://www.princeton.edu/~adame/matrix-iap.pdf）。我会在在线注释中讨论电影《黑客帝国：矩阵重启》（2021年12月发行，当时本书已交付出版社）引发的问题。

4 古印度的印度教哲学家深受幻象和现实之间的困扰：关于印度哲学、宗教和文学中的幻象（包括那罗陀变身）问题，有一本相当出色的入门书，见 Wendy Doniger O' Flaherty，*Dreams，Illusions，and Other Realities*（University

of Chicago Press，1984）。

5 詹姆斯·冈恩于1954创作的科幻小说：詹姆斯·冈恩，“The Unhappy Man”（Fantastic Universe，1954）；收录于冈恩的 *The Joy Makers*（Bantam，1961）。

6 罗伯特·诺齐克1974年的著作：Robert Nozick，*Anarchy，State，and Utopia*（Basic Books，1974）。

7 体验机中的生活：在 *The Examined Life*（Simon & Schuster，1989，105页）一书中，诺齐克本人针对体验机分别提出了知识之问、现实之问和价值之问："是否接入这台体验机，这是一个价值问题。（它不同于两个相关问题。一个是认识论问题：你可以自己知道还没有接入体验机吗？另一个是形而上学问题：这台机器的体验本身难道不构成一个真实的世界吗？）"

8 在2020年的一次问卷调查中：见http：//philsurvey.org/。此时，或者任何时候，当我用一段话来表述PhilPapers Survey的调查结果时，例如，我说"13%的人认为他们会进入体验机"，这是一种简略的表达方式，意为：13%的受访者表示，他们认同或者倾向于支持这个观点。要了解对哲学专业人士以外更广泛人群的调查结果，见Dan Weijers，"Nozick's Experience Machine Is Dead，Long Live the Experience Machine!"，*Philosophical Psychology* 27，no.4（2014）：513–535页；Frank Hindriks 和 Igor Douven，"Nozick's Experience Machine：An Empirical Study"，*Philosophical Psychology* 31（2018）：278–298页。

9 在2000年发表于《福布斯》杂志的一篇文章中：Robert Nozick，"The Pursuit of Happiness"，《福布斯》，2000年10月2日。

10 心灵之问：见在线注释。

11 这六个新增的问题分别对应一个哲学领域：还有其他许多哲学领域，例如行为哲学、艺术哲学、性别与种族哲学、数学哲学以及哲学史的诸多领域。求学至今，我对所有这些领域都有涉猎，但深度不及我列出来的九个领域。

12 对约2000名哲学专业人士的问卷调查：2009年PhilPapers Survey对哲学专业人士的问卷调查见David Bourget and David Chalmers，"What Do

Philosophers Believe?", *Philosophical Studies* 170（2014）: 465–500 页。2020 年的调查见 http://philsurvey.org/。关于哲学的发展，见 David J. Chalmers, "Why Isn't There More Progress in Philosophy?", *Philosophy* 90, no.1（2015）: 3–31 页。

13 哲学家创建或联合创建的学科：除牛顿之外，我认为还有亚当·斯密（经济学）、奥古斯特·孔德（社会学）、古斯塔夫·费希纳（心理学）、戈特洛布·弗雷格（现代逻辑学）以及理查德·蒙塔古（形式语义学）。

第 2 章 什么是模拟假设？

1 安提凯希拉装置是一次模拟太阳系的尝试：见 Tony Freeth et al., "A Model of the Cosmos in the ancient Greek Antikythera Mechanism", *Scientific Reports* 11（2021）: 5821 页。

2 旧金山湾的机械模拟装置：关于旧金山湾区机械模拟装置的哲学探讨，见 Michael Weisberg, *Simulation and Similarity: Using Models to Understand the World*（Oxford University Press, 2013）。

3 计算机模拟在科学和工程设计领域无处不在：有一些哲学巨作探讨了计算机模拟及其在科学领域的作用，分别是：Eric Winsberg, *Science in the Age of Computer Simulation*（University of Chicago Press, 2010）; Johannes Lenhard, *Calculated Surprises: A Philosophy of Computer Simulation*（Oxford University Press, 2019）; Margaret Morrison, *Reconstructing Reality: Models, Mathematics, and Simulations*（Oxford University Press, 2015）。

4 大量针对人类行为的计算机模拟：Daniel L. Gerlough, "Simulation of Freeway Traffic on a General-Purpose Discrete Variable Computer"（PhD diss., UCLA, 1955）; Jill Lepore, *If Then: How the Simulmatics Corporation Invented the Future*（W. W. Norton, 2020）。

5 让·鲍德里亚 1981 年的著作：Jean Baudrillard, *Simulacres et Simulation*（Editions Galilée, 1981），英文译本为 *Simulacra and Simulation*（Sheila Faria Glaser 译; University of Michigan Press, 1994）。

6 鲍德里亚谈论的是文化符号模拟，不是计算机模拟：Baudrillard 所说的四个阶段（和我的观点的对应关系非常松散）指的是“它是对复杂现实的映射”、“它隐藏复杂现实，使之变质”、“它隐藏复杂现实的缺失”和“它与任何现实毫无关联：它是自我的纯粹的拟像”。某些时候，Baudrillard 认为只有第四阶段才是模拟。

7 由可能存在的世界构成的庞大宇宙体系：见在线注释。

8 厄休拉·勒古恩于 1969 年发表的经典小说：Ursula K. Le Guin，*The Left Hand of Darkness*（Ace Books，1969）。思想实验和心理现实的段落来自该小说 1976 版的引言。“Is Gender Necessary?”一文发表于 *Aurora：Beyond Equality*，Vonda MacIntyre 和 Susan Janice Anderson 编（Fawcett Gold Medal，1976）。

9 詹姆斯·冈恩在 1955 年发表的小说：值得注意的是，Gunn 的 *The Joy Makers* 详细地预测了近来哲学领域两个最重要的思想实验：体验机和模拟假设。在小说后来的一个版本的序言中，他讲述了自己如何受到《不列颠百科全书》1950 年的一篇文章的启发，该文章的主题是情感心理。

10 科幻小说中的模拟：见在线注释。

11 邀请了若干哲学专业人士为电影官方网站撰写关于哲学理念的文章：“The Matrix as Metaphysics”和其他许多文章先是由 Christopher Grau 征集，后由一名在 RedPill Productions 公司——《黑客帝国》制作公司——担任编辑和制片人的哲学专业毕业生接手。这些文章后来收录进 Grau 编辑的文集 *Philosophers Explore the Matrix*（Oxford University Press，2005）。与《黑客帝国》主题有关的哲学文集至少还出版了 3 本，包括：William Irwin 的 *The Matrix and Philosophy：Welcome to the Desert of the Real*（Open Court，2002）、*More Matrix and Philosophy：Revolutions and Reloaded Decoded*（Open Court，2005）以及 Glenn Yeffeth 的 *Taking the Red Pill：Science，Philosophy and Religion in The Matrix*（BenBella Books，2003）。

12 博斯特罗姆发表重要文章：博斯特罗姆关于模拟论证的原创文章是“Are You Living in a Computer Simulation?”［*Philosophical Quarterly* 53，no.211（2003）：243–255 页］。他提出“模拟假设”这一名称的文章是“The

Simulation Argument：Why the Probability that You Are Living in a Matrix Is Quite High”（*Times Higher Education Supplement*，2003 年 5 月 16 日）。

13 用“模拟人”一词来表示身处模拟系统的人：经济学家罗宾·汉森提出了相关的术语“仿真人”（em），用来表示通过对人脑进行仿真（emulate）而产生的人。仿真人和模拟人有区别：非纯粹模拟人（例如尼奥）是模拟人但不是仿真人，而仿真人脑与机器人身体结合是仿真人，不是模拟人。

14 局部模拟假设：见在线注释。

15 哲学家酷爱分类：在“Innocence Lost：Simulation Scenarios：Prospects and Consequences”（2002，https://philarchive.org/archive/DAIILSv1）一文中，英国哲学家 Barry Dainton 进行了一系列区分：硬模拟与软模拟、主动模拟与被动模拟、原初心理模拟与替代心理模拟、社群模拟与个人模拟。

16 任何这样的证据都是可模拟的：Timothy Williamson 在 *Knowledge and Its Limits*（Oxford University Press，2000）一书中辩解说，也许人们可以从外在主义角度解释证据，以证明我们可以知道我们没有身处模拟系统。我在主题为“模拟论证之反对观点”的在线附录中讨论了证据外在论。

17 赛拉斯·比恩、佐瑞·达沃迪和马丁·萨维奇于 2012 年发表的文章：Silas R. Beane、Zohreh Davoudi 和 Martin J. Savage，“Constraints on the Universe as a Numerical Simulation”，*European Physical Journal A* 50（2014）：148 页。

18 模拟计算机：在本书中指的是使用实数之类精确连续量的计算机。其他含义见 Corey J. Maley，“Analog and Digital，Continuous and Discrete”［*Philosophical Studies* 115（2011）：117–131 页］。

19 模拟量子计算机：至少从理论上说，标准的量子计算机是模拟计算机，因为它们使用连续量作为量子位元的振幅，但实践中这类计算机的精度是有限的。还有一种量子理论，以连续变量取代二进制量子位元来开展计算，见 Samuel L. Braunstein 和 Arun K. Pati 编，*Quantum Information with Continuous Variables*（Kluwer，2001）。

20 传统计算机不能高效地模拟量子进程：Zohar Ringel 和 Dmitry Kovrizhin，“Quantized Gravitational Responses，the Sign Problem，and Quantum Complexity”，*Science Advances* 3，no.9（2017 年 9 月 27 日）。另见 Mike

McRae，“Quantum Weirdness Once Again Shows We’re Not Living in a Computer Simulation”，*ScienceAlert*，2017 年 9 月 29 日；Cheyenne Macdonald，“Researchers Claim to Have Found Proof We Are NOT Living in a Simulation”，*Dailymail.com*，2017 年 10 月 2 日；以及 Scott Aaronson，“Because You Asked：The Simulation Hypothesis Has Not Been Falsified；Remains Unfalsifiable”，*Shtetl-Optimized*，2017 年 10 月 3 日。

21 没有任何宇宙可以容纳对其自身的完全模拟：见在线注释。

22 有限模拟系统的状态比真实宇宙略微滞后：见 Mike Innes，“Recursive Self-Simulation”（https://mikeinnes.github.io/2017/11/15/turingception.html）。

23 非完全模拟假设：见在线注释。

24《俄罗斯方块》和《吃豆人》可以被认为是模拟的产物：见在线注释。

第 3 章　我们了解外部世界吗?

1 哲学家对以上知识提出了种种质疑：Sextus Empiricus：见 Michael Frede，“The Skeptic’s Beliefs”，*Essays in Ancient Philosophy* 第 10 章（University of Minnesota Press，1987）；Nāgārjuna：Ethan Mills，*Three Pillars of Skepticism in Classical India：Nāgārjuna，Jayarāśi，and Śrī Harsa*（*Lexington Books*，2018）；al-Ghazali：见 *Deliverance from Error* 和 https://www.aub.edu.lb/fas/cvsp/ Documents/Al-ghazaliMcCarthytr.pdf。大卫·休谟：*A Treatise of Human Nature*（1739）；Eric Schwitzgebel：*Perplexities of Consciousness*（MIT Press，2011）；Grace Helton：“Epistemological Solipsism as a Route to External World Skepticism”，*Philosophical Perspectives*（即将出版）；Richard Bett，*Pyrrho：His Antecedents and His Legacy*（Oxford University Press，2000）。

2 “暗黄色”阴影：Paul M. Churchland，“Chimerical Colors：Some Phenomenological Predictions from Cognitive Neuroscience”，*Philosophical Psychology* 18，no.5（2005）：27–60 页。

3 克里斯蒂亚·默瑟描述阿维拉的特蕾莎如何撰写她的沉思集：Christia Mercer，“Descartes’ Debt to Teresa of Ávila，or Why We Should Work on Women

in the History of Philosophy”，*Philosophical Studies* 174，no.10（2017）：2539–2555 页。Teresa of Ávila，*The Interior Castle*，E. Allison Peers 译（Dover，2012）。

4 米歇尔·德·蒙田：蒙田在其 1576 年的文章“Apology for Raymond Sebond”（Montaigne，*The Complete Essays*，M. A. Screech 编译，Penguin，1993）中对怀疑论思想进行了最深入的研究。

5 缸中之脑：Hilary Putnam，*Reason*，*Truth and History*（Cambridge University Press，1981）。

6 巴里·丹顿对模拟假设的评价：Barry Dainton，“Innocence Lost：Simulation Scenarios：Prospects and Consequences”，2002，https://philarchive.org/archive/DAIILSv1。

7 如果你无法知道自己没有在模拟系统中：见在线注释。

8 哲学的妙处：伯特兰·罗素，“The Philosophy of Logical Atomism”，*The Monist* 28（1918）：495–527 页。

9 我思故我在：如同大多数哲学新思想那样，这句名言并非笛卡儿完全原创。公元 5 世纪，北非哲学家 Saint Augustine of Hippo 在 *City of God* 中写道：“我确信我存在……如果我错了，那么，我存在。因为如果有人不存在，他就根本不可能犯错。所以如果我错了，我存在。”

10 哲学家从多个角度对笛卡儿的名言进行了诠释：有一种诠释，否定“我思故我在”是推理或论证，见 Jaakko Hintikka，“Cogito ergo sum：Inference or Performance?”，*Philosophical Review* 71（1962）：3–32 页。

11 笛卡儿对思考的明确定义：在回应《沉思录》第二版（1642）所遇到的反驳时，笛卡儿将思考（cogitatio）定义为：“我用这个术语来涵盖存在于我们内心并立刻被我们意识到的一切，所以，意愿、才智、想象和感觉的所有表现都是思考。”见 Paolo Pecere，*Soul*，*Mind and Brain from Descartes to Cognitive Science*（Springer，2020）。

12 意识也可能是幻象：见 Keith Frankish 编，*Illusionism as a Theory of Consciousness*（Imprint Academic，2017）。

第 4 章　我们可以证明存在外部世界吗？

1 内容精彩，但长期受到忽视的故事：Jonathan Harrison，“A Philosopher's Nightmare or the Ghost Not Laid”，*Proceedings of the Aristotelian Society* 67（1967）：179–188 页。

2 将上帝视为完美的实体：笛卡儿对上帝这一完美概念的论证不是原创。在 11 世纪，Saint Anselm of Canterbury 针对上帝存在的问题提出相关的“本体论”论证，我们将在第 7 章讨论这个论证。16 世纪西班牙学者 Francisco Suárez 提出过一个和笛卡儿的完美概念论证非常相似的论证。

3 唯心主义：了解关于唯心主义的更新的讨论，见 Tyron Goldschmidt 和 Kenneth L. Pearce 编，*Idealism：New Essays in Metaphysics*（Oxford University Press，2017）；以及 *The Routledge Handbook of Idealism and Immaterialism*，Joshua Farris 和 Benedikt Paul Göcke 编（Routledge & CRC Press，2021）。

4 如果现实由全人类的精神构建而成：德国哲学家 Edmund Husserl 在 1929 年的著作 *Cartesian Meditations：An Introduction to Phenomenology* 中提出了一种主体间性唯心主义。更新的版本也许是由神经学家 Anil Seth（非唯心主义者）在一句口号（来自 *Being You*，Dutton，2021）中提出的：“我们一直都是幻象！只有当我们认同自己是幻象时，这才是我们所说的现实。”主体间性唯心主义遇到了大量和常规唯心主义相同的问题，尤其是以下问题：我们需要某种超越表象的现实来解释集体表象的规律性，例如为什么我们都似乎看见了同一棵树。

5 为什么我们需要上帝：有一种现代版本的唯心主义，利用算法信息论来回避上帝的必要性或者外部世界的必要性，见 Markus Müller，“Law Without Law：From Observer States to Physics via Algorithmic Information Theory”，*Quantum* 4（2020）：301 页。

6 我将证明某些形式的唯心主义值得认真思考：参见第 8 和第 22 章中关于“意识生位元，位元生万物”假设的讨论。还见 David J. Chalmers “Idealism and the Mind-Body Problem”，收录于 *The Routledge Handbook of Panpsychism*，William Seager 编（Routledge，2019）；重新发表于 *The Routledge Handbook*

of Idealism and Immaterialism。

7 卡尔纳普认为许多哲学问题是无意义的“伪问题”：Rudolf Carnap，*Scheinprobleme in der Philosophie*（Weltkreis，1928）；Rudolf Carnap，*The Logical Structure of the World & Pseudoproblems in Philosophy*，Rolf A. George 译（Carus，2003）。初步了解维也纳学派，见 David Edmonds，*The Murder of Professor Schlick：The Rise and Fall of the Vienna Circle*（Princeton University Press，2020）。

8 怀疑论假设是无意义的：路德维希·维特根斯坦，*Tractatus Logico-Philosophicus*（Kegan Paul，1921）。A. J. Ayer 在 *Language，Truth，and Logic*（Victor Gollancz，1936）中说：“所以，如果任何人宣称可感知的世界是纯粹表象的世界，而不是现实世界，那么，按照我们对意义的评判标准，他所说的话确实毫无意义。”Carnap 在“Empiricism，Semantics，and Ontology”［*Revue Internationale de Philosophie* 4（1950）：20–40 页］一文中说，“物质世界的现实”的问题涉及这一点：“信念应用于系统本身，是不可能有意义的。”当然，维也纳学派成员无一人明确讨论过模拟假设。

9 普特南 1981 年的著作：Hilary Putnam，*Reason，Truth and History*（Cambridge University Press，1981）。

10 伯特兰·罗素求助于简单性：见伯特兰·罗素，*The Problems of Philosophy*（Henry Holt，1912），22–23 页；另见 Jonathan Vogel，“Cartesian Skepticism and Inference to the Best Explanation”，*Journal of Philosophy* 87，no.11（1990）：658–666 页。

11 摩尔说：“这是一只手。”：G. E. Moore，“Proof of an External World”，*Proceedings of the British Academy* 25，no.5（1939）：273–300 页。Moore 的“常识”哲学研究方法受到 18 世纪苏格兰哲学家 Thomas Reid 的影响，例如，Reid 写于 1764 年的书 *An Inquiry into the Human Mind on the Principles of Common Sense* 就产生了这样的影响。另见 James Pryor，“What's Wrong with Moore's Argument?”，*Philosophical Issues* 14（2004）：349–378 页。

12 其他针对外部世界怀疑论的回应：见在线附录。

第 5 章　我们有可能生活在模拟系统中吗?

1 《网络世界的猪》: Hans Moravec, "Pigs in Cyberspace", 收录于 *Thinking Robots, an Aware Internet, and Cyberpunk Librarians*, H. Moravec 等编 (Library and Information Technology Association, 1992)。重新发表于 *The Transhumanist Reader*, Max More 和 Natasha Vita-More 编 (Wiley, 2013)。

2 采访莫拉韦克: Charles Platt, "Superhumanism", Wired, 1995 年 10 月 1 日。

3 尼克·博斯特罗姆发表于 2003 年一篇文章中: Nick Bostrom, "Are You Living in a Computer Simulation?", *Philosophical Quarterly* 52 (2003): 243–255 页。

4 企业家埃隆·马斯克对莫拉韦克式观点的阐述: 埃隆·马斯克在 2016 年代码大会上的访谈, Rancho Palos Verdes, CA, 2016 年 5 月 31 日至 6 月 2 日; "Why Elon Musk Says We're Living in a Simulation", *Vox*, 2016 年 8 月 15 日。

5 我会做简化处理, 假定所有种群具备同等规模: 见在线注释。

6 结论: 我们很可能是模拟生物: 见在线注释。

7 数学计算和其他复杂条件: 见在线注释。

8 模拟阻断器: 见在线注释。

9 智慧模拟种群不可能存在: 关于模拟人类智能水平是不可能的这一观点的论证 (运用哥德尔定理证明人类具备任何计算机都达不到的能力), 见 J. R. Lucas, "Minds, Machines and Gödel", *Philosophy* 36, no.137 (1961): 112–127 页; 以及 Roger Penrose 的 *The Emperor's New Mind* (Oxford University Press, 1989)。关于对 Penrose 观点的回应, 见本人的 "Minds, Machines, and Mathematics", *Psyche* 2 (1995): 11–20 页。

10 量子引力计算机: 对此类计算机的一个构想见 Lucien Hardy, "Quantum Gravity Computers: On the Theory of Quantum Computation with Indefinite Causal Structure", 收录于 Wayne Myrvold 和 Joyce Christian 编, *Quantum Reality, Relativistic Causality, and Closing the Epistemic Circle* (Springer, 2009)。

11 按照目前估算的情况, 人脑的算力大约相当于每秒 1 亿亿 (10^{16}) 次浮点运算的计算机速度：见在线注释。

12 宇宙拥有巨大的未使用的计算能力：Richard Feynman，“There’s Plenty of Room at the Bottom”，*Engineering & Science* 23，no.5（1960）：22–36 页；Seth Lloyd，“Ultimate Physical Limits to Computation”，*Nature* 406（2000）：1047–1054 页；Frank Tipler，*The Physics of Immortality*（Doubleday，1994），81 页。

13 计算质：“计算质”这个名词由 Tommaso Toffoli 和 Norman Margolus 提出，用来表示可编程物质这个概念。参见两人的“Programmable Matter：Concepts and Realization”，*Physica* D，47，no.1–2（1991）：263–272 页；Ivan Amato，“Speculating in Precious Computronium”，*Science* 253，no.5022（1991）：856–857 页。现在常用于表示最有效的可编程物质，这种用法因一些科幻作品而广为流行，包括 Charles Stross 的 *Accelerando*（Penguin Random House，Ace reprint，2006），在该小说中，太阳系很大一部分被转化成计算质。

14 如果我们确实生活在模拟系统里，那么上述所有关于计算机物理算力的证据有可能是误导性的：关于这种反对观点的各种版本，见 Fabien Besnard，“Refutations of the Simulation Argument”，http：//fabien.besnard.pagesperso-orange.fr/pdfrefut.pdf，2004；以及 Jonathan Birch，“On the‘Simulation Argument’and Selective Scepticism”，*Erkenntnis* 78（2013）：95–107 页。关于对模拟论证的进一步反驳，更多讨论见在线附录。

15 非模拟生物在创造模拟生物之前就会灭亡：见在线注释。

16 生存风险：Toby Ord，*The Precipice：Existential Risk and the Future of Humanity*（Hachette，2020）。

17 先对决定进行模拟，观察形势发展：见在线注释。

18 我们可能是纳米级的非模拟生物：见在线注释。

19 模拟标志：Marcus Arvan 在“The PNP Hypothesis and a New Theory of Free Will”（Scientia Salon，2015）一文中争辩说，模拟假设有一个版本，可作为自由意志和量子力学各种特性的最佳解释，实际上是在暗示这些现象都是模拟标志。

20 有趣性就是一种模拟标志：Robin Hanson，“How to Live in a Simulation”，

Journal of Evolution and Technology 7（2001）。

21 我们身处早期宇宙的事实，就是一个模拟标志：见在线注释。

22 模拟生物不可能具有意识：见 John Searle，*Minds，Brains，and Science*（Harvard University Press，1986）。

23 模拟者将拒绝创造有意识的模拟生物：感谢 Barry Dainton、Grace Helton 和 Brad Saad 提供这条意见。Helton 在"Epistemological Solipsism as a Route to External World Skepticism"（*Philosophical Perspectives*，即将出版）一文中提出，道德模拟者也许会创造只有 1 个生物拥有意识的模拟系统，在这种情况下，任何有意识的生物都应该认真思考唯我论假设，即它是宇宙中唯一有意识的生物。

24 运行于冯·诺伊曼串行架构的模拟种群没有意识：见 Christof Koch，在 *The Feeling of Life Itself：Why Consciousness Is Widespread But Can't Be Computed*（MIT Press，2019）中的观点；Giulio Tononi 和 Christof Koch，"Consciousness：Here，There，and Everywhere?"，收录于 *Philosophical Transactions of the Royal Society* B（2015）。

25 模拟生物不会出现在大型宇宙中：见在线注释。

26 快捷模拟：见在线附录。

27 重要模拟标志：见在线注释。

28 我认为博斯特罗姆的公式和结果不像表面上看起来那样正确：见在线附录中 Bostrom 论模拟论证的部分。

29 如果不存在任何模拟阻断器，那么我们都很可能是模拟生物：见在线注释。

30 两个前提现在只需要较小范围的假设：见在线注释。

31 如果硬币正面朝上，他就将我接入完全模拟系统中：见在线注释。

第 6 章　什么是现实？

1 虚拟现实主义：著作中包含虚拟现实主义元素的作者还有 David Deutsch、Philip Zhai（第 6 章讨论过）以及 Philip Brey（第 10 章讨论过）。模拟现实主义元素得到 Douglas Hofstadter 的支持（第 20 章讨论过），Andy Clark 和 Hubert Dreyfus 收录于 *Philosophers Explore the Matrix* 一书中的文章也认可模拟现实主义。此外，O. K. Bouwsma（第 6 章）和 Hilary Putnam（第 20 章）研究了近似模拟现实主义的观点，但他们自己没有明确讨论模拟系统。

2 什么是存在：了解关于存在的对立观点，见 W. V. Quine，"On What There Is"，*Review of Metaphysics* 2（1948）：21–38 页；Rudolf Carnap，"Empiricism，Semantics，and Ontology"，*Revue Internationale de Philosophie* 4（1950）：20–40 页；以及 D. J. Chalmers、D. Manley 和 R. Wasserman 编辑的 *Metametaphysics：New Essays in the Foundations of Ontology*（Oxford University Press，2009）中的文章。

3 伊利亚格言：见在线注释。

4 菲利普·K. 迪克名言：Philip K. Dick，"I Hope I Shall Arrive Soon"。首次发表于 *Playboy*（1980 年 12 月），题为"Frozen Journey"；重新发表于 Dick 的 *I Hope I Shall Arrive Soon*（Doubleday，1985）。

5 邓布利多名言：J. K. Rowling，*Harry Potter and the Deathly Hallows*（Scholastic，2007），第 723 页。

6 奥斯汀的讲座合集：J. L. Austin，*Sense and Sensibilia*（Oxford University Press，1962）。

7 我们本来还可以增加其他方面：其他方面包括可观察性即为真实、可测量性即为真实、理论实用性即为真实（以上与因果相关）；确实性即为真实、自然性即为真实、原创性即为真实、基础性即为真实（以上与名副其实相关）。接下来还有"确实"的意义，即当我们说某物确实是这样，表示什么意思。这方面还包括真相即为真实、实际性即为真实、事实性即为真实（以上与非虚幻性相关）；客观性即为真实、主体间性即为真实、独立于事实即为真实（以上与独立于心灵相关）。只要将"X 是真实的"转换为"X 确实存在"，这些表示"确实"含义的方面每一个都可以被认为是衍生出相对应的"真实"含义。[我把"实数"和"地产"（real estate）两词中表达"真实"含义的部分排除了，不过，值得一提的是，实数和虚数这两个术语都是笛卡儿提出来的！] 在所有这些方面中，对模拟对象的真实性威胁最大的是表示名副其实的那些方面，例如原创性即为真实、基础性即为真实，这些我在正文中讨论了。关于“真实”、“确实”和“真实性”的大量含义的进一步探讨，见 Jonathan Bennett，“Real”，*Mind* 75（1966）：501–515 页；以及 Steven L. Reynolds，“Realism and the Meaning of ‘Real’”，*Noûs* 40（2006）：468–494 页。

8 理论物理学家戴维·多伊奇：David Deutsch，*The Fabric of Reality*（Viking，1997）。

9 这种观点的流行度非常低，这令人惊讶：见在线注释。

10 鲍斯曼的文章：O. K. Bouwsma，“Descartes’ Evil Genius”，*Philosophical Review* 58，no.2（1949）：141–151 页。

11 翟振明在 1998 年出版了重要著作：Philip Zhai，*Get Real：A Philosophical Adventure in Virtual Reality*（Rowman and Littlefield，1998）。

第 7 章　神是上一级宇宙中的黑客？

1 很长时间以来对上帝是否存在的最有趣的论证：见 https://www.simulation-argument.com/。

2 宇宙微调论论证存在争议：在 2020 年 PhilPapers Survey 关于如何解释宇宙微调论的问卷调查中，17% 的人认为宇宙设计论可以用来解释，15% 的人认为多重宇宙可以解释，32% 的人认为这是赤裸裸的事实，22% 的人认为根本就不存在宇宙微调。

3 自然主义：见在线注释。

4 模拟神学：模拟神学的其他来源包括 Bostrom 的“Are You Living in a Computer Simulation?”［*Philosophical Quarterly* 53，no.211（2003）：243–255 页］，文中探讨了“自然主义神谱”；还有 Eric Steinhart 的“Theological Implications of the Simulation Argument”［*Ars Disputandi* 10，no.1（2010）：23–37 页］。

5 模拟系统和决策：见在线注释。

6 用于娱乐目的的模拟系统可能被关闭：Preston Greene，“The Termination

Risks of Simulation Science”, *Erkenntnis* 85, no.2（2020）: 489–509 页。

7 “历史终结”：黑格尔，*Lectures on the Philosophy of History*，1837。黑格尔的理念在 Douglas Adams 的 *The Restaurant at the End of the Universe*（Pan Books，1980）一书的引言中再次被提及：“有一种理论宣称，如果有人真正揭示了宇宙的意义和存在的原因，宇宙将立即消失，并且被更加怪诞、更加难以理解的事物取代。还有一种理论宣称，这已经发生了。”

8 模拟的来世：乐观主义观点见 Eric Steinhart 的 *Your Digital Afterlives：Computational Theories of Life after Death*（Palgrave Macmillan，2014）。

9 难以保留这个系统：Eliezer Yudkowsky，“The AI-Box Experiment”，https://www.yudkowsky.net/singularity/aibox；David J. Chalmers，“The singularity：A Philosophical Analysis”，*Journal of Consciousness Studies* 17（2010）：9–10 页。

10 “乌龟一只接一只驮着，连绵不断”：这个故事（在各种版本中，William James 的角色经常被伯特兰·罗素或其他人代替）听起来不足为信。James 本人在“Rationality，Activity，and Faith”（Princeton Review，1882）一文中，暗示“老故事”说的是“石头一块接一块摞着，连绵不断”。18 世纪哲学家 Johann Gottlieb Fichte（见 *Concerning the Conception of the Science of Knowledge Generally*，1794）和大卫·休谟（见 *Dialogues Concerning Natural Religion*，1779）都暗示这个故事的不同版本涉及的是大象或乌龟。

11 乔纳森·谢弗证明了：Jonathan Schaffer，“Is There a Fundamental Level?” *Nous* 37（2003）：498–517 页。另见 Ross P. Cameron，“Turtles All the Way Down：Regress，Priority，and Fundamentality”，*Philosophical Quarterly* 58（2008）：1–14 页。

第 8 章　宇宙是由信息组成的？

1 莱布尼茨发明了位元概念：Gottfried Wilhelm Leibniz，“De Progressione Dyadica”（手稿，1679 年 3 月 15 日）；“Explication de l’arithmétique binaire”，*Memoires de l’Academie Royale des Sciences*（1703）。有时人们会说，《易经》为莱布尼兹的发明带来灵感。事实上，在莱布尼茨系统地设计了二进制运

算之后又过了几年，Joachim Bouvet 才向他介绍《易经》，并指出二者的相似之处，在那之后，莱布尼茨将《易经》中的内容嵌入自己的公开资料中。还有一种说法是，Thomas Hariot 比莱布尼茨早一个世纪发明了位元概念，见 John W. Shirley，“Binary Numeration before Leibniz”［*American Journal of Physics* 19，no.8（1951）：452–454 页］。20 世纪美国数学家克劳德·香农和其他人共同提出“位元”这一名称，他有时也被称为“位元的发明者”。但香农发明的是一种信息论评估工具，而不是二进制数。

2 你可以尝试生命游戏：网站为 playgameoflife.com。默认的起始状态是一个滑翔机，但你可以尝试其他许多形态，包括滑翔机喷枪，具体网址为 playgameoflife.com/ lexicon/Gosper_glider_gun。

3 许多本土文化有自己的形而上学体系：Robert Lawlor，*Voices of the First Day : Awakening in the Aboriginal Dreamtime*（Inner Traditions，1991）；James Maffie，*Aztec Philosophy，Understanding a World in Motion*（University Press of Colorado，2014）；Anne Waters 编，*American Indian Thought*（Blackwell，2004）。

4 建立形而上学理论：关于不同文化的形而上学体系，见 Gary Rosenkrantz 和 Joshua Hoffman，*Historical Dictionary of Metaphysics*（Scarecrow Press，2011）；Jay Garfield 和 William Edelglass 编，*The Oxford Handbook of World Philosophy*（Oxford University Press，2014）；Julian Baggini，*How the World Thinks*（Granta Books，2018）；A. Pablo Iannone，*Dictionary of World Philosophy*（Routledge，2001）。

5 在唯物主义、二元论和唯心主义之间摇摆不定：在 2020 年 PhilPapers Survey 的调查中，52% 的人接受心灵物理主义，22% 的人拒绝接受。在关于意识的问卷调查中，22% 的人接受二元论，8% 的人接受泛灵论（33% 的人接受功能主义，13% 的人接受心脑合一论，5% 的人接受取消论，最后这个理论我们没有讨论过）。在关于外部世界的调查中，7% 的人接受唯心主义（5% 的人接受怀疑论，80% 的人接受非怀疑论现实主义）。

6 语义信息：见 Rudolf Carnap 和 Yehoshua Bar-Hillel，“An Outline of a Theory of Semantic Information”，*Technical Report* No.247，MIT Research Laboratory

of Electronics（1952），重新发表于 Bar-Hillel，*Language and Information*（Reading，MA：Addison-Wesley，1964）；Luciano Floridi，“Semantic Conceptions of Information”，*Stanford Encyclopedia of Philosophy*（2005）。

7 结构化信息、语义信息和符号信息：更深入的讨论见在线附录。这是我自己划分该领域的方法，但类似的区分过去已经开展过多次。信息有多种不同的分类法。示例见 Mark Burgin，*Theory of Information：Fundamentality, Diversification and Unification*（World Scientific，2010）；Luciano Floridi，*The Philosophy of Information*（Oxford University Press，2011）；Tom Stonier，*Information and Meaning：An Evolutionary Perspective*（Springer-Verlag，1997）。

8 三种结构化信息的评估方式：见在线注释。

9 模拟计算：George Dyson，*Analogia：The Emergence of Technology beyond Programmable Control*（Farrar，Straus & Giroux，2020）；Lenore Blum、Mike Shub 和 Steve Smale，“On a Theory of Computation and Complexity over the Real Numbers”，*Bulletin of the American Mathematical Society* 21，no.1（1989）：1–46 页；Aryan Saed 等，“Arithmetic Circuits for Analog Digits”，*Proceedings of the 29th IEEE International Symposium on Multiple-Valued Logic*，1999 年 5 月；Hava T. Siegelmann，*Neural Networks and Analog Computation：Beyond the Turing Limit*（Birkhäuser，1999）；David B. Kirk，“Accurate and Precise Computation Using Analog VLSI，with Applications to Computer Graphics and Neural Networks”（博士论文，Caltech，1993）。

10 连续量：“连续量”和“模拟量”这两个术语有时在文献中（例如 Saed 等的文章“Arithmetic Circuits for Analog Digits”）得到使用，但据我所知，它们没有标准的缩写。cont 和 ant 作为术语，让人感觉别扭，所以我不情愿地使用实数来表示它们，尽管其含义并不完整。举个例子。实数这个词表示的是纯数学意义上的实数，但就本书的目的而言，通过物理方式实现的实数（正如物理上实现的位元）更重要。（此外，实数不应该与具有现实意义的“实在”混为一谈，并且连续量通常是复数，而不是实数。）位元在物理系统中通过物理方式展现为二进制状态，而实数在物理系统中通过物理方式展现为实值状态（二者都以基底中立的方式实现个性化。注意，确实不存在与香农式的位元评估方式类似的连续信息量评估方式，部分原因是多重实数可以重新编码为单一实数，反之亦然。

11 结构化信息能以有形的方式展现：见在线注释。

12 物理信息：见在线注释。

13 产生影响的差异性：Gregory Bateson，*Steps to an Ecology of Mind*（Chandler，1972）。Bateson 称赞 Donald Mackay，后者说过，“信息是产生影响的差别”。

14 阿纳托利·第聂伯罗夫发表短篇小说：Anatoly Dneprov，“The Game”，*Knowledge-Power* 5（1961）：39–41 页。英文版翻译 A.Rudenko，http://q-bits.org/images/Dneprov.pdf。Dneprov 的“Portuguese stadium”可以被视为约翰·塞尔著名的“中文屋”论证［“Minds，Brains，and Programs”，*Behavioral and Brain Sciences* 3（1980）：417–457 页］的前版，不同之处是，第聂伯罗夫的系统翻译句子，而塞尔的系统进行对话。

15 信息具有物理属性：这句口号由物理学家 Rolf Landauer 提出，见“Information Is Physical”，*Physics Today* 44，no.5（1991）：23–29 页。

16 数字物理学：Konrad Zuse，*Calculating Space*（MIT Press，1970）；Edward Fredkin，“Digital Mechanics：An Information Process Based on Reversible Universal Cellular Automata”，*Physica* D 45（1990）：254–270 页；Stephen Wolfram，*A New Kind of Science*（Wolfram Media，2002）。

17 惠勒现在为人熟知的口号：万物源于比特：John Archibald Wheeler，“Information，Physics，Quantum：The Search for Links”，*Proceedings of the 3rd International Symposium on the Foundations of Quantum Mechanics*（Tokyo，1989），354–368 页。

18 时空源于某种底层数字物理过程：我讨论过这个观点，见“Finding Space in a Nonspatial World”，收录于 *Philosophy beyond Spacetime*，Christian Wüthrich、Baptiste Le Bihan 和 Nick Huggett 编（Oxford University Press，2021）。该文集包含大量关于自发形成的时空的讨论。

19 万物源于量子位元：David Deutsch，“It from qubit”，收录于 *Science and Ultimate Reality：Quantum Theory，Cosmology，and Complexity*，John Barrow

等编（Cambridge University Press，2004）；Seth Lloyd，*Programming the Universe：A Quantum Computer Scientist Takes on the Cosmos*（Alfred A. Knopf，2006）；P. A. Zizzi，"Quantum Computation Toward Quantum Gravity"，13th International Congress on Mathematical Physics，London，2000，arXiv：gr-qc/0008049v3。

20 物位相生：相关讨论，见 Anthony Aguirre、Brendan Foster 和 Zeeya Merali 编，*It from Bit or Bit from It? On Physics and Information*（Springer，2015）；Paul Davies 和 Niels Henrik Gregersen，*Information and the Nature of Reality*（Cambridge University Press，2010）。

21 意识生位元，位元生万物：见 Gregg Rosenberg，*A Place for Consciousness：Probing the Deep Structure of the Natural World*（Oxford University Press，2004）。

22 纯粹的万物源于比特假设：见 Aguirre 等，*It from Bit or Bit from It*；Eric Steinhart，"Digital Metaphysics"，收录于 *The Digital Phoenix*，T. Bynum 和 J. Moor 编（Blackwell，1998）。批判性分析见 Luciano Floridi，"Against Digital Ontology"，*Synthese* 168（2009）：151–178 页；Nir Fresco 和 Philip J. Staines，"A Revised Attack on Computational Ontology"，*Minds and Machines* 24（2014）：101–122 页；Gualtiero Piccinini 和 Neal Anderson，"Ontic Pancomputationalism"，收录于 *Physical Perspectives on Computation，Computational Perspectives on Physics*，M. E. Cuffaro 和 S. E. Fletcher 编（Cambridge University Press，2018）。

23 现实是建立在连续信息的基础之上的：见在线注释。

第 9 章　模拟系统用位元创造万物吗？

1 只需要确定模拟假设会推导出万物源于比特版创世假设：见在线注释。

2 本次论证普遍适用于在量子计算机上运行的模拟系统：关于量子计算和万物源于量子位元背景下的模拟世界的讨论，见 Seth Lloyd，*Programming the Universe*（Knopf，2006）；Leonard Susskind，"Dear Qubitzers，GR=QM"[2017，arXiv：1708.03040（hepth）]。

3 模拟者正在创造的位元不是世界的本原：模拟假设是否与基本位元或不可编程进程兼容，这个问题引出了针对以下反向（非必要的）论断的潜在异议：万物源于比特版创世假设赋予模拟假设必要性。我在在线注释中讨论了这些观点。

4 如果数字物理实现了普通物理，那么光子就是真实的：一些科学家和哲学家认为，即便在普通物理学中，单个光子也不是真实的。也许只有少数事物是真实的，例如量子波或电磁场。如果这种见解正确，那么数字物理将转而支持这些量子波或电磁场，或者其他任何在普通物理意义上为真的事物。

5 倘若原子物理的结构确实存在，则原子物理为真，原子确实存在：某些形式的结构主义否认原子之类的实体存在（James Ladyman 和 Don Ross，*Every Thing Must Go*，Oxford University Press，2009）。如果我们接受这种否定任何“物”的激进结构主义，那么，正如前面的注释所示，模拟系统中物理领域的现实仍然可以与非模拟世界中的物理现实相提并论。

6 我并非认为，任何对物理的模拟一定会使物理成为现实：按照 Saul Kripke 在 *Naming and Necessity*（Harvard University Press，1980）一书中的哲学术语，模拟假设不一定等同于万物源于比特假设，但（大致）上先验等同，也就是说，如果模拟假设在真正世界中为真，那么万物源于比特假设同样如此。与此类似，我们规定光子所指称的是实际发挥光子作用的那些事物，即使在这种作用之外，光子本身还具有更深层次的形而上本性（无论是不是模拟的）。

第 10 章　虚拟现实头显创造现实吗？

1 《雪崩》：Neal Stephenson，*Snow Crash*（Bantam，1992）。

2 运行元宇宙，也有过几次尝试：2021 年本书写作期间，领先的社交虚拟现实平台包括 VRChat、Rec Room、Altspace VR、Bigscreen 和 Horizon。

3 或者是巨型元宇宙：见在线注释。

4 定义：路德维希·维特根斯坦，*Philosophical Investigations*，4th edition（Blackwell，2009）；Eleanor Rosch，“Natural Categories”，*Cognitive Psychology* 4，no.3（1973）：328–350 页。

5 查尔斯·桑德斯·皮尔斯郑重记录了以下定义：C. S. Peirce，“Virtual”，收录于 *Dictionary of Philosophy and Psychology*，James Mark Baldwin 编（Macmillan，1902）。皮尔斯继续写道，“virtual”一词所包含的“有效”之意应该与它的“潜在”之意区分开，就如同胚胎指的是潜在的人。胚胎不具备人的能力，因此不是“有效”意义上的 virtual 的人，但是它有能力成为人，因此从“潜在”这个意义上说，它是 virtual 的人。virtuality 所包含的潜在性概念现在已经不再属于这个词的核心日常用法，但它产生了一个重要的哲学传统，与法国哲学家 Henri Bergson（见其 1896 年的著作 *Matter and Memory*）和 Gilles Deleuze（见其 1966 年的书 *Bergsonism* 及其他著作）有关。正如 Deleuze 所言，“virtual”（按照他的定义）并非与“真实”（real）相对，而是与“真正”（actual）相对，这里，“真正”一词按照实现（actualization）的意义来理解。virtual 的意思是还没有被实现（就像胚胎，或者博尔赫斯的《小径分岔的花园》中的可能路径），或者正处于被实现的过程中（就像决定选择其中一条路径），又或者是曾经实现过（就像记忆）。有关 virtuality 多种意义的指南见 Rob Shields，*The Virtual*（Routledge，2002）。

6 虚幻现实：严格来说，Artaud 最早公开使用的词组是“la realidad virtual”。《炼金术戏剧》一文最早的西班牙语版本题目为“El Teatro Alquímico”，发表在 1932 年阿根廷杂志 *Sur* 上。法语版本发表于 1938 年，题为“Le Théâtre Alchimique”，收录于 *Le théâtre et son double*（Gallimard）。英文版（Mary Caroline Richards 译）发表于 *The Theatre and Its Double*（Grove Press，1958）。

7 构成戏剧虚幻现实：Antonin Artaud，*The Theatre and Its Double*，49 页。

8 早期“虚拟现实”和“虚拟世界”的用法：见在线附录。

9 我们就说它是纯粹虚幻的对象：Susanne K. Langer，*Feeling and Form：A Theory of Art*（Charles Scribner's Sons，1953），49 页。

10 虚拟虚构主义：阐述各种虚拟虚构主义，见 Jesper Juul，*Half-Real：Videogames between Real Rules and Fictional Worlds*（MIT Press，2005）；Grant Tavinor，*The Art of Videogames*（Blackwell，2009）；Chris Bateman，*Imaginary Games*

(Zero Books，2011)；Aaron Meskin 和 Jon Robson，“Fiction and Fictional Worlds in Videogames”，收录于 *The Philosophy of Computer Games*，John Richard Sageng 等编（Springer，2012）；David Velleman，“Virtual Selves”，收录于他本人的 *Foundations for Moral Relativism*（Open Book，2013）；Jon Cogburn 和 Mark Silcox，“Against Brain-in-a-Vatism：On the Value of Virtual Reality”，*Philosophy & Technology* 27，no.4（2014）：561–579 页；Neil McDonnell 和 Nathan Wildman，“Virtual Reality：Digital or Fictional”，*Disputatio* 11，no.55（2020）：371–397 页。这些理论家中的前四位都是针对电子游戏中的世界下结论，因此不能肯定就更广泛的范围而言，他们始终会支持虚拟世界的虚构主义。其中一些虚构主义者还区分了虚拟现实某些真实的特殊部分：例如，虚拟世界包含真实的规则（Juul），或者利用虚构身体实施虚构行为的真实行为者（Velleman）。Espen Aarseth 在“Doors and Perception：Fiction vs. Simulation in Games”[*Intermedialities* 9（2007）：35–44 页] 一文中否定虚拟世界是虚构的，却又宣称它们也不是真实的，在他看来，虚拟世界具有与梦中世界和思想实验同类型的地位，后者同样不是虚构的，也不是真实的。

11 由原子构成：对于“物理对象由原子构成”这句话中的“构成”一词的含义，哲学家有多种不同的理解。目前最流行的理解是“作为基础”(Jonathan Schaffer，“On What Grounds What”，收录于 *Metametaphysics：New Essays on the Foundations of Ontology*，David J. Chalmers、David Manley 和 Ryan Wasserman 编（Oxford University Press，2009）；Kit Fine，“The Pure Logic of Ground”，*Review of Symbolic Logic* 5，no.1（2012）：1–25 页。物理对象以原子作为基础；以此类推，数字对象以位元作为基础。在“The Virtual as the Digital”[*Disputatio* 11，no.55（2019）：453–486 页] 一文中，我建议将位元结构称为狭义数字对象，将基于位元结构和心理状态的对象称为广义数字对象。

12 为什么我们应该接受虚拟数字主义而不是虚构主义：关于虚构主义的辩解及对后文论证的反驳，见 Claus Beisbart，“Virtual Realism：Really Realism or Only Virtually So? A Comment on D. J. Chalmers's Petrus Hispanus Lectures”，

Disputatio 11，no.55（2019）：297–331 页；Jesper Juul，“Virtual Reality：Fictional all the Way Down（and That's OK）”，*Disputatio* 11，no.55（2019）：333–343 页；McDonnell 和 Wildman，“Virtual Reality：Digital or Fictional?”。关于虚拟数字主义的进一步讨论，另见 Peter Ludlow，“The Social Furniture of Virtual Worlds”，*Disputatio* 11，no.55（2019）：345–369 页。我在“The Virtual as the Digital”一文中做了回复。

13 菲利普·布雷写道：Philip Brey，“The Social Ontology of Virtual Environments”，*The American Journal of Economics and Sociology* 62，no.1（2003）：269–282 页。另见 Philip Brey，“The Physical and Social Reality of Virtual Worlds”，收录于 *The Oxford Handbook of Virtuality*，Mark Grimshaw 编辑（Oxford University Press，2014）。

14 虚拟的 X 什么时候是真实的 X：用更准确的语言说，X 是虚拟包容性的（虚拟的 X 是真实的 X）的充分条件是，X 是因果 / 心灵恒量，即某事物只依赖于一种场景的抽象因果结构和心灵属性（见“The Matrix as Metaphysics”和“The Virtual and the Real”）。Philip Brey（见前一个注释）提出，虚拟的 X 是真实的 X，当且仅当 X 是社会机制型事物（例如钱），也就是说它是由群体性的社会契约以正确方式构建的。我认为，“仅当”之后的条件太强势了，因为大量因果 / 心灵恒量不属于社会机制型（例如，虚拟计算器就是真实的计算器），但是大量社会机制型事物很可能是因果 / 心灵恒量，因此 Brey 的“当”条件更加可信。

15 概念工程：见 Herman Cappelen，*Fixing Language：An Essay on Conceptual Engineering*（Oxford University Press，2018）；Alexis Burgess、Herman Cappelen 和 David Plunkett 编，*Conceptual Engineering and Conceptual Ethics*（Oxford University Press，2020）。关于包容性和性别概念，见 Katharine Jenkins，“Amelioration and Inclusion：Gender Identity and the Concept of Woman”，*Ethics* 126（2016）：394–421 页。

第 11 章　虚拟现实设备是假象制造机吗?

1 杰伦·拉尼尔的回忆录开篇: Jaron Lanier, *Dawn of the New Everything : Encounters with Reality and Virtual Reality* (Henry Holt, 2017)。

2 阿瑟·查尔斯·克拉克 1956 年的小说: Arthur C. Clarke, *The City and the Stars* (Amereon, 1999)。

3 心理学家梅尔·斯莱特: Mel Slater, "A Note on Presence Terminology", *Presence Connect* 3, no.3 (2003): 1–5 页; Mel Slater, "Place Illusion and Plausibility Can Lead to Realistic Behaviour in Immersive Virtual Environments", *Philosophical Transactions of the Royal Society of London* B 364, no.1535 (2009): 3549–3557 页。

4 似真假象: 哲学家可能称之为事件假象或事中假象, 因为它的核心意义是某些事件确实正在发生。

5 身体归属假象: Olaf Blanke 和 Thomas Metzinger, "Full-Body Illusions and Minimal Phenomenal Selfhood", *Trends in Cognitive Sciences* 13, no.1 (2009): 7–13 页; Mel Slater、Daniel Perez-Marcos、H. Henrik Ehrsson 和 Maria V. Sanchez-Vives, "Inducing Illusory Ownership of a Virtual Body", *Frontiers in Neuroscience* 3, no.2 (2009): 214–220 页; Antonella Maselli 和 Mel Slater, "The Building Blocks of the Full Body Ownership Illusion", *Frontiers in Human Neuroscience* 7 (March 2013): 83 页。

6 虚拟现实不是假象: Philip Zhai 还在 1998 年的 *Get Real* (Rowman & Littlefield) 一书中反对虚拟现实假象说, 第 6 章和在线附录中关于 Heim 和 Zhai 的虚拟现实主义部分都讨论过这个话题。

7 虚拟外形和尺寸: 有人反对此处所列举的关于物理空间和虚拟空间的简单观点, 反对理由见 E. J. Green 和 Gabriel Rabin, "Use Your Illusion : Spatial Functionalism, Vision Science, and the Case against Global Skepticism", *Analytic Philosophy* 61, no.4 (2020): 345–378 页; and Alyssa Ney, "On Phenomenal Functionalismabout the Properties of Virtual and Non-Virtual Objects", *Disputatio* 11, no.55 (2019): 399–410 页。我在 "The Virtual as the Digital" (*Disputatio*

11，no.55（2019）：453–486 页）中做了回复。

8 镜子假象说和镜子非假象说：我在“The Virtual and the Real”（*Disputatio* 9，no.46（2017）：309–352 页）中提出了这些观点。Maarten Steenhagen 单独论证了镜像感知不一定是“虚假反射”导致的假象，见 *Philosophical Studies* 5（2017）：1227–1242 页。对镜像的相关哲学讨论见 Roberto Casati，“Illusions and Epistemic Innocence”，收录于 *Perceptual Illusion：Philosophical and Psychological Essays*，C. Calabi 编（Palgrave Macmillan，2012）；以及 Clare Mac Cumhaill，“Specular Space”，*Proceedings of the Aristotelian Society* 111（2011）：487–495 页。

9 认知渗透：Zenon W. Pylyshyn，*Computation and Cognition：Toward a Foundation for Cognitive Science*（MIT Press，1984）；Susanna Siegel，“Cognitive Penetrability and Perceptual Justification”，*Noûs* 46，no.2（2012）：201–222 页；John Zeimbekis 和 Athanassios Raftopoulos 编，*The Cognitive Penetrability of Perception：New Philosophical Perspectives*（Oxford University Press，2015）；Chaz Firestone 和 Brian J. Scholl，“Cognition Does Not Affect Perception：Evaluating the Evidence for ‘Top-Down’ Effects”，*Behavioral & Brain Sciences* 39（2016）：1–77 页。

10 虚拟性现象学：其他对虚拟性现象学分析见 Sarah Heidt，“Floating，Flying，Falling：A Philosophical Investigation of Virtual Reality Technology”，*Inquiry：Critical Thinking Across the Disciplines* 18（1999）：77–98 页；Thomas Metzinger，“Why Is Virtual Reality Interesting for Philosophers?”，*Frontiers in Robotics and AI*（September 13，2018）；Erik Malcolm Champion 编，*The Phenomenology of Real and Virtual Places*（Routledge，2018）。关于“后现象学”方法，见 Stefano Gualeni，*Virtual Worlds as Philosophical Tools：How to Philosophize with a Digital Hammer*（Palgrave Macmillan，2015）。

11 真实意识：Albert Michotte，“Causalité，permanence et réalité phénoménales”，Publications Universitaires（1962），译为“Phenomenal Reality”，收录于 *Michotte's Experimental Phenomenology of Perception*，Georges Thinès、Alan Costall 和 George Butterworth 编辑（Routledge，1991）；Anton Aggernaes，

"Reality Testing in Schizophrenia", *Nordic Journal of Psychiatry* 48 (1994): 47–54 页; Matthew Ratcliffe, *Feelings of Being: Phenomenology, Psychiatry and the Sense of Reality* (Oxford University Press, 2008); Katalin Farkas, "A Sense of Reality", 收录于 *Hallucinations*, Fiona MacPherson 和 Dimitris Platchias 编 (MIT Press, 2014)。

12 真实意识和非真实意识在虚拟现实中也会出现：Gad Drori、Paz Bar-Tal、Yonatan Stern、Yair Zvilichovsky 和 Roy Salomon, "Unreal? Investigating the Sense of Reality and Psychotic Symptoms with Virtual Reality", *Journal of Clinical Medicine* 9, no.6 (2020): 1627, DOI: 10.3390/jcm9061627。

13 体验真实的虚拟身体：虚拟现实中的化身看起来极大地影响人们的行为。例如，拥有更高化身的人更有可能表现出自信。心理学家 Nick Yee 和 Jeremy Bailenson 称之为普罗透斯效应（Proteus effect），以会变形的古希腊神祇普罗透斯命名。见 Yee 和 Bailenson, "The Proteus Effect: The Effect of Transformed Self-Representation on Behavior", *Human Communication Research*, 33 (2007): 271–290 页; Jim Blascovich 和 Jeremy Bailenson, *Infinite Reality* (HarperCollins, 2011)。

第 12 章　增强现实产生另类事实？

1 另类事实这一说法引发了群嘲："Conway: Trump White House offered 'alternative facts' on crowd size" (CNN, 2017 年 1 月 22 日), https://www.cnn.com/2017/01/22/politics/kellyanne-conway-alternative-facts/index.html。

2 相对主义是一种饱受争议的概念：相关话题概览见 Maria Baghramian 和 Annalisa Coliva, *Relativism* (Routledge, 2020)。有人利用哲学语言工具为一种适度的相对主义形式进行辩护，有关现状见 John MacFarlane, *Assessment Sensitivity: Relative Truth and Its Applications* (Oxford University Press, 2014)。

3 现实性—虚拟性连续体：Paul Milgram、H. Takemura、A. Utsumi 和 F. Kishino (1994)。"Augmented Reality: A Class of Displays on the Reality-Virtuality Continuum", *Proceedings of the SPIE—The International Society for Optical*

Engineering 2351（1995），https://doi.org/10.1117/12.197321。

第 13 章　我们可以免受深度伪造的欺骗吗？

1　亨利·谢弗林将一段访谈上传至网络：网址为 https://www.facebook.com/howard.wiseman.9/posts/4489589021058960 和 http://henryshevlin.com/wp-content/uploads/2021/06/chalmers-gpt3.pdf。感谢谢弗林允许我使用这段内容。

2　在多元化背景中找到深度伪造作品：Sally Adee，"What Are Deepfakes and How Are They Created?"，*IEEE Spectrum*（2020 年 4 月 29 日）。

3　深度伪造作品的知识之问：深度伪造作品的知识之问由 Don Fallis 提出，见"The Epistemic Threat of Deepfakes"，*Philosophy & Technology*（August 6，2020）：1–21 页；以及 *Philosophers' Imprint* 20，no.24（2020）：1–16 页。

4　虚假新闻的知识之问：更多关于虚假新闻知识之问的讨论，见 Regina Rini，"Fake News and Partisan Epistemology"，*Kennedy Institute of Ethics Journal* 27，no.2（2017）：43–64 页；M. R. X. Dentith，"The Problem of Fake News"，*Public Reason* 8，no.1–2（2016）：65–79 页；Christopher Blake-Turner，"Fake News，Relevant Alternatives，and the Degradation of Our Epistemic Environment"，*Inquiry*（2020）。

5　正如哲学家雷吉娜·里尼所评论的那样：Regina Rini，"Deepfakes and the Epistemic Backstop"，*Philosophers' Imprint* 20，no.24（2020）：1–16 页。

6　现在"虚假新闻"这个术语本身就具有争议：见 Josh Habgood-Coote，"Stop Talking about Fake News!"，*Inquiry* 62，no.9–10（2019）：1033–1065 页；Jessica Pepp、Eliot Michaelson 和 Rachel Sterken，"Why We Should Keep Talking about Fake News"，*Inquiry*（2019）。

7　虚假新闻不同于失实报道或错误报道：关于虚假新闻的定义，见 Axel Gelfert，"Fake News：A Definition"，*Informal Logic* 38，no.1（2018）：84–117 页；Nikil Mukerji，"What is Fake News?"，*Ergo* 5（2018）：923–946 页；Romy Jaster 和 David Lanius，"What is Fake News?"，*Versus* 2，no.127（2018）：207–227 页；Don Fallis 和 Kay Mathiesen，"Fake News Is Counterfeit News"，*Inquiry*

(2019)。

8 在网络中互相支持：关于虚假新闻和其他错误信息的网络分析，见 Cailin O'Connor 和 James Owen Weatherall，*The Misinformation Age：How False Beliefs Spread*（Yale University Press，2019）。

9 《极权主义的起源》：Hannah Arendt，*The Origins of Totalitarianism*（Schocken Books，1951）。

10 《制造共识》：Edward S. Herman 和 Noam Chomsky，*Manufacturing Consent：The Political Economy of the Mass Media*（Pantheon Books，1987）。

第 14 章　心灵与身体如何在虚拟世界里互动?

1 人造生命领域第二届研讨会：Christopher G. Langton、Charles Taylor、J. Doyne Farmer 和 Steen Rasmussen 编，*Artificial Life II*（Santa Fe Institute，1993）。

2 凯的"生态缸"：Larry Yaeger，"The Vivarium Program"，http://shinyverse.org/larryy/VivHist.html。

3 我突然想到，这些动物在心灵问题上几乎肯定会成为二元论者：David J. Chalmers，"How Cartesian Dualism Might Have Been True"，1990 年 2 月，https://philpapers.org/rec/CHAHCD。

4 二元论可以在许多不同文化中找到：Kwame Gyekye，"The Akan Concept of a Person"，*International Philosophical Quarterly* 18（1978）：277–287 页，重新发表于 *Philosophy of Mind：Classical and Contemporary Readings*，2nd edition，D. J. Chalmers 编（Oxford University Press，2021）；Avicenna（Ibn Sina），*The Cure*，ca.1027，节选为"The Floating Man"，*Philosophy of Mind*，Chalmers 编。

5 笛卡儿明确阐述了经典的二元论形式：勒内·笛卡儿，*Meditations on First Philosophy*（Meditations 2 和 6，1641）以及 *Passions of the Soul*（1649），都节选自 *Philosophy of Mind*，Chalmers 编。

6 波希米亚王国的伊丽莎白公主提出的问题：Lisa Shapiro 编译，*The Correspondence between Princess Elisabeth of Bohemia and René Descartes*

（University of Chicago Press，2007）。节选自 Chalmers 编，*Philosophy of Mind*。

7 推测心灵可以在量子力学领域发挥作用：Eugene Wigner，"Remarks on the Mind-Body Question"，收录于 *The Scientist Speculates*，I. J. Good 编（Heinemann，1961）；David J. Chalmers 和 Kelvin J. McQueen，"Consciousness and the Collapse of the Wave Function"，收录于 *Consciousness and Quantum Mechanics*，Shan Gao 编（Oxford University Press，2022）。

8 泛灵论：Graham Harvey，*The Handbook of Contemporary Animism*（Routledge，2013）。了解根植于本土泛灵论的当代泛灵论状况，见 Val Plumwood，"Nature in the Active Voice"，*Australian Humanities Review* 46（2009）：113–129 页。

9 生物脑和虚拟脑同步：这有点让人想起莱布尼茨的理论，即在心灵和身体之间存在预设的和谐，不过莱布尼茨的论述没有涉及二者之间的因果相互作用。

10 丹尼尔·丹尼特的小说《我在何处？》：Daniel C. Dennett，"Where Am I?"，收录于 *Brainstorms*（MIT Press，1978）。

第 15 章　数字世界里可能存在意识吗？

1 心灵上传：Russell Blackford 和 Damien Broderick 编，*Intelligence Unbound：The Future of Uploaded and Machine Minds*（Wiley-Blackwell，2014）。

2 我的第一本书：David J. Chalmers，*The Conscious Mind：In Search of a Fundamental Theory*（Oxford University Press，1996）。

3 意识难题：我的关于意识难题的原创文章是"Facing Up to the Problem of Consciousness"，*Journal of Consciousness Studies* 2，no.3（1995）：200–219 页。该文章连同 26 个回复和我本人的再回复，重新发表于 Jonathan Shear 编的 *Explaining Consciousness：The Hard Problem*（MIT Press，1997）。

4 这一切的发生完全不是因为这个概念很激进，或者具有原创性：可以认为，莱布尼茨在 1714 年著作的《单子论》中将脑比喻为"磨坊"，这是最早的关于意识难题的明确表述之一（"在参观它时，我们只能找到一些相互挤压的碎块，但绝不会发现任何可以解释知觉的信息”）。托马斯·赫胥黎在 1866 年的著作 *Lessons in Elementary Physiology* 中给出了更加明确的表述：“像意识状态这般神奇的事物如何因为刺激性神经组织的作用而产生，就像阿拉丁摩擦神灯后精灵现身那样令人难以理解。”我在“Is the Hard Problem of Consciousness Universal?”［*Journal of Consciousness Studies* 27（2020）：227–257 页］中回顾了意识难题的发展史。

5 托马斯·内格尔对意识的定义广为人知：Thomas Nagel，“What Is It Like to Be a Bat?”，*The Philosophical Review* 83，no.4（1974）：435–450 页。

6 玛丽是一位神经学家：Frank Jackson，“Epiphenomenal Qualia”，*The Philosophical Quarterly* 32，no.127（1982）：127–136 页。另见 Peter Ludlow，Y. Nagasawa，and D. Stoljar 编，*There's Something about Mary : Essays on Phenomenal Consciousness and Frank Jackson's Knowledge Argument*（MIT Press，2004）。

7 克努特·诺尔比：Knut Nordby，“Vision in a Complete Achromat : A Personal Account”，R. F. Hess，L. T. Sharpe 和 K. Nordby 编，*Night Vision : Basic, Clinical and Applied Aspects*（Cambridge University Press，1990）。Knut Nordby，“What Is This Thing You Call Color? Can a Totally Color-Blind Person Know about Color?”，Torin Alter 和 Sven Walter 编，*Phenomenal Concepts and Phenomenal Knowledge : New Essays on Consciousness and Physicalism*（Oxford University Press，2007）。

8 泛灵论：见 Godehard Brüntrup 和 Ludwig Jaskolla 编，*Panpsychism : Contemporary Perspectives*（Oxford University Press，2017）；Philip Goff，*Galileo's Error : Foundations for a New Science of Consciousness*（Pantheon，2020）；David Skrbina，*Panpsychism in the West*（MIT Press，2007）。历史上的泛灵论者包括 Margaret Cavendish（*The Blazing World*，1666）、Gottfried Wilhelm Leibniz（*Monadology*，1714）和 Baruch Spinoza（*Ethics*，1677），以及其他许多人。

9 错觉论：见 Keith Frankish 编，*Illusionism as a Theory of Consciousness*（Imprint Academic，2017）。在历史上，从托马斯·霍布斯（*De Corpore*，1655）到 David Armstrong（*A Materialist Theory of the Mind*，1968）的唯物主义哲学家的思想中都包含错觉论元素。

10 庄子观察一些跳跃着的鱼：见 *The Complete Works of Zhuangzi*，Burton Watson 翻译（Columbia University Press，2013）。

11 他者心灵：在 2020 年 PhilPapers Survey 的调查中，89% 的人认为猫拥有意识，35% 的人认为苍蝇拥有意识，84% 认为新生婴儿拥有意识，3% 的人说目前的人工智能系统拥有意识，39% 认为未来的人工智能系统可能拥有意识（同时 27% 的人否认这一点，其余受访者持有各种中立立场。）

12 我们也许会成为机器：见在线注释。

13 逐步上传：要了解更多关于上传和机器意识的内容，见我的“Mind Uploading：A Philosophical Analysis”，收录于 Russell Blackford 和 Damien Broderick 编的 *Intelligence Unbound：The Future of Uploaded and Machine Minds*（Wiley-Blackwell，2014）。这里的论证在 *The Conscious Mind* 第 7 章中有更详细的阐述。个人身份认同问题的相关分析，见 Derek Parfit，*Reasons and Persons*（Oxford University Press，1984）。

14 2019 年的著作《人造的你》：Susan Schneider，*Artificial You：AI and the Future of Your Mind*（Princeton University Press，2019）。

15 许多人承认，作为原型的那个人已经死亡：在 2020 年 PhilPapers Survey 的问卷调查中，针对“心灵上传”（人脑被数字模拟脑取代）的问题，27% 的哲学专业人士认为这是一种延续生命的方式，54% 的人认为这是一种死亡方式。

第 16 章　增强现实会延展心灵吗？

1 查尔斯·斯特罗斯 2005 年的科幻小说：Charles Stross，*Accelerando*（Penguin Random House，Ace reprint，2006）。

2 延展心灵：Andy Clark and David Chalmers，“The Extended Mind”，Analysis 58（1998）：7–19 页。我们当然不是最早提出外部过程可能类似于感知过程的人。该理念的各种版本见 Daniel Dennett，Kinds of Minds（Basic Books，1996）；John Haugeland，“Mind Embodied and Embedded”，收录于 Y. Houng 和 J. Ho 编的 *Mind and Cognition*（Academica Sinica，1995）；Susan Hurley，“Vehicles，

Contents，Conceptual Structure and Externalism”，*Analysis* 58（1998）：1–6 页；Edwin Hutchins，*Cognition in the Wild*（MIT Press，1995）；Ron McClamrock，*Existential Cognition*（芝加哥大学出版社，1995）；Carol Rovane，“Self-Reference：The Radicalization of Locke”，*Journal of Philosophy* 90（1993）：73–97 页；Francisco Varela，Evan Thompson 和 Eleanor Rosch，*The Embodied Mind*（MIT Press，1995）；Robert Wilson，“Wide Computationalism”，*Mind* 103（1994）：351–372 页；以及其他许多人。早期先驱包括英国人类学家 Gregory Bateson、美国哲学家 John Dewey、欧洲现象学家 Martin Heidegger 和 Maurice Merleau-Ponty、加拿大媒体理论家 Marshall McLuhan 以及俄国心理学家 Lev Vygotsky。

3 《延伸的表现型》：Richard Dawkins，*The Extended Phenotype*（Oxford University Press，1982）。

4 若干专著：Robert D. Rupert，*Cognitive Systems and the Extended Mind*（Oxford University Press，2009）；Frederick Adams 和 Kenneth Aizawa，*The Bounds of Cognition*（Wiley-Blackwell，2008）；Richard Menary 编，*The Extended Mind*（MIT Press，2010）；Annie Murphy Paul，*The Extended Mind：The Power of Thinking Outside the Brain*（Houghton Mifflin Harcourt，2021）。

5 网络漫画《xkcd》有一期的标题为“延展的心灵”：xkcd：“A Webcomic of Romance，Sarcasm，Math，and Language”，https://xkcd.com/903/。

6 计算机时代的先驱：J. C. R. Licklider，“Man-Computer Symbiosis”，*IRE Transactions on Human Factors in Electronics HFE-1*（March 1960）：4–11 页；W. Ross Ashby，*An Introduction to Cybernetics*（William Clowes & Sons，1956）。另见 Douglas Engelbart，“Augmenting Human Intellect：A Conceptual Framework”，Summary Report AFOSR-3233，斯坦福研究所，1962 年 10 月。

7 马丁·海德格尔的评论：马丁·海德格尔，*Being and Time*，J. Macquarrie 和 E. Robinson 译（Blackwell，1962），98 页。

8 2008 年，尼古拉斯·卡尔在《大西洋月刊》发表的封面故事：Nicholas Carr，“Is Google Making Us Stupid?”，*The Atlantic*（7 月至 8 月，2008）。

9 搜索引擎法：Michael Patrick Lynch，*The Internet of Us*（W. W. Norton，2016），

xvi–xvii 页。

10 大脑活跃程度更低：Amir-Homayoun Javadi 及其他人，“Hippocampal and Prefrontal Processing of Network Topology to Simulate the Future”，*Nature Communications* 8（2017）：14652。

第 17 章　你可以在虚拟世界里过上美好生活吗？

1 罗伯特·诺齐克发表于 1974 年的一篇关于体验机的寓言：在线注释。

2 你愿意接入吗：Robert Nozick，*Anarchy，State，and Utopia*（Basic Books，1974），44–45 页。

3 詹妮弗·内格尔提醒说：2021 年 1 月 5 日邮件。

4 体验机与标准的虚拟现实之间存在差异：Barry Dainton，“Innocence Lost：Simulation Scenarios：Prospects and Consequences”，2002，https://philarchive.org/archive/DAIILSv1；Jon Cogburn 和 Mark Silcox，“Against Brain-in-a-Vatism：On the Value of Virtual Reality”，*Philosophy & Technology* 27，no.4（2014）：561–579 页。

5 诺齐克在 2000 年为《福布斯》杂志写过一篇文章：Robert Nozick，“The Pursuit of Happiness”，《福布斯》，2000 年 10 月 2 日。

6 虚拟现实不是预编程的：见在线注释。

7 适合猪的哲学：Thomas Carlyle，1840/1993，*On Heroes，Hero-Worship，and the Heroic in History*（University of California Press，1993）。

8 头脑连线：见在线注释。

9 正如诺齐克在 1989 年一次研讨会中所言：*The Examined Life：Philosophical Meditations*（Simon & Schuster，1989）。

10 虚拟现实的某些方面也许强于：Mark Silcox 在 *A Defense of Simulated Experience*（Routledge，2019）中提出，模拟经验包括但不限于在虚拟世界中的经验，也许因为其在社会政治环境中的特殊作用，而成为“一种独特的人类福利的唯一来源”（第 81 页）。

第 18 章　模拟生活意义重大吗？

1　这些哲学家每一位都做出了令人印象深刻的贡献：G. E. M. Anscombe，*Intention*（Basil Blackwell，1957）。Mary Midgley，*Beast and Man：The Roots of Human Nature*（Routledge & Kegan Paul，1978）；Iris Murdoch，*The Sovereignty of Good*（Routledge & Kegan Paul，1970）。

2　菲莉帕·富特设计的思想实验：Philippa Foot，"The Problem of Abortion and the Doctrine of Double Effect"，*Oxford Review* 5（1967）：5–15 页。

3　汤姆森的版本表述如下：Judith Jarvis Thomson，"Killing，Letting Die，and the Trolley Problem"，*The Monist* 59，no.2（April 1976）：204–217 页。

4　欧绪弗洛的两难困境：在线注释。

5　伊丽莎白·安斯科姆 1958 年的经典文章：G. E. M. Anscombe，"Modern Moral Philosophy"，*Philosophy* 33，no.124（1958 年 1 月）：1–19 页。

6　新儒学运动中的中国哲学家：Yu Jiyuan 和 Lei Yongqiang，"The Manifesto of New-Confucianism and the Revival of Virtue Ethics"，*Frontiers of Philosophy in China* 3（2008）：317–334 页。

7　德性伦理学近年来重新崛起：见 Nancy E. Snow 编，*The Oxford Handbook of Virtue*（Oxford University Press，2018）。在 2020 年的 PhilPapers Survey 调查中，32% 的受访者支持义务论，31% 支持结果论，37% 支持德性伦理。而在 2009 年的 PhilPapers Survey 调查中，德性伦理的支持率位居最末。这些数字不具有准确的可比性，但是纵向分析显示，相较于其他选项，德性伦理受欢迎程度正在上升。

8　模拟人是否享有道德地位：回顾关于道德地位的一般性问题，见 Agnieszka Jaworska 和 Julie Tannenbaum，"The Grounds of Moral Status"，*Stanford Encyclopedia of Philosophy*（2021 年春），https://plato.stanford.edu/entries/grounds-moral-status/。关于人工智能系统的道德地位问题，见 Matthew Liao，"The Moral Status and Rights of Artificial Intelligence"，收录于 Matthew Liao 编的 *The Ethics of Artificial Intelligence*（Oxford University Press，2020）；Eric Schwitzgebel 和 Mara Garza，"Designing AI with Rights，Consciousness，Self-Respect，and

Freedom"，收录于 Matthew Liao 编的 *Ethics of Artificial Intelligence*。

9 感知能力是影响道德地位的重要因素：Peter Singer，*Animal Liberation*（Harper & Row，1975）。

10 在一些报道过的案例中，有人没有体验过疼痛、恐惧和焦虑：《感觉不到疼痛的女性》，BBC Scotland News，2019 年 3 月 28 日。还有其他类瓦肯人综合征，例如疼痛无感症。有人报告说，虽然感觉到疼，但不会感到痛苦。还有快感缺乏症，这指的是人们无法感受快乐。Peter Carruthers［见"Sympathy and Subjectivity"，*Australasian Journal of Philosophy* 77（1999）：465–482 页］争辩说，被他称为"Phenumb"的类瓦肯人享有道德地位。Phenumb 从未在欲望得到满足时或失落时产生过情感，但仍然会体验到疼痛和其他类型的感受。

11 任何生育行为都不道德：见 David Benatar，*Better Never to Have Been：The Harm of Coming into Existence*（Oxford University Press，2006）。

12 模拟神义论：对于妖怪问题，我知道的第一个基于模拟概念的解答方法由 Barry Dainton 提出，见"Innocence Lost：Simulation Scenarios：Prospects and Consequences"，2002，https://philarchive.org/archive/DAIILSv1；另见 Dainton 的"Natural Evil：The Simulation Solution"（*Religious Studies* 56，no.2（2020）：209–230 页，DOI：10.1017/S0034412518000392）。了解 Dainton 理念的相关讨论，见 David Kyle Johnson，"Natural Evil and the Simulation Hypothesis"，*Philo* 14，no.2（2011）：161–175 页；Dustin Crummett，"The Real Advantages of the Simulation Solution to the Problem of Natural Evil"，*Religious Studies*（2020）：1–16 页。关于模拟神义论，见 Brendan Shea，"The Problem of Evil in Virtual Worlds"，收录于 *Experience Machines：The Philosophy of Virtual Worlds*，Mark Silcox 编（Rowman & Littlefield，2017）。

第 19 章　我们应该如何建立虚拟社会?

1 朱利安·蒂贝尔报道了对话：Julian Dibbell，"A Rape in Cyberspace"，*Village Voice*，1993 年 12 月 21 日。重新发表于他的 *My Tiny Life：Crime and Passion*

in a Virtual World（Henry Holt，1999）。

2 “化身依附”：Jessica Wolfendale，“My Avatar，My Self：Virtual Harm and Attachment”，*Ethics and Information Technology* 9（2007）：111–119 页。

3 《游戏者的困境》：Morgan Luck，“The Gamer’s Dilemma：An Analysis of the Arguments for the Moral Distinction between Virtual Murder and Virtual Paedophilia”，*Ethics and Information Technology* 11，no.1（2009）：31–36 页。

4 虚拟盗窃：Nathan Wildman and Neil McDonnell，“The Puzzle of Virtual Theft”，*Analysis* 80，no.3（2020）：493–499 页。他们援引了荷兰最高法院的一份判决书：“虚拟物件可被视为商品，因此可以是此类财产罪的涉案财产。”见 Hein Wolswijk，“Theft：Taking a Virtual Object in RuneScape：Judgment of 31 January 2012，case no.10/00101 J”，*The Journal of Criminal Law* 76，no.6（2012）：459–462 页。

5 《侠盗猎车手》：Ren Reynolds，“Playing a‘Good’Game：A Philosophical Approach to Understanding the Morality of Games”，*International Game Developers Association*，2002，http：//www.igda.org/articles/rreynoldsethics.php。

6 莫尼克·旺德利：Monique Wonderly，“Video Games and Ethics”，收录于 *Spaces for the Future：A Companion to Philosophy of Technology*，Joseph C. Pitt 和 Ashley Shew 编（Routledge，2018），29–41 页。

7 以超级英雄的身份生活在虚拟现实中：Robin S. Rosenberg、Shawnee L. Baughman 和 Jeremy N. Bailenson，“Virtual Superheroes：Using Superpowers in Virtual Reality to Encourage Prosocial Behavior”，*PLOS ONE*，（2013 年 1 月 30 日）DOI：10.1371/journal.pone.0055003。

8 虚拟现实系统对米尔格拉姆的实验进行模拟：Mel Slater、Angus Antley、Adam Davison，David Swapp、Christoph Guger、Chris Barker、Nancy Pistrang 和 Maria V. Sanchez-Vives，“A Virtual Reprise of the Stanley Milgram Obedience Experiments”，*PLOS ONE*，https：//doi.org/10.1371/journal.pone.0000039。

9 对等原则：Erick Jose Ramirez 和 Scott LaBarge，“Real Moral Problems in the Use of Virtual Reality”，*Ethics and Information Technology* 4（2018）：249–263 页。

10 研究人员的道德准则：Michael Madary 和 Thomas K. Metzinger，“Real Virtuality：

A Code of Ethical Conduct”，*Frontiers in Robotics and AI* 3（2016）：1–23 页。

11 中国哲学家墨子：“Identification with the Superior I”，Chinese Text Project，https://ctext.org/mozi/identification-with-the-superior -i/ens。

12 “污秽、野蛮和短暂”：托马斯·霍布斯，*Leviathan* i. xiii. 9。

13《阿尔法城先驱报》：见 Peter Ludlow 和 Mark Wallace，*The Second Life Herald : The Virtual Tabloid that Witnessed the Dawn of the Metaverse*（MIT Press，2007）。关于虚拟世界的管理，见 Peter Ludlow 编，*Crypto Anarchy，Cyberstates，and Pirate Utopias*（MIT Press，2001）。

14《星战前夜》：Pétur Jóhannes Óskarsson，“The Council of Stellar Management : Implementation of Deliberative，Democratically Elected，Council in EVE”，https://www.nytimes.com/packages/ pdf/arts/PlayerCouncil.pdf。另见 Nicholas O'Brien，“The Real Politics of a Virtual Society”，*The Atlantic*，2015 年 3 月 10 日。

15 一大批虚拟世界：这个场景与 Robert Nozick 的乌托邦概念（见 *Anarchy，State，and Utopia*）有些相似，后者是由无数不同的社会按照不同方式组织起来的“元乌托邦”。更多关于数字和虚拟元乌托邦的内容，见“Could Robert Nozick's Utopian Framework Be Created on the Internet?”，（*Polyblog*，2011 年 9 月 9 日，https://polyology.wordpress.com/2011/09/09/the-internet-and-the-framework-for-utopia；Mark Silcox，*A Defense of Simulated Experience : New Noble Lies*（Routledge，2019）；以及 John Danahaer，*Automation and Utopia : Human Flourishing in a World without Work*（Harvard University Press，2019）。关于 Nozick 的元乌托邦的哲学分析，见 Ralf M. Bader，“The Framework for Utopia”，收录于 *The Cambridge Companion to Nozick's Anarchy，State，and Utopia*，Ralf M. Bader 和 John Meadowcroft 编（Cambridge University Press，2011）。

16《连线》杂志近期一篇文章：Matthew Gault，“Billionaires See VR as a Way to Avoid Radical Social Change”，*Wired*，2021 年 2 月 15 日。John Carmack 的言论引自 *Joe Rogan Experience*，episode 1342，2020。

17 人为制造稀缺性：人为制造稀缺性的一种极端形式是基于区块链技术的非同质化代币（NFT），它附属于数字艺术作品和其他数字对象。一些人花大价钱购买 NFT，但除了被认定为 NFT 所有者外，这么做不具备任何明显的效用。在这里，稀缺性的价值似乎来自其自身。这种不具备功用的人为制造的稀缺性形式从定义上说，几乎只适用于奢侈品。不管怎样，适用于可用商品的不那么极端的人为制造的稀缺性形式只有可能出现在市场体系。

18 失业民众如何支付费用：关于技术性失业所引发的经济和哲学问题，更多内容见 Erik Brynjolfsson 和 Andrew McAfee，*The Second Machine Age*（W. W. Norton，2014）；Danaher，*Automation and Utopia*；Aaron James，"Planning for Mass Unemployment：Precautionary Basic Income"，收录于 *Ethics of Artificial Intelligence*，Matthew Liao 编（Oxford University Press，2020）。

19 伊丽莎白·安德森 1999 年的一篇重要文章：Elizabeth Anderson，"What Is the Point of Equality?"，*Ethics* 109，no.2（1999）：287–337 页。关于这个近期出现的平等关系论，相关研究成果见 Samuel Scheffler，"The Practice of Equality"，收录于 *Social Equality：On What it Means to be Equals*，C. Fourie、F. Schuppert 和 Chalmers 编。Wallimann-Helmer（Oxford University Press，2015）；Daniel Viehoff，"Democratic Equality and Political Authority"，*Philosophy and Public Affairs* 42（2014）：337–375 页；Niko Kolodny，*The Pecking Order*（Harvard University Press，即将出版）。关于自由即无支配，相关概念见 Philip Pettit，*Republicanism：A Theory of Freedom and Government*（Oxford University Press，1997）。

20 金伯勒·克伦肖提出了"交叉性"这一术语：Kimberlé Crenshaw，"Mapping the Margins：Intersectionality，Identity Politics，and Violence against Women of Color"，*Stanford Law Review* 44（1991）：1241–1299 页。另见 Angela Davis，*Women，Race，and Class*（Knopf Doubleday，1983）；Patricia Hill Collins，*Black Feminist Thought：Knowledge，Consciousness and the Politics of Empowerment*（Hyman，1990）。

第20章　我们的语言在虚拟世界中意味着什么?

1 咖啡馆谈话：Douglas R. Hofstadter，"A Coffeehouse Conversation on the Turing Test"，*Scientific American*，1981年5月。重新发表于*The Mind's I：Fantasies and Reflections on Self and Soul*，Daniel C. Dennett和Douglas R. Hofstadter编（Basic Books，1981）。Hofstadter在*Le Ton beau de Marot*（Basic Books，1997，312–317页）的"模拟城镇"和"模拟碗"讨论中进一步明确了模拟现实主义。他在书中讨论人工智能程序SHRDLU利用桌子上的积木搭建一个虚拟世界时，还表达了一种虚拟现实主义的思想（第50页）："然而，桌子是实质性的还是虚无缥缈的，这一点并不重要，因为真正重要的是对象在环境中的模式，但是对象的有形物理存在或无形存在对这些模式并非完全没有影响。"

2 分析哲学和欧陆哲学：概览欧陆哲学，见Richard Kearney和Mara Rainwater编，*The Continental Philosophy Reader*（Routledge，1996）。了解分析哲学发展史，见Scott Soames，*The Analytic Tradition in Philosophy*，vols. 1 and 2（Princeton University Press，2014，2017）。

3 戈特洛布·弗雷格：见Michael Beaney，*The Frege Reader*（Blackwell，1997）。

4 《论涵义和指称》：Gottlob Frege，"Über Sinn und Bedeutung"，收录于*Zeitschrift für Philosophie und philosophische Kritik* 100（1892）：25–50页。英文版译为"On Sense and Reference"（见Beaney，*The Frege Reader*）。

5 罗素关于专名和摹状词的理论：伯特兰·罗素，"On Denoting"，*Mind* 14，no.56（1905）：479–493页；"Knowledge by Acquaintance and Knowledge by Description"，*Proceedings of the Aristotelian Society* 11（1910–1911）：108–127页。

6 小规模的变革：Saul Kripke，*Naming and Necessity*（Harvard University Press，1980）；Hilary Putnam，"The Meaning of Meaning"，收录于*Language，Mind，and Knowledge*，Keith Gunderson编（University of Minnesota Press，1975），131-193页；Ruth Barcan Marcus，*Modalities：Philosophical Essays*（Oxford University Press，1993）。

7 “水”这个词帮助她们从外部环境中选择任何具有水的作用的事物：这种对外在主义的解读自相矛盾，因为它可能保留描写主义的某些部分，这是 Kripke 反对的。但是，我在 *Constructing the World* 和其他地方为它的一个弱化版本辩护，这个版本表述如下：水的作用不是很明确，可能因说话者而异，还可能包含“水”这个词使用时产生的效用。这个观点与第 9 和第 22 章讨论的结构主义非常契合，特别是在我们认为事物的作用可通过结构化术语详细说明的情况下。

8 外在主义的局限：Tyler Burge 认为［见“Individualism and the Mental”，*Midwest Studies in Philosophy*，4（1979）：73–122 页］，任何术语，甚至包括“7”和“计算机”，其意义可以存在于许多说话者的“头脑之外”，当这些说话者在其他人的语言共同体内遵从后者的语言习惯时，这种情况就会发生。我假设说话者是专家，在语义的问题上不会遵从其他人，这样就把这种社交型外在主义排除在外。在我看来，对于一个外在主义［或者说可孪生地球化（Twin-Earthable）］词语，一定存在可能的孪生人群，他们不遵从我们已有的用法，而是用自己的词汇来指称不同的事物。从这个意义上说，“水”是外在主义词语，而“7”不是。

9 内在主义词汇：在 *Constructing the World*（特别是在线补注第 21 条）中，我将这样的词语称为非可孪生地球化词语，并给出了更加谨慎的定义。哪些词语属于内在主义词语（如果有的话），这是一个深刻的问题，但我的观点是，内在主义词语大致对应于因果 / 心灵恒量（在第 10 章的尾注中讨论过）类型的词语，或者换成更合适的说法，对应于可以通过结构化（逻辑的、数学的、因果的）术语和心理术语（见 *Constructing the World* 第 8 章）来提取特征的词语类型。

10 语义的二维视角：David J. Chalmers，“Two-Dimensional Semantics”，收录于 *The Oxford Handbook of the Philosophy of Language*，Ernest Lepore 和 Barry C. Smith 编（Oxford University Press，2006）。

11 虚拟世界的语言：Astrin Ensslin，*The Language of Gaming*（Palgrave Macmillan，2012）；Astrid Ensslin 和 Isabel Balteiro 编，*Approaches to Videogame Discourse*（Bloomsbury，2019）；Ronald W. Langacker，“Virtual Reality”，*Studies in the*

Linguistic Sciences 29，no.2（1999）：77–103 页；Gretchen McCulloch，*Because Internet：Understanding the New Rules of Language*（Riverhead Books，2019）。

12 虚拟普特南说“我在计算机模拟系统中”：Richard Hanley 在“Skepticism Revisited：Chalmers on The Matrix and Brains-in-Vats”［*Cognitive Systems Research* 41（2017）：93–98 页］一文中暗示，如果像“我没有身处模拟系统”这样的信念在模拟系统中是错误的，那么模拟系统仍然可能是一种怀疑论场景。我的回应是，正如第 6 章所承认的那样，在模拟系统中，我们对于此类问题可能会持有错误的理论信念，但是这并不会导致我们的日常信念受到挑战。

13《理性、真理与历史》的一段话：Hilary Putnam，*Reason*，*Truth and History*（Cambridge University Press，1981），14 页。

14 唐纳德·戴维森和理查德·罗蒂：Donald Davidson，“A Coherence Theory of Truth and Knowledge”，收录于 *Truth and Interpretation：Perspectives on the Philosophy of Donald Davidson*，Ernest Lepore 编（Blackwell，1986）；Richard Rorty，“Davidson versus Descartes”，收录于 *Dialogues with Davidson：Acting*，*Interpreting*，*Understanding*，Jeff Malpas 编（MIT Press，2011）。

第 21 章　尘埃云能运行计算机程序吗?

1 格雷格·伊根 1994 年的科幻小说：Greg Egan, *Permutation City*（Orion/Millennium, 1994）。

2 尘埃论引出了许多问题：关于尘埃论的哲学讨论，包括这样一种观点，即尘埃可能缺少状态间的因果关系，见 Eric Schwitzgebel,“The Dust Hypothesis”，*The Splintered Mind weblog*（2009 年 1 月 21 日）。

3 巴比奇和洛夫莱斯：Doron Swade, *The Difference Engine: Charles Babbage and the Quest to Build the First Computer*（Viking Adult, 2001）；Christopher Hollings、Ursula Martin 和 Adrian Rice, *Ada Lovelace: The Making of a Computer Scientist*（Bodleian Library, 2018）。

4 第一台可编程的电子计算机：见在线注释。

5 普特南和塞尔：Hilary Putnam，*Representation and Reality*（MIT Press,1988）；John Searle，*The Rediscovery of the Mind*（MIT Press, 1992）。

6 我发表的两篇文章：David J. Chalmers，“On Implementing a Computation”，*Minds and Machines* 4（1994）: 391–402 页；David J. Chalmers，“Does a Rock Implement Every Finite-State Automaton?”，*Synthese* 108, no.3（1996）: 309–333 页。

7 由于时间的缺失：见在线注释。

8 大约 100 万代：见在线注释。

9 反事实的正确模式：见在线注释。

10 在哲学家群体中的支持者很少：在 2020 年 PhilPapers Survey 的调查中，54% 的哲学家接受或者倾向于非休谟式的自然定律说，该学说认为，自然定律（例如引力定律）包含的不只是规律性；31% 的人接受或者倾向于休谟的观点，即定律是规律性问题。可以相信，因果关系学说的不同支持者分布情况与此类此。

11 争论还没有画上句号：对于如何实现计算，我提出了一些更加强势的约束条件，一些哲学家认为，要满足这些条件实在太容易了。这些哲学家包括：Curtis Brow，“Combinatorial-State Automata and Models of Computation”，*Journal of Cognitive Science* 13, no.1（2012）: 51–73 页；Peter Godfrey-Smith,“Triviality Arguments against Functionalism”，*Philosophical Studies* 145（2009）: 273–295 页；Matthias Scheutz，“What It Is Not to Implement a Computation: A Critical Analysis of Chalmers' Notion of Computation”，*Journal of Cognitive Science* 13（2012）: 75–106 页；Mark Sprevak,“Three Challenges to Chalmers on Computational Implementation”，*Journal of Cognitive Science* 13（2012）: 107–143 页；Gualtiero Piccinini，*Physical Computation: A Mechanistic Account*（Oxford University Press, 2015）。我在“The Varieties of Computation”[*Journal of Cognitive Science* 13（2012）: 211–248 页] 一文中回应了其中一些人。

第22章　现实是数学结构?

1 卡尔纳普的宏篇巨著：Rudolf Carnap, *Der Logische Aufbau der Welt*（Felix Meiner Verlag,1928）。英文译本为 *The Logical Structure of the World*（University of California Press，1967）。关于维也纳学派历史的公开资料，见 David Edmonds，The *Murder of Professor Schlick: The Rise and Fall of the Vienna Circle*（Princeton University Press, 2020）; Karl Sigmund，*Exact Thinking in Demented Times: The Vienna Circle and the Epic Quest for the Foundations of Science*（Basic Books, 2017）。本章第一个句子受到了 Anders Wedberg 的一句话的启发："卡尔纳普如何在1928年建构世界。" 见 *Synthese* 25（1973）：337–341页。

2 1932年的文章："Die physikalische Sprache als Universalsprache der Wissenschaft"，*Erkenntnis* 2（1931）：432–465页。英译版为 "The Physical Language as the Universal Language of Science"，收录于 *Readings in Twentieth-Century Philosophy*, William P. Alston 和 George Nakhnikian 编（Free Press, 1963），393–424页。

3 文化的结构主义：Claude Lévi-Strauss，*The Elementary Structures of Kinship*（Presses Universitaires de France，1949）；受 Ferdinand de Saussure 的 *Course in General Linguistics*（Payot，1916）影响；影响了路易·阿尔都塞、米歇尔·福柯、雅克·拉康和其他许多人。

4 科学现实主义：见 Juha Saatsi 编，*The Routledge Handbook of Scientific Realism*（Routledge,2020）; Ernst Mach,*The Science of Mechanics*, 1893；J. J. C. Smart，*Philosophy and Scientific Realism*（Routledge, 1963）; Hilary Putnan，"What Is Mathematical Truth?"，收录于 *Mathematics, Matter, and Method*（Cambridge University Press，1975）。

5 结构现实主义：Carnap，*The Logical Structure of the World*；Bertrand Russell，*The Analysis of Matter*（Kegan Paul, 1927）; John Worrall, "Structural Realism:The Best of Both Worlds?"，*DIalectica* 43（1989）：99–124页；James Ladyman，"What Is Structural Realism?"，*Studies in History and Philosophy of Science Part A* 29（1998）：409–424页。

6 理论结构化的技巧：Frank Ramsey，"Theories"，收录于 *The Foundations of*

Mathematics and Other Logical Essays（Kegan Paul、Trench 和 Trubner，1931），212-236 页。

7 杰出的英国哲学家弗兰克·拉姆齐：Cheryl Misak，*Frank Ramsey：A Sheer Excess of Powers*（Oxford University Press，2020）。

8 存在七种属性："属性"听起来也许像是非逻辑和非数学术语，但是，正如"存在一个物体"经过形式化处理后可变为带存在量词符号号∃的逻辑式，"存在一种属性"同样也可以形式化为二阶逻辑。

9 数学宇宙假设：Max Tegmark，*Our Mathematical Universe*（Vintage Books，2014）。

10 那种认为物理理论就是通过详细阐述纯数学结构来解释现实的观点必须得到验证：我在 *Constructing the World* 第 8 章为结构主义者讨论了各种方案。

11 有时，从一个物理理论推导出另一个理论是正确的：我并非对物理理论何时证明其他理论正确进行一种普遍性分析，这有赖于这些理论确切的结构化内容所带来的大量微妙问题。所谓的"全息原理"和相关的 AdS/CFT 通信提供了一个令人不解的例子［见 Leonard Susskind 和 James Lindesay，*An Introduction to Black Holes，Information and the String Theory Revolution：The Holographic Universe*（World Scientific，2005）］，在这个例子中，某些更高维度的弦理论（例如关于球体内部三维空间的理论）看起来在数学上与某些更低维度的量子理论（例如关于球体二维表面的理论）同构。我在一个在线注释中讨论了全息原理与模拟假设的联系。

12 论证始于结构主义，终于模拟现实主义：我在"Structuralism as a Response to Skepticism"［*Journal of Philosophy* 115（2018）：625–660 页］一文中提供了这个论证的更详细版本。就运用结构主义来回应外部世界怀疑论而言，我发现了一位先行者：物理哲学家 Lawrence Sklar。他在 1982 年的文章"Saving the Noumena"（*Philosophical Topics* 13，no.1）中写了一段相关文字。虽然 Sklar 不排斥这样一种观点，即"以缸中之脑来解释世界，实际上相当于对物质客体世界的普通论述，只要将缸中之脑理论转化为合适的形式化结构"（第 98 页），但很快他又拒绝接受这个观点，因为它太接近于结构主义。

13 没有解决他者心灵问题：Grace Helton 在“Epistemological Solipsism as a Route to External-World Skepticism”（*Philosophical Perspectives*，即将出版）及其他关于结构主义和怀疑论的著作中争辩说，如果其他人没有心灵，那么许多普通物理对象就不存在，包括诸如城市、教堂和俱乐部这样的社会实体，它们依赖于心灵而存在。如果是这样，一个没有证实他者心灵存在的结构主义反怀疑论策略就没有证实社会实体的存在，那么，针对社会领域的怀疑论就仍然有效。但是，我认为，原子、细胞、树、星球和其他物理对象的存在不依赖于他者心灵，这一点是可信的。如果是这样，针对他者心灵的怀疑论就不会导出针对普通物理世界的怀疑论。

14 没有能力去了解物自体：有趣的是，康德的观点与老子的一句话相似。老子的《道德经》是道家哲学开创性文献之一，其中第一句很有名：“道可道，非常道。”康德说的是：“可知（可以命名）的万物不是物自体。”关于这个话题，详见 Martin Schönfeld，“Kant's Thing in Itself or the Tao of Königsberg”，*Florida Philosophical Review* 3（2003）：5–32 页。

15 使人想起康德的先验唯心论：我在“The Matrix as Metaphysics”（2003）中写道：“有人也许会说，如果我们身处矩阵母体，康德的物自体就是计算机自体的一部分！” Barry Dainton 的“Innocence Lost：Simulation Scenarios：Prospects and Consequences”（2002，https://philarchive.org/archive/DAIILSv1）也暗示模拟假设与先验唯心论之间存在关联：“按照康德的观点，社会多样性构成的虚拟世界具有经验上的真实性，甚至具有先验真实性。” Eric Schwitzgebel 在“Kant Meets Cyberpunk”［*Disputatio* 11，no.55（2019）：411–435 页］中表达了同样的观点。

16 澳大利亚哲学家雷·兰顿：Rae Langton，*Kantian Humility：Our Ignorance of Things in Themselves*（Oxford University Press，1998）。

17 “X 生结构，结构生万物”假说：“X 生结构，结构生万物”假说的一个密切相关的版本按照拉姆齐语句的形式进行了处理，见 David Lewis，“Ramseyan Humility”，收录于 *Conceptual Analysis and Philosophical Naturalism*，David Braddon-Mitchell 和 Robert Nola 编（MIT Press，2008）。德国哲学家亚瑟·叔本华在其 1818 年著作《作为意志和表象的世界》中表述的理念经常被解读为以可知和可经验的事物——意志——取代康德的不可知 X。我们也许可以认为叔本华持有“意志生结构，结构生万物”的思想。

第 23 章　我们从伊甸园跌落了吗?

1　显现形象和科学形象：Wilfrid Sellars,“Philosophy and the Scientific Image of Man”，收录于 *Frontiers of Science and Philosophy*，Robert Colodny 编（University of Pittsburgh Press，1962），35–78 页。

2　塞拉斯本人认为意识是真实的：Wilfrid Sellars,“Is Consciousness Physical?”，*The Monist* 64（1981）：66–90 页。

3　两种形象：见在线注释。

4　帕特里夏·丘奇兰德和保罗·丘奇兰德：Patricia S. Churchland，*Neurophilosoph*（MIT Press，1987）。Paul M. Churchland，A *Neurocomputational Perspective*（MIT Press，1989）。

5　弗里德里希·尼采曾经说过：Friedrich Nietzsche，Nachgelassene Fragmente（1871）in *Kritische Studienausgabe*，Vol.7（De Gruyter，1980），352 页。

6　颜色只存在于心灵：伽利略在 *Il Saggitore*（The Assayer，1623）中写道：“这些味道、气味、颜色等等，就其客观存在而言，完全就是一堆名字，代表了只有我们敏感肉体才具有的某种事物。因此，如果具有感知力的人消失了，所有这些特性也会彻底消失，不复存在。”见 *Introduction to Contemporary Civilization in the West*，2nd edition，vol.1，A. C. Danto 译（Columbia University Press，1954），719–724 页。

7　空间功能主义：我在 *Constructing the World*（Oxford University Press，2012）第 7 章提出了空间功能主义，进一步的论述见“Three Puzzles about Spatial Experience”[收录于 *Blockheads : Essays on Ned Block’s Philosophy of Minds and Consciousness*，Adam Pautz 和 Daniel Stoljar 编（MIT Press，2017）] 以及“Finding Space in a Nonspatial World”，收录于 *Philosophy beyond Spacetime*，Christian Wüthrich、Baptiste Le Bihan 和 Nick Huggett 编（Oxford University Press，2021）。物理学的时空功能主义的相关讨论见 Eleanor Knox，“Physical

Relativity from a Functionalist Perspective", *Studies in History and Philosophy of Modern Physics* 67（2019）：118–124 页，以及 *Philosophy beyond Spacetime* 中的其他文章。

8 一切事物都不是像其表现出来的那样分布在空间中：我运用结构主义 / 功能主义进行空间分析，方式与分析模拟场景和怀疑论场景一样，这方面的相关问题见 Jonathan Vogel, "Space, Structuralism, and Skepticism", 收录于 *Oxford Studies in Epistemology*, vol. 6（2019）；Christopher Peacocke, "Phenomenal Content, Space, and the Subject of Consciousness", *Analysis* 73（2013）：320–329 页；还有 Alyssa Ney, "On Phenomenal Functionalism about the Properties of Virtual and Non-Virtual Objects", *Disputatio* 11, no.55（2019）：399–410 页；E. J. Green 和 Gabriel Rabin, "Use Your Illusion：Spatial Functionalism, Vision Science, and the Case against Global Skepticism", *Analytic Philosophy* 61, no.4（2020）：345–378 页。

9 霍夫曼反对现实的理由：见在线附录。

10 斯拉沃热·齐泽克说：Slavoj Žižek, "From Virtual Reality to the Virtualization of Reality", 收录于 *Electronic Culture：Technology and Visual Representation*, Tim Druckrey 编（Aperture, 1996），29095。

11 自由意志：Robert Kane 编辑，*The Oxford Handbook of Free Will*, 2nd ed.（Oxford University Press, 2011）；John Martin Fischer、Robert Kane、Derk Pereboom 和 Manuel Vargas, *Four Views on Free Will*（Blackwell, 2007）；Daniel Dennett, *Elbow Room：The Varieties of Free Will Worth Wanting*（MIT Press, 1984）。

12 科学革命：Thomas Kuhn, *The Structure of Scientific Revolutions*（University of Chicago Press, 1962）。

13 形式世界：柏拉图对话录中提及以下形式的出处。大：*Phaedo* 100b 及别处。方：*Republic* 6 510d。固态：*Implied in Meno* 76a。美：*Republic* V 475e-476d 及别处。善：*Republic* V 476a 及别处。

第 24 章　我们是栖居于梦中世界的玻耳兹曼脑吗？

1　如果神在 5 分钟前创造现实世界：Bertrand Russell，*The Analysis of Mind*（George Allen & Unwin，1921），159–160 页。

2　短暂模拟怀疑论：见在线注释。

3　借助简单性理论：这种做法的一个缺点是，虽然它可能使我们有理由不太相信复杂的假设，但它并没有明确告知我们这个假设是错误的。我不太会相信抛一枚硬币可以连续 20 次正面朝上，但我可以说自己无法知道这种情况一定不会出现。不管怎样，在回应怀疑论者时，我对自己的信念充满信心，无论这种信念从严格意义上说是否属于知识，这种态度基本上是正确的。

4　双脑系统：Greg Egan，"Learning to Be Me"，*Interzone* 37，1990 年 7 月。

5　神的角色等同于计算机：Peter B. Lloyd（"A Review of David Chalmers' Essay，'The Matrix as Metaphysics'"，2003，DOI:10.13140/RG.2.2.11797.99049），他从贝克莱唯心主义的角度回应我的分析，暗示即使是贝克莱的上帝也可能在运行某种捷径（实时）模拟系统，目的是节约成本。

6　当庄子梦见蝴蝶时，存在着一只真实的梦中蝴蝶：庄子自己的论述包含一种虚拟现实主义的元素，甚至到了同时强调蝴蝶和庄子真实性的程度（不过庄子的分析和我的不同，还强调蝴蝶与庄子的差异）。见 Robert Allinson，*Chuang-Tzu for Spiritual Transformation：An Analysis of the Inner Chapters*（SUNY Press，1989）。

7　小说及基于文本的冒险类游戏：见在线附录。

8　经验不是外部世界生成的：见在线附录。

9　正如肖恩·卡罗尔所指出的那样：Sean M. Carroll，"Why Boltzmann Brains Are Bad"，arXiv:1702.00850v1（hepth），2017。关于玻耳兹曼脑内部的自毁式信念的相关观点，见 Bradley Monton，"Atheistic Induction by Boltzmann Brains"，收录于 J. Wall 和 T. Dougherty 编，*Two Dozen（or So）Arguments for God：The Plantinga Project*（Oxford University Press，2018）。

10　只有极少数生物拥有有序的经验：见在线注释。